Karl N. Thome

Einführung in das Quartär

Springer

Berlin
Heidelberg
New York
Barcelona
Budapest
Hong Kong
London
Mailand
Paris
Santa Clara
Singapur
Tokio

Karl N. Thome

Einführung in das Quartär

Das Zeitalter der Gletscher

Mit 1 Tafel, 205 Abbildungen und 22 Tabellen

 Springer

PROF. DR. KARL N. THOME

Ruhr-Universität Bochum
Institut für Geologie, Gebäude NA
D-44780 Bochum

Titelfoto:
Hubbard Gletscher (Alaska) während der Sperrung des Russelfjords im Sommer 1986, (vergl. S. 227), Luftaufnahme des US Geol. Survey vom Sept. 1986 (Data available from U.S. Geological Survey, EROS Data Center, Sioux Falls, SD, USA)

Tafel auf Buchinnendeckel:
Deutschland in der größten Vereisung des Eiszeitalters (Elster-/Mindel-Glazial).
Das nordeuropäische Inlandeis bedeckt Norddeutschland bis in den Rand der Mittelgebirge; staut Elbe, Weser und Ruhr. Die Gletscher der Alpen vereinigen sich im Alpenvorland, stauen Donau und Rhein. Höhere Mittelgebirge tragen Eiskappen. Das eisfreie Gebiet besteht aus unbewachsener Frostschutzzone und spärlich bewachsener Tundra, in der Eifel brechen Vulkane aus.

ISBN 3-540-62932-7 Springer-Verlag Berlin Heidelberg New York

Die Deutsche Bibliothek - CIP-Einheitsaufnahme

Thome, Karl N.:
Einführung in das Quartär: das Zeitalter der Gletscher / Karl N. Thome - Berlin; Heidelberg; New York; Barcelona; Budapest; Hong Kong; London; Mailand; Paris; Santa Clara; Singapur; Tokio: Springer 1997
ISBN 3-540-62932-7

Umschlaggestaltung: design & production, Heidelberg

SPIN: 10570277   30/3136   - 5 4 3 2 1 0 - Gedruckt auf säurefreiem Papier

Für meine Frau Gabriele.

Inhalt

Verzeichnis der Tabellen XIX
Verzeichnis der Abbildungen XX

1   Einleitung 1

2   Entwicklungstendenzen in der Eiszeitforschung 3

3   Der Zeitabschnitt ›Quartär‹ 5
3.1   Definition 5
3.2   Grenzen 5
3.3   ›glazial‹ und ähnliche Begriffe 6
3.4   Numerierung von Klimaabschnitten 7
3.5   Entdeckung des eiszeitlichen Charakters 7

4   Theorien über die Ursachen der Vereisungsperioden 11
4.1   Fortschreitende Abkühlung der Erde ? 11
4.2   Sonneneinstrahlung 13
4.3   Kontinentaldrift 13
4.4.1   Hebungen und Senkungen des Festlandes 14
4.4.2   Meeresspiegelschwankungen, Meeresströmungen 14
4.5   Veränderungen im CO_2 Gehalt der Erdatmosphäre 15
4.6   Vulkane 15

4.7   Erdbahnelemente 15

4.8   Selbstverstärkungseffekte 16

4.9   Umschaltmechanimus 17

5   Zeit-Gliederungen 19
         Diluvium/Alluvium = Pleistozän/Holozän 19
         Früh-, Alt- und Jungquartär 20

Tab. 1 Tertiär-Quartär 19
Tab. 2 Gliederung des Pleistozäns nach LIEDTKE u. NILSON 20
Tab. 3 Gliederung des Pleistozäns nach KLOSTERMANN 21
Tab. 4 Gliederungen in verschiedenen Gebieten 21
Tab. 5 Paläomagnetische Epochen 22
Tab. 6 Menschheitsentwicklung 23
Tab. 7 Stellung des Menschen im System der Tierwelt 24
Tab. 8 Sauerstoff-Isotopen-Verhältnisse in Tiefseesedimenten 25
Tab. 9 Kontinentale und Tiefsee-Gliederung kombiniert 26
Tab. 10 Letzte Eiszeit: Weichsel-/ Würm-Glazial 27
Tab. 11 Vegetationsphasen im Spätglazial und Holozän 28
Tab. 12 Waldgeschichte im Spätglazial und Holozän 29
Tab. 13 Nord- und Ostsee im Spätglazial und Holozän 30

6   Datierungen 31

6.1   Absolute und relative Daten 31

6.2   Schichtlücken und Schichtengenese 31

6.3   Jahresschichten 32

6.3.1   Sedimente in Seen 32
6.3.2   Baumringe (= Dendrochronologie) 33
6.3.3   Firnschichtung 33
6.3.4   Ogiven 33
6.3.5   Korallen 33

6.4   Sedimentinhalte 34
6.4.1   Pollen 34
6.4.2   Vulkanische Aschen 34
6.4.3   Fluorgehalt 34

6.4.4	Bodenbildungen	34
6.4.5	Grundmoränen	35
6.4.6	Gyttjen und Torfe	35
6.4.7	Flechten	35
6.4.8	Artefakte	35
6.5	Kristallgitter	36
6.5.1	Thermolumineszenz-(TL-)Methode	36
6.5.2	Elektronen-Spin-Resonanz-(ESR-)Methode	36
6.5.3	Paläomagnetismus	36
6.6	Zerfall radioaktiver Isotope	37
6.6.1	^{14}C-(Radiocarbon)-Methode	37
6.6.2	Uran/Thorium	38
6.6.3	Kalium/Argon	39
6.7	Erdbahnelemente	39
6.8	Sauerstoff-Isotopenverhältnisse der Tiefsee-Sedimente	41
6.8.1	Voraussetzungen	41
6.8.2	Lineare Interpolation	42
6.8.3	Setzungskurve	44
	Datierung nach der Setzungskurve	44
7	Die Erde im Eiszeitalter	45
7.1	Klimaentwicklung	45
7.2	Größen und Dauer der Glaziale und Interglaziale	46
7.3	Ablauf eines Glazials	47
7.4	Ablauf eines Interglazials	49
7.5	Holozän	50
	Waldentwicklung	50
	Bodenbildungen	52
7.6	Einwirkungen auf die Landschaft	53
	Tab. 14 Lebensabschnitte einiger Tierarten	59
7.7	Tier- und Pflanzenwelt	58
7.8	Menschheitsentwicklung	61
7.8.1	Charakteristika des Menschen	61

IX

7.8.2 Zeitliche Folge der Menschenformen 61

7.8.3 Herkunft des Menschen 65

7.8.4 Gedanken zur Entwicklung menschlicher Eigenschaften 66

Spezialisierung 66

Entwicklungsraum 67

Instinkt, Erfahrung, Lernfähigkeit 67

8 Gletscher der Eiszeit 69

8.1 Das nordeuropäische (nordische) Inlandeis 69

8.1.1 Entstehung und Gestalt 69

8.1.2 Weichsel-Glazial 71

8.2 Ältere Glaziale 72

8.2.1 Vorhandene Reste 72

Tab. 15 Randlagen des Nordeuropäischen Inlandeises 73

8.2.2 Vorelsterzeitliche Gletscherablagerungen 73

8.2.3 Stadium/Halt 75

8.2.4 Rehburger Stadium 75

8.2.5 Stadium oder Halte am Teutoburger Wald 75

8.2.6 Höhenlage der äußersten Eisränder 76

8.2.7 Unterscheidung verschiedener Inlandeise 76

8.3 Subglaziale Erosion 80

8.4 Entwässerung 81

8.4.1 Rinnennetz auf der Norddeutschen Tiefebene 81

8.4.2 Urstromtäler 82

8.5 Aufstau in den Mittelgebirgen 82

8.5.1 Rekonstruktion der Eisvorstöße nach heutigem Relief 82

8.5.2 Beginn an den Kalkrieser Bergen 83

8.5.3 Nördliche Lößgrenze in Deutschland 83

8.5.4 Stausee-Entwicklung 84

8.6 Regionale Besonderheiten 84

8.6.1 Elbegebiet 84

8.6.2 Harz 86

8.6.3 Weserbergland 88

Leinetal 89

Die Emme 90

	Möllenbeck	91
	Porta-Westfalica	93
	Piesberg	93
8.6.4	Teutoburger Wald	94
	Hindernis für den Eisvorstoß	94
	Döre	94
	Bielefelder Paß	95
	Elsterglaziale Besonderheiten	96
8.6.5	Münsterland	96
	subglaziale Erosion	96
	Rinnen	98
	Münsterländer Kiessandzug	98
	Haarstrang	99
	Geschiebe	99
8.6.6.	Ruhrgebiet	100
	Beimischung von Steinkohlen	100
	Ruhrschlinge bei Witten	101
	Steinberg bei Kettwig	101
8.6.7	Niederrhein	103
	Saale-1-Vorstoß	103
	Präsaalezeitliche Vereisungen	106
	Umgelagertes Tertiär	107
	Heubergshof	109
	Schichtlagerung	109
	Reihenfolge der Entstehung	109
	Datierung	111
8.7	Alpen	111
8.7.1	Würm-Glazial	111
	Bodensee	114
8.7.2	Ältere Glaziale	115
	Klettgau, Schwarzwaldrand	115
8.8	Mittelgebirge	117
8.8.1	Vogesen	117
8.8.2	Schwarzwald	118
8.8.3	Sehr alte Vereisungen?	118
8.8.4	Harz	119
8.8.5	Sauerland	121

8.9	Außerhalb des europäischen Festlandes (einige Beispiele)	121
8.9.1	Sibirien	121
8.9.2	arktische Flachmeere	121
8.9.3	Island	122
8.9.4	Spitzbergen	122
8.9.5	Nordamerika	122
8.9.6	Mauna Kea (Hawai)	123
8.9.7	Neu-Guinea	123
9	Gletscherspuren	124
9.1	Formen	124
9.1.1	Gletscherschrammen, Gletscherschliff	124
9.1.2	Sichelmarken	124
9.1.3	Gerupfte Flächen	126
9.1.4	Drumlin (Mehrzahl: Drumlins)	126
9.1.5	Rundhöcker	126
9.1.6	Kar (Mehrzahl: Kare)	126
9.1.7	U-Tal	128
9.1.8	Kerben- bzw. Rinnen-Erosion	128
9.2	Moränen	130
9.2.1	Definition	130
9.2.2	Geschiebe	130
9.2.3	Herkunftsgebiete	131
9.2.4	Lokalgeschiebe	132
9.2.5	Kleingeschiebeanalyse	132
9.3	Alpine Leitgeschiebe	133
9.4	Moränenarten	133
9.4.1	Fossile Reste	133
9.4.2	Erscheinungsformen der Grundmoräne	134
9.4.3	Moränengliederung an rezenten Gletschern	135
9.5	Fluviatile Eisrandsedimente	136
9.5.1	Vor- und Nachschütt-Sand	136
9.5.2	Sand- und Kies: subärisch, limnisch, subglazial	137
9.6	Sander	137
9.6.1	Gestalt	137
9.6.2	Gefrorene Sand- und Lehmbrocken	138

9.6.3	Sandgänge	138
9.6.4	Sanderschürze	138
9.6.5	Bortensander	138
9.6.6	Wechsellagerungen subärischer und limnischer Sedimente	139
9.7	Subglaziale Sedimentation: Eishöhlenschichtung	139
9.8	Schema glazigener Formen und Sedimente	140
	I. Direkt glazial = im Eiskontakt	140
	II. Indirekt glazial durch Schmelzwasser entstanden	140
10	Periglazial	142
10.1	Definition, Grenzen	142
10.2	Frostwirkungen im Locker- und Festgestein	143
10.2.1	Winterfrostböden	143
10.2.2	Kammeis – Nadeleis – pipkrake	143
10.2.3	Frostsprengung	143
10.2.4	Frostschutt	144
10.2.5	Frosthebung	144
10.2.6	Auffrieren von Steinen	145
	Steinsohle	146
10.2.7	Buckelwiesen – Erdbülten – isl. Thufur	146
10.2.8	Strukturböden	147
	Brodeltheorie	147
10.3	Permafrost – Dauerfrostboden – ewige Gefrornis	149
10.3.1	Definition, Verbreitung	149
10.3.2	Aktive Schicht = Tauaktive Schicht	149
10.3.3	Thermokarst	151
10.3.4	Bodenfließen = Solifluktion	151
10.3.5	Kryoturbationen	154
10.3.6	Sinktaschen = Sinktöpfe	154
10.3.7	Frostspalten	155
10.3.8	Eiskeile	155
10.3.9	Spaltennetze	156
10.4	Frosthügel	157
10.4.1	Jahreszeiten-Frosthügel – Eishügel – Frostbeulen	157
10.4.2	Palsa (Plural: Palsas)	158
10.4.3	Pingos	159

10.4.4 Pingo des geschlossenen Systems 160

10.4.5 Pingo des offenen Systems 160

10.4.6 Palsas und Pingos: Unterschiede und Gemeinsamkeiten 161

10.4.7 Fossile Spuren von Frosthügeln 161

10.5 Besondere Hangformungen 164

10.5.1 Gleichmäßige Hangkerbung bei Permafrost 164

10.5.2 Klippen 165

10.5.3 Nivation 165

10.5.4 Kryoplanation 166

10.6 Blockgletscher – Rockglacier – Schuttgletscher 166

11 Windsedimente 168

11.1 Flugsand, Decksand 168

11.2 Löß 169

11.2.1 Entstehung 169

11.2.2 Korngrößen 170

11.2.3 Eigenschaften 171

11.2.4 Schichtaufbau 171

11.2.5 Mächtigkeit 172

11.2.6 Verbreitung 172

11.2.7 Lößverwitterung 173

      Verbraunungshorizonte 173

11.2.8 Löß in China 174

12 Seen am Eisrand 175

12.1 Dichtemaxima von Süß- und Salzwasser, Eisdecken 175

12.2 Plattform-Erosion 176

12.3 Deltaschüttungen (Abb. 91) 176

12.4 Erkennbarkeit ehemaliger Seespiegelniveaus 177

13 Fließendes Wasser 178

13.1 Kleine Gerinne 178

13.1.1 Aufeis 178

13.1.2	Abluation	178
13.1.3	Geschichtete Hangablagerungen	179
13.2	Flüsse	179
13.2.1	Flußwasser bei Frost	179
13.2.2	Eistreiben	180
13.2.3	Eisgang	180
13.2.4	Rechtstrend	181
13.3	Flußbettentwicklung	181
13.3.1	Abflußvorgang	181
13.3.2	Verwilderte Flüsse	182
13.3.3	Mäanderflüsse	184
13.4	Flußsedimente	185
13.4.1	Schichtung	185
13.4.2	Korngrößen	185
13.4.3	Gerölle	185
13.4.4	Schwerminerale	187
13.5	Flußerosion	188
13.5.1	Talbildung	188
13.5.2	Tiefenerosion	190
13.5.3	Expositionsasymmetrien	190
13.5.4	Holozäne Talentwicklung	191
	Weitergehender Uferangriff im Mäanderbogen südlich Neuss	194
13.6	Flußterrassen	194
13.6.1	Definition	195
13.6.2	Ineinanderschachtelung von Schotterkörpern	195
13.6.3	Alter von Flußterrassen	196
13.7	Terrassengliederungen	197
13.7.1	Gliederungsschema	197
13.7.2	Terrassenkreuzung	197
13.7.3	Alpenbereich	199
13.7.4	Weser	199
13.8	Rhein	200
13.8.1	Bedeutung	200
13.8.2	Erstarken des Stroms	200
13.8.3	Terrassengliederung	201

13.8.4   Höhenterrassen 202

13.8.5   Mittelterrassen 202

13.8.6   Niederterrassen 202

13.9   Terrassendatierung 203

13.9.1   Niederrhein (Abb. 149) 203

13.9.2   Mittelrhein 203

13.9.3   Erosionsgeschichte seit den Hauptterrassen 203

13.9.4   Rheinnebenflüsse 206

13.9.5   Rheingeschichte nach der Tiefseegliederung 207
         Tab. 16 Höhenlagen von Rheinterrassen 206

14   Heutige Gletscher (zum Vergleich mit fossilen) 210

14.1   Physikalische Eigenschaften von Wasser und Eis 210

14.2   Salzlösungen 210
         Tab. 17 Verteilung von Eis und Schnee auf der Erde 211
         Eisbildung = Kristallisation von Wasser 211
         Tab. 18 Süßwasser bei normalem Luftdruck 212
         Tab. 19 Gefrierdauer von Eis in Tagen 212
         Tab. 20 Gefriertemperaturen in Abhängigkeit vom Salzgehalt .. 212
         Schnee 212
         Firn 213
         Schneegrenze, Firngrenze 213

14.3   Gletscher 214

14.3.1   Entstehungsdauer von Gletschereis 214

14.3.2   Luftgehalt in Schnee und Eis 214

14.3.3   Eiskristalle 214

14.3.4   Ablation 215

14.3.5   Erdige Bestandteile auf Gletschereis 216

14.4   Gestalt der Gletscher 218

14.4.1   Nährgebiet, Zehrgebiet 218

14.4.2   Expositions-Asymmetrie (Abb. 163) 220

14.4.3   Mittelmoränen 220

14.4.4   Endmoränen 222
         Eisrandparallele Rippeln 222

14.4.5   Temperierte und kalte Gletscher 223

14.5   Fließen des Eises 224

14.5.1   Fließverhalten 224
         Geschwindkeitsverteilung 224
14.5.2   Geschwindigkeitsunterschiede 225
         Pulsation 226
14.5.3   Oberflächenzeichnungen 229
14.5.4   Gletscherspalten 229
14.5.5   Eisdicke 231
14.5.6   Schichtung der Gletscher 231
         Tektonische Flächen 231
         Foliation 231
         Ogiven 232
14.5.7   Toteis 233
14.5.8   Eiszerfall 234

14.6   Stress im und unterm Eis 234
14.6.1   Druckschmelzung, Schleifen 234
14.6.2   Rupfen 235
14.6.3   Eis in der Nähe der Eisbasis 235
14.6.4   Stress im basisnahen Eis 236

14.7   Wasser auf, im und unter dem Eis 236
14.7.1   Wassermenge 236
14.7.2   Inglaziales Wasser 237
14.7.3   Schmelzwasseraustritte 238
14.7.4   Konzentration der Schmelzwässer während des Eisrückzugs ... 240
14.7.5   Eisbasis bei Anwesenheit von reichlich Wasser 242
14.7.6   Oser 243
14.7.7   Gletschermühlen 243
14.7.8   Gletscher im Wasser - Verhalten 244
         Stauseen 245
         Seespiegelniveau 245
         Gletscherlauf 245

14.8   Gletscherfallwind 247
         Srürme 247

14.9   Malaspina-Gletscher (Alaska) 247

15   Einflüsse auf menschliche Tätigkeiten 250

15.1   Gletscher 250

XVII

15.2   Periglazial 252

        Maßnahmen gegen Frostschäden 253

        Maßnahmen gegen Frostschäden an Strassen 253

        Künstliches Auftauen des Permafrostes 253

15.3   Winterkälte außerhalb des periglazialen Bereichs 254

15.4   Fossile Glazial- und Periglazialgebiete 255

15.5   Landschaftsformen und Sedimentgenese 255
        Tab. 21 Korngrößenklassen in mm und Benennung 255

15.6   Besondere Bodeneigenschaften 256
        Verfärbungen 256
        Zuschlagstoffe für Zement und Mörtel 256
        Tab. 22 Bodeneigenschaften 256
        Quickton 257

16   Erwägungen über die
        zukünftige Entwicklung des Erdklimas 258

17   Literatur 262

18   Orts- und Sachregister 280

Verzeichnis der Tabellen

1   Tertiär-Quartär 19

2   Gliederung des Pleistozäns nach LIEDTKE u. NILSON 20

3   Gliederung des Pleistozäns nach KLOSTERMANN 21

4   Gliederungen in verschiedenen Gebieten 21

5   Paläomagnetische Epochen 22

6   Menschheitsentwicklung 23

7   Stellung des Menschen im System der Tierwelt 24

8   Sauerstoff-Isotopen-Verhältnisse in Tiefseesedimenten 25

9   Kontinentale und Tiefsee-Gliederung kombiniert 26

10 Letzte Eiszeit: Weichsel-/ Würm-Glazial 27

11 Vegetationsphasen im Spätglazial und Holozän 28

12 Waldgeschichte im Spätglazial und Holozän 29

13 Nord- und Ostsee im Spätglazial und Holozän 30

14 Lebensabschnitte einiger Tierarten 59

15 Randlagen des Nordeuropäischen Inlandeises 73

16 Höhenlagen von Rheinterrassen 206

17 Verteilung von Eis und Schnee auf der Erde 211

18 Süßwasser bei normalem Luftdruck 212

19 Gefrierdauer von Eis in Tagen 212

20 Gefriertemperaturen in Abhängigkeit vom Salzgehalt 212

21 Korngrößenklassen in mm und Benennung 255

22 Bodeneigenschaften 256

Verzeichnis der Abbildungen

(Fotos ohne Quellenangabe hinter dem Abbildungstext vom Verfasser)

1. CO_2-Messungen Hawaii 10
2. CO_2-Gehalt seit 1750 10
3. CO_2-Gehalt seit
   200 000 Jahren 10
4. ^{14}C-Gehalt seit 9000 Jahren 38
5. Erdbahnelemente 39
6. Sauerstoff-Isotopen 40
7. Sauerstoff-Isotopen 40
8. Datierungsfehler 41
9. Eiszeitgliederung 41
10. Vereisung der Erde 47
11. Eiszeit in Europa 48
12. Holozän 51
13. Eem-Interglazial 52
14. Nordamerika, Präglazial 53
15. Laurentisches Eis 54
16. Nordisches Eis 54
17. Krustenverbiegungen 54
18. Eis über Nordeuropa 54
19. Hebungsraten 55
20. Hebungsraten 55
21. Flußnetze 56
22. Abflußregime 56
23. Ostsee 58
24. Bilzingleben 63
25. Meshirishi 66
26. Meshirishi 66
27. Eis in Europa 70
28. Eisränder 70
29. Nordjütland 72
30. Steinberg 74
31. Eisränder 77
32. Geschiebe 77
33. Fließrichtungen 78
34. Talnetz 81
35. Lößgrenze 83
36. Niederlausitz 85
37. Nordwestharz 86
38. Zauberberg 86
39. Hrutar-Sander 87
40. Stauseen 88
41. Seespiegel 88
42. Leine-Gletscher 89
43. Die Emme 89
44. Möllenbeck 90
45. Schwerminerale 90
46. Möllenbeck 91
47. Foßbrink 91
48. Veltheim 92
49. Piesberg 92
50. Senne 92
51. Teutoburger Wald 95
52. Teutoburger Wald 95
53. NW-Deutschland 97
54. Münsterland 98
55. Sohlingen 95
56. Haarstrang 100
57. Wasserstau 101
58. Ruhrschlinge 102
59. Niederrhein 104

60.	Stauchwälle	105
61.	Stauchwall	105
62.	Stauchwall	105
63.	Stauchschuppen	106
64.	Deckenüberschiebung	106
65.	Egelsberg	107
66.	Egelsberg	107
67.	Bönninghardt	108
68.	Sandbrocken	108
69.	Terrassen	108
70.	Balberger Wald	108
71.	Heubergshof	110
72.	Alpenvereisung	112
73.	Inn-Chiemsee-Moränen	114
74.	Drac-Tal	116
75.	Bodensee	116
76.	Rhein/Schwarzwald	117
77.	Chajoux-Tal	120
78.	Remiremont	120
79.	Remiremont	120
80.	Schliff	125
81.	Schliff	125
82.	Sichelmarken	125
83.	gerupfte Felsbasis	127
84.	Rundhöcker	127
85.	Eisbasis	127
86.	Kare	129
87.	McBride-Gletscher	129
88.	Rhyolith-Block	129
89.	Burroughs-Gletscher	131
90.	Sander	136
91.	Deltaschichtung	136
92.	Eishöhlenschichtung	136
93.	Frostschutt	144
94.	Buckelwiesen	145
95.	Steinpolygone	145
96.	Steinstreifen	145
97.	Strukturböden	146
98.	Strukturboden	146
99.	Frostboden	147
100.	Frostboden	148
101.	Permafrost	148
102.	Thermokarst	151
103.	Solifluktion	152
104.	Solifluktion	152
105.	Solifluktion	152
106.	Solifluktion	152
107.	Sinktopf	152
108.	Sinktopf	152
109.	Sinktopf	153
110.	Bodenstrukturen	153
111.	Eiskeil	155
112.	Eiskeilnetz	155
113.	Eiskeile	156
114.	Eiskeil	156
115.	Eiskeil	156
116.	Palsa	157
117.	Pingo	158
118.	Pingo	158
119.	Pingo	158
120.	Pingo	158
121.	Pingo	158
122.	Pingo	159
123.	Blautopf	160
124.	Baydjarakhs	162
125.	Lenskye Stolby	162
126.	Kaiserfelsen	162
127.	Kaiserfelsen	162
128.	Blockgletscher	163
129.	Blockgletscher	164
130.	Kryoplanation	165
131.	Löß/Ukraine	170
132.	Bändergrus	170
133.	Bändergrus	170
134.	verwilderter Fluß	182
135.	Abflußkurven	183
136.	Schwerminerale	187
137.	Hönnetal	187

138. Gefällskurven 189
139. Erftmündung 189
140. Flußschlingen 189
141. Holozäne Sedimentation .. 189
142. Mäanderentwicklung 192
143. Mäanderentwicklung 192
144. Erosionsschwerpunkt 193
145. Rheinterrassen 195
146. Terrassentreppe 197
147. Terrassentreppe 199
148. Rheinterrassen 200
149. Niederrhein 201
150. Mittelrhein 204
151. Talentwicklung 204
152. Terrassengeschichte 206
153. Elbetal 207
154. Grönland 213
155. Steinblöcke 213
156. Kviar-Jökull 216
157. Grönland 217
158. Grönland 217
159. Grönland 217
160. Antarktis 218
161. Skeidarar-Jökull 219
162. Glacier-Bay 219
163. Asymmetrie 221
164. Fláa-Jökull 221
165. Fláa-Jökull 221
166. Fláa-Jökull 222
167. Grönland 225
168. Grönland 225
169. Grönland 225
170. Hubbard-Gletscher 227
171. Klutlan-Gletscher 228
172. Eisfaltung 228
173. pulsierende Gletscher 228
174. Kaskawulsh-Gletscher 228
175. Hrutar-Gletscher 230
176. Fjalls-Jökull 230

177. Casement-Gletscher 230
178. Gletscherspalten 230
179. Deformationen 232
180. Mer de Glace 232
181. Fjalls-Jökull 233
182. Gletscher im Wasser 237
183. Breidamerkur-Jökull 238
184. Breidamerkur-Jökull 239
185. Breidamerkur-Jökull 240
186. Breidamerkur-Jökull 241
187. Os 241
188. Eisrandentwässerung 242
189. Schmelzwasser im Eis 242
190. Dalvatn 244
191. Bändertone 244
192. Wirbelfahne 246
193. Wirbelfahnen 246
194. Peary-Land 246
195. Eisberg 248
196. Mittelmoränen 248
197. Malaspina-Gletscher 248
198. Malaspina-Gletscher 249
199. Malaspina-Gletscher 249
200. Abrißfläche 251
201. Dawson City 253
202. Thermokarst 254
203. Grönland 259
204. Jahresmitteltemperaturen 259
205. Vegetationsbereiche 259

XXII

1 Einleitung

Ganz selten und für nur relativ kurze Zeit existierten im Laufe der Erdgeschichte Gletscher. Im Eiszeitalter aber spielten sie eine Hauptrolle bei der Gestaltung der Erdoberfläche, es war ein Zeitalter der Gletscher. Wasser und Wind lassen sich in allen Klimazonen und auch an kleinen Modellen im Labor studieren, Gletscher nur in kalten Gebieten und nur an sich selbst, was ihre Erforschung wesentlich erschwert. Ihrem Verhalten gilt in diesem Buch bei aller gebotenen Kürze besondere Aufmerksamkeit.

Das Eiszeitalter, als »Quartär« der jüngste Abschnitt der Erdgeschichte, hat unsere heutige Welt nicht nur weitgehend geprägt, wir leben in ihm. Dennoch sind viele Vorgänge, darunter die Ursachen eiszeitlicher Klimakatastrophen unbekannt. Wir müßten mehr wissen, um vielleicht kommende Entwicklungen gezielt beeinflussen zu können. Es ist das kürzeste aller Erdzeitalter, aber der Umfang der über seine Probleme publizierten Literatur übersteigt weit die jeder älteren geologischen Formation, mehrere periodische Zeitschriften bringen nur Quartärthemen.

Die Kenntnis der Probleme des Eiszeitalters befindet sich in rascher Entwicklung: Neue Anregungen liefern u.a. Tiefseesedimente, Isotopen-Technik und die Erkundung heutiger kalter Gebiete, wobei Eiskernbohrungen in Grönland und der Antarktis für die jüngere Klimageschichte besonders wichtig sind. Eindrucksvoll sind die durch die Tiefseegliederung möglich gewordenen Übersichten, deren Auswertung erst am Anfang steht.

Das Buch kann aus Raum- und Kostengründen keine erschöpfende Übersicht bringen, es ist eine Einführung mit ausgewählten Beispielen zur Anregung eigenen Nachdenkens. Jüngste Zusammenfassungen zahlreicher Fundpunkte finden sich in BENDA 1995, SCHIRMER 1995 und EISSMANN 1997. Wer tiefer in Eiszeitprobleme eindringen will, findet im Literaturverzeichniss Hinweise.

Entscheidende Anregungen für den Entwurf dieser Arbeit und für die Erörterung kritischer Probleme verdanke ich Herrn Professor Dr. A. Pilger, Clausthal, und dem mit ihm über viele Jahre anhaltenden Gedankenaustausch.

2 Entwicklungstendenzen in der Eiszeitforschung

Naturerscheinungen sind vieldeutig, sie entziehen sich meist der Nachprüfung durch das Experiment. Man versucht deshalb, den dahinter vermuteten Mechanismus deduktiv zu erfassen. Oft widersprechen sich Deutungen. »Die Beweise sind erdrückend, aber die Gegenargumente ebenfalls« (LIEDTKE 1990:1). Manchmal liegen dem Widerstreit nur unterschiedliche Bewertungen zugrunde, manchmal ist Fehleinschätzung die Ursache. Man »kann immer nur einen Teil der Erscheinungen erfassen und muß daher, will man zu einem zusammenhängenden Bild gelangen, durch Hypothesen eine Verbindung herstellen. Es ist aber nötig, sich der übersprungenen Lücken bewußt zu bleiben, denn nur dadurch bleibt die Hypothese revisions-, d.h. entwicklungsfähig« (WEGMANN 1950:132).

Als Leitschnur für die hier getroffene Auswahl galt, daß möglichst viele Naturerscheinungen durch die gleiche Deutung erklärbar sein sollen: »Denn die Naturwissenschaften streben vor allem nach Einfachheit, und je mehr wir verstehen, um so einfacher wird alles. Das widerspricht selbstverständlich der allgemeinen Überzeugung« (TELLER 1993:12).

Bestimmte Vorstellungen werden allgemein – die dafür gebrauchte Wortwahl ist bezeichnend – »herrschend« genannt; Zweifel an ihnen von einer Gruppe besonders »engagierter« Vertreter behindert, wie mir von Fachkollegen aus verschiedenen Teilen Deutschlands bestätigt wurde. »Da viele davon überzeugt sind, die Wahrheit zu besitzen, fehlt ihnen auch ein wichtiger Antrieb zum Suchen« (WEGMANN 1950:132).

Gelegentlich erinnert die Austragung der Meinungsunterschiede an Glaubensstreitigkeiten: Hier Rechtgläubige – dort Ketzer. Man braucht es als eine manchmal über das Ziel hinausschießende Reaktion nicht überzubewerten, als Dauerzustand aber sind die Folgen für den wissenschaftlichen Nachwuchs verheerend.

In den letzten Jahren wurde die Behinderung der Diskussion durch Einführung anonymer Gutachter praktisch öffentlich sanktioniert. Einige der in diesem Buch erörterten Gedanken fielen jahrelang unter deren Verdikt. Wissenschaftliche Redaktionen schalten sie ein, um sich vor Kritik zu schützen, die einsetzt, wenn das Publizierte nicht in das gerade geglaubte Weltbild paßt. Anonyme Gutachter sollen die Seriosität der Zeitschriften erhöhen, leider fördern ihre Ablehnungen zwangsläufig, auch bei bestem Willen, die Sterilität, indem sie die öffentliche Diskussion neuer Gedanken be- oder verhindern; auf den gar nicht so seltenen, gelegentlich bekannt werdenden Mißbrauch der Anonymität möchte ich nicht eingehen. Der Wissenschaft schaden weder orthodoxe, noch nicht orthodoxe Meinungen, solange freie Diskussion möglich ist, nur sie ermöglicht bessere Lösungen. Es werden – das ergibt sich zwangsläufig – vorwiegend neue Gedanken abgelehnt, weil veraltete publiziert sind und deshalb immer wieder zitiert werden können.

Es ist eine Entwicklung, die ungewollt zur Erstarrung der Wissenschaft auf zufällig erreichtem Niveau führt. SPENGLER (1922,II:384) formulierte die Folgen so: »Das ›Wissen‹ ist von nun an nicht mehr ein ständig durchgeprüfter und vergrößerter Besitz, sondern der zur Gewohnheit gewordene Glaube daran, der durch altgewohnte Methoden immer wieder Überzeugungskraft erhält«.

Um schädliche Behinderungen einzuschränken, sollten, wenn der Autor es wünscht, abgelehnte Arbeiten mitsamt den anonymen Gutachten und einer Stellungnahme des Autors publiziert werden.

3 Der Zeitabschnitt ›Quartär‹«

3.1
Definition

Das Quartär umfaßt das jetzt herrschende natürliche Erdregime, die heutige Verteilung der Meere und Kontinente mit noch lebenden (»modernen«) Faunen und Floren, aber auch das Neuerscheinen und Aussterben mancher Lebensformen und krasse Klimawechsel der letzten 2-3 Millionen Jahre (SCHWARZBACH 1974).

Vielfache Klimaschwankungen zwischen kühleren und wärmeren Zeitabschnitten charakterisieren das Quartär, die kühleren werden als Glazial = Eiszeit = Kaltzeit = Kryomer = Stadial = Kälteschwankung, die wärmeren als Interglazial = Warmzeit = Zwischeneiszeit = Thermomer = Interstadial = Wärmeschwankung bezeichnet, wobei die Bezeichnungen »Glazial«, »Eiszeit«, Kaltzeit großen kalten, »Interglazial« = »Warmzeit« großen warmen Klimaabschnitten vorbehalten sind.

Manche Autoren machen einen regionalen Unterschied; sie verwenden den Begriff »Eiszeit« nur dort, wo Vereisungen vorkommen, in vereisungsfreien Gebieten (z.B im Periglazialbereich oder in den Tropen) benutzen sie für den gleichen Zeitraum den Begriff »Kaltzeit«.

3.2
Grenzen

Obere Grenze = Heute; die untere Grenze ist nicht eindeutig zu definieren, weil der Übergang vom wärmeren Tertiär zum kühleren Quartär in einer langsam zunehmenden Klimaverschlechterung bestand. Man behilft sich mit willkürlich festgesetzten Grenzen, deren weltweite Anerkennung auf internationalen Quartärkongressen empfohlen wird. Manche Autoren geben dem Quartär keinen selbständigen Formationsstatus sondern stellen es als Unterstufe zum Tertiär.

Die vollmarine Vrica-Folge in Kalabrien (Italien) wird auf Internationalen Geologenkongressen (IGC) seit 1948 empfohlen, ihr entspricht im kontinentalen Bereich ungefähr das obere Villafranchien. Da weltweit anerkennbare Grenzen in marinem Milieu gesucht werden, steht das kontinentale Profil nicht weiter zur Debatte. Auf dem IGC in Moskau 1982 wurde empfohlen das Auftreten des »ersten kalten Gastes«, die in tieferem Wasser lebende Ostrakode Cytheropteron testudo im marinen Vrica-Profil ca. 10 m über der oberen Grenze des Olduvai-Events (ca. 1,64 Mio. Jahren v.H.) als Grenze Pliozän/Pleistozän zu definieren, im Flachwassermilieu tritt etwa gleichzeitig die Muschel Arctica islandica auf.

Die oben genannte Ostrakode kommt aber im marinen San Nicola-Profil bei Gala, Sizilien, bereits in Schichten mit dem Alter von ca. 2,35 Mio. J. v. H. vor, scheint daher für eine eindeutige Grenzziehung nicht geeignet (CEPEK & JÄGER 1988:659).

BOWEN (1978) und andere halten einen dem Vrica-Profil ähnlich jungen Zeitpunkt – das Ende des Olduvai-Events (vor ca. 1,67 Mill. Jahren, für besser geeignet, da es weltweit leichter zu finden ist (CATT 1992:9).

Am Niederrhein dürfte die Pliozän/Pleistozän-Grenze des Vrica-Profils in einem Abschnitt normaler Magnetisierung innerhalb der Matuyama-Epoche zu suchen sein, vielleicht im Bereich des Olduvai-Events. In den Hauptterrassenfolgen fehlen vermutlich revers magnetisierte Abschnitte, so daß ihre Einstufung nach der paläomagnetischen Zeitskala unsicher ist (BOENIGK et.al.1974:238). Durch die vom IGC empfohlene Grenzziehung fallen im Niederrheingebiet bisher dem Quartär zugeordnete und durch Fauna und Flora erkennbare kühle Zeitabschnitte, etwa ab dem Prätegelen vor über 2 Millionen Jahren, zum Tertiär (KRUTZSCH 1988). In Niederrheinterrassen beginnt die für das Quartär typische Schwermineralführung schon im Tertiär (Oberes Reuverium, BOENIGK 1987).

Die Definition einer weltweit verwendbaren eindeutigen Tertiär-Quartär-Grenze scheint noch nicht gefunden, die Bestrebungen tendieren zu einer Verknüpfung mit der Sauerstoff-Isotopen-Chronologie.

3.3
»glazial« und ähnliche Begriffe

GRAHMANN schlug 1951 vor, die Begriffe »glazial« für »eiszeitlich«, »glaziär« für »eisgebunden« und »glazigen« für »eisbedingt«, an Stelle von »periglazial« den Ausdruck »periglaziär« zu verwenden. Nach Erörterung der bisherigen Benennungspraxis macht KARTE (1979:2) den Vorschlag, im deutschen Schrifttum beide als gleichbedeutend zu gebrauchen, in einem Text aber nur den einen oder den anderen um Mißverständnisse zu vermeiden. In neueren Schriften werden wieder »glazial« und »periglazial« verwendet (LIEDTKE 1981:24), an Stelle des Begriffs »fluvioglazial« »glazifluviatil«.

3.4
Numerierung von Klimaabschnitten

GRAHMANN's Vorschlag (1951), die Numerierung der Vereisungen zu unterlassen, da die Überlieferung zu lückenhaft sei, um eine weltübergreifende Reihenfolge erstellen zu können, hat sich bis heute für kontinentale Sedimentfolgen bestätigt. Die in allen Ozeanen gefundene gleichartige Folge von Sauerstoff-Isotopen-Abschnitten in Tiefseesedimenten erlaubt nun erstmalig eine weltweite Numerierung (Abb. 5, 6, 7), die auf terrestrische Gliederungen anwendbar erscheint (Kap. 6.8), indem die Nummern der Isotopen-Abschnitte für die gleichzeitigen Glaziale und Interglaziale gelten, zum Beispiel Sauerstoff-Isotopen-Abschnitt 5 = Interglazial 5, Abschnitt 12 = Glazial 12.

3.5
Entdeckung des eiszeitlichen Charakters

Die Entdeckung des Eiszeitalters entwickelte sich aus der Erkenntnis, daß die zahlreichen verstreuten Felsblöcke Norddeutschlands vorwiegend aus skandinavischen, die des Alpenvorlandes vorwiegend aus Alpengestein bestanden; ihr weiter Transport war das zunächst nicht begreifbare Problem. Das wird noch in Versen Goethes aus Faust 2,4 über die rätselhaften Findlinge deutlich:

> Noch starrt das Land von fremden Zentnermassen
> Wer gibt Erklärung solcher Schleudermacht?
> Der Philosoph, er weiß es nicht zu fassen
> Da liegt der Fels, man muß ihn liegen lassen,
> zuschanden haben wir uns schon gedacht.

Die Schwierigkeit, große Vereisungen der Erde zu verstehen, lag vor allem in der Unkenntnis des Formen- und Sedimentinventars vereister Gebiete.

1774	VON AHRENSWALD: Findlinge des norddeutschen Tieflandes stammen aus Schweden; er vermutet Transport durch eine große Schlammflut.
1781	DE SAUSSURE: große Wassermengen schwemmten Schutt aus Alpen,
1786	VOIGT, J.C.W.: Findlinge in Eisschollen verdriftet.
1802	PLAYFAIR: Findlinge von Mont Blanc auf Juragebirge: Gletschertransport
1802	WREDE: norddeutsche Findlinge durch Eisbergtransport
1808	J.G.EBEL: Findlingstransport durch rhytmische Meeresfluten
1815	PERRAUDIN: Findlinge durch Gletschertransport.
1822	I.VENETZ: mehrfache Vereisungen

1822	BUCKLAND: «Diluvium» und «Alluvium«
1824	ESMARCH: Findlinge Norddeutschlands: Gletschertransport.
1829	VENETZ-SITTEN: Norddeutschland eiszeitlich vergletschert.
1832	BERNHARDI: Norddeutschland bis an den Rand der Mittelgebirge von Gletschern bedeckt.
1834	CHARPENTIER will 1829 Ansicht von VENETZ widerlegen, überzeugt sich durch Geländebeobachtungen von der Glazialtheorie.
1835	CHARLES LYELL verhilft Drifttheorie zu weiter Anerkennung.
1837	J.G. ZEHRER: erste Terrassengliederung im Rheingebiet.
1837	SCHIMPER: »Eiszeit«.
1840	LYELL, CH.: »Pleistozän«
1840	L. AGASSIZ: Findlinge = Zeugen von Vereisungen im Vorland der Alpen, im Norden Mitteleuropas, Sibiriens und Nordamerikas; W. BUCKLAND erkennt auf einer Exkursion mit L. AGASSIZ die eiszeitliche Vergletscherung in Schottland und England, noch 1840 überzeugt er Charles Lyell, den bekanntesten Verfechter der Drifttheorie, von der Glazialtheorie.
1841-42	C. MACLAREN: glazialeustatische Meeresspiegelschwankungen.
1842	BRAUN: Bezeichnung »Löß« in wissenschaftliche Literatur.
1844	A. VON MORLOT; 1848 NAUMANN: Vereisung bis Sachsen; Gletscherschliffe an Porphyrfelsen; Stauseen vor dem Gletscherrand.
1855	A.C. RAMSAY: Anerkennung der Glazialtheorie in England.
1856	C. FUHLROTT findet den »Neandertaler« bei Düsseldorf.
1864	C. HAUSER: rezente Frostmusterböden in Glarner Alpen.
1869	HELMERINGHAUSEN: Schrammung auf Rüdersdorfer Kalkbergen durch Gletscher.
1874	J. GEIKIE: Buch »The Great Ice-Age«.
1874	KROPOTKIN: überzeugt Russ.Geogr. Ges.in Leningrad von der Glazialtheorie
1875	James Croll: Eiszeiten durch Schwankungen der Erdachsenneigung; abwechselnd auf Süd- und Nordhalbkugel.
1875	TORREL überzeugt auf der Tagung der Deutschen Geologischen Gesellschaft in Berlin die Mehrheit der Teilnehmer von der Glazialtheorie. Dieser Anlaß wird mit Recht als der Beginn moderner Eiszeitforschung im norddeutschen Raum gefeiert, weil nun erst die systematische und langwierige regionale Untersuchung der Endmoränen, Grundmoränen und Sander begann; vorher waren die Endmoränenrücken als »Kieswälle« der Eisschollendrift kartiert worden.

Bis zum Vortrag von TORREL galt die von Ch.LYELL ausgebaute Drifttheorie, obwohl Lyell sich schon 1840 von der Drifttheorie abgewandt hatte, als er sich von der Glazialtheorie überzeugen ließ. So startete die langwierige Erforschung der komplizierten Eiszeitgeschichte der großen norddeutschen Tiefebene spät; erst um 1900 wurden die Moränen am Niederrhein und in den Niederlanden erkannt. Manche der vielfältigen Probleme (u.a. Einstufung von Moränen und Interglazialen, Entwässerungswege des Inlandeises) sind teilweise noch strittig. Die Entdeckungsgeschichte bestätigt die alte Regel: Mehrheiten sind kein Argument für den Wahrheitsgehalt, aber notwendig, um Folgerungen wirksam werden zu lassen.

1891	E. DUBOIS: Pithecanthropus erectus in Trinil auf Java
1906	J.G. ANDERSON: eiszeitliches Bodenfließen = Solifluktion
1906	B.BRUNHES: normale und reverse Magnetisierung in Vulkangesteinen
1907	O. SCHOETENSACK: Homo erectus heidelbergensis, Günz-Mindel-Interglazial
1909	W. von Lozinski: Begriff »Periglazial«
1912	DE GEER: absolute Datierung des Endes der letzten Eiszeit durch Zählung von Warven
1924	K.GRIPP vergleicht fossile Gletscherspuren mit rezenten auf Spitzbergen
1933	BERCKHEMER: Homo steinheimensis, Mindel-Riss-Interglazial.
1936/39	VON KOENIGSWALD: Pithecanthropus modjokertensis (= robustus), Java
1954	Emiliani: Gliederung von Tiefsee-Sedimenten nach dem Sauerstoff-Isotopen Verhältnis der Foraminiferenschalen;
1964	A.COX, R.R.DOELL & G.B.DALRYMPLE: paläomagnetische Gliederung
1967	N. SHACKLETON: Variationen des $^{18}O/^{16}O$ Verhältnisses in Tiefseekernen zeigen Schwankungen im Gesamtvolumen des irdischen Eises.
1976	CLIMAP-Projekt: Erdoberfläche des letzten Hochglazials
1980	LIEDTKE, H.: »Abluation«

(nach HÖLDER 1960, KAHLKE 1981, KAISER 1975, GRIPP 1929,1975, IMBRIE & PALMER-IMBRIE 1981, GELLERT 1990, LANGER 1990, EISSMANN & MÜLLER 1994).

Abb. 1
CO_2-Gehalt der Atmosphäre,
Messungen auf Hawai seit
1958. (nach KEELING et.al.
1982 in Catt 1992:305).

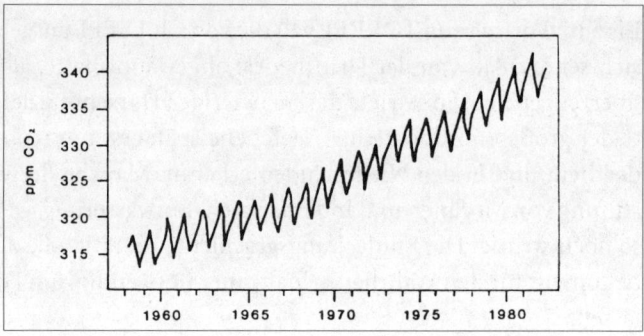

Abb. 2
CO_2-Konzentration der
Atmosphäre seit 1750; Zusammenstellung nach Messungen
in Hawai und der in Inlandeis
eingeschlossenen Luft.
(NEFTEL et.al. 1985, FRIEDLI
et.al. 1986 in: ENQUETE-
Kommission 1989:358)

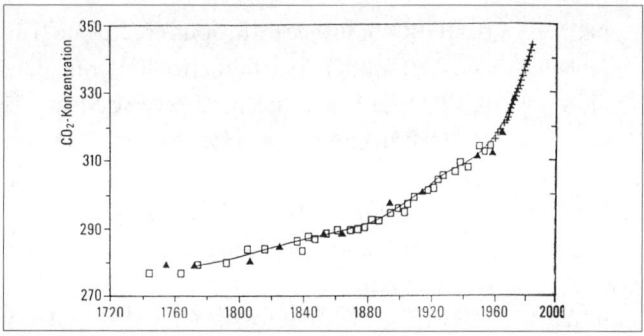

Abb. 3
CO_2-Gehalt der Atmosphäre
in den letzten 100 000 Jahren.
(Abb.1.1-1 S.13 in ENQUETE-
Kommission 1995, der in der
Abbildung angegebene
Zeitraum 200 000 Jahre ist
wahrscheinlich überschätzt.)

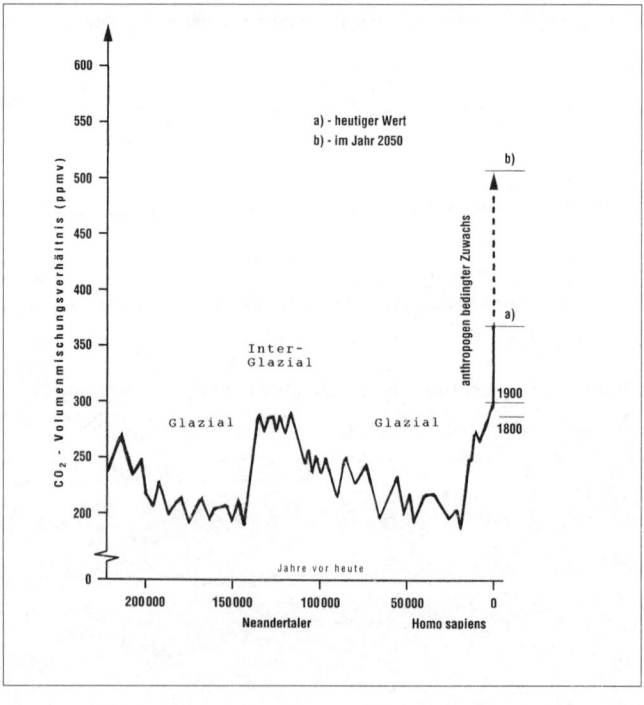

4 Theorien über die Ursachen der Vereisungsperioden

4.1
Fortschreitende Abkühlung der Erde ?

Man nimmt an daß die Erde vor ca. 5 Milliarden Jahren aus einem Haufwerk zusammenstürzender »Planetesimals« (Asteroiden, Kometen und Meteoriten) entstand, daß Erhitzung dieses Haufwerk verflüssigte und daß auf dem Glutfluß sich die Erdkruste bildete, zunächst mit einer heißen Gashülle voller Wasserdampf und CO_2. Vereisungen konnten erst eintreten, nachdem die Erdkruste abgekühlt und die Gashülle wärmedurchlässiger geworden war (WETHERILL 1984).

Die Gashülle enthielt zunächst keinen Sauerstoff, die Sonnenstrahlung war deutlich geringer als heute aber der relativ hohe Kohlensäuregehalt bewirkte einen erhöhten Treibhauseffekt. Seit durch Photosynthese der Sauerstoff sich in der Atmosphäre angereichert hat, schwankten die Temperaturen in geringem Maße wie auch der Sauerstoff- und Kohlensäuregehalt (BUDYKO et.al.1985).

Seit ca. 2-3 Milliarden Jahren hat es gelegentlich Eiszeitalter gegeben. Sie waren im Verhältnis zu den Zeitabschnitten ohne Vereisungsspuren relativ kurz – die letzte abgeschlossene Vereisungsperiode, die des Permokarbons, dauerte ca. 20-30 Millionen Jahre. Zwischen den Vereisungsperioden dehnten sich »eisfreie« Zeitabschnitte von ca. 200-300 Millionen Jahren, in denen zeitweise kein Eis auf der Erde existierte. Das Erdklima scheint in diesem Zeitraum relativ gleichmäßig gewesen zu sein; eine zunehmende Abkühlung ist aus Klimaspuren nicht festzustellen, obwohl die Erde laufend Eigenwärme in den Weltraum abstrahlt. Die Wärmeabstrahlung ist nur verständlich unter der Voraussetzung, daß im Erdinnern eine Quelle besteht, die den Wärmeverlust ersetzt:

Man vermutet als Ursache radioaktive Elemente (hauptsächlich in der Erdkruste) oder Gravitationsenergie durch Verdichtungsvorgänge im Erdkern oder Reibungsenergie in der Grenzzone Erdkern/Erdmantel durch Abbremsung der Erdrotation, weil der Mond den Erdkern aus dem Erdzentrum herauszieht, sodaß er an rascher rotierende Schichten stößt und Wirbel erzeugt, die die Kontinentplatten bewegen (Die ausgeprägte irdische Plattentektonik ist der erdähnlichen aber mondlosen Venus fremd). Die Wirbel im Erdmantel werden aber auch durch Konvektion infolge von Temperaturunterschieden erklärt (BROWN & MUSSETT 1981, GIESE 1984).

Der interne Wärmestrom der Erde ist aber so schwach, daß er für das Erdklima keine Rolle spielt. Dieses hängt praktisch von dem Teil der Einstrahlungsenergie der Sonne ab, den die Erde nicht in den Weltraum reflektiert, sondern in ihrer Gashülle als Wärme festhalten kann. Hierbei spielen wärmerückhaltende Gase = »Treibhausgase«, wie CO_2, Wasserdampf und Methan eine wichtige Rolle.

Die ältesten sicheren Spuren einer großen Vereisung sind ca. 2,3-3,8 Milliarden Jahre alt: «Huronische Vereisung« in Kanada und Vereisungsspuren am Witwatersrand in Afrika (HAMBREY & HARLAND 1981, KASTING 1993). Die Eokambrische Vereisung, vor ca. 700 Millionen Jahren, hat auf allen Kontinenten Spuren hinterlassen, sie stellt sicher ein großes weltweites Eiszeitalter dar, von dem wir aber nur wenige Einzelheiten kennen. Vereisungsspuren im Ordovizium Nordafrikas und Arabiens gehören wohl nicht zu weltweiten Vereisungen, sondern sind vielleicht in der Nähe des damaligen Südpols der Erde entstanden, immerhin deuten sie auf Eiszeitbereitschaft.

Die letzte größere vorquartäre Vereisung erfaßte während des Oberkarbons und Perms (»Permokarbonische Vereisung«), vor ca. 320-260 Mill. Jahren den um den Südpol gelegenen Teil der Pangäa, das Gondwanaland. In den dazu gehörenden Ländern Südafrika, Südamerika, Australien und Antarktis liegen mächtige fossile Moränen (Tillite). Aus dem nördlicheren Teil der Pangäa (Nordamerika, Europa, Asien) fehlen Vereisungsspuren (mit Ausnahme von Teilen Sibiriens, LEINFELDER & SEYFRID 1993), er lag größtenteils in Äquatornähe.

3500 m mächtige paralische Sedimente aus tropischem Milieu, besonders im Oberkarbon Europas überliefert, enthalten Anzeichen für ca. 450 Meeresspiegelschwankungen im Zeitraum von 20 Millionen Jahren, die wie die eustatischen Meersspiegelschwankungen des Quartärs durch den Wechsel zwischen Kalt- und Warmzeiten verursacht sein dürften (HESEMANN 1975:121). Nach der Permokarbonischen Vereisung folgt als nächste weltweite Vereisungsperiode die noch andauernde des Quartärs.

Im Quartär unterscheidet man Zeitabschnitte mit gemäßigt warmem Klima, in denen zwei Inlandeise über Grönland und der Antarktis bestehen (= Interglaziale) und Zeitabschnitte mit kälteren Klima, in denen große Inlandeise über Nordeuropa, Nord- und Südamerika und viele kleinere Vereisungen auf Hochgebirgen hinzukommen (= Glaziale).

Im Hinblick auf die viele Millionen Jahre langen Zeitabschnitte wärmeren Klimas gilt der Zustand der Erde in den Interglazialen als eine Zeit der »Eiszeitbereitschaft« (WUNDT 1944), der sich aus bisher nicht bekannten Gründen mehrfach in ein Klima mit extrem starker Vereisung (den Glazialen) umwandelte. Man kennt mehrere erdgeschichtliche Vorgänge, die eine Abkühlung des Klimas bewirken ohne zu wissen ob oder welche davon allein oder in Kombination die »Eiszeitbereitschaft« verursachten. Noch weniger durchschaut sind die Vorgänge, die zu den großen Vereisungen von mehreren Jahrzehntausenden Dauer führen. Es ist schwer zu verstehen, daß kein stabiler Endzustand erreicht wurde. Auf diesem Dilemma beruht die Faszination der astronomischen Theorie der Erdbahnelemente,

weil sie schwankende Einflüsse auf das Erdklima aufzeigt, obwohl die aus ihnen errechen-
baren Temperatureinflüsse verschwindend gering sind.

Trotz aller Vermutungen und Theorien ist die Ursache der Eiszeiten noch unbekannt.
Da das Erdklima vielfach zwischen Glazialen und Interglazialen schwankte, wird ein Mechanismus vermutet, der wiederholtes Umkippen zu relativen Gleichgewichtszuständen
Glazial und Interglazial verursacht. Die Steuerung kennen wir nicht, sie mag durch irdische oder außerirdische Einflüsse erfolgen (Kap. 4.9).

4.2
Sonneneinstrahlung

Die mittlere Einstrahlung der Sonne beträgt ca. 1373 Watt/m² = Solarkonstante. Ein Teil
davon wird reflektiert; die restliche Einstrahlung würde – ohne Lufthülle – zu einer Erwärmung der Erdoberfläche auf 254 °K = -19 °C reichen. Als mittlere Durchschnittstemperatur
werden aber ca. +15 °C gemessen. Die Temperaturerhöhung um

34 °C ist durch den Treibhauseffekt des Wasserdampfes, der Wolken und einiger Spu-
rengase, (besonders CO_2) bedingt. In niederen Breiten – vom Äquator bis ca. 35° Nord und
Süd – besteht ein Wärmeüberschuß, in den nördlicheren und südlicheren ein Wärmedefi-
zit, das durch Meeres- und Luftströmungen vermindert wird (EMBLETON 1975).

Als Ursache großer Eiszeiten werden Schwankungen der Sonneneinstrahlung vermutet
(u.a. WUNDERLICH 1974:76). Messungen haben bisher keine nennenswerten Änderungen der Einstrahlung (»Solarkonstante«) nachweisen können, die Meßzeiten sind zu kurz.
Sonnenfleckenzyklen von 8-15 (Mittel 11), 80-90 (Gleisberg-Zyklus) und 200 Jahren geben
Hinweise auf Strahlungsschwankungen einer veränderlichen Sonne. Man vermutet, daß
sonnenfleckenlose Zeitabschnitte, wie zwischen 1100-1250, 1460-1550 und 1645-1715 (letzte-
rer »Maunder-Minimum« genannt), kühleres Klima verursachten (MAUNDER 1992).
Nach LACIS et. al. 1992, KELLY et. al. 1992, SCHLESINGER et.al. 1992 und BALIUNAS &
SOON 1996 ist vermehrte Sonneneinstrahlung Ursache für die seit ca. 200 Jahren feststell-
bare Erwärmung des Erdklimas, die andererseits auf eine Zunahme der Treibhausgase
durch menschliche Tätigkeit zurückgeführt wird (Abb. 1, 2, Kap.16).

4.3
Kontinentaldrift

Auf Kontinenten in Pollage (Antarktis) häufen sich große Eismassen, deren Kälte von Luft-
und Meeresströmungen in alle Ozeane getragen wird, während Meere in Pollage (Nord-
pol) nur wenig Kälte speichern. Der antarktische Kontinent ist fast vollständig von einem
schildförmigen, im Innern bis ca. 4000 m hoch reichenden Inlandeis bedeckt. Seine Entwicklung begann im Eozän: Vielleicht driftete damals (vor ca. 40 Millionen Jahren) der

antarktische Kontinent unter den Südpol; vor ca. 35 Millionen Jahren hatte sich ein Eisschild über der Ostantarktis gebildet (HÖFLE 1992). Vielleicht aber trennte sich damals der Kontinent Australien von der schon im Polbereich liegenden Antarktis sodaß um letztere eine zirkumpolare Meeresströmung sich bilden konnte, die einerseits die nötige Feuchtigkeit für den Eisaufbau lieferte, andererseits die weltweite Abkühlung des Ozeantiefenwassers einleitete (LEINFELDER & SEYFRIED 1993:166).

Die Abkühlung der Erde, die zur »Eiszeitbereitschaft« führte, begann also nicht im Quartär sondern viele Millionen Jahre früher im Tertiär. Auch während der permokarbonischen Eiszeit lag ein Kontinent unter dem Südpol: Der Gondwanakontinent.

4.4.1
Hebungen und Senkungen des Festlandes

Durch Hebung entsteht Abkühlung, weil Meeresgebiete landfest werden; des weiteren natürlich auch wenn große Flächen über die Schneegrenze gelangen: Nach der karbonischen Faltung stieg das variskische Gebirge auf, es folgte die permokarbonische Eiszeit; nach der alpidischen Faltung (am Ende des Tertiärs) stiegen die heutigen Hochgebirge auf, es folgte das heutige Eiszeitalter. Hebung kann den CO_2-Gehalt der Luft und damit ihren Treibhauseffekt vermindern und dadurch auch eine Abkühlung bewirken (Kap. 4.5). Neuerdings wird der Einfluß des Aufsteigens des Hochlandes von Tibet auf die Klimaabkühlung erörtert (KUHLE 1989, 1991).

4.4.2
Meeresspiegelschwankungen, Meeresströmungen

Eine Senkung des Meeresspiegels um ca. 120 m am Ende des mittleren Miozäns (BERGER et.al. 1993:716) führte zur Freilegung großer Landflächen, die weniger Wärme speichern können als Meerwasser. Die Abkühlung der Nordhalbkugel soll durch Schließung des Isthmus von Panama vor ca. 4,2-2,4 Millionen Jahren verstärkt worden sein, eine Hebung des untermeerischen Island-Faroer-Rückens zeitweise das warme Golfstromwasser von polnahen Breiten abgesperrt haben (STRAUCH 1983, LEINFELDER & SEYFRIED 1993:166).

Das Absinken großer Mengen stärker salzhaltigen Oberflächenwassers im nördlichen atlantischen Ozean (etwa in Höhe von Island) infolge Abkühlung durch kalte Winde saugt warmes Atlantikwasser an und bewirkt die Klimagunst Nordeuropas, die fälschlicherweise dem Golfstrom zugeschrieben wird. Gegen Ende der letzten Eiszeit haben plötzliche Schmelzwasserzuflüsse aus Kanada die Wasserversinkung mehrere Male unterbrochen, weil das verdünnte Wasser nicht schwer genug war. Der Zustrom warmen Atlantikwassers hörte auf, es entstanden die plötzlichen Kälteeinbrüche der Älteren und Jüngeren Dryas-Zeit (BROECKER & DENTON 1990).

4.5
Veränderungen im CO_2 Gehalt der Erdatmosphäre

Für die Erwärmung der Lufthülle spielt CO_2 als Treibhausgas eine wichtige Rolle. Nach Luftblasenanalysen aus dem antarktischen Inlandeis betrug der CO_2-Gehalt während der letzten Eiszeit 180-240 ppm, in Warmzeiten (letztes Interglazial und Holozän) 260-300 ppm, Ende des 18. Jahrhunderts ca. 280 ppm, er hat jetzt etwas mehr als 350 ppm erreicht, also deutlich mehr als während des letzten Interglazials (Abb. 3, NEFTEL 1985, FRIEDLI 1986, SIEGENTHALER & OESCHGER 1987, KUHN 1990).

Eine weitere Steigerung des CO_2-Gehalts der Luft soll schädliche Änderungen des Klimas verursachen (Kap. 16). Während der letzten Kaltzeit schwankte der CO_2-Gehalt etwa proportional zur Temperatur (BARNOLA et.al. 1987). Kälteres Wasser nimmt mehr CO_2 auf als wärmeres, daher braucht die Abnahme bzw. Zunahme des CO_2 in der Atmosphäre nicht Ursache sondern kann Folge der Abkühlung bzw. der Erwärmung des Ozeans sein. Rasche Hebung großer Gebiete legt weithin kristalline Gesteine bloß, deren chemische Verwitterung große Mengen Kohlensäure der Atmosphäre entzieht. Das Hochland von Tibet liefert heute ca. 25 % aller dem Ozean zugeführten gelösten Stoffe, obwohl es nur 5 % der Kontinente umfasst (RAYMO & RUDDIMAN 1992 in LEINFELDER & SEYFRIED 1993:166).

4.6
Vulkane

Nach rezenten Staubemissionen durch Vulkanausbrüche wurden kleine 1-2 Jahre dauernde Klimaabkühlungen gemessen; als Ursache gilt die Strahlungsreflexion durch das in die Luft geblasene SO_2, das mit dem Luftsauerstoff zu SO_4 oxidiert. Weltweit kühleres Klima wird nach zahlreichen Vulkanausbrüchen während des Pleistozäns vermutet. Als größte bekannte quartäre Vulkaneruption gilt die des Toba-Vulkans (Sumatra) vor ca. 74 000(?) Jahren im Übergang der Sauerstoff-Isotopenabschnitte 5a/4. Seine Eruption blies ca. 10^{15} bis 10^{16} g Aschen in die Luft, bis in ca. 32 km Höhe. Sie bewirkten eine etliche Jahre dauernde Abkühlung der nördlichen Halbkugel um 3-5 °C, die dadurch bedingte Vergrößerung der Schneeflächen verstärkte die beginnende erdweite Abkühlung (RAMPINO & SELF 1993).

4.7
Erdbahnelemente

Die heutige Exzentrizität der Erdbahn (e = 0,017) bedingt Einstrahlungsunterschiede zwischen sonnennächstem und sonnenfernstem Punkt von ca. 7 %. Sie schwankt mit einer

Periode von ca. 100 000 Jahren (77 000 bis 103 000 Jahre) zwischen 0,005 und 0,05. Die Veränderung des jahreszeitlichen Mittels der globalen Einstrahlung betrug 0,3 %, die dadurch verursachte Temperaturänderung höchstens 0,2 °C. Die Neigung der Erdachse (Ekliptikschiefe) schwankt zwischen 22°0´-24°28´ in einer Periode von ca. 41 000 Jahren (zwischen 38 000 und 45 000 Jahren). Die Präzession der Erdachse hat Perioden von 19 000 und 23 000 Jahren, die Meridionalverteilung der Sonnenstrahlung erreicht dadurch jahreszeitliche Variationen von maximal 2 % (EMBLETON & KING 1975).

Die durch Erdbahnelemente hervorgerufenen Temperaturschwankungen können allein keine Eiszeit verursachen, weil »Änderungen der astronomischen Elemente zu allen Zeiten bestanden haben und wir infolgedessen zu allen Zeiten Vereisungen gehabt haben müßten« (WOLDTSTEDT 1954:337), was offensichtlich nicht der Fall war.

Manche Autoren sehen einen Zusammenhang zwischen Klimaschwankungen einer eiszeitbereiten Erde und den von Erdbahnelementen verursachten Erwärmungsunterschieden (Kap. 6.7). Von einer zutreffenden Theorie erwartet man erhellende Einsicht in noch unbekannte Zusammenhänge und besonders über die zukünftige Entwicklung. Hier hat die Theorie der Erdbahnelemente bisher noch keine überzeugenden Ergebnisse. Sie wurde mehrfach an gerade geltende Vorstellungen über den Klimaablauf angepaßt, wurden diese geändert, wurden andere Parameter gesucht, bis die aus Erdbahnelementen errechenbare Klimakurve wieder ungefähr paßte. Es scheint, daß auch die geltende Datierung der Klimawechsel, insbesonders das Alter des letzten Interglazials (Kap. 6.8.3) revidiert werden muß und damit die gültige Klimaberechnung nach Erdbahnelementen.

4.8
Selbstverstärkungseffekte

Die Wärmezufuhr durch Einstrahlung hängt von der Albedo, die Wärmespeicherung hauptsächlich von der Größe der Ozeanflächen ab. Starke Reflexion durch ausgedehnte Schnee- oder Wolkenflächen vermindert die Wärmezufuhr erheblich. Große Inlandeise überbrücken kurzfristige Wärmeperioden, die kühlende Wirkung ihrer Albedo summiert sich über Jahrtausende. Auch ihr Höhenwachstum hat kälteverstärkende Wirkung: Auf Tiefebenen unter der Schneegrenze erheben sie sich über diese hinaus und werden dadurch beständig; von ihren Oberflächen wehen kalte Fallwinde ins Vorland. Eustatische Meeresspiegelsenkungen während der Glaziale bedingen eine Vergrößerung der Landflächen, die rascher abkühlen, und eine Verkleinerung der Wasserflächen, die Wärme speichern. Die Selbstverstärkung der Abkühlung durch Anwachsen der Schneeflächen scheint in Glazialen ein kaum umkehrbarer Prozeß zu sein, er kommt erst zu einem Stillstand, wenn der Schneenachschub unter das Minimum sinkt, das zur Erhaltung der Schneeflächen erforderlich ist. Das kann eine Folge der nachhinkenden Abkühlung des Ozeans sein.

Dann aber tritt ein entgegengesetzter Selbstverstärkungseffekt auf: Ungenügender Schneenachschub und Staubstürme verringern die Albedo der Eisflächen, zunehmende Erwärmung vermindert sie und verstärkt die Erwärmung, auch hierbei hinkt die Erwärmung des Ozeans nach.

4.9
Umschaltmechanimus

Die früher verbreitete Vorstellung, dass Klimaänderungen zwischen Glazial und Interglazial, gemessen am Maßstab des menschlichen Lebens, in langsamen, unmerklichen Schritten vor sich gehen, wird heute angezweifelt, weil Befunde aus Meeresedimenten und Eiskernen Grönlands starke plötzliche Wechsel anzeigen, die, würden sie heute eintreten, katastrophale Ausmaße besäßen. Dahinter wird ein Schaltmechanismus vermutet, durch den das lange Zeit stabile Glazial-, bzw. Interglazial-Klima mehr oder weniger rasch in den anderen Klimazustand umschaltet (Kap. 16, ferner DAWSON 1992, ALLEY et.al. 1993, FAIRBANKS 1993).

Die Umschaltungen werden vielleicht vom Ozean gesteuert: Die Schaltung vom Glazial zum Interglazial ist in dieser Sicht die notwendige Folge der Ozeanabkühlung, weil sie die Ozeanverdunstung so stark verringert daß sie nicht mehr die zur Erhaltung der Inlandeise erforderliche Schneemenge liefern kann. Dann beschleunigen Selbstverstärkunsgeffekte die Eisschmelze, eine zunehmende Erwärmung beseitigt das Inlandeis rasch. Diese Umschaltung tritt also automatisch ein, sobald der Ozean für ausreichenden Schneenachschub zu kalt geworden ist.

Für die umgekehrte Schaltung vom Interglazial zum Glazial ist eine Aufheizung des Ozeans erforderlich, die die Lieferung größerer Niederschläge ermöglicht. Doch erfolgt die Umschaltung nicht immer bei gleichem Wärmegehalt, sonst wäre eine Reihe gleich großer Glaziale die Folge; die Tiefseesedimente zeigen einen unregelmäßigen Wechsel großer und kleiner Glaziale. Die Auslösung des Umschaltmechanismus vom Interglazial zum Glazial scheint von untergeordneten Klimaschwankungen abhängig zu sein, die an sich nicht eine Eiszeit bedingen würden, wie zum Beispiel schwankende Sonneneinstrahlung (Kap. 4.2), Erdbahnkonstellationen (Kap. 4.7) Gehalt der Luft an Treibhausgasen. Bei zunehmender Erwärmung wird die Umschaltung hinausgeschoben. Sie erfolgt erst, wenn eine Abkühlungsphase eingesetzt hat, die allein nicht zu einem Glazial zu führen braucht. Dann aber setzen zunehmende Schneeansammlungen den zum Glazial überleitenden Selbstverstärkungsmechanismus in Gang.

In dieser Sicht beeinflußt der Wärmeinhalt des Ozeans auch die Größe einer Vereisung. Ist er höher aufgeheizt, liefert er mehr Schnee, die Vereisung wird größer.

5 Zeit-Gliederungen

	Zeitabschnitte (Veraltete Namen in Klammern)			Alter in Jahren
Tabelle 1 Tertiär-Quartär.				
	QUARTÄR			
	Jungquartär	1	Holozän (Alluvium)	
				10 500
			Pleistozän (Diluvium)	
		2	Jungpleistozän	
	Altquartär	16	Mittelpleistozän	
		22	Altpleistozän	
				900 000
	Frühquartär	23...		
	TERTIÄR			
	Pliozän			
				5 000 000
	Miozän			
				15 000 000
	Oligozän			
				30 000 000
	Eozän			
				45 000 000
	Paläozän			
				65 000 000
	KREIDE			

Diluvium/Alluvium = Pleistozän/Holozän

In älteren geologischen Kartenwerken wird der Zeitabschnitt »Pleistozän« als »Diluvium« (ursprüngliche Bedeutung: Sintflutablagerungen), der Zeitabschnitt »Holozän« als »Alluvium« (= Anschwemmung) bezeichnet. Die erst um die Mitte dieses Jahrhunderts sich durchsetzenden Bezeichnungen »Pleistozän« und »Holozän« lehnen sich an die moderne Tertiärgliederung an, bringen aber keine neuen Erkenntnisse, weil ihnen die gleiche Definition der Grenzen zugrunde liegt, sondern höchstens Verwirrung, wenn der Benutzer älterer Karten die Bedeutung der nun »veralteten« Begriffe nicht mehr kennt (Tab. 1). Die neue Bezeichnung soll nur »modernere« Vorstellungen über die Eiszeitgenese zum Ausdruck bringen, aber diese unterliegen mit dem Fortschritt der Kenntnis ebenfalls einem Wandel.

Die Einteilung in Pleistozän und Holozän ist, im Zeitmaßstab gesehen, sehr ungleichgewichtig: Das Holozän umfasst nur die letzten 10 000 Jahre, so ist der Abschnitt Pleistozän fast identisch mit dem Zeitbegriff Quartär. Dennoch ist die Abtrennung des Holozäns aus vielerlei praktischen Gründen wichtig.

Früh-, Alt- und Jungquartär

Nach terrestrischen Befunden und nach Sauerstoff-Isotopen-Schwankungen quartärer Tiefseesedimente kann man im Ablauf des gesamten Quartärs einen ersten Abschnitt mit kleineren Klimaschwankungen (hier »Früh-Quartär«) von einem zweiten mit großen Eiszeiten (hier Alt- und Jungquartär«) unterscheiden.

MENKE (1975:129) schlug vor, den ersten Abschnitt »Känozän«, den zweiten »Pleistozän« zu nennen, was nicht übernommen wurde, weil es eine Änderung der Definition des längst eingeführten Begriffs Pleistozän bedeutet hätte. MENKE gliedert das Frühquartär, sein »Känozän«, in sechs Kryomere (kältere) und sechs Thermomere (wärmere) Zeitabschnitte und benannte sie unter Hinweis, daß die Korrelierung mit anderen Regionen nicht völlig sicher ist, nach schleswig-holsteinischen und niederländischen Vorkommen (Tab. 4).

In den Sauerstoff-Isotopen-Kurven der Tiefseekerne reicht das Frühquartär (mit kleinen Klimaschwankungen) bis zum Sauerstoff-Isotopen-Abschnitt 23, die folgenden großen Klimaschwankungen werden als Altquartär und Jungquartär bezeichnet. Wenn auch MENKE's Benennung sich nicht durchgesetzt hat, ist die von ihm vorgeschlagene Abtrennung des Frühquartärs durch die Sauerstoff-Isotopenkurve der Tiefseesedimente vollauf bestätigt.

Das Altquartär hat in der Literatur bisher keine eindeutige Altersabgrenzung zum Jungquartär, in der Gliederung der Tiefseesedimente dürfte der darunter verstandene Abschnitt etwa den Isotopenabschnitten 22-17, das Jungquartär den Abschnitten 16 bis 1 (=heute) entsprechen.

Tabelle 2
Gliederung des Pleistozäns
nach LIEDTKE und NILSON.

	Liedtke 1981:21	NILSON in BRUNNACKER 1990:64
	Würm-Gl.	Weichsel-Gl.
Jungpl.	Eem-Interglazial	Jungpl.
Mittelpl.	Riß-Glazial	Saale-Glazial
	Holstein-Intergl	Holstein-Interglazial
Alt-Pl-	Mindel-Gl. Cromer Günz-Gl.	Mittelpl.
	alle älteren	Menap-Glazial
Ältestpl.		Frühpl. Waal
	Abschnitte	Prätiglian

Tabelle 3

Gliederung des Pleistozäns. Auf dem XIII. INQUA-Kongreß 1991 in Beying wurde beschlossen, für die Gliederung des Pleistozäns die Begriffe Unterpleistozän, Mittelpleistozän und Oberpleistozän international zu verwenden. (nach KLOSTERMANN 1995)

Paläomagnetik	Sauerstoff-Iso-topen-Abschnitte		Nordwestdeutschland
	2–5d 5e	**Oberpleistozän**	Weichsel-Glazial Eem-Interglazial
BRUNHES	6–8 9 10–18 19	**Mittelpleistozän**	Saale-Komplex Holstein-Interglazial Elsterkomplex Cromer-Komplex
MATUYAMA	20–21 22 23	**Unterpleistozän**	Bavel-Komplex Menap-Komplex Waal-Komplex Eburon-Kaltzeit Tegelen-Komplex Ältere Kalt- und Warmzeiten

Tabelle 4

Quartärgliederungen in verschiedenen Gebieten (Gl = Glazial; IG = Interglazial oder Interstadial; W = wärmerer, K = kälterer Klimaabschnitt).

Alpen	N.-Deutschl.	Niederl.	England	Rußland	USA
	IG Postglazial/ Holozän (= Flandrian)				
Gl Würm	Weichsel	Tubantien	Devensian	Waldai	Wisconsin
IG Riß/Würm	Eem	Eem	Ipswichian	Miculino	Sangamon
Gl jüng.Riß	Saale 3			Moscov	Illinoian 3
IG	Rügen			Odintsovo	
Gl mittl.Riß	Saale 2		Wolstonian		Illinoian 2
IG	Uecker				
Gl ält.Riß	Saale 1			Dnepr	Illinoian 1
IG Mindel/Riß	Holstein		Hoxnian	Lichwin	Yarmouth
Gl Mindel	Elster	Peelo	Anglian	Oka	Kansan
	Cromer-	IG IV	Cromerian		
		Gl C	Beestonian		
		IG III	Pastonian	Belovez	Aftonian
Gl Haslach		Gl B			
	Komplex	IG II			
		Gl. A			
		IG I			
Gl Günz?	Elbe? Neetze? Anger?	Bavel?	Baventian	Don? Dzuki?	Nebraskan?

W	n. MENKE 1975 Pinneberg				
K Donau	Menap	Menap			
W	Uetersen				
K	Pinnau				
W	Waal	Waal			
K	Eburon	Eburon	Baventian?		
W	Tegelen	Tiglien			
K	Krükau				
W	Nordende		Antian		
K Biber	Ekholt		Thurnian		
W	Meinweg		Ludhamian		
K	Brüggen	Prätigl.	Waltonian Preludhamian		

Die Anordnung der Zeitstufen älter als Würm nebeneinander bedeutet keine nachgewiesene Gleichzeitigkeit: je älter, desto unsicherer. Im Riß-, Saale- und Illinoian-Komplex werden sowohl in Norddeutschland (u.a. NOVEL & CEPEK 1988), Alpen (SCHREINER 1992) als auch USA (u.a.FRYE et.al. 1968) je 3 Vorstöße mit abnehmender Reichweite von den älteren zu den jüngeren angenommen, die durch Bodenverwitterungshorizonte getrennt sind. Letztere werden von manchen Autoren als Interglaziale von anderen als Interstadiale gedeutet. Ob die Dreierteilungen von Riß, Saale und Illinoian sich zeitlich entsprechen, ist nicht geklärt. Die Eiszeitgliederung der USA ist zur Zeit in Neubearbeitung, die oben angeführte zu sehr vereinfacht (HALLBERG 1985:11-15, RICHMOND & FULLERTON 1985).

Tabelle 5
Paläomagnetische Epochen: Polaritätsepochen dauern 10^5 bis 10^6 Jahre, Polaritäts-Ereignisse (events) 10^4 bis 10^5 Jahre. Polaritätsausschläge (Excursions) sind relativ kurze, nur lokal auffindbare Polaritätsschwankungen. Sie beruhen teilweise vielleicht nur auf Meßungenauigkeit. (nach Mankinen & Dalrymple 1979, LIEDKE 1981:25, CATT 1992:201)

Polaritätsepoche	Ereignis und Ausschläge	Alter in Jahren
Brunhes (normal)	LASCHAMP (revers)	8 000 – 20 000
	Erie (revers)	7 600 – 14 000
	Lake Michigan (revers)	7 500 – 13 000
	Gothenburg (revers)	12 350 – 13 750
	Maple Hurst Lake (revers)	12 500
	Port Dover (revers)	13 300
	Golf von Mexico (revers)	15 000 – 18 000
	Lake Biwa (revers)	18 000
	Rubjerg (revers)	23 000 – 40 000
	Norre Lyngby (revers)	23 000 – 40 000
	Kipp (revers)	24 000
	Mono Lake (revers)	24 000
	Lake Mungo (revers)	28 000 – 30 000
	Golf von Mexico (revers)	30 000 – 33 000
	Meadowcliff (revers)	30 500
	Salmon Spring (revers)	52 000 – 54 000
	Blake (revers)	105 000 – 114 000
	Lake Biwa (revers)	104 000 – 117 000
	Lake Biwa I (revers)	176 000 – 186 000
	Chegan Biwa II (revers)	292 000 – 298 000
	Emperor, Biwa III (revers)	395 000 – 405 000
		730 000
Matuyama (revers)	Jaramillo (normal)	900 000 – 970 000
	Olduvai (normal)	1 670 000 – 1 870 000
	Reunion (?) (normal)	2 010 000 – 2 040 000
	Reunion (?) (normal)	2 120 000 – 2 140 000
		2 480 000
Gauss (normal)	Kaena (revers)	2 920 000 – 3 010 000
	Mammoth (revers)	3 050 000 – 3 150 000
		3 400 000

```
              Holozän
5.-8. Jh.     n.Chr.              Frühmittelalter
1.-5. Jh.     "                   römische Zeit
5.-1. Jh.     v.Chr.              jüngere Eisenzeit      (La Tène-Zeit)
8.-5. Jh.     "                   ältere Eisenzeit       (Hallstatt)
1800- 800     "                   Bronzezeit
8000- 1800    "                   Jungsteinzeit          (Neolithikum)
8000- 4000    "                   Mittelsteinzeit        (Mesolithikum
              Würm-Glazial        Altsteinzeit:          (Paläolithikum)
16000-10000   B.P.                Magdalenien
21000-12000   "                   Solutréen
28000-18000   "                   Gravettien
30000-25000   "                   Aurignacien                           H. sapiens sapiens
                                  Mousterien                            H. sapiens neanderthalensis
80000         Eem-Interglazial                           Präneandertaler, Präsapiens
              Riss-Komplex        Acheul / Clacton
400 000       Holstein-Interglazial                      H. sapiens steinheimensis
500 000       Mindel-Glazial      Früh-Acheul
              Cromer-Komplex      Heidelberg, Bilzingleben,              H. erectus
900 000       erste große Eiszeit, Gebrauch des Feuers,    (Pithecanthropus)  H. erectus
                                  Ausbreitung nach Europa und Asien      H. erectus
1,25 Mill.    Olduvai Tansania                                           H. erectus
1,4 Mill.     Handaxt des Acheul                                        H. habilis
1,6 Mill.     Koobi Fora (Kenya)                                        H. erectus
1,65 Mill.    Nariokotome (Kenya) "Turkana Boy"                         H. erectus
              Pliozän             bis 1,3 Mill.: H. rudolfensis, H.ergaster   H. habilis
2 Mill.                           bis 1,2 Mill.  A. boisei;    bis 1,1 Mill.  A. robustus
3 Mill.                           bis 2,4 Mill.  A. aethiopicus;    2,2 Mill.  A.africanus
                                  Afar-Senke, Äthiopien,(Lucy)           A. afarensis
3,6 Mill.     Laetoli, Tansania,  Fußspuren von 3 Menschen
4,4 Mill.     Aramis, Afar-Senke                                        A. ramidus
4,5-5,5 Mill. Trennung der Stammbäume   Schimpanse / Mensch
              Baumsteppe in Ost- u. Südafrika
12- 6 M.      Miozän:             Ostafrika: Keniapithecus; Indien:      Ramapithecus
20-14 Mill.                       Ostafrika:                             Proconsul
33-32 M.      Oligozän:           Oase Fayum: Aegyptopithecus,      Propliopithecus
```

Tabelle 6

Menschheitsentwicklung.
A. = Australopithecus,
H. = Homo

(nach ADAM 1966, GIESELER 1974, CZARNETZKI 1983, PILBEAM 1984, SIMONS 1989, MÜLLER-BECK 1983, 1990, SANGMEISTER 1983, MANIA 1990, LEAKEY & SLIKKERVEER 1993, SWISHER & CURTIS 1993; STEITZ 1993, WHITE et.al.1994, WOOD 1994)

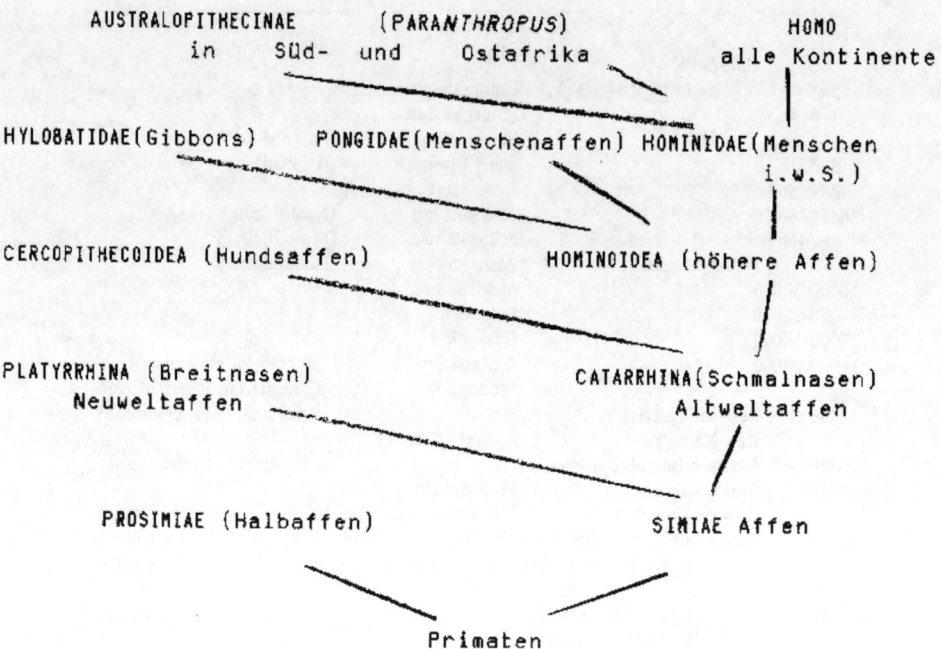

```
AUSTRALOPITHECINAE        (PARANTHROPUS)                    HOMO
        in     Süd-   und     Ostafrika                  alle Kontinente


HYLOBATIDAE(Gibbons)     PONGIDAE(Menschenaffen)  HOMINIDAE(Menschen
                                                           i.w.S.)


CERCOPITHECOIDEA (Hundsaffen)            HOMINOIDEA (höhere Affen)


PLATYRRHINA (Breitnasen)                 CATARRHINA(Schmalnasen)
   Neuweltaffen                             Altweltaffen


   PROSIMIAE (Halbaffen)                    SIMIAE Affen


                        Primaten
```

Tabelle 7
Stellung des Menschen im
System der Tierwelt.
(REMANE et.al. 1986)

Tabelle 8
Sauerstoff-Isotopen-Verhältnisse in Tiefseesedimenten
(s. Kap. 6.8). Datierung
mittels linearer Interpolation
des Tiefseekerns V28-238
(SHACKLETON & OPDYKE
1973, 1976) ergibt die Alterswerte der Spalte c, mehrerer
Tiefseekerne nach dem
gleichen Verfahren (IMBRIE
et.al. 1984) die Alterswerte der
Spalte d (Abb. 6). Mit unge-
fährer Berücksichtigung der
Sedimentsetzung ergeben sich
aus der Isotopenkurve des
Kerns V28-239 die Alterswerte
der Spalte e, mit tentativer
Berücksichtigung der
Sedimentationsschwankungen
die in Klammern gesetzten
Werte (Abb. 9).
Da die Sedimentation in
Glazialen geringer als in
Interglazialen war, sind die
Altersdaten der Setzungskurve
für Glaziale im allgemeinen zu
gering, für Interglaziale zu
hoch. In den jüngsten
Abschnitten sind Datierungen
infolge von Sedimentations-
störungen ungenauer als dort
brauchbare andere Datie-
rungsmethoden (u.a. ^{14}C,
Jahresschichten, TL).

a	b	c	d	e	
Sauerstoff-Isotopen abschnitt	Termination BROECKER & VAN DONK 1969 in SHAKLETON & OPDYKE 1976: 455	Alter in 1000 Jahren			
		nach linearer Interpolation Tiefseekern V28–238 SHAKLETON & OPDYKE 1973 in c; revidiert nach IMBRIE et. al. 1984 in d ()		nach Setzungskurve Tiefseekern V28–238	
1	1/2 = I	13	(12)	15	(10)
2		32	(24)	26	
3		64	(59)	42	
4		75	(71)	49	(65)
5	5/6 = II	128	(128)	80	(85)
6		195	(186)	117	(120)
7	7/8 = III	251	(245)	152	(140)
8		297	(303)	182	(190)
9	9/10 = IV	347	(339)	224	(210)
10		367	(362)	246	(250)
11	11/12 = V	440	(423)	275	(270)
12		472	(478)	328	(330)
13		502	(524)	363	(360)
14		542	(565)	404	(430)
15	15/16 = VI (?)	592	(620)	490	(480)
16		627	(659)	588	(580)
17		647	(689)	626	(620)
18		688	(726)	718	(720)
19		706	(736)	735	(740)
20		729	(763)	780	(790)
21		782	(790)	830	(820)
22				920	

Tabelle 9
Kontinentale und Tiefsee-
Gliederung kombiniert
(Abb. 152).
Unabhängige Datierungen:
1 HILLEFORS 1983,
2/4 STEARNS 1984, MUHS
et.al. 1994), 3 ROSHOLT et.al.
1962 (s.u.), 5 BOGAARD &
SCHMINCKE 1990:172.
Das dritte Temperatur-
Minimum der Sauerstoff-
Isotopen-Kurve (Abschnitt 6
= Glazial 6) wurde mit der
Pa231/Th230 Methode auf ca.
110 000 Jahre v.H. datiert.
(ROSHOLT et.al.1962)

Abschnitte des $^{16}O/^{18}O$-Verhältnisses der Tiefsee-Sedimente des Kerns V28-239	Nordeuropäische Gliederung (u.a. nach CEPEK & NOVEL 1991)		Alter in Jahren
Jungquartär			
1	Holozän		
			10 700
2	}	*Weichsel-*	
3	Weichsel-Glazial		36 000[1]
4		*Komplex*	
5a			65 000
5e	Eem-Interglazial		80 000[2]
			85 000
6	Saale III (Lausitz-Gl.)		110 000[3]
7	}	*Saale-*	125 000[4]
8	Rügen-Interglazial		
9	= Rügen-Komplex		
10	Saale II (Flämimg-Gl.)		
11	Uecker-Interglazial	*Komplex*	
12	Saale I (Saale-Hauptgl.)		
			330 000
13	Dömnitz-Interglazial	*Holstein-*	
14	Fuhne-Glazial		
15	Holstein-Interglazial	*Komplex*	
16	Elster-Glazial		490 000[5]
	(Elster I, Elster II ?)		
			580 000
17	Interglazial		
18	Glazial	*Cromer-*	
19	Interglazial		
20	Glazial	*Komplex*	
21	Interglazial		
22	erstes großes Glazial		
	(Günz-?, Don-?, Anger-?, Elster II?)		
			900 000
Frühquartär			

Tabelle 10
Letzte Eiszeit (Weichsel-/ Würm-Glazial).
St = Stadial, IS = Interstadial;
Ende des Frühweichsel WE IV repräsentiert durch Oberkante des Odderade = 61 000 – entspricht Ende des Isotopenstadiums 5a der Tiefsee; Moershofd ist vielleicht identisch mit Glinde.
(nach FURRER 1991, WELTEN 1981, LIEDTKE 1981, ZAGWIJN 1985, LEHMANN 1992, BEHRE 1992:20).

Klimaabschnitte		Eisvorstöße			Alter (BP)
		Europa	Alpen	Nordeuropa	
Holozän			kleine Gletscherschwankungen, "Neoglazial" = "kleine Eiszeit": ca 1200 - 1700 in Alaska, ca 1200 - 1860/1890 in Europa	(Fini-glazial)	6 900
					10 700
St	Jüng. Dryas		Egesen	Salpaus-selkä	11 900
IS	Alleröd			(Goti-	12 700
ST	Ältere Dryas				12 900
IS	Bölling				13 500?
hinter-einander gestaffelte Endmoränen-stände		in Alpentälern	Daun Clavadel Gschnitz Filisur, Steinach, Chur, Sargans, Koblach Feldkirch, Bühl Weissbad	glazial) (Dani- glazial)	
					15 000
		im Alpenvorland	Konstanz Stein a.Rhein	Pommern (Germani Frankfurt (glazial)	
Eismaximum			Schaffhausen	Brandenburg	18 000-20 000
IS	Denekamp				29 000-32 000
IS	Hengelo				37 000-39 000
IS	Moershofd				43 000-50 000
IS	Glinde				48 000-51 000
IS	Oerel				54 000-58 000
IS	Odderade				ca. 61 000
IS	Broerup				ca. 65 000
IS	Amersfort				ca. 68 000

Tabelle 11
Vegetationsphasen im
Spätglazial und Holozän.
(im Wes. nach REHAGEN
1963:36)

Die ursprünglichen Zeitanga-
ben in den Tabellen 11-13 sind
je nach Autor verschieden.
Von besonderer Bedeutung
für realistische Alter scheint
die Datierung des Laacher-
See-Ausbruchs (während des
Alleröd-Interstadials), die
neuerdings (ZOLITSCHKA,
mdl. Mitt.) mit
dendrochronologisch und
warvenchronologisch kali-
brierten Radiokarbondaten
revidiert wurde (HAJDAS
et.al.1995) und jetzt mit
12 200+/-225 Jahren BP
angenommen wird.

Alter B.P.	Over-beck	Firbas Abschnitte	Firbas Abschnitte	Blytt-Sernander	Jessen	Nilsson
	XII	X	jüngere Nachwärme-zeit		b	I
1000				Subatlantikum	IX	
	XI	IX	ältere Nachwärme-zeit		a	II
2000						
3000	X					III
		VIII	späte Wärme-zeit	Subboreal	VIII	
4000	IX					IV
5000		VII	jüngerer Teil		b	V
	b					
6000			mittlere Wärme-zeit	Atlantikum	VII	
	VIII a	VI			a	
7000			älterer Teil			VI
8000	VII	V	frühe Wärme-zeit	Boreal	VI	VII
	VI				V	VIII
9000	V	IV	Vorwärme-zeit	Präboreal	IV	IX
10700	IV	III	jüngere Tundren-(Dryas-) Zeit (jüngere subarktischeZeit)		III	X
11900	III b/a	II	Alleröd (mittlere subarktische Zeit)		II	XI
12700						
12900	II b/a	I	c — ält. Tundren-(Dryas-) Zeit		Ic	
			b — Bölling (Ältere subarktische Z		Ib	
13500	I		a — älteste Tundrenz. (älteste waldlose Zeit)		Ia	

28

Tabelle 12	Alter BP	Zonen n. Overbeck	Waldgeschichte
Waldgeschichte im Spätglazial und Holozän.		XIIb	viele Kulturforste, Kiefer und Fichte stark gefördert
	200		
		XIIa	Mittelalterliche Rodungen, Förderung der Eiche; Zurückdrängung von Hainbuche Buche, Erle; Callunaheiden verbreitet
	1000		
		XI	Buchen- und Hainbuchenreiche (Eichen-) Mischwälder; seit Beginn der Völkerwanderung gehen Siedlungsanzeiger zurück
	2200		
		X	Eichen-(Buchen-)Wälder, Buche breitet sich aus; erste Hainbuchen; erster Rückgang der Erlenbruchwälder
	3200		
		IX	Eichenmischwälder, Eichen-Eschen-Haselphase; erste Buchen, Erlenbruchwälder, erste Siedlungsanzeiger mit Getreide
	5000		
		VIIIb	Haselreiche Eichenmischwälder; Eichen-(Linden-) Phase; Erlenbruchwälder
		VIIIa	Haselreiche Eichenmischwälder; Ulmen-Linden-Phase; in versumpften Niederungen Ausbreitung von Erlenbruchwäldern
	8000		
		VII	Hasel-Eichenmischwälder mit hohem Ulmen- und Lindenanteil; Hasel-Kiefernwälder
		VI	Kiefern-Haselwälder, anfangs mit Birken
	9000		
		V	Birkenwälder, später z.T. Birken-Kiefernwälder
	10 700		
		IV	Parktundra mit Baumbirken, z.T. auch Kiefern Krähenbeeren-Heiden
	11 900		
		IIIb	Kiefernwälder
		IIIa	Birkenwälder
	12 700		
		IIb	baumarme Tundra, nur an sehr geschützten Plätzen überdauern einige Baumbirken
	12 900		
		IIa	lichte Birkenwälder
	13 500		
		I	baumlose Tundra mit Zwergbirken und Strauchweiden; später Sanddorn- und Wacholderbüsche

Pleniglazial: Frostschutttundra, offene Pflanzendecke

29

Tabelle 13
Nord- und Ostsee in Spät-
glazial und Holozän. (nach
LIEDTKE 1981, ZAGWIJN
1985, LEHMANN 1992,
GROMOLL 1994, HAJDAS
et.al. 1995)

```
Zeit-          |              Alter in Jahren
ab-            |_____
schnitt        |       Nordsee              |      Ostsee
               |  v.Chr.      vor Heute (BP)|   vor Heute (BP)
_____|_____|_____
               |  Nordsee-Transgressionen
Sub-           |  ab 800 n.Chr. Dünkirchen III    Mya-Phase
atlanti-       |  250-600 n.Chr. Dünkirchen II   ab 1000
kum            |  500-250 v.Chr. Dünkirchen I
-------------- 900 v.Chr.            2500  -----------------
                                                 ab 4000 Limnea-Phase
Sub-           |  1500-1000 v.Chr. Dünkirchen 0
boreal         |  2700-1800 v.Chr. Calais    IV

-------------- 3000 v.Chr.            5000  -----------------
                                                 Litorina-Phase
Atlan-         |  3300-2700 v.Chr. Calais   III
tikum          |  4300-3300 v.Chr. Calais    II (Mastogloia - Subphase)
               |  6000-4300 v.Chr. Calais     I
                                                 ab 8000
-------------- 6000 v.Chr.            8000  -----------------
 Boreal                                          Ancylus-Phase
                                                (Autonome Subphase)
-------------- 7000 v.Chr.            9000  -----------------
                                                 ab 9600
Prä-
boreal                                           ab 10300  Yoldia-Phase
-------------- 8700 v.Chr.           10 700  -----------------
(DRYAS 3
Jüngere
Tundren-                                          Baltischer Eisstausee
zeit
--------                             11 900
Alleröd        (Laacher-See-Ausbruch
                  12200 B.P.)
--------                             12 700
Dryas 2
Ältere
Tundren-
zeit
--------------------------------    (12 900)
Bölling                                          seit mehr als 12000
--------------------------------    (13 500?)
Dryas 1
Älteste
Tundren-
zeit
Daniglaz                                          Inlandeis
------------------------------       18 000
Würm-Max
```

30

6 Datierungen

6.1
Absolute und relative Daten

Datierung mit Jahreszahlen (absolute Alter) ist jeder andern vorzuziehen, weil sie eindeutige zeitliche Vergleiche erlaubt. Meist sind aber sichere absolute Datierungen nicht möglich. In diesen Fällen wird das in der Geologie übliche Verfahren der relativen Altersbestimmung (älter als, jünger als) nach dem stratigraphischen Prinzip angewandt. Oft werden auch bei relativen Altersbestimmungen Jahreszahlen genannt, weil das absolute Alter durch anderweitige Untersuchungen gesichert erscheint, was aber oft nicht der Fall ist und zu zahlreichen Verwirrungen führt. Um Mißverständnisse zu vermeiden, sollte bei der Nennung von Jahreszahlen immer deren Herleitung angegeben werden (CATT 1992:182).

Die absolute Datierung knüpft an das Heute: Für die letzten 2-5 Jahrtausende wird oft die Zeitrechnung vor und nach Christus (v. Ch., n. Ch.), für ältere Zeitabschnitte die Zählung »vor Heute« = v.H. = before present (= BP) benutzt, in der Umrechnung beider Skalen eine Zeitdifferenz von 2000 Jahren angenommen: BP = v. Ch. + 2000.

6.2
Schichtlücken und Schichtengenese

Aus der Sedimentologie ist bekannt, daß Sedimentationsvorgänge oft sehr rasch ablaufen und von wesentlich längeren Zeiten ohne Sedimentation unterbrochen werden. So repräsentieren die meisten Sedimentfolgen nur kurze Sedimentationsabschnitte zwischen langen Zeiträumen ohne zurückgelassene Spuren = »Schichtlücken« bzw. »Zeitlücken«. Bei geologischen Formationen mit Zeiträumen von vielen Millionen Jahren spielen Zeitlücken für die Stratigraphie meist keine so entscheidende Rolle, wie bei dem relativ kurzen Quartär. Hier beruht manche Hypothese auf der Annahme oder der Ablehnung bestimmter Zeitlücken, ohne daß deren Existenz bzw. Nichtexistenz sicher beweisbar ist. Schon oft wurden strittige Probleme dann gelöst, wenn an irgendeiner Stelle ein aufmerksamer Beobachter an Spuren eine Zeitlücke nachweisen konnte.

Doch sind solche Nachweise auch deshalb schwer zu führen, weil die Sedimentgenese selbst in vielen Fällen nicht eindeutig erkennbar ist: Primär abgelagerte Moräne oder erst durch spätere Umlagerung von Moränenmaterial entstandenes Sediment?, subärisch oder subglazial abgelagerte Schotter?, äolisch, limnisch oder solifluktiv entstandenes Lößsediment? Datierung von Flußterrassen nur nach der Höhenlage? usw. Zahlreiche Meinungsverschiedenheiten über den Ablauf quartärer Ereignisse sind Folge nicht erkannter Schichtlücken und mißdeuteter Sedimentgenese.

6.3
Jahresschichten

Der Jahresrhythmus hinterläßt in Sedimenten und organischen Bildungen Spuren; falls diese über viele Jahre lückenlos erhalten bleiben, ergibt sich durch ihre Zählung das Alter:

6.3.1
Sedimente in Seen

Schichtungen mit einem Wechsel zwischen Feinsand- und Schluffschichten im Sommer, Tonschichten im Winter werden Warven genannt (s. Kap. 12.3); DE GEER verfolgte den spätglazialen Inlandeisrückzug durch Schweden indem er die Warven zahlreicher Seen verglich; gleichalte Schichten verschiedener Seen ließen sich anhand von Mächtigkeitskurven identifizieren. Er bestimmte erstmalig das Ende der letzten Eiszeit in Jahreszahlen. Als Ende der Eiszeit betrachtete er den Beginn des raschen Eiszerfalls nach dem Zurückweichen von den letzten großen deutlichen Endmoränen (Salpausselkä-Stadium) = Ende der Jüngeren Tundrenzeit; nach Warvenzählungen: 10 700 Jahre BP (STRÖMBERG 1990:235).

ZOLITSCHKA (1988) bestimmte anhand von Jahresschichten im Meerfelder Maar (Westeifel) das Alter des Laacher-See-Bims-Ausbruchs im Alleröd-Interstadial auf das Frühjahr 9240 v. Chr. (+/- 2000 = 11 240 Jahre BP). Selbst diese sorgfältige Zählung scheinbar ungestörter Schichten mußte korrigiert werden – nach Untersuchungen im Holzmaar auf 12 200+/-225 Jahre BP (ZOLITSCHKA mdl. Mitt., HAJDAS et.al.1995).

Trotz weltweiter Korrelationsversuche (SCHOVE 1979:319) reichen Warvendatierungen nur bis ins Spätglazial zurück. Sedimente glazialer Stauseen älterer Vereisungen ergaben relativ kleine Zeitabschnitte ohne Anknüpfungsmöglichkeiten an ältere oder jüngere Schichtserien. Datierungsfehler entstehen vorwiegend durch falsche Korrelation, fehlende oder zu geringmächtige Warven, Doppelwarven in einem Jahr und Unsicherheit der Anknüpfung an die Gegenwart (ZOLITSCHKA 1988:88).

6.3.2
Baumringe (= Dendrochronologie)

Die unterschiedliche Dicke der Ringe gleicher Baumarten (vorwiegend Eichen) ergibt charakteristische Kennkurven, die aber nur regional brauchbar sind (SCHWEINGRUBER 1993). Sie reichen einige Jahrtausende zurück. Der Vergleich der Ringe verschiedener Bäume wird unter anderem durch lokalklimatische Einflüsse des Baumstandorts und des Alters erschwert, ältere Bäume bilden dünnere Ringe als junge. Mit Baumringdatierungen wurde festgestellt, daß ^{14}C-Bestimmungen des Zeitabschnitts zwischen 2000 und 7000 Jahren zu geringe Werte ergaben (STRÖMBERG 1990:235).

6.3.3
Firnschichtung
und jährliche Schwankungen der Sauerstoff-Isotopen-Verhältnisse in Schnee- und Eisfeldern ermöglichen in den Inlandeisen Grönlands und der Antarktis Zählungen der letzten Jahrzehntausende (u.a. LORIUS et.al. 1985); doch reichen sie nicht bis zum letzten Interglazial vor ca. 80 000 Jahren zurück, weil Ausdünnung der Jahresschichten und Diffusion der Sauerstoff-Isotope die Meßwerte verwischt. Auch werden Schichtwiederholungen durch Eisverfaltungen vermutet.

Die Datierung der tiefsten Eislagen in den Inlandeisen beruht nicht auf Zählungen, dafür sind sie zu sehr ausgedünnt und durch Diffusion verändert, sondern auf Schätzungen.

6.3.4
Ogiven
sind auf der Oberfläche von manchen Gletschern sichtbare breite Jahresbänder, sie ermöglichen eine ziemlich genaue Datierung (Abb. 180, 181, Kap. 14.5.6).

6.3.5
Korallen
bilden jährliche Dichtebänder, mit ihrer Hilfe wurde auf den Galapagos-Inseln die Variabilität des radioaktiven Kohlenstoffs im Meerwasser gemessen (BROWN et.al. 1993).

6.4
Sedimentinhalte

6.4.1
Pollen

Der in vielen Sedimenten verstreute Blütenstaub (= Pollen) gibt Auskunft über die Verteilung der Pflanzenarten (Pollenspektrum) und damit indirekt über das Klima. Man unterscheidet Pollen aus Nah- und Fernflug und Beimischung fossiler Pollen durch Sediment-
umlagerung. Zur Bestimmung werden die im Probenmaterial verstreuten Pollenkörner im
Labor angereichert. Pollen widerstehen selbst der Flußsäure, die Quarzssand auflöst, sie
werden aber bei Sauerstoffzutritt im Sediment zerstört. Wichtig sind Pollenanalysen zur
Gliederung der Interglaziale und des Holozäns.

6.4.2
Vulkanische Aschen

deren absolutes Alter durch historische Berichte oder Altersbestimmungen bekannt ist,
dienen zur Datierung unter- und überlagernder Schichten (Tephra-Chronologie). In Mitteleuropa werden Rheinterrassen, See- und Moorsedimente von der Schweiz bis Ostpreu-
ßen durch den Tuff des Laacher-See-Ausbruchs, erkennbar an Bims mit blauem Hauyn-
mineral (seltene kleine blaue Punkte im weißen bzw. grauen Bims), gegliedert; bei Genf
Seeablagerungen durch Aschen der Auvergne-Vulkane (vor 7500-8500 Jahren).

6.4.3
Fluorgehalt

Fluorhaltiges Grundwasser wandelt den Hydroxylapatit der Knochen in Fluorapatit um.
Eine Datierung ist nur in geschlossenen Systemen, d.h. in Bereichen mit gleichem Fluorgehalt im Grundwasser möglich. Da der Fluorgehalt in Zeit und Raum nicht immer konstant
ist, sind Datierungen unsicher. Durch Messung verschieden hoher Fluorgehalte in Teilen
des Piltdown-Schädels, der als »Eoanthropus« schon in den Stammbaum der Menschheit
übernommen werden sollte, konnte nachgewiesen werden, daß er aus Knochen verschiedenen Alters zusammengebastelt, also eine Fälschung war (GIESELER 1974:249).

6.4.4
Bodenbildungen

Verbraunungshorizonte (= Bodenbildungen wärmerer Klimaabschnitte) besonders in Lössen dienen der Alterseinstufung durch Abzählung der Reihenfolge von oben nach unten;

manche Verbraunungshorizonte weisen charakteristische Merkmale auf, die eine Identifizierung über größere Entfernungen hinweg möglich erscheinen lassen. Nach der Intensität der Verfärbungen und Verwitterungen werden interstadiale (geringer) und interglaziale (stärker verbraunte) Bodenbildungen unterschieden (u.a. BRUNNACKER 1974, KUKLA 1975, 1978, SCHIRMER 1990).

6.4.5
Grundmoränen
erlauben durch unterschiedliche Geschiebeführung oder Übereinanderlagerung eine Unterscheidung verschiedener Eisvorstöße.

6.4.6
Gyttjen und Torfe
ermöglichen anhand ihres organischen Inhalts eine Unterscheidung verschiedener Interglaziale.

6.4.7
Flechten

Auf Gesteinsblöcken wachsen kreisrunde Flechten; ihr Durchmesser vergrößert sich mit dem Alter. Unter der Voraussetzung, daß Flechten auf Moränenblöcken erst dann zu wachsen beginnen, wenn diese nicht mehr bewegt werden und daß in einem Gebiet gleiche Wachstumsbedingungen bestehen, wurde versucht nach Größenvergleichen maximaler Flechtendurchmesser (Lichenometrie) Altersunterschiede hintereinander gestaffelter Moränen zu schätzen. Die vermutete Datierungsspanne sollte mehrere Jahrhunderte betragen (BESCHEL 1958). In der Antarktis ist das organische Material auch großer Flechten nach ^{14}C-Datierungen durchweg nur wenige Jahrzehnte alt (WILLKOMM et.al. 1992).

6.4.8
Artefakte

Die letzten Jahrtausende lassen sich mittels Tonscherben, Holz- und Metallgegenständen sowie Hausbauformen datieren. Für ältere Zeitabschnitte sind Steinwerkzeuge meist das einzige menschliche Relikt, ihre Bearbeitungstechnik erlaubt die Unterscheidung verschiedener Entwicklungs- und Kulturstadien.

6.5
Kristallgitter

6.5.1
Thermolumineszenz-(TL-)Methode

Durch radioaktive Bestrahlung speichern sich in Kristallgittern unter Lichtabschluß metastabile Schäden. Diese werden bei Erhitzung unter Lichtausstrahlung regeneriert. Die Größe des ausgestrahlten Lichts erlaubt Folgerungen auf den Zeitraum der angesammelten Strahlenschäden. Sonnenlicht löscht diese Schäden ebenfalls. Die Lumineszenz gibt Auskunft über den Zeitraum, der seit der Überdeckung vergangen ist. Die Untersuchung kann an der gleichen Probe nicht wiederholt werden. Die Bestimmung junger Alter (gebrannte Tonscherben) ist ziemlich genau, Anwendung auf glaziale Sedimente (besonders Lösse) noch unsicher (u.a. ZÖLLER et.al.1988).

6.5.2
Elektronen-Spin-Resonanz-(ESR-)Methode

Messung der paramagnetischen Eigenschaften von Atomen und Molekülen. Das ESR-Absorptionssignal ist ein Maß für Defekte im Kristallgitter durch radioaktive Strahlung, die mit dem Alter zunehmen (RADKE & GRÜN 1988). Die Untersuchung kann an der gleichen Probe wiederholt werden. Diese Methode wird zur Zeit weiter ausgebaut, man erhofft eindeutigere Ergebnisse als sie die TL-Methode bisher erbrachte (GRÜN 1988, Catt 1992:195).

6.5.3
Paläomagnetismus

Magnetische Mineralkörner orientieren sich bei der Ablagerung im Sediment bzw. bei der Erstarrung von Schmelzen nach dem gerade herrschenden irdischen Magnetfeld. Da dieses sich im Laufe der Erdgeschichte häufig änderte, sind in Gesteinen die fossilen Magnetfeldrichtungen der Erstarrungszeit bzw. der Sedimentationszeit durch die Orientierung der magnetischen Fragmente konserviert. Mit der langsamen säkularen Verlagerung der magnetischen Erdpole, deren heutiger Trend in amtlichen topographischen Karten vermerkt wird, lassen sich die letzten Jahrhunderte datieren.

Besonders wichtig für größere quartäre Zeiträume aber ist die totale Feldumkehr der magnetischen Erdpole, die meist in der Nähe der geographischen Pole lagen; doch wechselte in unregelmäßigen Zeitabständen normale oder umgekehrte Magnetisierung. Für quartäre Sedimente ist die Epochenwende Matuyama/Brunhes besonders wichtig; ihr Alter ist noch nicht genau bekannt: Nach MANKINEN et.al. 1979 ca. 730 000 Jahre, nach JOHNSON 1982 ca. 790 000 Jahre, nach BAKSI et.al.1992 ca. 783 000 ± 11 000 Jahre.

Relativ kurzzeitige Events und Excursions erschweren die Identifikation. Schwierigkeiten entstehen besonders durch Lücken in der Schichtenfolge, da nur normal und revers unterscheidbar ist. Die Methode spielt bei Tiefseesedimenten (u.a. SKACKLETON & OPDYKE 1973), älteren Terrassen (u.a. SCHNÜTGEN 1974, BOENIGK 1990) und Lössen (KUKLA 1975, SEMMEL & FROMM 1976) eine Rolle (Tab. 5). Sekundäre Umlagerungen (solifluktiv oder fluviatil) führen zur Neuorientierung der magnetischen Fragmente und verjüngen damit die paläomagnetischen Alter; ungestörte Lagerungsverhältnisse sind für die Brauchbarkeit der Datierungen wichtig.

6.6
Zerfall radioaktiver Isotope

Es kommen immer neue Verfahren hinzu; ausführlichere Darstellungen u.a. in GEYH 1980, 1983, Catt 1992):

6.6.1
^{14}C- (Radiocarbon)- Methode

Das Kohlenstoff-Isotop ^{14}C entsteht in der Stratosphäre durch kosmische Strahlung aus ^{14}N. Organismen und Wasser sowie alle aus wässerigen Lösungen gebildeten festen Stoffe mit Kohlenstoffgehalt (Holz, Torf, Holzkohle, Knochen, Kalkschalen, Kalksinter, Korallen usw.) enthalten mit dem aus der Luft oder Wasser entnommenen Kohlenstoff auch dessen radioaktiven Anteil, der als konstant angenommen wurde: doch nehmen nicht alle Organismen die gleichen Mengenverhältnisse auf.

Vom Zeitpunkt des Einbaus ab wird ^{14}C nicht mehr ergänzt und vermindert sich durch radioaktiven Zerfall. Aus dem Mengenverhältnis zwischen radioaktivem und nicht radioaktivem Kohlenstoff (^{12}C fast 99 %, ^{13}C knapp über 1 %, ^{14}C im Verhältnis 1:10^{12}) läßt sich das Alter errechnen, wenn man weiß, wie hoch der urprüngliche Prozentsatz beim Einbau war.

^{14}C zerfällt mit einer Halbwertszeit von 5730 Jahren wieder in ^{14}N, nach 38 000 Jahren (normale Meßgrenze) ist noch 1% des ursprünglichen ^{14}C vorhanden, verhältnismäßig sichere Datierungen reichen etwa 30 000 Jahre, unter sorgfältigster Reinhaltung vielleicht 60 000 Jahre zurück. Als Verunreinigungsursachen seien genannt: Umlagerung des Kohlenstoffträgers in ein jüngeres Medium, Kontamination mit rezentem oder fossilem Kohlenstoff, Beimischung älterer oder jüngerer organischer Stoffe durch Grabtiere, Wurzeln, Einschlämmung, Versickerung, Beimischung fossiler Karbonate. Um Daten weltweit vergleichen zu können, wird mit der von LIBBY (der die Methode einführte) angenommenen ungenauen Halbwertszeit von 5568 Jahren gerechnet; als Ausgangsdatum gilt das Jahr 1950 = Jahr 0. Bei der Datierung von Kalksintern versucht man den Anteil fossilen Kalkes zu bestimmen und errechnet daraus den Anfangsprozentgehalt an rezentem Karbonat (percent Modern Carbon = pMC, HEBESTREIT 1993:308). Inzwischen wurden durch Vergleich mit Jahresschichten sowohl jährliche als auch säkulare Schwankungen festgestellt. Durch Zählung von Warven in Schweden stellte sich heraus, daß ^{14}C Datierungen etwa 200-400 Jahre zu jung waren (GEYH 1983:12).

Es scheint, daß die Stärke des geomagnetischen Erdfeldes sich seit ca 9000 BP proportional zur abnehmenden Erdachsenneigung verringerte, wodurch sich der solare Wind verstärkte und Änderungen des Radiokarbongehaltes verursachte (FAIRBRIDGE 1983), die für genaue Datierungen besonders im frühen und mittleren Holozän berücksichtigt werden müssen (Abb. 4).

In den letzten Jahrzehnten änderten menschliche Einflüsse den ^{14}C-Gehalt der Luft: Langsame Änderungen durch Verbrennung fossiler Brennstoffe und schlagartige große Änderungen durch die Atombombenteste der frühen 1960er Jahre. Letztere hoben den Radiocarbongehalt auf ca. 200 % des Standartwertes, 1984 war er auf ca. 120 % gefallen, nicht infolge radioaktiven Zerfalls, sondern durch Austausch mit dem Ozean. (WILL-KOMM et.al. 1992).

Abb. 4
Radiocarbongehalt der Luft in den letzten 9000 Jahren. (Reprinted from Quaternary Science Reviews, Vol. 1, FAIR-BRIDGE: The Pleistocene-Holocene Boundary – pp. 215-244, 1983, with kind permission from Elsevier Science Ltd. The Boulevard, Langford Lane, Kidlington OX5 1GB,K)

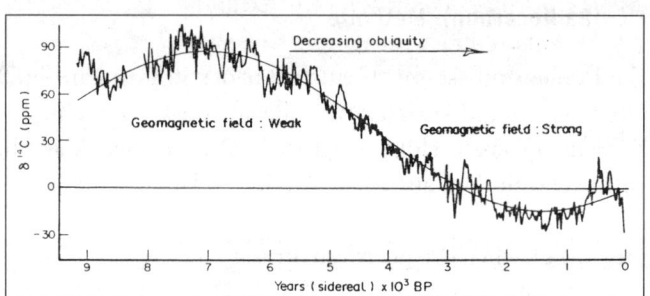

6.6.2 Uran/Thorium

^{235}U, ^{238}U und ^{232}Th zerfallen über instabile Isotope zu den stabilen Blei-Isotopen ^{207}Pb, ^{206}Pb und ^{208}Pb. Datiert werden Korallen, Höhlensinter, Manganknollen. Durch unterschiedliche Zerfallszeiten ändern sich die Mengenverhältnisse, bis (meist nach einigen 100 000 Jahren) ein Gleichgewicht erreicht ist; Datierungsfehler entstehen durch nachträgliche Änderungen des Uran- oder Thoriumgehalts. Die Datierung von Höhlensintern (Stalaktiten, Stalagmiten, Kalktuff, Travertin) ergab, daß Auflösung und Ausscheidung von Kalkstein vorwiegend bei wärmeren Temperaturen stattfindet, in gemäßigten Breiten also vorwiegend in Interglazialen; die Anlage der Höhlen reicht oft bis ins Tertiär zurück (RADTKE et.al.1982, Catt 1992:191).

6.6.3
Kalium/Argon

Zerfall von ^{40}K zu ^{40}Ar und ^{40}Ca (Halbwertszeit 1,310 Millionen Jahre). Kann nur auf K-haltige Kristalle angewendet werden, die das entstehende Argongas zurückhalten: z.B. Sanidin, Anorthoklas, verschiedene Plagioklase, Muskovit, Biotit, Hornblende, Leuzit, Nephelin (in frischen vulkanischen Gesteinen) und Glaukonit in marinen Sedimenten.(u.a. BOGAARD & SCHMINCKE 1990, LIPPOLT 1983, LIPPOLT et.al.1986, Catt 1990). Die Ergebnisse sind teilweise sehr unsicher; erst übereinstimmende Datierungen nach mehreren Methoden geben eine gewisse Sicherheit (u.a. STEARNS 1984).

6.7
Erdbahnelemente

Fast seit der Entdeckung des Eiszeitalters wurde immer wieder versucht, die krassen Klimaänderungen auf wechselnde Konstellationen der Erdbahnelemente zurückzuführen. Der Zusammenhang schien leicht begreifbar zumal auch die Jahreszeiten durch Erdbahnelemente verursacht sind. Wenn hier klare Zusammenhänge erkennbar würden, wären vergangene wie zukünftige Entwicklungen berechenbar. Leider haben frühe Versuche (u.a. WREDE 1802, CROLL 1875; s. Kap. 4.7) sich als Irrtümer herausgestellt, spätere ergaben keine gesicherten Zusammenhänge.

Abb. 5
Sauerstoffisotopenkurve des Tiefseekerns 130:806 (obere Kurve), Zeitkurven der Erdbahnelemente Exzentrizität und Achsenneigung (mittlere Kurven) und ihre Summe (untere Kurve). aus BERGER & WEFER 1992, Fig. 6

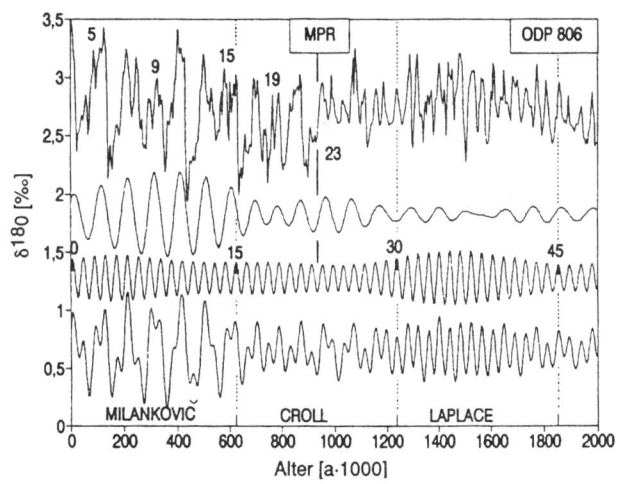

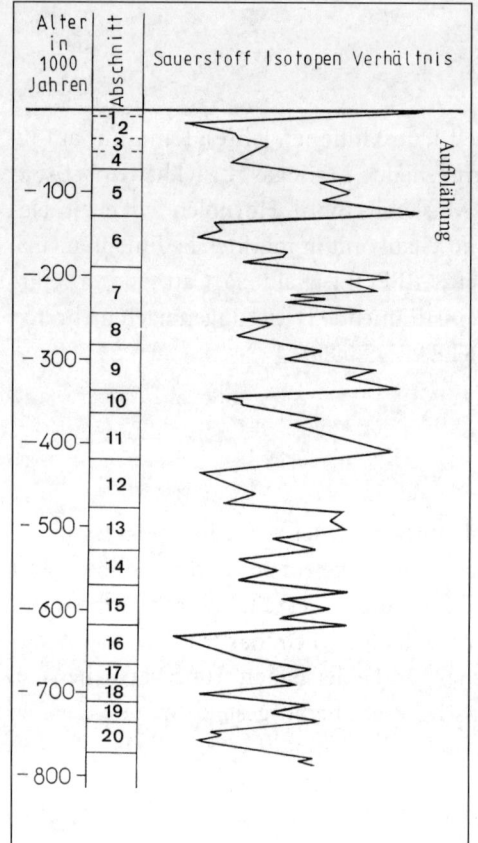

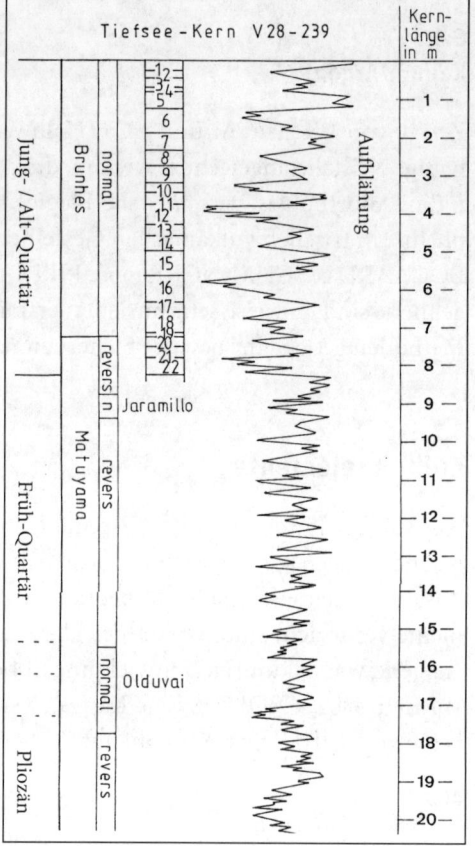

Abb. 6
Datierung des Eiszeitalters nach Tiefsee-
kernen. (IMBRIE et.al. 1984)

Abb. 7
Sauerstoff-Isotopen-Kurve des Tiefseekerns
V28-239. (SHACKLETON & OPDYKE 1976)

Seit Jahrzehnten schienen die Berechnungen durch MILANKOVICH den komplizierten Klimaschwankungen zu genügen. Aber auch diese mußten mehrfach geändert werden,
um jeweils neueren Einsichten in den Klimaablauf zu entsprechen. Nach seinen Vorstellungen sind Einstrahlungsunterschiede auf bestimmten Breitengraden für das Gesamtkli-
ma der Erde verantwortlich (u.a. DENTON & HUGHES 1990). Nach BERGER & WEFER
(1992) entspricht eine Kombination (untere Kurve in Abb. 5) den zwei dominanten Erd-
bahnzyklen 100 000 (Exzentrizität) und 41 000 Jahre (Schräglage der Erdachse), in den
mittleren Kurven dargestellt, weitgehend der linear datierten Sauerstoff-Isotopenkurve des
Tiefseekerns 130:806 = obere Kurve in Abbildung 5.

6.8
Sauerstoff-Isotopenverhältnisse der Tiefsee-Sedimente

Alle bisher besprochenen Datierungen beziehen sich hauptsächlich auf kontinentale oder kontinentnahe Ablagerungen, deren Nachteile Lückenhaftigkeit und starke Sedimentationsschwankungen sind. Unter der kontinentfernen Tiefsee fand man auf dem Ontong-Java-Plateau im Westpazifik Sedimente, an denen eine lückenlose Sedimentation die Gliederung des ganzen Quartärs zu ermöglichen schien; die Ergebnisse werden zur Zeit kontrovers diskutiert (THOME im Druck a u. b).

6.8.1
Voraussetzungen

Das Sauerstoff-Isotopenverhältnis $^{16}O/^{18}O$ des Meeres ist nicht konstant, weil ^{16}O leichter verdunstet als ^{18}O; in den Inlandeisen wird daher mehr ^{16}O im Eis festgelegt, während gleichzeitig im Meer der Gehalt an ^{18}O steigt. Foraminiferen bauen das jeweils im Meer bestehende Sauerstoff-Isotopen-Verhältnis in ihre Schalen ein, die nach dem Tod des Tie-

Abb. 8 unten
Datierungsunterschiede bei Verwendung der linearen Interpolation und der Setzungskurve.

Abb. 9 rechts
Datierung des Eiszeitalters nach der Isotopenkurve des Kerns V28-239, Setzung berücksichtigt (THOME 1991, im Druck a u. b).

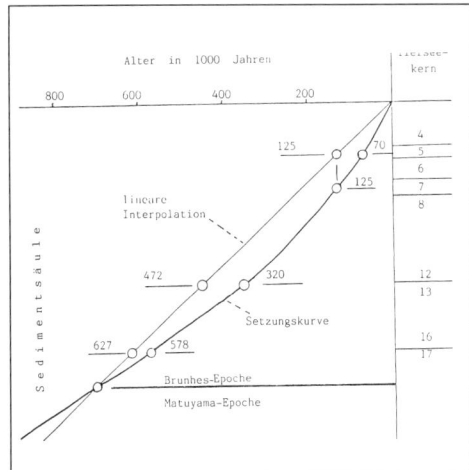

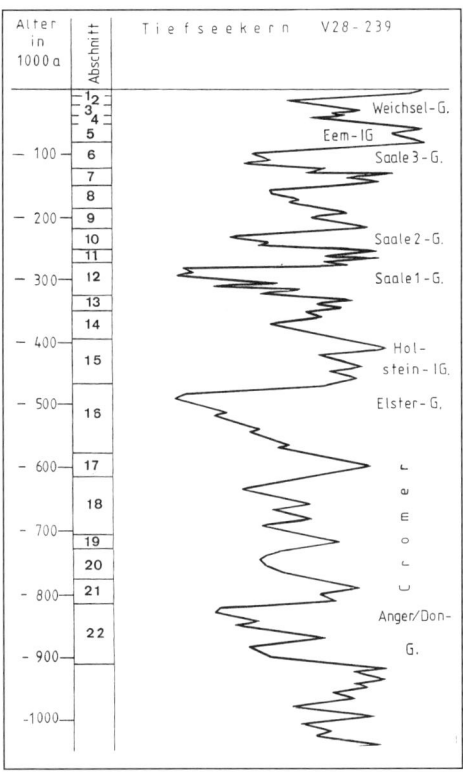

41

res ins Sediment sinken. Aus ungestörten karbonatischen Tiefseesedimenten lassen sich anhand der Sauerstoff-Isotopen-Verhältnisse die Schwankungen des irdischen Eisvolumens errechnen (SHACKLETON 1967).

In allen Ozeanen fanden sich gleichsinnig hin-und her schwankende Maxima und Minima der Isotopenkurve; man konnte die Tiefseesedimente von oben nach unten in 23 große Abschnitte unterteilen (EMILIANI 1954, SHACKLETON & OPDYKE 1973, 1976, FAIRBANKS et.al. 1978, BERGER et.al. 1993b:387), neuerdings wurden auch die kleineren Schwankungen darunter bis 63 numeriert (HOOGHIEMSTRA 1984 in CATT 1992:18). Ungerade Zahlen bedeuten eisärmere, also wärmere, gerade eisreichere = kältere Klimaperioden (Abb. 6, 7, 9).

6.8.2
Lineare Interpolation

SHACKLETON & OPDYKE (1973, 1976) datierten den Kern V28-238 unter folgenden Annahmen: Alter der Kernoberfläche = 0, Alter der paläomagnetischen Umkehr zwischen der heutigen Brunhes- und der vorhergehenden Matuyama-Epoche in 1200 cm Sedimenttiefe (in Abschnitt 19) = 706 000 Jahre. Daraus errechneten sie mit der Division der Sedimenttiefe 1200 cm durch 70 Jahrzehntausende (= Verfahren der linearen Interpolation) ein mittleres Alter von 10 000 Jahren für je 17,1 cm Sedimenthöhe für alle Abschnitte des Sedimentstapels. Die ermittelten Alter ergaben eine Gerade (Abb. 8).

Errechnet man auf die gleiche Weise die Sedimentationsalter anderer Kerne, so ergeben sich andere Alter. Theoretisch müßten aber die Alter gleichzeitiger Schichtabschnitte übereinstimmen. Die Abweichungen werden auf Sedimentstörungen zurückgeführt. Es kann also, wenn überhaupt, nur einer dieser Kerne die richtigen Daten liefern. SHACKLETON & OPDYKE (1973) wählten Kern V28-238 wegen der Übereinstimmung des für die Grenze zwischen den Isotopenabschnitten 5 und 6 ermittelten Alters von 128 000 Jahren mit unabhängigen Datierungen einer Warmzeit vor ca. 120 000 bis 125 000 Jahren in gehobenen Korallenriffen. SHACKLETON & OPDYKE 1973:46: »This well-dated episode remains the most important calibration-point in the time interval between the Brunhes-Matuyama magnetic reversal and the ^{14}C dating range«.

Auf dieser Kombination beruht heute die Datierung der marinen Quartärgliederung und daher stammt die Altersangabe von ca. 125 000 Jahren für das letzte Interglazial (= Eem-Interglazial). Die scheinbare Übereinstimmung mit weiteren Datierungen – z.B. des letzten Interglazials in den Eiskernen Grönlands und der Antarktis beruht auf Überschlagsschätzungen, nach denen die vorgegebenen 125 000 Jahre je nach angenommener Ausdünnung der tiefsten Eislagen als möglich erscheinen (LORIUS et.al. 1985), nicht auf eigenen unabhängigen Messungen. Die heutigen Inlandeise lassen sich mit Jahresschichten nur bis zu einer Tiefe von 2500 m mit einem Alter von ca. 50 000 bis 60 000 Jahren datieren. Aus der zufälligen Übereinstimmung des linear ermittelten Alters der Grenze zwischen den Isotopenabschnitten 5 und 6 mit einer großen Warmzeit in Korallenriffen vor 125 000 Jahren wurde gefolgt, dass auch die linear ermittelten Daten der übrigen Isotopenabschnitte des Kerns V28-238 richtig seien.

IMBRIE et. al. (1984) überarbeiteten die Datierung mit einem Vergleich folgender Bohrkerne: V22-174, DSDP502b, V30-40, RC11-120, V28-238. Sie ermittelten die absoluten Alter ebenfalls durch lineare Interpolation: S. 274: »All of the studies cited above make an initial assumption that the sediment accumulation function (depth-in-core vs. age) is linear between radiometric control points« und S. 284: »The time scale is derived by linear interpolation between (and extrapolation beyond) control points at 127 KY, 730 KY BP.«. Sie glätteten Unterschiede zwischen Werten verschiedener Bohrkerne unter Hinzuziehung astronomischer Daten aus den Schwankungen der Exzentrizität der Erdbahn und der Neigung der Erdachse nach der von MILANKOVICH 1920 (IMBRIE & PALMER-IMBRIE 1981) entwickelten Theorie. Ergebnis ist die Isotopenkurve in Abb. 6; Spalte d in Tab. 8.

Kompaktionsmessungen karbonatischer Tiefseekerne zeigen eine nur sehr wenig und dazu fast linear zunehmende Verdichtung des Sediments mit der Tiefe an, dadurch schien die Anwendung der linearen Interpolation gesichert. Man setzte Kompaktion gleich Setzung, u.a. EHLERS 1994:133. Noch die Tiefseebohrung 130-807 (PRENTICE et.al. 1993:282) wurde nach IMBRIE et.al. 1984 datiert.

Weder die ermittelten Daten noch die zugrunde gelegten Sauerstoff-Isotopenkurven der Tiefseesedimente konnten eindeutig mit kontinentalen Gliederungen parallelisiert werden (BOWEN 1979, EYLES et.al. 1984). LIEDTKE 1981:26: »Die großen Erwartungen, die man an die Bodensedimente der Tiefenozeane gesetzt hatte, haben zwar hinsichtlich der jüngeren Gliederung des Quartärs wertvolle Hinweise, jedoch nur sehr widersprüchliche Altersangaben erbracht«; BRUNNACKER 1990:55: »Die marine Quartärgliederung, die auf Tiefseebohrungen und Strandterrassen basiert, auf das Festland zu übertragen, stößt methodisch auf erhebliche Schwierigkeiten«. Ursache ist die Wahl ungeeigneter Tiefseekerne und der linearen Interpolation als Datierungsmethode: Sedimentationsschwankungen veränderten die Isotopenkurven der meisten Kerne soweit, daß die Proportionalität zu den Eisvolumschwankungen der Erde verloren ging. Von allen bisher betrachteten Kernen zeigen nur die Isotopenschwankungen des Kerns V28-239 eine Übereinstimmung mit den Größen des Nordeuropäischen Inlandeises, und diese ist so eindeutig, daß sie kaum ein Zufall sein kann (s.u.). Ein Vergleich mit den anderen für die Datierung bisher benutzen Kernen zeigt, daß die Sedimentationsrate im Kern V28-239 geringer war und geringere Schwankungen als die vorher erwähnten Kerne aufwies – vermutlich aufgrund größerer Tiefenlage. Er entspricht besser der Vorbedingung: Gleichmäßige Sedimentationsrate (THOME, im Druck a u. b).

Datierungen nach linearer Interpolation ergeben für die obersten Meter der Tiefseesedimente eine auffällige Aufblähung der Zeitdauer (Abb. 6, 7): Die jüngsten Glaziale mit den kleinsten Inlandeisen würden, wenn lineare Interpolation realistische Alter ergäbe, längere

Zeiträume umfassen als ältere mit wesentlich größeren Inlandeisen. Das widerspricht normalen Entwicklungsgesetzen.

6.8.3
Setzungskurve

Die Setzungsbeträge nehmen in den obersten 15 Metern nach unten ganz grob gesehen ungefähr exponentiell ab, wobei in einzelnen Schichten große Schwankungen auftreten.

Die Größe der Setzung kann nicht aus Verdichtungsmessungen an Kernproben erschlossen werden, wie bisher immer vorausgesetzt (noch EHLERS 1994), weil erhebliche Setzung durch Sedimentauflösung entsteht (BERGER et.al. 1993:711 f.). Daß aber der Setzungsbetrag deutlich über das Ausmaß der Kompaktion hinausgeht, wird an der Aufblähung der Zeitabstände bei linearer Datierung in oberflächennahen Schichten erkennbar.

Datierung nach der Setzungskurve

Es gibt Anhaltspunkte um mittels einer Setzungskurve realistischere Daten zu erhalten als mit linearer Interpolation. Unter anderem werden verwendet: Sedimentoberfläche = Alter 0, Interglazial in Korallenriffen = 125 000 Jahre, Brunhes/Matuyama-Grenze = ca. 730 000 Jahre. Neuerdings wird der Brunhes/Matuyama-Grenze ein höheres Alter – um 785 000 Jahre – zugeschrieben. Doch scheint dieses nicht sicherer als das oben verwendete zu sein; auch würde die Berechnung mit dem etwas höheren Wert größenordnungsmäßig keine großen Unterschiede für die sowieso nur grob datierbaren Zeitabschnitte ergeben.

Wenn aber die Setzung nach unten exponentiell abnimmt, ist die Setzungskurve gekrümmt (Abb. 8). Dann kann allein aus mathematischen Gründen das Interglazial mit dem Alter 125 000 Jahre nicht dem Tiefseeabschnitt 5, wohl aber dem Abschnitt 7 entsprechen.

In Korallenriffen wurde aber nicht nur eine 125 000 Jahre alte, sondern auch eine ca 80 000 Jahre alte gehobene warmzeitliche Terrasse gefunden (STEARNS 1984, MUHS et.al. 1994). Letztere blieb außer Beachtung, weil nach den zur Zeit herrschenden Altersvorstellungen sie als intra-weichselzeitliches Interstadial galt. Sie hat aber das Alter, das in der Setzungskurve dem Abschnitt 5 zukommt, entspricht also dem Eem-Interglazial nach der klassischen Definition: Interglazial zwischen dem letzten und vorletzten Glazial (Würm-Weichsel/Saale-Riß).Die mit der Setzungskurve datierten Isotopenschwankungen des Tiefseekerns V28-239 ermöglichen größenordnungsmäßig richtige Altersangaben für den Ablauf des Eiszeitalters. Die Größenverhältnisse der Isotopenausschläge zeigen in den Abschnitten 1-16 eine völlige Übereinstimmung mit Größenschwankungen des Nordeuropäischen Inlandeises. Das berechtigt zu der Vermutung, daß auch die älteren Abschnitte dieses Tiefseekerns ungefähr den Größenschwankungen der Vereisungen proportional sind. Daraus ergibt sich eine bisher noch von keiner anderen Gliederung erreichte Übersicht über Ablauf und Größen der Glaziale des Eiszeitalters (Abb. 9, Tab. 8 und 9; THOME, im Druck a u. b).

7 Die Erde im Eiszeitalter

7.1
Klimaentwicklung

Im Alttertiär war der Wärmetransport durch Ozeane und Atmosphäre bis in polare Breiten wenig behindert; noch gab es keine Hochgebirgsgürtel, das Ozeanwasser (heute in der Tiefe mit Temperaturen um 0 °C) war wärmer; es gab praktisch keine kalte Klimazone, auch nicht um die Pole. Im Eozän herrschte in der Nordsee tropisches Klima; im Pariser Becken betrug (STRAUCH 1968,1970) die mittlere Jahrestemperatur ca. 27 °C, im oberen Eozän deuten Evaporite auf aride Verhältnisse im südlichen Oberrhein-Graben (ALBERS 1981). Im oberen Oligozän herrschte ausweislich der Fauna und Flora von Rott bei Bonn ein humides, warm gemäßigtes bis subtropisches Klima (WEYLAND 1948, HELLMUND 1986). Im mittleren Miozän betrug die Jahresmitteltemperatur in der Niederrheinischen Bucht 13-15 °C.

Vor ca. 5 Millionen Jahren, im Pliozän (es war die Zeit des Aufsteigens der Alpen und des Trockenfallens des Mittelmeeres) wurde es merklich kühler, am Ende des Pliozäns (oberes Reuverien) sogar kühler als heute (FRIELINGSDORF 1992). Im Oberpliozän kamen stärkere Wechsel zwischen wärmeren und kühleren Klimabedingungen vor. STRAUCH (in SCHLICKUM & STRAUCH 1979) vermutet sommertrockenes Klima anhand des Artenspektrums xerophiler Landschnecken (HERMANNS 1992). Die Rotton-Serie des Pliozäns der Niederrheinischen Bucht deutet auf stärkere Trockenperioden (MÜCKENHAUSEN & SCHALICH 1982) oder warmhumides Klima (FELIX-HENNINGSEN 1990).

Die Grenzen der Vegetations-und Faunenzonen zogen sich in Richtung Äquator zurück. Es gibt schon das antarktische Inlandeis. In Island liegen tertiäre Moränen unter hohen, aus Lavaströmen aufgebauten Bergen. Vor der Westküste Südalaskas wurden bei Ölbohrungen mehrere tausend Meter mächtige tertiärzeitliche Sedimente aus Tilliten mit zwischengeschalteten marinen Sanden und Schluffen gefunden (Yagataga-Formation, MOLNIA in GOLDTHWAIT 1986:5).

Ohne scharfe Grenze leitet die mit Klimaschwankungen einhergehende Abkühlung in das Quartär über. Zunächst folgt ein Abschnitt mit unregelmäßigem Wechsel relativ kurzer wärmerer und kühlerer Klimaperioden, die nur selten Spuren hinterlassen haben – das

Frühquartär. Das Sauerstoff-Isotopenverhältnis der Tiefseekerne läßt auf zeitweise kleine Inlandeise schließen. Dann beginnt mit dem ersten großen Glazial (Abschnitt 22) das Jungquartär, ein seit ca. 900 000 Jahren bis heute dauernder Zeitabschnitt mit wechselnden großen Glazialen und Interglazialen (u.a. GRAUL 1983, PRENTICE & MATTHEWS 1988).

Heute beträgt das irdische Eisvolumen ca. 26,7 x 10^6 km^3 (Wasseräquivalent); im letzten Glazial waren es ca. 49,9 x 10^6 km^3, entsprechend einem 130 m tiefer stehenden Ozeanwasserspiegel. Der Maximalbetrag interglazialen Schmelzens über den heutigen Stand hinaus würde ca. 10,8 x 10^6 km^3 betragen, das würde einem eustatischen Ozeanspiegelanstieg um 30 m entsprechen. Der maximale glazial-interglaziale Wechsel des Ozeanwasservolumens beträgt 57,7 x 10^6 km^3. Fast alles heutige Eis ist in der Antarktis und in Grönland konzentriert.

Die durch den Wechsel der Glaziale und Interglaziale maximal möglichen Isotopenschwankungen werden von benthonischen Foraminiferen des östlichen äquatorialen Pazifiks besonders deutlich angezeigt. Die vertikale Durchmischung des Ozeans erfolgt in Glazialen rascher als in Interglazialen; die Mischung der Isotopenänderungen verläuft im Ozean 10mal rascher als Isotopenschwankungen zwischen Glazial und Interglazial eintreten. Das Oberflächenwasser der Karibik hatte während des letzten Glazials eine Temperatur von ca. 21,5 °C, heute 26-27 °C (EMILIANI 1966:119 f.).

7.2
Größen und Dauer der Glaziale und Interglaziale

Eine erste Übersicht gibt die Isotopenkurve des Tiefsee-Kerns V28-239 (Abb. 9, Tab. 9): Sie zeigt mehr Glaziale, als bisher in Resten nachgewiesen wurden; je jünger, desto klarer sind die fossilen Spuren erhalten. Die Größen der kaltzeitlichen Isotopenabschnitte 2-16 sind proportional zu den Größen entsprechender Randlagen des nordeuropäischen Inlandeises. Alt- und Jungquartär (ab Sauerstoff-Isotopenabschnitt 22) enthalten maximal 18 große Inlandeisvorstöße in ca. 10 Glazialen, falls alle Isotopenmaxima reell sind.

Die Glaziale umfassen größere Zeiträume (ca 50 000 bis 100 000 Jahre) als die Interglaziale (ca 15 000-30 000 Jahre). Die Reichweite der Inlandeise gibt ein Maß für die Größe der angesammelten Eismassen. Die größten Vereisungen erfolgten in den Glazialen 22, 16 und 12. Neben Krustenhebungen (= Talerosion) scheint Vulkanismus besonders deutlich mit diesen verknüpft zu sein. Ihnen gingen jeweils besonders warme Interglaziale voraus – haben diese vielleicht einen höheren Wärmevorrat des Ozeans verursacht, der durch längere und reichlichere Schneelieferung größere Vereisungen herbeiführte?

Das letzte Glazial, (= Weichsel- = Würm- Glazial) war, verglichen mit den vorhergehenden, eines der kleinsten. Da seine Spuren durch kein späteres verwischt wurden, ist es besser bekannt als die größeren. Die Isotopenkurve zeigt während des letzten Glazials zwei Eisvorstöße, je einen in den Abschnitten 4 und 2. Der Vorstoß des Abschnitts 2 hinterließ die Moränen ab dem Brandenburger Stadium; er erreichte sein Maximum vor 20 000-18 000 Jahren. Aber auch der Vorstoß des Abschnitts 4 dürfte Norddeutschland erreicht haben. Da er kleiner war als der spätere, sind seine Moränen durch das Brandenburger Stadium zerstört worden. Zwischen beiden Vorstößen scheint das Inlandeis nach Schweden zurückgewichen zu sein, wie die ca 36 000 Jahre alten Funde eines Interstadials im Drumlin von Dösebakka andeuten (HILLEFORS 1983).

Abb. 10
Weltkarte: Inlandeise (mit Höhenkonturen) und Lößvorkommen (schwarz).

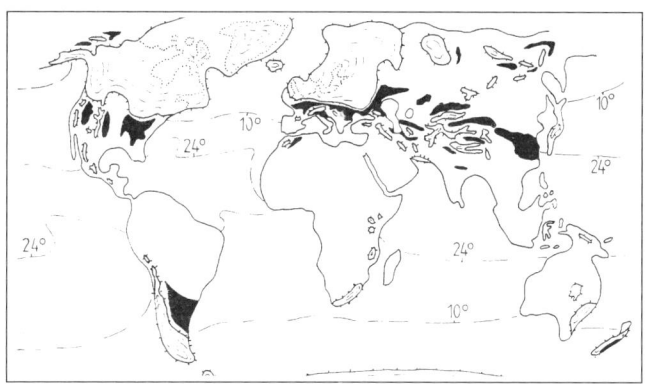

7.3
Ablauf eines Glazials

Die charakteristischste Erscheinung eines Glazials ist eine Anhäufung großer Eismassen in kontinentalen Inlandeisen, Eisschilden, Eiskappen und Gletschern als Folge einer weltweiten Senkung der Schneegrenze gegenüber der heutigen um ca. 1000-1300 m (Abb. 10). Sie hängt nicht allein von tiefer Temperatur ab. In sehr trockenen Gebieten, wie Innerasien, nördlichem Alaska oder Patagonien gab es trotz Kälte keine Inlandeise, weil der Niederschlag geringer war als die Ablation. Nur in der Nähe der reichlich Schnee bringenden Ozeane bildeten sich große Eismassen. Die Abschirmung des Innern der Kontinente gegen Feuchte bringende Winde war infolge der weltweiten Erniedrigung der Lufttemperaturen und den an niederschlagsreicheren Kontinenträndern aufwachsenden Eismassen bedeutend wirksamer, sie waren trockener als heute.

Während den größten Vereisungen bildete in den Wintern der Nordhalbkugel die Erde mit den fast in subtropische Breiten reichenden Schnee-und Eisdecken zusammen mit dem Eis der Südhalbkugel eine verhältnismäßig große weiße Reflexionsfläche, die einen großen Teil der der Erde zukommenden Sonneneinstrahlung in den Weltraum reflektierte. Zur Zeit des Anwachsens der Gletscher deuten reichliche Niederschläge auf zusätzliche Reflexion durch Wolken auch über tropischen Gebieten; erst während der Eismaxima förderte zunehmende Aridität das Verschwinden dieser Wolken und eine Zunahme der Einstrahlung.

Abb. 11
Vegetationszonen Europas vor
ca. 20 000 Jahren

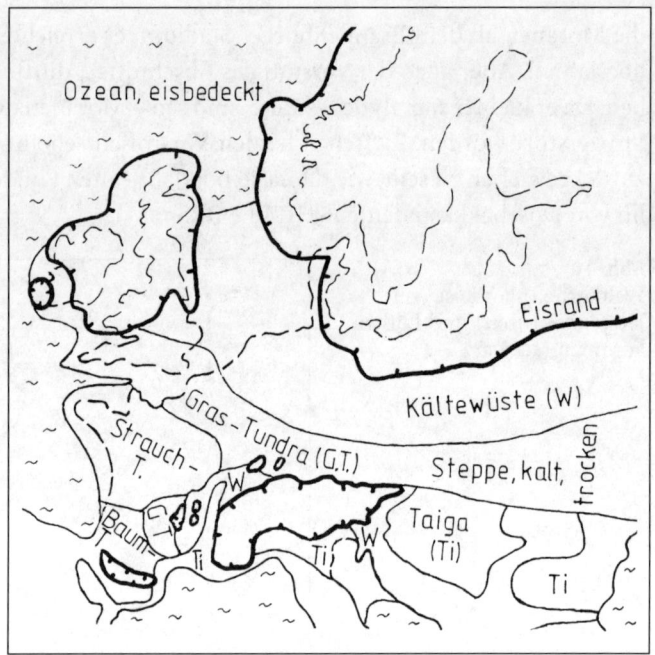

Das Anwachsen der Inlandeise dauerte mehrere Jahrzehntausende, es hat kaum Sedimente hinterlassen, weil der Eisvorstoß sie weitgehend beseitigte; der Abbau erfolgte in wenigen Jahrtausenden und hinterließ viele Spuren (u.a. IVES et.al. 1990).

Das Entstehen einer Vereisung wird an einer Computersimulation der Vereisung Südamerikas während des letzten Glazials (FUNNEL 1992, HULTON et.al. 1994) anschaulich: In das Modell wurden Daten der heutigen 138 Gletscher eingegeben. Zu Beginn der Abkühlungsphase entstanden auf den Andengipfeln (die über 3000 m NN hochragen) viele kleine Gletscher, sie vereinigten sich zu größeren Eisfeldern. Nach 1000 Jahren waren 6 größere Eiszentren entstanden, nach 6000 Jahren daraus drei geworden, nach 11 000 Jahren hatten sich alle zu einem großen Inlandeis vereinigt, das Eismaximum des Computermodells erreichte ein Gleichgewicht zwischen Schneezufuhr und Ablation; es bedeckte den ganzen Südteil der Anden, nicht aber das patagonische Flachland im Osten; der Niederschlag war dort zu gering, weil er von den Andenhöhen und dem darüber liegenden Eisschild von ca 1800 km Länge weitgehend abgefangen wurde. Die Schneegrenze stieg ziemlich steil von der Westküste nach Osten um ca 4 m/km an. Sie war verbogen: in 56° südlicher Breite lag sie 360 m über NN, in 50° Süd bei 160 m NN, in 40° Süd bei 560 m NN. Der Abkühlung lag eine mittlere Temperaturerniedrigung um 3 °C zugrunde; der Niederschlagsgürtel wanderte ca. 5 Breitengrade nach Norden.

Die vom Modell errechnete Eisausbreitung stimmt ungefähr mit der des wirklichen Inlandeises überein. Aus kleineren Abweichungen ergab sich, daß die computersimulierten

Niederschläge im Norden (südliche Breiten zwischen 40° und 45° hätten erhöht und im mittleren Bereich (45° bis 50°) hätten etwas verringert werden müssen, während sie im Süden (50°-55°) mit dem heutigen Stand richtig waren. Im Gegensatz zum Computermodell, das einen Gleichgewichtszustand erreichte, bestanden die Eismaxima der wirklichen Inlandeise nur kurze Zeit, wie die Isotopenkurven der Tiefseesedimente zeigen.

Die wirkliche (weichselzeitliche) Andenvereisung erreichte ihr Maximum gleichzeitig mit dem Höchststand der übrigen Inlandeise vor ca. 20 000-18 000 Jahren; ein letzter großer Vorstoß erfolgte im Spätglazial, gleichzeitig mit dem Salpausselkä-Stadium Nordeuropas, dann zerfiel das Inlandeis in mehrere Teile und verschwand. Vorstoß und Rückzug der Eismassen verliefen nicht stetig, ihnen waren kurzfristige kühlere Stadiale und wärmere Interstadiale überlagert. Die Vorstoßphase war – im Gegensatz zum Eismaximum – von stärkeren Niederschlägen begleitet, sie wirkten sich im Anwachsen der Gletscher und in starker Solifluktion und Abluation periglazialer Gebiete aus. Während der größten Eisausdehnung = Eismaximum = Eishochstand herrschte weithin Trockenheit, wie die Vegetationsverhältnisse des letzten Hochglazials (Abb. 11) zeigen.

Neben den auch heute noch vorhandenen Inlandeisen über Grönland (heutige maximale Höhe 3231 m, im letzten Hochglazial über 3500 m) und der Antarktis (heute über 4000 m), bestanden Inlandeise über Nordamerika (bis über 4500 m), Südamerika (ca 3000 m), Nordeuropa (über 3000 m) und auf den Flachseegebieten des nördlichen Polarmeeres (über 2500 m) (Atlas Arktiki 1985, HULTON et. al. 1994); in ihrem Umkreis dehnte sich die frostbeherrschte Periglazialzone.

Global verringerten sich während der Vereisung die Niederschlagsmengen, weil die Ozeane kälter wurden und immer weniger Wasser verdunsteten, der Nachschub an Schnee sank schließlich unter die Größe der Ablation. Staubüberwehung (Löß) erniedrigte die Albedo vereister Gebiete und verstärkte das Abschmelzen. FINK 1973 weist darauf hin, daß die beiden Inlandeise, die durch Meere vor starker Staubüberwehung geschützt sind (das antarktische und das grönländische), noch heute (während einer Warmzeit) bestehen.

7.4
Ablauf eines Interglazials

Von interglazialzeitlichen Sedimenten sind, verglichen mit typisch holozänen (u.a. Flußauen, Hoch-und Niedermoore, Marschen, Watten, Küstendünen, Auenlehme, Bodenbildungen, Seeablagerungen Seekreide, Raseneisenstein, usw.) nur sehr wenige Reste übrig geblieben, meist begraben unter jüngeren Sedimenten. An Kieselgurvorkommen in Nordwestdeutschland konnten MEYER (1974) und Müller (1974) die Vegetationsperiode der Holsteinwarmzeit auf ca 15 000-16 000 Jahre schätzen.

Obwohl Pflanzengesellschaften nicht deutlich die Temperatur- und Feuchtigkeitsschwankungen wiederspiegeln (HEINE 1993:315), zeigt die Waldgeschichte Mitteleuropas in Pollendiagrammen doch den allgemeinen Klimaverlauf in den gemäßigten Breiten: In Interglazialen Wälder aus wärmeliebenden, in Interstadialen aus kälteresistenten Baumarten (besonders Birken und Kiefern), in Stadialen waldfreie Frostschuttgebiete und Tundren mit Heidekräutern und Gräsern.

7.5.
Holozän

Als Muster einer Warmzeit kann man das Holozän betrachten, dessen Entwicklung besser als die früherer zu übersehen ist (Abb. 12); ähnliche Klimawandlungen werden auch für die Interglaziale angenommen, doch waren diese teilweise wärmer.

Das kalte trockene Klima des Hochglazials wich im Spätglazial einem trockenen warmen, das praktisch schon warmzeitliche Verhältnisse besaß (u.a. AVERDIECK 1976. Es folgten kurze strenge Kälterückfälle in der Älteren und Jüngeren Tundrenzeit. Erst mit dem Präboreal begann die heute noch anhaltende warmzeitliche Entwicklung. Sie erreichte im Atlantikum ihr Optimum, dann wurde es mit zunehmender Feuchtigkeit wieder kühler.

Dem Klimagang waren kleinere wärmere und kühlere Temperaturschwankungen überlagert, auf die die kleinen Gebirgsgletscher mit Vorstößen und Rückzügen, die Vegetation mit Veränderungen der Pflanzengemeinschaften reagierte. Die (kleinen) alpinen Gletscher stießen mehrmals vor und schmolzen zurück, die reagierten auf untergeordnete Klimaschwankungen.

In Europa begann die letzte holozäne Abkühlungsphase, das »Neoglazial«, etwa um 1000-1400 und endete mit dem Erreichen des Gletscherhöchststandes um 1850. In Island wurde der letzte Gletschervorstoß um 1700 deutlich, erreichte um 1850-1890 seine größte Ausdehnung, seither schmelzen die Gletscher weltweit zurück. Der Breidamerkurgletscher am Südrand des Vatnajökulls überfuhr den Platz eines Bauerhofes um 1740, den er beim Rückzug um 1940 wieder freigab (THORARINSSON mdl.Mitt.). Die Gletscher in den Fjorden Alaskas zeigen eine langfristigere Entwicklung, die anscheinend besser den globalen Klimaänderungen entspricht: Sie wuchsen seit 6000 BP (mit Unterbrechungen), erreichten um 1700 ihr holozänes Maximum mit Mächtigkeiten um 1000 m. Dann begann der bis heute andauernde Rückzug; die mittlere jährliche Rückzugsrate betrug zwischen den Jahren 1892 und 1907 200-370 m, im tieferen Fjordgebiet ca. 800 m /Jahr, insgesamt ca. 75-100 km (GOLDTHWAIT 1986:10). Zum Gletscherrückzug ab 1700 paßt die Zunahme der CO_2-Konzentration in der Atmosphäre (Abb. 2).

Waldentwicklung
Die Waldentwicklung des Holozäns ist besser bekannt als die älterer Warmzeiten (Abb. 12): Schon in den Wärmeschwankungen des Spätglazials, besonders im Alleröd, entwickelten sich Birken- und Kiefernwälder, die aber durch die Kälte der Jüngeren Tundrenzeit wieder

vernichtet wurden; Holzkohlenreste in spätglazialen Sedimenten Nordwestdeutschlands und der Niederlande stammen aus Waldbränden erfrorener Allerödwälder. Erst mit dem Holozän begann die endgültige Bewaldung: Zunächst erneut die kälteresistenten Arten Birken und Kiefern, dann wärmeliebende: Eichen, Ulmen, Linden, Buchen, Erlen, Hainbuchen. In verschiedenen Interglazialen verlief die Waldgeschichte etwas verschieden, sodaß Unterscheidungen möglich sind, doch ist strittig, ob alle Interglaziale sich unterscheiden lassen: Abb. 13: oben (5-7 m) Brörup-Interstadial, in der Mitte (8-9 m) Herning-Stadial, unten (9-12 m) Eem-Interglazial.

Die natürliche holozäne Waldgeschichte wurde zunehmend von Menschen durch Rodungen und Neuanpflanzungen gestört. Die Fortsetzung einer von Menschen unbeeinflußten warmzeitlichen Vegetationsentwicklung kann nur am Verlauf früherer Warmzeiten verfolgt werden: Im Übergang zur nächsten Kaltzeit setzte sich die Abkühlung des Klimas

Abb. 12
Pollendiagramm des Holozäns, Niederrhein. (REHAGEN 1963)

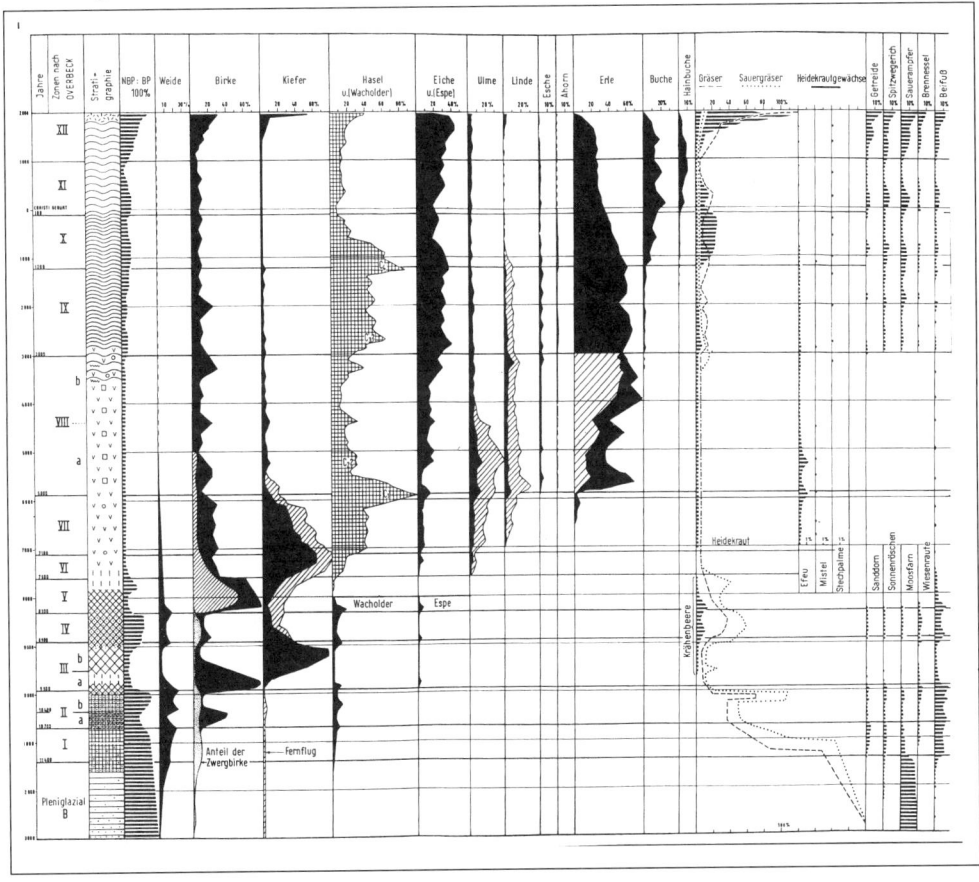

fort; in den Wäldern verdrängten kälteresistente Baumarten wie Betula und Pinus die wärmeliebenden, bis auch sie der Kälte eines neuen Glazials weichen mußten.

Bodenbildungen

Klimaänderungen sind auch aus Bodenbildungen erkennbar: In den Wärmeschwankungen des Spätglazials entstanden auf Löß Schwarzerden (KOPP 1965) und Parabraunerden (WICHTMANN 1981), im Präboreal Schwarzerden; nach HEINE 1993 bildete sich auf Hangschutt vor dem Laacher-See-Ausbruch (also im Alleröd) eine Braunerde. REUTER 1990 unterscheidet im nördlichen Mitteleuropa folgende holozäne Bodenentwicklungen: im warmtrockenen Boreal Braunlehme; im warmfeuchten Atlantikum Lessivierung (Tondurchschlämmung) zu Parabraunerde, im kühleren Subboreal stoppte der Lessivierungsprozeß, es bildeten sich Braunerden, im kühleren Subatlantikum tritt Podsolierung ein. Im wärmeren Südosteuropa herrscht heute noch Lessivierung.

Abb. 13
Pollendiagramm des Eem-Interglazials, Herning-Stadials und Brörup-Interstadials aus Gröbern, Sachsen.
LITT 1990 in
EISSMANN & LITT 1994:280

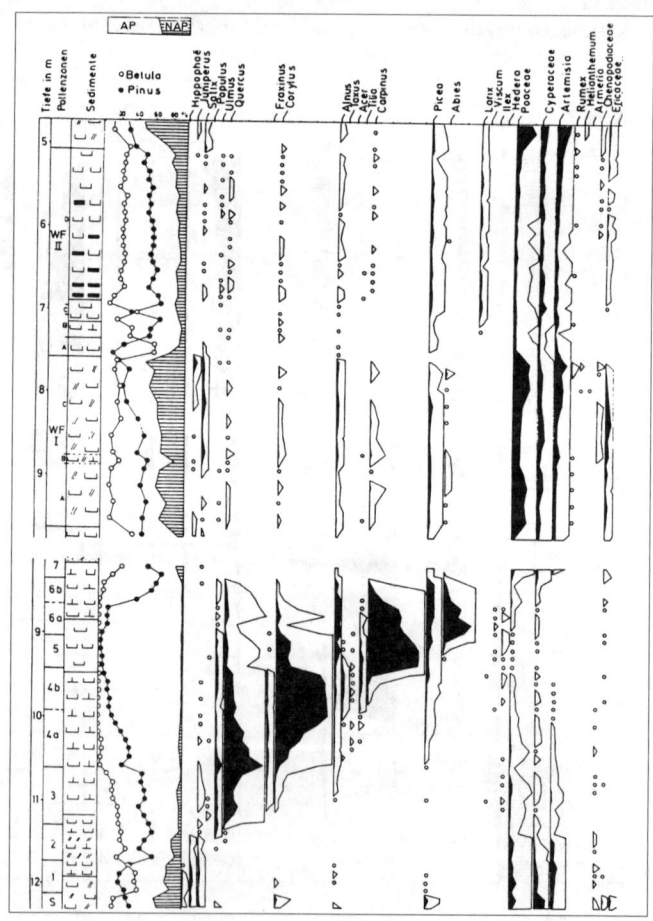

7.6
Einwirkungen auf die Landschaft

Die mehrfach entstandenen und wieder abgeschmolzenen Inlandeise über Nordamerika und Nordeuropa haben den Untergrund sehr stark erodiert und die ursprünglichen Gefällsverhältnisse verändert. Was vorher war, kann nur anhand weniger Spuren ganz grob rekonstruiert werden (Abb. 14). Erst das Abschmelzen der Inlandeise hat zahlreiche Spuren hinterlassen, an denen der Eisrückzug in vielen Einzelheiten verfolgt werden kann (Abb. 15, 16).

3000-4000 m mächtige Eismassen drücken, wenn genügend Zeit zur Verfügung steht, die Erdkruste unter den Scheitelregionen um ca. 1000 bis 1300 m herunter; an ihrer Peripherie bildet sich gleichzeitig eine Randschwelle. FJELDSKAAR 1994 sieht darin die Reaktion des Schalenaufbaus der Erde auf die Eisbelastung: Unter einer fast einheitlich aufgebauten dicken elastischen Lithosphäre liegt ein hochviskoser, als Flüssigkeit reagierender Mantel. Nach Modellrechnungen scheint eine Mantelviskosität von 1.0×10^{21} Pa s, überlagert von einer 75 km mächtigen Asthenophäre mit einer Viskosität von 1.3×10^{19} Pa s den beobachteten heutigen Hebungen am besten zu entsprechen (Abb. 17-20). Mit dem Abschmelzen der Eisschilde setzt der umgekehrte Vorgang ein: Hebung unter dem ehemaligen Inlandeis, Senkung im Bereich der Randschwelle. FJELDSKAAR schätzt die Hebung im Zentrum des ehemaligen Senkungsgebiets (Bottnischer Meerbusen) seit 15 000 B.P. auf mehr als 650 m.

Die Tiefenerosion der Mittelgebirgstäler läßt in den meisten Gebieten eine seit dem Pliozän langsam fortschreitende Hebung erkennen, die wohl großtektonisch (alpine Faltung) bedingt ist; sie wird aber von Hebungen und Senkungen überlagert, die durch den wieder-

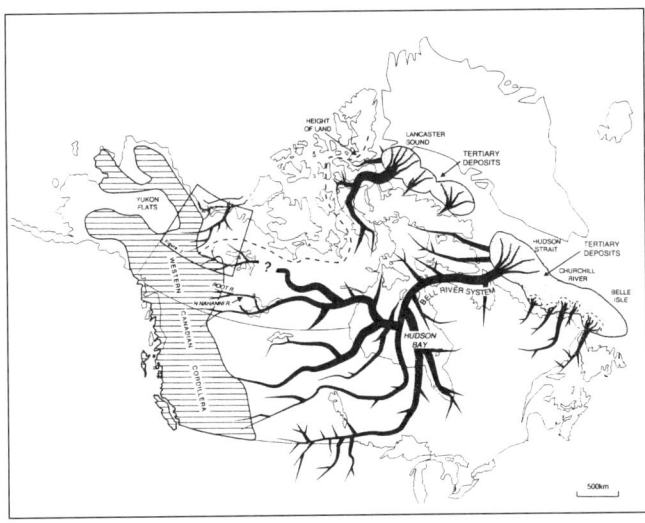

Abb. 14
Flußsysteme Nordamerikas vor den quartären Vereisungen (Paläozän-Pliozän). Reprinted from Quaternary International, Vol. 22/23, nach MACMILLAN 1973 aus DUK-RODKIN, A. & HUGHES O.L.: Tertiary-Quaternary drainage of the pre-glacial Mackenzie Basin, pp. 221-241, 1994, with kind permission from Elsevier Science Ltd. The Boulevard, Langford Lane, Kidlington OX5 1GB, K

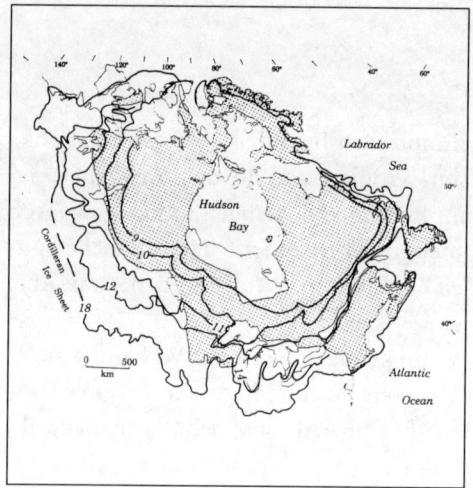

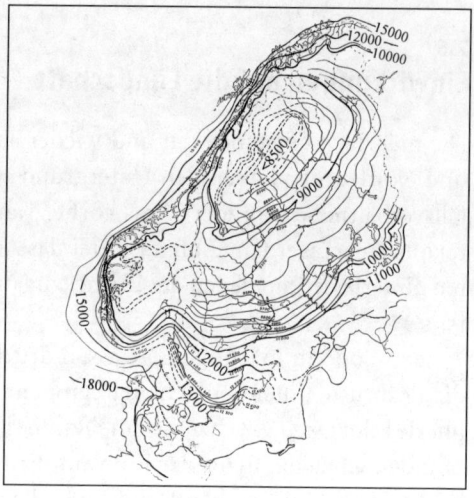

Abb. 15
Laurentisches Inlandeis, Randlagen in tausend
Jahren. nach CLARK 1994:22

Abb. 16
Nordisches Inlandeis, Randlagen.
nach LUNDQUIST 1986:273

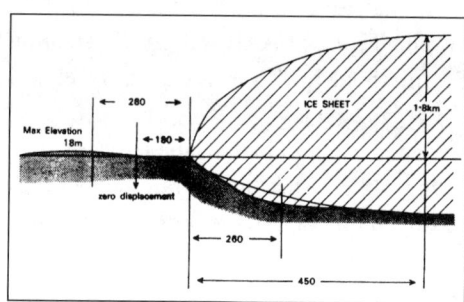

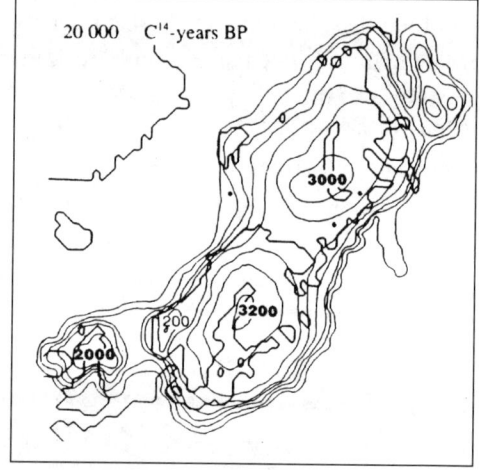

Abb. 17
Krustenverbiegungen durch Inlandeise,
schematisch. WALCOTT 1970

Abb. 18
Inlandeis über Nordeuropa und Barentssee.
FJELDSKAAR 1994:3, fig. 1

holten Auf- und Abbau der Inlandeise ausgelöst wurden. Diese Krustenbewegungen waren
mit gravierenden Änderungen der Flußeinzugsgebiete verbunden (Abb. 21, 22, Kap. 13.9).

Sowohl das Herabdrücken als auch das Aufsteigen der Erdkruste sind träge, Jahrzehntausende dauernde Vorgänge, die in kleineren Glazialen mehr Zeit beanspruchten als der
Auf- und Abbau der Inlandeise. So blieben in kleineren Vereisungen die Krustenverbiegungen im Vergleich zu größeren verhältnismäßig gering. In der quartären Terrassengenese

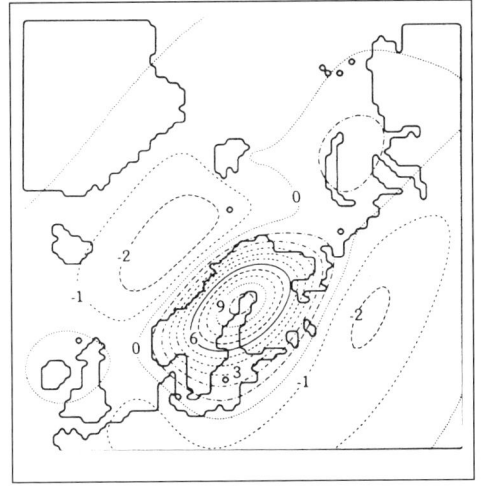

Abb. 19
Hebungsraten im Bereich des abgeschmolzenen
Inlandeises und Senkungsraten unter den Rand-
schwellen, theoretisch berechnet.
FJELDSKAAR 1994:3, fig. 4

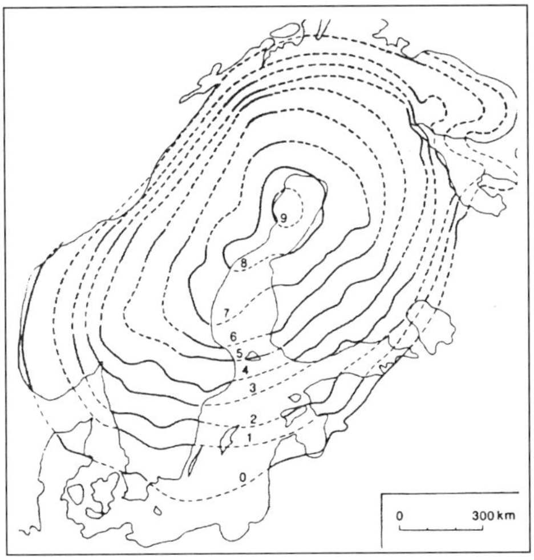

Abb. 20
Hebungsraten in Skandinavien, beobachtet.
nach EKMAN 1989 in FJELDSKAAR 1994

machen sich verhältnismäßig große Hebungen während der größten Vereisungen bemerkbar, die eine besonders große Randschwellenbildung andeuten.

Der vielfache Wechsel zwischen Glazialen und Interglazialen bewirkte ein wiederholtes
»Durchwalken« der Erdkruste. Eisbelastung (bis ca. 250 bar/cm²) und seitlicher Stress durch
das Eisfließen verursachten eine kräftige Erosion unter dem Eis, zeitweise verstärkt durch
subglaziales Wasser.

BELL & LAINE 1990:184 berechnen die Abtragung unter dem Laurentischen Eisschild
auf mindestens 120 m. Von ähnlicher Größe dürfte die Eiserosion in Teilen Skandinaviens
gewesen sein, doch sind Reste tiefreichender präglazialer chemischer Verwitterung, darunter Kaolinite, auf den präkambrischen Gesteinen Schwedens stellenweise erhalten, besonders in der Nähe ehemaliger Eisscheitel und entlang tiefreichenden Auflockerungszonen
an Störungen (LUNDQUIST 1985).

Der Belastungsdruck des Eises beschleunigte vermutlich in Norddeutschland das Aufsteigen von Salzstöcken; die Befunde sind nicht eindeutig. Nach PICARD 1969 entstanden
durch den Salzaufstieg Geländehindernisse, um die der Eisrand in Schleswig-Holstein einen Bogen machte. Der Aufstieg von Salzstöcken setzt sich auch im Holozän fort (PRAN-
GE 1985). Vermutlich wurde unter dem Inlandeis aus Salzstöcken, die an quartäre Schichten heranreichten, Salz wie Paste aus Tuben ausgepreßt. Die (elsterzeitlichen) Rinnen in
der Quartärbasis sind aber unabhängig von Salinarstrukturen des Untergrundes (HINSCH
1979).

Abb. 21
Links: Flußnetz
im Pliozän, rechts: heute.
i. Wes. n. WAGNER 1960

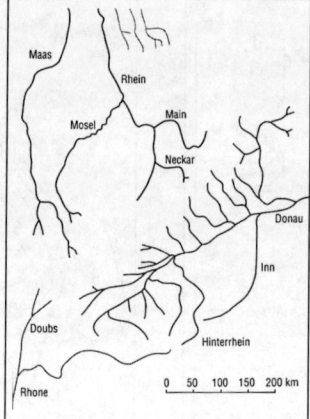
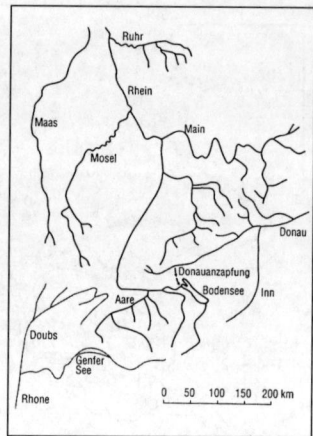

Abb. 22
Wachsen der Abflußmenge
des Rheins
THOME 1963

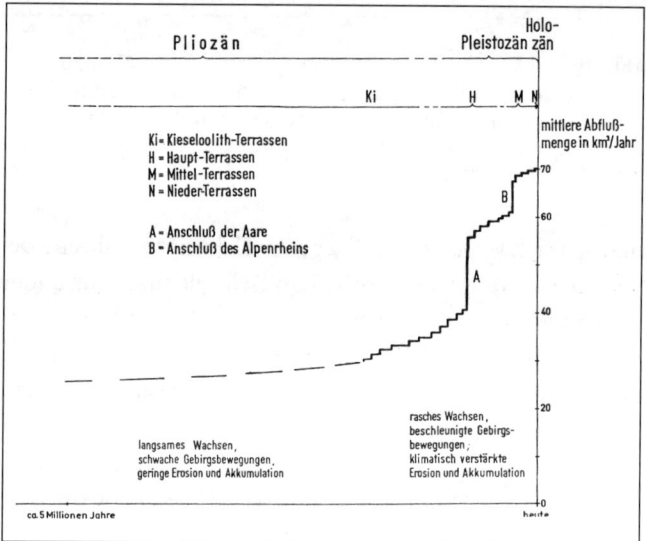

Der in jeder Eiszeit durch die Festlegung des Niederschlags als Eis um ca. 100-150 Meter eustatisch gesenkte Meeresspiegel (RADTKE 1990) ließ Inseln auf den Kontinentalschelfen wie Großbritannien, Irland, Sizilien zu Teilen des Festlandes werden. Im südostasiatischen Raum wurden auf dem trockenfallenden Sunda-Schelf die Inseln Kalimantan, Palawan, Sumatra, Java zu Teilen des asiatischen Festlandes; sie blieben durch die Makassar-Meeresstrasse von den miteinander verbundenen Inseln Sulawesi (= Celebes) und Philippinen getrennt, die zeitweise einen eigenen Landanschluß über Taiwan nach Asien hatten.

Australien und Neuguinea waren durch den Sahul-Schelf landfest miteinander verbunden, blieben aber von Asien getrennt (Abb. 10), sodaß ihre altertümliche Tierwelt überleben konnte. Auch die Beringstrasse zwischen Sibirien und Alaska wurde landfest; über sie

wanderten, solange sie von vordringenden Eismassen benachbarter Inlandeise nicht gesperrt war, Tiere und Menschen nach Amerika (KAHLKE 1981). Am Rand des Inlandeises
gab es noch im letzten Glazial östlich des Urals große Stauseen; auch kontinentale (nicht
durch Aufstau am Eisrand bedingte) Seen erreichten in gemäßigten Breiten im Höhepunkt
der letzten Eiszeit ihren höchsten Stand, in den Tropen und Subtropen gelegene vor oder
nachher (LIEDTKE 1990:51). Die Sedimentationsgeschichte des abflußlosen Van-Sees in der
Türkei ergab Seespiegelhöhen im Spätglazial um 70 m über, im Boreal 340 m unter dem
heutigen Stand (KEMPE & DEGENS 1979).

Nicht ganz so groß wie unter dem Inlandeis, aber immer noch beträchtlich größer als in
anderen Klimaten waren Erosion und Transport der Schuttmassen in Periglazialgebieten
durch Frostsprengung, Solifluktion, Abluation, Wind und Flüsse. Die heutige Landschaft
außertropischer Breiten ist Resultat wiederholter kaltzeitlicher Erosion.

Durch Tiefenerosion infolge von Hebungen wurde im Pliozän auf eingeebneten niedrigen Rumpfflächen das Flußnetz weitgehend festgelegt. Im älteren Quartär ereigneten sich
beträchtliche Flußverlegungen, kleinere noch im jüngeren Quartär (u.a. WAGNER 1960,
HANTKE 1987, SCHREINER 1990, SPEETZEN 1990, RUTTE 1992:213): Verkleinerung des
Donaueinzugsgebiets durch rückschreitende Erosion des Neckars, Anschluß der Aare und
später des Alpenrheins an den Rhein (Abb. 21, 22), Verlagerung der Wasserscheiden zwischen Main und Donau, Wechsel der oberen Mosel bei Toul von der Maas zum Rhein,
Ablenkung der aus dem Schiefergebirge ins Münsterland fließenden Bäche nach Westen
durch Möhne und Ruhr.

Im Übergang von einer Eiszeit zur Warmzeit wurden unter dem Einfluß des steigenden
Meeresspiegels im Küstenbereich verhältnismäßig große Sedimentmengen aufgeschüttet.
Auf weichselglazialen Oberflächen liegen unter dem Nordseeboden frühholozäne Boden-
bildungen, darüber jüngere Sedimente (PREUSS 1979).

Im Ostseebereich führten Landhebungen und Meeresanstieg zu mehrfach wechselndem
ozeanischem Einfluß (Abb. 19a): Baltischer Eisstausee (Süßwasser), Yoldia-Meer (Salzwasser), Ancylus-See (Süßwasser), Litorina-Meer (Salzwasser). An unterschiedlichem Salzgehalt, der wechselnden Meereseinfluß anzeigt, unterscheidet man nach der Litorina-Phase:
Limnea-Phase, Mya-Phase (Tab. 13).

Das Ende des Baltischen Eisstausees ähnelt dem kleinerer Eisstauseen, aber in gewalti-
gerem Maßstab: Marken des Stauseewasserspiegels wurden ca 26-28 m über dem damaligen Ozeanspiegel gefunden. Vor dem endgültigen Auslaufen erfolgten mehrere Wasseraus-
brüche (Gletscherläufe), nach denen sich die Eisbarriere wieder schloß. Man rechnet beim
endgültigen Brechen der Eisbarre bei Billingen mit einer Süßwassermenge von über 10 000
km^3, die in kurzer Zeit in die Nordsee ausliefen (FAIRBRIDGE 1983:228).

Am Boden der Ostsee liegen Moränen, spätweichselglaziale Bändertone, fluviatile
Schluffe und Sande und marine Sande. Die heutige Ostsee entstand durch glaziale Erosion, epirogene Hebungen und Senkungen sowie spätglaziale und holozäne Aufschüttungen

Abb. 23
Entwicklung der Ostsee nach
Rückzug des
letzten Inlandeises.
nach IGNATIUS et.al. 1981

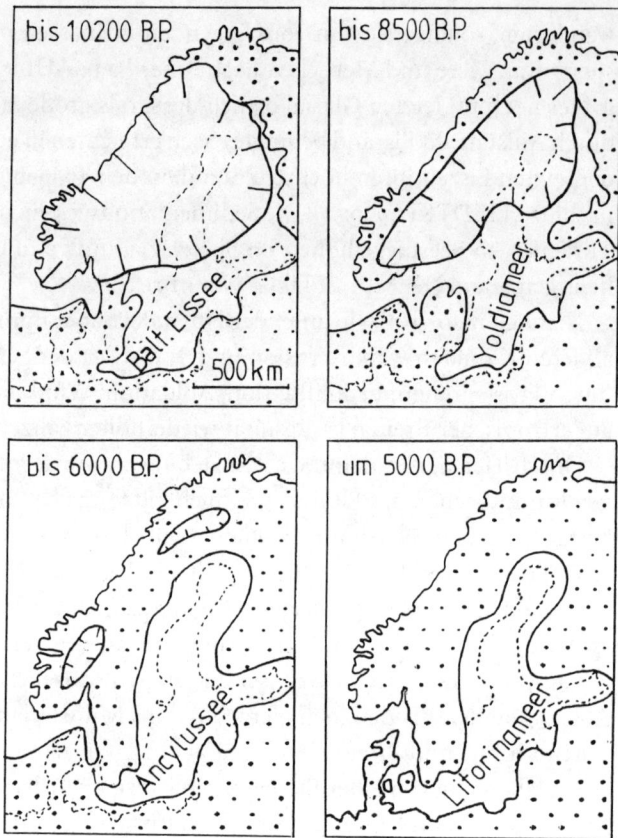

(GROMOLL 1994, LEMKE 1994). Stellenweise konnten unter dem Wasserspiegel ertrunkene Küstenlinien und Strandterrassen nachgewiesen werden. Am norwegischen Abbruch des europäischen Kontinents entstanden durch kombinierte Eis- und Seewassererosion mehrerer Glaziale breite Küstenplattformen (HOLTEDAHL 1960:526).

Während des Eismaximums waren polare Kälte- und subtropische Hitzewüsten vergrößert, der Niederschlag stark reduziert; im Periglazialbereich verbreiteten Staubstürme den Löß. Weithin sind oberflächennahe Sedimente der Glaziale durch warmzeitliche Verwitterung verändert. In Vertiefungen, auf Talböden und an Hangfüßen sammeln sich, durch Hochwässer und plötzliche Starkregen verfrachtet, holozäne Sedimente.

7.7
Tier- und Pflanzenwelt

Die Tier- und Pflanzenwelt passte sich den wechselnden Außenweltbedingungen durch Wanderungen an. Es waren keine einfachen Verschiebungen des lebenden Inventars ganzer Klimazonen. Jede Pflanzen- bzw. Tiergruppe suchte für sich neue Areale, sodaß die Pflanzen- und Tiergemeinschaften verschieden alter aber ähnlich temperierter Klimazonen verschieden waren (FRENZEL 1983, 1990, JUX 1990). Infolge des mehrfachen Klimawechsels sind in den Ablagerungen oft Pflanzen- und Tierreste unterschiedlicher Klimabereiche miteinander vermischt.

In den Eiszeiten verschwand der Wald aus Mitteleuropa, es entstanden Frostschutzzonen und Tundren mit sporadischer Vegetation, mit Flechten, Moosen, Gräsern und Kräutern, an geschützten Stellen mit niedrigem Gebüsch.

Aus vielfältigen regional wechselnden Klimabedingungen im Laufe einer Eiszeit läßt sich ein Zeitpunkt besser fassen: Das Eismaximum. Die Waldgürtel der gemäßigten und hohen Breiten waren zerstört, die tropischen Wälder übrigens weitgehend auch.

In den Hohen Anden des Amazonasgebiets war die Baumgrenze um 1200 bis 1500 m erniedrigt, die mittlere Jahrestemperatur um 8-10 °C gesunken; das Klima feucht während des ersten Abschnitts des letzten Glazials, ab dem Eismaximum (ca. 21 000 bis ca. 13 000 BP) beträchtlich trockener; im tropischen Tiefland Südamerikas war die mittlere Jahres-

Tabelle 14
Lebensabschnitte einiger Tierarten (nach JUX 1990, MANIA 1990)

Zugänge	Tierart	Verschwinden
Prägünz	Südelefant (ARCHIDISKODON MERIDIONALIS)	Cromer
	Makake (Macaca sp.)	Cromer
Günz	Moschusochse (OVIBOS MOSCHATUS)	Würm
Cromer	Altmammut (MAMMONTEUS TROGONTHERII)	Riß
Cromer	Löwe (FELIS LEO) Würm	
Holstein	Waldelefant (PALAEOLOXODON ANTIQUUS)	Eem
Holstein	Riesenhirsch (MEGALOCEROS GIGANTEUS)	Würm
Riß	Mammut (MAMMONTEUS PRIMIGENIUS)	Würm
Riß	Höhlenbär (URSUS SPELAEUS)	Würm
Riß	Wollnashorn (COELODONTA ANTIQUITATIS)	Würm
ab Prägünz	Seeotter (ENHYDRIODON REEVEI), Wolf (CANIS LUPUS)	
	Rotfuchs (Vulpes vulpes), Biber (Castor fiber)	
ab Günz	Wildschwein (SUS SCROFA), Dachs (MELES MELES)	
	Lux (FELIS LYNX), Ren (RANGIFER TARANDUS)	
	Wasserbüffel (Bubalus murensis), Bär (Ursus sp.)	
	Reh (CAPREOLUS CAPREOLUS), Löwe (PANTHERA LEO)	
	Wildkatze (FELIS SILVESTRIS) Wildpferd (Equus sp.)	
	Rothirsch (Cervus elaphus), Bison (Bison priscus)	
ab Riß	Braunbär (URSUS ARCTOS), Elch (ALCES ALCES)	
ab Würm	Wildpferd (EQUUS FERUS PRZEWALSKI)	

Das Wildpferd überlebte in Eurasien, starb noch im Holozän in Nordamerika aus; die frei lebenden Pferdeherden Nordamerikas stammen von spanischen Reittieren.

59

temperatur 4-5 °C niedriger. Gras-Savanne war der vorherrschende Vegetationstyp sowohl auf der Küstenebene von Guyana, die sich infolge der Meeresspiegelsenkung weiter ausdehnte, als auch im Amazonasgebiet (GRABERT 1991). Hierbei dürfte die Temperaturerniedrigung um ca. 5 °C nicht ausschlaggebend gewesen sein, wohl aber die Abnahme der Niederschläge (HAMMEN 1972).

In Tiefländern der Tropen herrschten Trockenwälder, in höher gelegenen offene Waldsteppen (LIEDTKE 1990). Trockenheit war von großer Bedeutung. Die Waldbaumarten überlebten in kleinen Refugien, aus denen sie sich bei beginnender Erwärmung wieder ausbreiteten.

Wie die Vegetation passte sich auch die Fauna den Klimaschwankungen an; in Kaltzeiten konnten in Europa nur Tiere überleben, die durch Lebensweise und körperliche Ausstattung der Kälte widerstanden, in den Warmzeiten wanderten wärmeliebende Tiere ein (u.a. KÖNIGSWALD 1983), die »Kältefauna« zog sich in die Steppen Nordasiens zurück. Die Kälteanpassungen erfolgten weitgehend schon im Altpleistozän (JUX 1990:92, CATT 1992:216), Tab. 14.

Der Säbelzahntiger (Megantereon) verschwand im Altpleistozän aus Europa, gelangte in einer Mindelkaltzeit nach Nordamerika, hielt sich dort als Smilodon bis ins Würm (JUX 1990). Die Erdpech-Seen von Los Angeles (La Brea) haben zahlreiche Exemplare konserviert. In Kaltzeiten waren manche Tiere größer = besserer Kälteschutz nach der Bergmannschen Regel; der Zahnverschleiß nahm zu: Die Backenzähne der Elefanten erhielten mehr und enger angeordnete Schmelzfalten. Im Löß finden sich Lößschnecken: Pupilla loessica, Pupilla muscorum, Trichida hispida, in flachen stehenden Gewässern u.a. Columnella columnella, Succinea oblonga.

Knochen wurden in kalkfreien oberflächennahen terrestrischen Bodenschichten meist restlos zersetzt; erhalten blieben sie unter Sauerstoffabschluß im karbonatischen Grundwasser von Talböden, in Kalkhöhlen, kalkreichen Sedimenten wie Sinterkalk (Travertin), Höhlenlehm, unverwitterten Löß- und Stauseeablagerungen und Bitumenansammlungen in oft überaschend reichlichen Mengen. Erwähnt seien die vermutlich rißzeitlichen »Knochenkiese« des Emschertales, dessen reichhaltige Funde (HEINRICH 1980) neben Knochen auch Löwenspuren lieferten. Im Baggergut geborgene Artefakte eines Siedlungsplatzes ergaben Jung-Acheuléen. Molaren von Mammuthus trogontherii hatten nach einer Uran-Thorium-Datierung ein Alter mit Mittelwerten um 126 000, 144 100 und 189 300 Jahren BP. (SCHMITZ 1990).

Alle heute lebenden Korallenriffe fielen in Glazialen trocken; die Korallen überlebten an tiefer gelegten Küsten in kleinen Refugien, die Küstenbereiche warmen Wassers waren reduziert. Die heute wieder von Korallen besiedelten Riffe waren landfest und wurden erodiert, es entstanden auf den Riff-Flächen Erosionsrinnen und Dolinen, in den Riffen Tropfsteinhöhlen.

7.8
Menschheitsentwicklung

7.8.1
Charakteristika des Menschen

Zweibeiniger aufrechter Gang, Werkzeuggebrauch, große komplexe Gehirne. Gebrauch des Feuers, Großwildjagd, Sprechen, Kunst und Symbolisation entstanden mehr oder weniger unabhängig voneinander und zu verschiedenen Zeiten. Anders als mit der ersten dieser Entwicklungen, dem zweibeinigen Gehen, gab es keinen menschlichen Beginn, sondern statt dessen eine komplexe Entwicklung der verschiedenen menschlichen Besonderheiten. Das zweibeinige Gehen begann vielleicht vor 7-4 Millionen Jahren. Unsere heutigen anatomischen Proportionen, unsere Fähigkeit Kunst und Symbole zu schaffen, schwierige Werkzeuge herzustellen, Bau und Gebrauch unserer Häuser scheinen erst in den letzten Jahrzehntausenden sich entwickelt zu haben (SIMONS 1989).

Der moderne Mensch ist die Summe all dieser Vorgänge. Er mißt seine geschichtlichen Erinnerungen nach nur wenigen Jahrtausenden, ganz wesentlich aber wurde er durch Eiszeiten geprägt. Gelegentlich wurde erwogen dem Eiszeitalter den Namen »Anthropogen« zu geben.

7.8.2
Zeitliche Folge der Menschenformen

Unter den Primaten erscheinen die Hominoidea (Menschenähnlichen) zuerst im Oligozän vor ca 33 bis 32 Millionen Jahren als Aegyptopithecus und Propliopithecus in tropischen Sumpfwäldern der heutigen Oase El Fayum, etwa 90 km südwestlich von Kairo. Ursprung und Entwicklung der Hominoidea liegen in Ost- und Südafrika. Vor 20 bis 14 Millionen Jahren (im Miozän) sind viele Arten von Prokonsul in Ostafrika verbreitet. Später lebten Keniapithecus und Ramapithecus (dieser aus Indien bekannt).

Vor ca. 5 Millionen Jahren spalten sich von den Hominoidea bzw. den Pongidae (Menschenaffen) mit Australopithecus die Hominidae ab. Der älteste Fund, nach WOOD 1994:280 noch sehr nahe der Abspaltung, ist Australopithecus ramidus von Aramis, Afar-Senke, Äthiopien (vor 4,4 Millionen Jahren), er ernährte sich von Früchten, Knollen, Wurzeln, lebte sowohl auf dem Boden als auch auf Bäumen (WHITE et.al. 1994). Erste menschliche Fußspuren stammen von Laetoli in Tansania (vor 3,7 Millionen Jahren). Aus der Afar Äthiopiens stammt auch Australopithecus afarensis, genannt »Lucy«, ein zu 40% erhaltenes Skelett einer ca 1 m-1,20 m großen Frau aus ca. 3 Millionen Jahren alten Tuffschichten. Ein bekannter Fundpunkt ist Olduvai mit Funden bis 2 Millionen Jahren alt. Hier und an anderen Fundstellen fand sich schon in der untersten Schicht Homo habilis, ein Steppenläufer und Aasfresser, mit primitiven Steinwerkzeugen und Hütten, in seiner Herkunft umstritten.

Vor ca. 1,8-1,6 Millionen Jahren erscheint Homo erectus, ein echter Jäger, neben ihm lebten zunächst noch Australopithecinen. Homo erectus erfand den Gebrauch des Feuers, vermutlich vor ca. 900 000 Jahren. Es sei darauf hingewiesen, daß er sich beim Rückgang der tropischen Wälder und Ausdehnung freier Jagdflächen durch eine beginnende Abkühlung des Klimas am Anfang der Eiszeit als erste Vormenschenform entwickelte, die nicht mehr auf die Baumsteppe Afrikas als Lebensraum angewiesen war.

Ihn befähigen zur Ausbreitung in andere Kontinente keine besonderen körperlichen Eigenschaften, die ihn von älteren Formen unterschieden (der Mensch kann sich aufgrund seiner geringen Spezialisierung an viele Nahrungsformen, aufgrund seiner Intelligenz an viele Klimabereiche anpassen), sondern der Gebrauch von Waffen. Die mit Hilfe der Waffen mögliche Jagd auf größere Tiere machte ihn unabhängig von der Tierwelt der Baumsteppe.

Die ältesten Funde des Homo erectus stammen aus Afrika: Am Nariokotome River in der Nähe des Ostrandes des Turkana-Sees (früher »Rudolf-See«), Kenya, wurde das fast vollständige Skelett eines Jungen von ca. 13 Jahren gefunden (»Turkana-Boy«), datiert auf 1,65 Mill. Jahre. Etwa 1,6 Mill. Jahre sind Reste von Koobi Fora in der Nähe von Nariokotome; aus der Olduvai-Schlucht, Tansania, stammen 1,25 Mill. Jahre alte Reste; Homo erectus hatte etwa die Größe der heutigen Menschen (LEAKEY & SLIKKERVEER 1993), das Skelett zeigt noch Ähnlichkeiten mit dem der Australopithecinen, aber auch schon mit späteren moderneren Menschenformen (SIMONS 1989).

Aus Kärlich, Mittelrhein, sind ca. 1 Million Jahre alte Werkzeuge bekannt. In niederrheinischen revers polarisierten cromerzeitlichen Terrassen wurden bei Weeze (Niederrhein), Kirchhellen und Schermbeck (Ruhrgebiet) in den letzten Jahren von SCHMUDE (1992) ebenfalls ca. 1 Million Jahre alte Werkzeuge gefunden. Zu jüngeren Formen des Homo erectus zählt der bei Mauer/Heidelberg 1907 in warmzeitlichen Schottern des Cromerkomplexes gefundene Unterkiefer des Homo heidelbergensis, dessen Untersuchung durch SCHOETENSACK (CZARNETZKI 1988:221) eine große Variabilität damaliger Menschenformen vermuten läßt, sodaß nicht sicher ist, ob der Homo heidelbergensis zu den direkten Vorfahren des heutigen Menschen gehört oder ein erloschener Seitenzweig ist. Er hatte ein niedriges Gesicht, konnte anscheinend noch nicht so artikuliert sprechen wie der heutige Mensch, besonders die Bildung von Konsonanten war behindert (LIEBERMANN in CZARNETZKI 1988:222).

Der Homo erectus von Bilzingleben, 35 km nördlich Erfurt auf einer hochgelegenen Terrasse der Wipper über deren Engtal gefunden (Abb. 24), hatte Steingeräte aus einfachen Kernen und Abschlägen, ferner Geräte aus Knochen und Geweihen mit ersten einfachen Ornamentierungen. Er zeigt beste morphologische Übereinstimmungen mit den erectus-Formen von Mauer und unterscheidet sich eindeutig von den moderneren Formen von

Steinheim und Ehringsdorf, auch hinsichtlich seiner kulturellen Hinterlassenschaft (MA-NIA 1994:373).

Man stellt ihn aufgrund einer Terrassendatierung in das Holstein-Interglazial (MANIA 1994:369), in das auch der Steinheimer Mensch gestellt wird. Die paläontologischen Indizien der menschlichen Fossilien, die auf Cromer-Alter deuten, sind aber schwerwiegender für die Datierung als eine Einstufung der Wippertalhänge nach bekanntem Terrassenschema, auf dessen Schwächen bei der Gliederung der Rheinterrassen (Kap. 13.9) hingewiesen wird. Der 1933 bei Steinheim an der Murr (Süddeutschland) in Neckarschottern des Holstein-Interglazials gefundene Frauenschädel des Homo steinheimensis (BLOOS 1977) stellt eine Übergangsform zwischen Homo erectus und dem moderneren Homo sapiens dar (CZARNETZKI 1983:226,228).

Steingeräteinventare mit Faustkeilen bezeichnet man als Acheuléen: MÜLLER-BECK 1990:114 vermutet, daß sie zum Zerwirken von Wild hergestellt wurden, während Inventare ohne Faustkeile = Clactonian zur Pflanzenverarbeitung dienten. Vielleicht waren es aber nur »Moden«. Steingerätetechniken lassen mehrere Kulturprovinzen unterscheiden: 1. Afrika-Südeuropa-Vorderasien, 2. Eurasien nördlich der Alpen und mittelasiatischen Gebirge, 3. Südasien, 4. Ostasien (MÜLLER-BECK 1990:120).

Homo erectus wird innerhalb der Saale-Glaziale von moderneren Menschen abgelöst. Vor dem Eem-Interglazial trat an Stelle der Faustkeile die Herstellung von Abschlägen eines Steinkerns in den Vordergrund (Levallois-Technik). CATT 1992 bringt diese Änderung mit der Ablösung des Homo erectus durch praesapiens-formen in Zusammmenhang. Man unterscheidet einschließlich der Eem-Warmzeit nebeneinander Präneandertaler- und Präsapiensformen. Hier seien die Menschenreste aus dem unteren Travertin von Ehringsdorf erwähnt. Er gilt meist als Eem-warmzeitlich, könnte aber aus einem intrasaalezeitlichen Interglazial stammen (KAHLKE 1994:366.). Die Art der Knocheneinbettung: nur stark zerschlagene Fragmente, läßt auf Kannibalismus schließen. Auch die Travertine im Raum Stuttgart stammen aus mehreren Warmzeiten. Mit der Th/U-Methode wurden dort Alter

Abb. 24

Wippertal, Fundplatz des homo erectus von Bilzingleben im Travertin (schwarz) auf der Höhe Steinrinne« (MANIA 1990:35, Abb. 26,6)

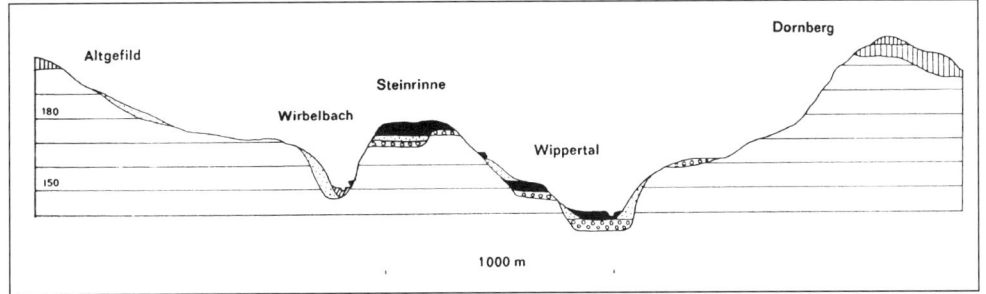

um vielleicht 100 000 und zwischen 200 000-250 000 Jahren gefunden (GRÜN et.al.1982:201). Im letzten Glazial entstand aus Präneandertaler-Formen der eigentliche Neandertaler, der vor ca. 35 000 Jahren verschwand und aus Präsapiensformen der heutige Mensch, der Homo sapiens sapiens.

Im frühen Weichsel-Glazial herrschte die Mousterien-Kultur. In der zweiten Hälfte war der Neandertaler verschwunden; die Werkzeuge des Homo sapiens sapiens sind leichter und zierlicher; er bearbeitete häufiger neben Knochen und Holz auch Geweih, Elfenbein, Gagat. Es gibt Verzierungen, Figuren (besonders Venusfiguren), Abbildungen (u.a. Ritzzeichnungen auf Schieferplatten von Gönnersdorf bei Neuwied, Höhlenmalereien in Frankreich und Spanien (HAHN 1983:273, MÜLLER-BECK 1990:123); Blattspitzenkulturen des Jungpaläolithikums: Aurignacien, Solutréen, Magdalénien, Azilien, Perigordien; (CATT 1992:208).

Die ersten modernen Menschen waren noch nicht in die späteren Großrassen: Europide, Mongolide, Negride untergliedert, ihnen entsprechen eher die später in Refugien abgedrängten Restgruppen, wie Ainu, Australiden, Melanesier, Wedda-Gruppen Indiens und Buschmänner Afrikas (KAHLKE 1981). Im Sinne von WUNDERLICH (1974, s.u.) könnten in der Entwicklung des modernen Menschen Refugien eine Rolle gespielt haben: Im Glazial 4 der Sauerstoff-Isotopen-Kurve (Abb. 9) eine Abschließung mit Herausbildung des Homo sapiens sapiens, der anschließend im Interstadial 3 sich weltweit ausbreitete, im Glazial 2 erneut in Refugien eingeschlossen wurde, in denen sich die Großrassen herausbildeten.

Die Entwicklung der Großrassen ist nach KAHLKE (1981:142) am Beispiel der nordamerikanischen Indianer ungefähr zeitlich eingrenzbar: Die Indianer wanderten vor ca. 30 000-20 000 Jahren über die trocken liegende Beringstrasse nach Amerika. Sie sind mongolischer Abstammung, stellen aber eine frühe Entwicklungsphase dar, aus der sich die asiatischen Mongolen gerade erst herausbildeten. Später erfolgte eine zweite asiatische Einwanderung nach Nordamerika – die der Eskimos, die typisch mongolid sind. Diese Einwanderung geschah vor über 4000 Jahren. Die Klimaverbesserung am Ende der letzten Eiszeit führte zum Aufwachsen dichten Waldes in Mitteleuropa und damit zu einem Abwandern der Steppentiere und des von der Jagd lebenden Menschen. So stammen weniger Artefakte aus dem Zeitraum zwischen 11 500 und 10 000 als aus dem vorhergehenden Magdalénien (ALBRECHT 1983:354).

Im Holozän lebten die Menschen zunächst vorwiegend auf waldfreien Plätzen, an Seen und Flüssen. Ihre charakteristischen Steinwerkzeuge sind sehr klein (= Mikrolithen); sie bestehen aus Spitzen, Dreiecken, Vierecken und Kreissegmenten, die an Holzschäften zu mehreren eingelassen wurden. Die Mikrolithen-Technik der Mittelsteinzeit (Mesolithikum) wurde in Nordafrika schon einige Jahrtausende früher verwendet (HAHN 1983:363).

Neusteinzeitliche Bauernkulturen (Neolithikum) mit Viehzucht durch Domestikation von Haustieren entstanden im kleinasiatischen Raum seit dem Ende der Eiszeit vor ca.

10 000 Jahren. Von dort gelangten sie vor ca. 8000 Jahren nach Mitteleuropa. Die erste mitteleuropäische (Getreide)-Bauern-Kultur ist die der Linear-Bandkeramik, so genannt nach Verzierungsmustern ihrer Töpfe (UERPMANN 1983:406, MÜLLER-BECK 1990:125).

7.8.3
Herkunft des Menschen

In Ostafrika wurden die ältesten Reste von Vormenschen gefunden, nach Asien und Europa haben sie sich früh ausgebreitet. Afrika gilt als die Wiege der Menscheit. Auch der moderne Mensch soll sich dort entwickelt haben. Die ältesten Funde des Homo sapiens sapiens stammen (KAHLKE 1981:142) von Omo in Südäthiopien (über 37 000 Jahre), von Florisbad, Südafrika (ca. 35 000 Jahre), aus den Niah-Höhlen von Kalimantan (ca. 40 000 J.) und von Cro-Magnon und Combe Capelle in Frankreich (ca. 32 000-30 000 Jahre). Nach PROTSCH & SEMMEL 1978 ist der älteste Überrest Europas der Schädel von Kelsterbach bei Frankfurt am Main, etwa 4,6 m tief in der oberen Main-Niederterrasse 1952 gefunden. Sein Alter wurde nach der ^{14}C-Methode mit 31 000 Jahren wohl genauer als die Funde aus Frankreich datiert.

KAHLKE schließt aus dem ziemlich gleichen Alter auf eine relativ rasche Verbreitung aus einem zentral zu den Funden gelegenen Evolutionszentrum, das er im südwestlichen Asien vermutet. Auch die älteste Kultur dieser Menschen, das Aurignacien, kann aus diesem Raum abgeleitet werden. Das alleinige Überleben des Homo sapiens sapiens während der letzten Vereisung und das abrupte Verschwinden des Neandertalers und der anderen Vormenschengruppen deutet auf Ausrottung (SIMONS 1989).

Nach H.G.WUNDERLICH 1974:92 f. haben die Klimaschwankungen des Eiszeitalters die Wirkung einer genetischen Pumpe, die die Evolution der auf Refugien begrenzten Lebewesen beschleunigte. Eiszeiten wirkten als Motor der Evolution, also auch der Menschwerdung. Die Härteauslese unter den von Kälte- und Hitzewüsten eingeschlossenen Menschengruppen förderte Intelligenz, Entschlußkraft, Sprache und Zusammenarbeit. Sie waren am Ende der Kaltzeit den Menschen überlegen, die unter milderem Klima gelebt hatten. Als Refugien kommen u.a. in Frage: Mittel- und Südfrankreich, die Räume zwischen Karpathen und Wolga, zwischen Hindukusch und Aralsee und Tiefenländer Ostasiens. In Meshirishi (Ukraine) wurden Reste von vier Hütten aus dem letzten Glazial (18 000-14 000 BP) gefunden (Abb. 25, 26), zum Hüttenbau waren Knochen von mindestens 137 Mammuten und zahlreichen anderen Tieren verwendet worden (GOSHIK 1982).

Da die Populationen verhältnismäßig klein waren, sind Funde selten. WUNDERLICH vermutet die erste Gewöhnung des Menschen (Homo erectus) an das Feuer während der ersten großen Eiszeit (vor ca. 900 000 Jahren): Zunächst Nutzung natürlicher Feuer aus Erdgasaustritten im Karpathen- und Kaukasus-Vorland, dann eigene Feuerherstellung. Nach Gen-Untersuchungen vermuten HARPENDING und ROGERS (in GIBBONS 1993) eine Verminderung der Stammpopulation des modernen Menschens von ca. 100 000 auf nur 10 000 Exemplare vor ca. 50 000 Jahren, was die Gefahr des Austerbens naherückte.

7.8.4
Gedanken zur Entwicklung menschlicher Eigenschaften
(nach MARTIN 1993:132 f)

Spezialisierung

Primitive, nicht spezialisierte Tiere sind Ausgangspunkt weiterer Entwicklung, während spezialisierte ihre Entwicklungsfähigkeit einbüßen. Ein einfaches Organ kann sich aus einem spezialisierten nicht mehr entwickeln, es geht nur umgekehrt: also Flügel aus Arm, nicht Arm aus Flügel. Alle 4-, 3-, 2- und 1-zehigen Tiere haben spezialisierte Füße, können ihre Entwicklung nicht rückgängig machen. Der Mensch hat noch die primitive Fünfzehigkeit der ersten Landwirbeltiere des Karbons.

Alle menschlichen Organe zeigen einen Mangel an besondere Anpassungsbedingungen: Das Gebiß hat keine vergrößerten Eckzähne, wie Raubtiere und Affen, keine zackigen Reißzähne, Nagezähne oder nadelspitze Insektenfresserzähne. Das menschliche Gebiß ist ein unspezialisiertes Allesfressergebiss. Die Arme taugen nicht zum Klettern oder Graben, der Verdauungsapparat ist an keine besondere Nahrung angepasst, der Fuß ein unspezialisierter Lauffuß; größere Schnelligkeit würde eine vergrößerte Mittelzehe erfordern, er ist auch kein Kletterfuß, dafür ist die Ferse zu gut ausgebildet.

Die Menschenvorfahren können nicht spezialisiertere Organe gehabt haben als der heutige Mensch. Also gehört in unseren Stammbaum nichts, was den heutigen Menschenaffen ähnlich sieht: Keine großen Eckzähne, Knochenkämme auf dem Schädel, lange Schnauze, Greiffuß. Die menschliche Embryonalentwicklung stützt diese Folgerungen: Dort gibt es zwar ein Stadium mit Kiemenspalten (Fische) aber keins mit Schnauze und Greiffuß. Em-

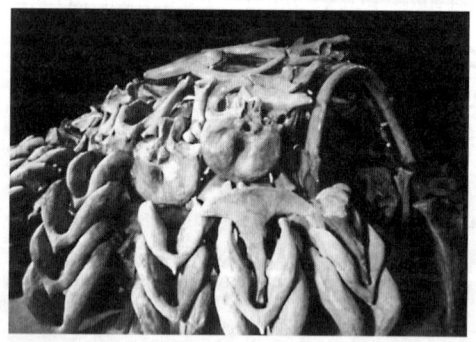

Abb. 25
Rekonstruktion einer Hütte von Meshirishi,
Vorgeschichtliches Museum Kiew, Foto 1982

Abb. 26
Hüttenrest aus der Zeit vor 19 000-14 000
Jahren in Meshirishi, Ukraine, Foto 1982

bryonen von Menschenaffen haben menschlichere Köpfe als erwachsene Affen. Auch die Australopithecinen haben mehr mit dem Menschen gemeinsam als mit den Affen.

Entwicklungsraum

Wahrscheinlich haben menschliche Vorfahren nie im Urwald gelebt: Der Urwald zwingt zu einseitiger Anpassung, dort entwickeln sich Gorillas, Orang-Utans. Das natürliche Revier des Menschen ist die Baumsteppe; sie ist weder Wald noch Steppe, gewährt kletternden Tieren den Schutz der Bäume, zwingt sie aber immer wieder zum Betreten des Bodens. Es ist die ideale Umwelt für Wesen mit Kletterhänden und Lauffüßen, sie erfordert keine speziellen Anpassungen wie schnelles Laufen oder reines Klettern. Schon seit vielen Jahrmillionen besteht in großen Teilen Afrikas die Baumsteppe (Savanne).

Wie kamen unsere Vorfahren in die Baumsteppe? Vor ca. 50 Millionen Jahren begann die Hauptentwicklung der Säugetiere. Sie waren alle damals klein, vermutlich Insektenfresser. Bei Formen, die damals schon auf Bäumen und Büschen lebten und ihre Hände zum Greifen nutzten (ähnlich den Eichhörnchen), fehlte die Notwendigkeit zur Entwicklung einer langen Schnauze. Vielleicht waren die ältesten Säugetiere alle kurzschnäuzig.

Wenn die Hand zum Greifen benutzt wird, muß das Auge zum wichtigsten Sinnesorgan werden, wichtiger als Geruchssinn. Das bedeutet, die Augen entwickeln sich auf Kosten der Nase, sie rücken nach vorn, stereoskopisches Sehen verbessert den Gebrauch der Hände. An Stelle des Riechhirns können die Assoziationszentren ausgebildet werden, die Weiterentwicklung des Schädels wird nicht durch schwere Schnauze und große Kaumuskeln behindert. Der Gebrauch der Hand verstärkt die Entwicklung von Auge und Hirn, dies ist eine menschliche Spezialisation. Weiter gehört dazu der aufrechte Gang.

Wer Nahrung mit der Hand zum Munde führt, muß sich aufrichten, aufsetzen oder stehen. Wer seine Augen braucht, um Feinde zu entdecken, muß sich ebenfalls aufrichten, besonders im hohen Gras der Steppe. Rechtzeitiges Entdecken der Gefahr ist wichtiger als Schnelligkeit, daher Aufrichten wichtiger als Lauffüße. Für ein wehrloses Klettertier ist die Baumsteppe der ideale Lebensraum. Sie ist die einzige Landschaft, in der Aufmerksamkeit und Intelligenz wirklichen Schutz gewähren. In der baumlosen Steppe schützt Aufmerksamkeit nicht vor schnellen Gegnern, im unübersichtlichen Urwald ist sie nur von begrenztem Nutzen.

Instinkt, Erfahrung, Lernfähigkeit

Schweifende Tiere können ihren Jungen keine langen Lernzeiten gewähren. Sie müssen sich ohne eigene Erfahrung im Daseinskampf behaupten. Ihren Schutz übernehmen angeborene Instinkte, die ihnen die richtigen Reaktionen vorschreiben. Instinkte sind meist an spezialisierte Organe gebunden, sorgen für deren sinngemäße Anwendung, die immer auf der Erfahrung der Vorfahren gründet.

Wenn jede Generation aber ihre Erfahrungen selbst machen kann, ist keine Festlegung durch Instinkte erforderlich. An ihre Stelle tritt bleibende Lernfähigkeit, die auf Dauer jeder festgelegten Anpassung (Instinkt) überlegen ist. Die natürliche Auslese bevorzugte unreife Kinder, die ihre Erfahrungen im Schutz der Eltern selbst machen konnten. Der Mensch hat noch als Erwachsener embryonale Eigenschaften: Fehlendes Haarkleid, Besonderheiten des Kopfes und des Beckens. Seine stark verzögerte Entwicklung unterbindet das Ausreifen von Instinkten.

8 Gletscher der Eiszeit

8.1
Das nordeuropäische (nordische) Inlandeis

8.1.1
Entstehung und Gestalt

In Norddeutschland bezeichnen zahlreiche Endmoränenzüge die hintereinandergestaffelten Ränder jeweils älterer Inlandeise (Abb. 27). Man vermutet, daß alle Vereisungen auf den Höhen des norwegischen Hochgebirges begannen, sich von dort bei fallenden Temperaturen ausbreiteten.

Das Inlandeis erhielt eine flach konvexe (»uhrglasförmige«) Gestalt, ähnlich heutigen Inlandeisen (Antarktis und Grönland). Es hatte einen ovalen Grundriß mit nordost-südwestlich gerichteter langer Achse des Eisscheitels. Die Ost-West-Erstreckung betrug ca 4000 km, die Nord-Süd-Erstreckung (vom Nordkap zu den Karpathen) ca. 2500 km.

Der Eisscheitel (= Eisscheide) erreichte im letzten Glazial Höhen um 3000 m, in den größten Glazialen vermutlich annähernd 4000 m, er lag asymmetrisch zur gesamten Eismasse; während der kleineren Vereisungen etwa über den Küstengebieten westlich des bottnischen Meerbusen, während des größten Glazials (Elsterglazial) vermutlich an dessen Ostrand (EISSMANN 1986:119);

Zu Beginn floß das Eis vom norwegischen Hochgebirge nach allen Seiten. Mit der Verlagerung des Eisscheitels nach Osten in Richtung Bottnischer Meerbusen trat eine Umkehr der Fließrichtungen zum Norwegischen Hochgebirge ein.

Im Höhepunkt der Vereisung (= Eismaximum) floß das Eis vom Eisscheitel in Richtung des norwegischen Hochgebirges und kehrte so die anfänglich östliche Fließrichtung dieses Bereichs nach Westen zum Atlantik um; nach Osten, Süden und Südwesten breitete sich das Inlandeis über die Tiefebenen Westrußlands, Polens und Norddeutschlands (WOLDT-STEDT & DUPHORN 1974).

Die Fließstrecke vom Eisscheitel nach Westen und Nordwesten zum Atlantischen Ozean war ca. 320 km, nach Südosten in die russischen Ebenen ca. 2000 km lang. In den größten Glazialen vereinigte sich das Nordeuropäische Inlandeis im Westen mit dem selbständig gewachsenen schottisch-irischen Eisschild, im Osten mit einem Eisschild über dem Ural, nach Norden grenzte es an das Nordmeer, wo sich ein Eisschild von der Barentssee bis zur Beringsee erhob (ELVERHOI et.al. 1993; HUGHES & HUGHES 1994).

Alle großen Vereisungen überdeckten das Ostseegebiet, es lag während der letzten 900 000 Jahre vermutlich mehr als 500 000 Jahre unter Inlandeis. Die maximale südliche Ausdehnung der verschiedenen Inlandeise war von der Größe der Eismasse abhängig (Abb. 28): Die Ränder der kleineren (Größe etwa zwischen Pommerschem Stadium und Saale-2-Glazial) konvergierten im Bereich der jütischen Halbinsel.

Der Verlauf der Endmoränen des letzten Glazials in der Längsachse dieser Halbinsel scheint kein Zufall zu sein, die Gestalt der Halbinsel ist das Ergebnis glazialer Randformung. Eine entsprechende Formung hinterließ in Norddeutschland der niedrige von Westen nach

Abb. 27
Vereisung Europas, Ränder
des Nordeuropäischen
Inlandeises: E = Elster,
S1 = Saale -1-, S2 = Saale -2-,
S3 = Saale -3-, W = Weichsel-
Glazial, innerhalb des
Weichselglazials Rückzugs-
stadien; Punktsignatur:
Lößverbreitung.
nach LIEDKE 1981

Abb. 28
Norddeutschland: Eisränder
von E = Elster-,
S1 = Saale -1-,
Re = Rehburger-„Stadium"«,
S2 = Saale -2-,
S3 = Saale -3-,
W1 = Weichsel -1-
(=Brandenburger Stadium),
W2 = Weichsel -2-
(= Frankfurter Stadium),
W3 = Weichsel -3- Glazial
(= Pommersches Stadium),
nördlich anschließend jüngere
Rückzugsstadien.

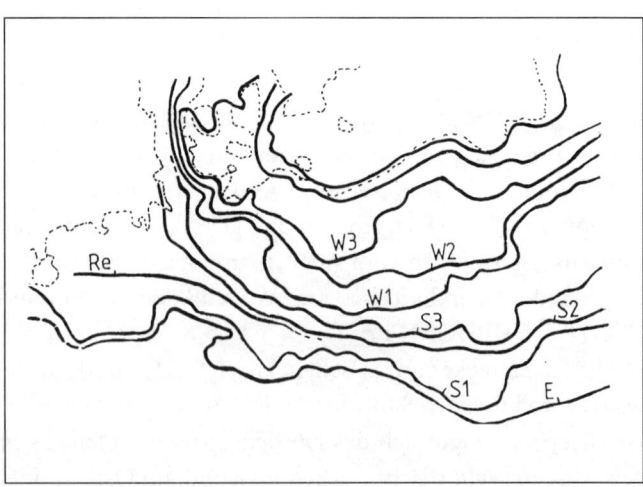

Osten sich erstreckende Höhenzug des baltischen Landrückens. Nur die Oberfläche zeigt die flache Rückenform, im Untergrund sind die präquartären Gesteine von zahlreichen Rinnen zerschnitten und in unregelmäßigem Wechsel von Stauchmoränen und Sander-schwemmkegeln bedeckt (WOLDTSTEDT & DUPHORN 1974).

Die Ränder der Inlandeise, die größer als Saale-2 waren, divergieren im deutschen Gebiet mit zunehmender Vereisungsgröße nach Westen: Der Eisrand des »Rehburger Stadiums« streicht bis in die Niederlande etwa Ost-West, die Eisränder von Saale-1 und Elster-Glazial dringen ins Münsterland und an den Niederrhein vor. Alle Inlandeise unterlagen der gleichen Dynamik. Ihre Ausbreitung war abhängig von vorgegebenen Geländeformen und der Größe der zur Verfügung stehenden Eismenge.

8.1.2
Weichsel-Glazial

Die äußerste Randlage erreichte das Eis während des Brandenburger Stadiums vor ca. 20 000-18 000 Jahren. Weiter nördlich liegen als jüngere Rückzugsstadien das Frankfurter-, und das Pommer'sche Stadium. Letzteres setzt sich in Dänemark im Beltstadium fort. Jedes Stadium besitzt Moränenwälle, Sander und Seen. Die des letzten sind am besten erhalten, die vorhergehenden stärker zerstört, ihre Seen zugefüllt. Diese Stadien stellen vermutlich nicht nur Halte der zurückweichenden Eisfront dar, sondern markieren Vorstöße eines vorher schon weiter nach Norden abgeschmolzenen Eisrandes (LIEDKE 1981:40).

Hinter dem Pommerschen folgen bis zur Ostseeküste und weiter nördlich in Schweden jüngere undeutlichere Randlagen. Ein letzter großer Moränenzug bezeichnet von Südnorwegen (Ra-Moränen) über Mittelschweden bis Finnland (Salpausselkä) den letzten glazialen Vorstoß während der letzten Kältephase (jüngere Tundrenzeit). Aus einem Wallzug in Norwegen werden nach Osten drei. Dort – in größerer Ferne von den schneebringenden atlantischen Winden – reagierte der Eisrand empfindlicher auf Schwankungen des Nachschubs (MANGERUD 1980, LUNDQUIST 1988). Auch die südlichen Randlagen größerer älterer Inlandeise zeigen nach Osten zunehmende Divergenz (Abb. 27, 28).

In Schleswig-Holstein (u.a GRIPP 1964, 1981a) und Jütland vereinigen sich die Randlagen des Brandenburger- und des Frankfurter Stadiums, sodaß unklar ist, ob dort das Frankfurter weiter reichte als das Brandenburger. Während des Eismaximums markiert ein einspringender Winkel des Eisrandes in Karup (Nord-Jütland) den Kontakt des südnorwegischen Oslostroms mit dem über Schweden kommenden Oststrom. In solchen Kontaktzonen zweier Gletscher entspringen meist besonders kräftige Schmelzwasserströme (Kap.14.7.3); sie schütteten den großen Karupsander auf (Abb. 29).

Der weitere Verlauf des maximalen weichselzeitlichen Eisrandes nach Westen ist unter der Nordsee verborgen. Eine Vereinigung mit dem schottischen Eis ist für das letzte Glazial nicht wahrscheinlich (JANSEN u. REINHARD in LIEDTKE 1981).

Abb. 29
Nord-Jütland: Zwickel
zwischen Norwegischem und
Baltischem Gletscher
(nach USSING 1903 in
THOME 1986)
I während des Eismaximums,
II bei beginnendem Rückzug:
Zuerst weicht der kleinere
norwegische Gletscher.

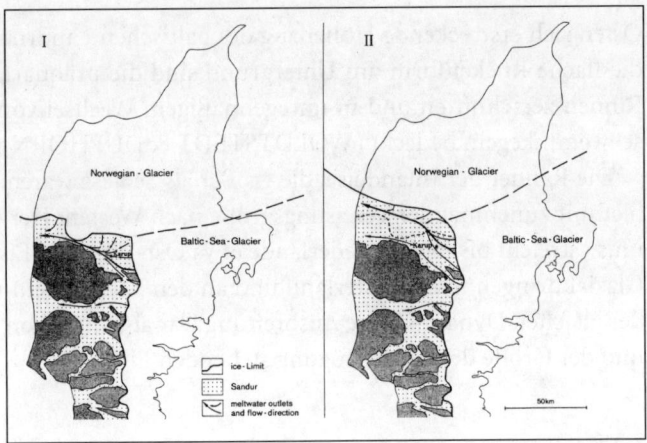

Während der flache Nordseeboden zur Zeit des Eismaximums trocken lag, floss das vom norwegischen Hochgebirge kommende Eis durch die norwegische Rinne, die vermutlich durch Gletschererosion in mehreren Glazialen entstand, nach Norden. Der aus Schweden und dem Ostseeraum kommende Eisstrom endete auf Jütland.

Die Zeit des zurückweichenden Eisrandes über den Dänischen Inseln bis Südschonen wird als Daniglazial, die über Südschweden bis zum Salpausselkä-Stadium als Gotiglazial, nach dem Salpausselkä bis zur Zweiteilung des Eiskuchens (= Bipartition, 6900 v.Chr.) über dem norwegischen Hochgebirge als Finiglazial bezeichnet (Tab.10).

Die einst von Gletschern des letzten Glazials bedeckten Flachlandgebiete enthalten außerhalb der Flußlandschaften großer Flüsse zahllose Seen (»Seenplatten«), meist entstanden durch Gletscherschurf und Toteisreste.

8.2
Ältere Glaziale

8.2.1
Vorhandene Reste

Von Norden nach Süden lassen sich außerhalb der weichselzeitlichen Moränen Reste älterer Inlandeise aus Saale III-, Saale II-, Saale-I- und dem Elster- Glazial unterscheiden (Abb. 27, 28, 36; LIEDTKE 1981, NOVEL 1991). Die Endmoränen tragen verschiedene Lokalnamen (Tab.15); ihre Alterstellung ist stellenweise unsicher.

Kleinere Inlandeise endeten auf der jütischen Halbinsel, größere bedeckten noch den Nordseeraum, auf dem sie sich mit dem schottisch-irischen Eis vereinigten; die größten gelangten auf den Nordabhang des Erzgebirges, den Südrand des Münsterlandes (Haarstrang) und in das Bett des Niederrheins (Abb. 27, 28, 54, 69).

Tabelle 15
Randlagen des nordeuropäischen Inlandeises von Norden nach Süden
(nach CEPEK & NOVEL 1990, LIEDKE 1981, KRASNENKO 1982, EHLERS 1982, 1990, THOME 1991a, ZANDSTRA in SKUPIN et.al. 1993)
Die Namen ›Warthe‹ und ›Drenthe‹ werden für verschieden alte Moränenkomplexe verwendet. EHLERS (1990:167) schlägt vor, sie aus Gründen der Eindeutigkeit nicht mehr zu verwenden.

1) In Sachsen unterscheidet EISSMANN 1994:56

Saale	Fläming-Vorstoß
Komplex	Seyda-Intervall
	Leipzig-Vorstoß
	Pomssen-Intervall
	Zeitz-Vorstoß
Elster	Markranstädter-
Komplex	Vorstoß
	Miltiz-Intervall
	Zwickau-Vorstoß

```
Norddeutsche Tiefebene und Skandinavien:

                      Ra- Stadium, Salpausselkä - Stadium
  Weichsel-           Pommer`sches Stadium, Belt - Stadium
  Glazial:            Frankfurter   Stadium
                      Brandenburger Stadium

                     Saale-Komplex 1):
  Westlich des Harzes:                östlich des Harzes:

  Jüngeres Saale-, Fuhlsbüttel-,      Saale-III-, Lausitzer-
  Hennstedt-, Warthe-Stadium          Stadium bzw. Glazial
  bzw. Glazial

  Mittleres Saale-, Lamstedt-,        Saale-II-, Fläming-Stadium
  Niendorf-, Vaale-, Drenthe II-      bzw. Glazial
  Stadium bzw. Glazial

  Randlage unbekannten Alters:

  Rehburger Stadium

                    In den Mittelgebirgen 1)
           Älteres Saale- = Saale-Haupt- = Saale 1- Glazial

        Elster - bzw. Elster-I- und -II-Glazial 1)

  Präelsterzeitliche Gletscherspuren:
  keine Randlagen bekannt; kleiner Moränenrest bei Kettwig =
  Anger-Glazial; vielleicht werden stellenweise ältere Reste
  für elsterzeitlich gehalten, da bisher das Elsterglazial
  als ältestes galt
```

Eine zur Zeit bestehende Vorstellung über den Verlauf des Eisrandes der Elstervereisung ist widersprüchlich: Im Elbegebiet gilt der äußerste, südlichste Eisrand als elsterzeitlich, er hat ostfennoskandische Geschiebevormacht, alle jüngeren Eisränder einschließlich Saale-1 liegen weiter nördlich. Etwa ab Minden soll der Elstereisrand nach Nordwesten zum Hondsrug (nordöstliche Niederlande) ziehen, quer über die Randlagen des Saale-1-Vorstoßes und des Rehburger Stadiums hinweg. Begründet wird diese Konstruktion, die den Fließbedingungen des Inlandeises kaum gerecht wird, mit Moränenresten ostfennoskandischer Geschiebevormacht auf dem Hondsrug. Erstaunlich ist, daß man die Grenzziehung auf dem Hondsrug mit ostfennoskandischer Geschiebevormacht begründet und gleichzeitig die ostfennoskandische Geschiebevormacht des Elstervorstoßes bestreitet – weil in jüngeren Moränen stellenweise ostfennoskandische Geschiebevormacht vorkommt.

8.2.2
Vorelsterzeitliche Gletscherablagerungen
sind nur ganz selten identifizierbar: In den Niederlanden gibt es frühquartäre Flußablagerungen eines baltischen Flußsystems, ZANDSTRA in SKUPIN et.al.1993:63 f. vermutet, dass infolge glazialer Erosion einer Ostseedepression ab dem Menap-Glazial der baltische Fluß

verschwand. Nach einer Zusammenstellung von EHLERS (1990:159 f.) kommen skandina-
vische Geschiebe in fluviatilen Kiesen im »Komplex von Hattem« und im Salzstock von
Gorleben in Schichten vor, die zur Menap-Kaltzeit gestellt werden; im Cromer C gelten die
Weerdinge-Schichten als Schmelzwasserbildungen eines Eisrandes (RUEGG & ZANDSTRA
1977).

In Polen nennen ROZYCKI 1969 und WLACZAK 1976 (in LIEDTKE 1981:179) eine Pod-
lasische Vereisung vor dem Cromer-Komplex, RZECHOWSKI 1986 (in EHLERS 1990:160)
eine Narew-Vereisung vor der Elster-Vereisung, in Weißrußland VELICHKO & FAUSTO-
WA 1986 (in EHLERS 1990:160) eine Michurinsk-Vereisung. KRASNENKO 1983 berichtet
über eine Don-Vereisung, es scheint die einzige der alten Vereisungen zu sein, die mit Fossilien (Lemmingresten) eingestuft werden kann: Cromerzeit. Ein kleiner Moränenrest auf
dem Steinberg bei Kettwig wird von THOME (1991a) zu einem präelsterzeitlichen Anger-
Glazial (Abb. 30) gestellt. Die geringen Reste lassen keine Verfolgung ehemaliger Eisränder
zu und zeigen nur, daß Erosion fast alle Spuren beseitigte (GERMAN et.al.1979).

Eine wichtige Aussage scheint aber möglich: Präelsterzeitliche Moränenreste an den
äußersten Enden maximaler Verbreitung zeigen eine große Vereisung an. Die Sauerstoff-
Isotopen-Kurve des Tiefseekerns V28-239 hat unter den präelsterzeitlichen Glazialen ein
überragendes Maximum im Abschnitt 22. Da die übrigen Abschnitte dieses Tiefseekerns
überraschend gut mit den Größenschwankungen des nordeuropäischen Inlandeises übereinstimmen, ist die Folgerung begründet, daß im Abschnitt 22 eine der größten Vereisungen überhaupt stattfand. Seine Isotopenausschläge sind etwas kleiner als die der Glaziale
16 und 12, möglicherweise durch eine nachträgliche Sedimentstörung dieses sehr alten
Kernabschnitts, denn sedimentäre Störungen wirken sich auf Isotopenausschläge durch
Verkleinerung aus.

Die durch Glazial 22 ausgelösten Erdkrustenbewegungen haben im Rheingebiet etwa die
gleiche Dimension wie die des Elsterglazials (Glazial 16). Sie machen Flußverlegungen und
Terrassenbildungen der Cromerzeit verständlich und erklären, warum am Ende der Hauptterrassenzeit eine kräftige Tiefenerosion in den Gebirgstälern einsetzte (s.Kap.13.9).

Abb. 30
Steinberg bei Kettwig, Ruhr,
Sedimente eines elster-
glazialen Eisstausees; an der
Basis, teils unter Fließerde,
Rest einer präelsterzeitlichen
Moräne.

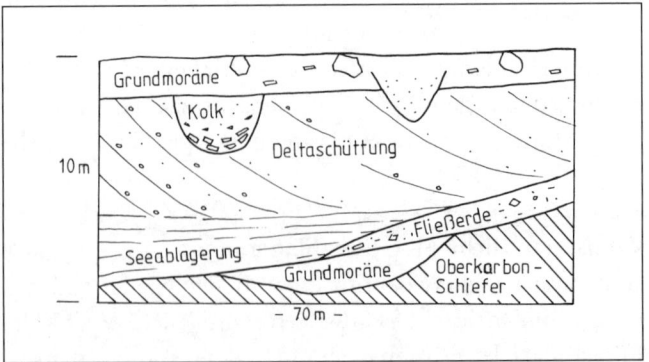

8.2.3
Stadium/Halt

Der aus der Untergliederung weichselzeitlicher Moränen bekannte Begriff des Stadiums (Kap. 8.1.2) wurde auf ältere Moränenreste angewendet, ohne daß die gleichen Vorausetzungen, eigenständige kleinere Vorstöße im Rahmen einer Vereisung, nachweisbar sind.

8.2.4
Rehburger Stadium

Westlich der Elbe liegt in der Norddeutschen Tiefebene zwischen den Moränen des Saale-2-Vorstoßes (im Norden) und des Saale-1-Vorstoßes (im Süden) der Endmoränenzug des Rehburger Stadiums, der eindeutig noch keinem Eisvorstoß zugeordnet werden konnte (Abb. 28). Hierzu gehören die Dammer und Fürstenauer Berge nördlich Bramsche, Wilsumer Berge (nördlich Oldenzaal), Rehburger Berge am Steinhuder Meer und der Ahltener Wald nordöstlich Hannover. Nach Osten hat das Rehburger Stadium keine deutliche Fortsetzung, wenn nicht die Petersberger Endmoräne bei Halle hierzu gehört (LIEDKE 1981:199). Die Moränen des Rehburger Stadiums und die vor ihnen erhaltenen Sanderreste werden stellenweise von Grundmoräne überdeckt, sie wurden also von einem Inlandeis überfahren; über das Alter gibt es nur Vermutungen.

Wichtig ist die Position des Rehburger Stadiums zur Aufhellung des Eisrandverlaufs der großen Glaziale Elster und Saale-1 beim ersten Kontakt mit den Mittelgebirgen: Der Eisrand des Rehburger Stadiums verläuft Ost-West; er kommt dem Gebirgsrand an den Kalkrieser Bergen am westlichen Ende des Wiehengebirges am nächsten. Unter der Voraussetzung, daß die Eismassen aller Vereisungen die gleichen durch Geländegestalt und Klima gegebenen Ausbreitungsbedingungen vorfanden, kann man annehmen, daß die Eisränder des Saale-1- und des Elsterglazials bei Annäherung an die Mittelgebirge einen ähnlichen Verlauf hatten, wie das Rehburger Stadium. Dann erfolgte der erste Kontakt der großen Eisvorstöße mit den Mittelgebirgen an den Kalkrieser Bergen.

8.2.5
Stadium oder Halte am Teutoburger Wald

Für einen am Teutoburger Wald vermuteten Eisstopp, früher als Osning-Stadium bezeichnet (Osning = alte Bezeichnung für Teutoburger Wald), der eher durch den Gebirgsanstieg als durch eine Klimaschwankung verursacht wurde, schlägt HEMPEL 1980 die Bezeichnung Osning-Halt vor.

SERAPHIM (1962,1972) benennt die von ihm durch Grobgeschiebelagen nachgewiesenen Randlagen im Weserbergland als »Halte«: Dörenschlucht-Dörentruper-,

Osning-, Bielefeld-Vlothoer und Schwarzenmoor-Weherndorfer Halt. Sie hängen wahrscheinlich mit Wasserspiegelständen des Weserstausees zusammen.

8.2.6
Höhenlage der äußersten Eisränder

In den Mittelgebirgen erlaubt die aus Moränenresten ablesbare Höhenlage des südlichsten Eisrandes einen Einblick in unterschiedliche Mächtigkeiten und Dynamik der größten Inlandeise: Der Saale-1-Vorstoß erreichte von Sachsen bis zum Weserbergland etwa 200 bis 250 m NN, am Niederrhein bei Krefeld ca. 80 m, bei Arnheim ca. 150 m; der Elster-Vorstoß bei Zwickau 340-390 m, am Unterharz 450 m, Erfurt 300 m, Pirna 325 m, südlich Zittau 445 m (EISSMANN 1994:77), bei Paderborn ca. 300-320 m, bei Werl 220 m, bei Kettwig ca. 120 m über NN.

Am Niederrhein liegen die saalezeitlichen Gletschersedimente auf der Unteren Mittelterrasse bei ca. 40 m NN, die elsterzeitlichen, soweit erhalten, im Bereich der Quartärbasis unter dem Holstein-Interglazial (5-30 m unter jüngeren Sedimenten begraben) und im Kern größerer vom Saale-1-Eis überprägter Stauchwälle (CEPEK 1976, LIEDTKE 1981, THOME 1992a).

Östlich des Harzes, in Thüringen und Sachsen (EISSMANN 1986:114, NOVEL 1991), südlich des Münsterlandes auf dem Haarstrang und im Ruhrgebiet ist der elsterzeitliche Eisrand durch fennoskandische Geschiebevormacht markiert; er reicht weiter als der an südschwedischer Geschiebevormacht erkennbare saale-1-zeitliche (Abb. 31).

Im Weserbergland sind die Reichweitenunterschiede nicht deutlich (KALTWANG 1992), dort hat der Aufstau von Weser und Leine (Abb. 40, 41, 42, Kap. 8.5) die Eisgrenzen verwischt. Am Südrand des Münsterlandes ist der saale-1-zeitliche Eisrand nicht deutlich, weil der starke Randstrom eine Bildung von Endmoränen verhinderte. Erst am Niederrhein ist er durch Stauchwälle markiert.

8.2.7
Unterscheidung verschiedener Inlandeise

Innerhalb der Inlandeise lassen sich anhand der Geschiebeverteilung Eisströmungen aus südnorwegischem (»Oslogesteine«), südschwedischem, mittelschwedischem und ostfennokandischem (Ostee und Finnland) Bereich erkennen (Abb. 32). Nach HESEMANN (1975b:224) hat der Saale-I-Vorstoß hauptsächlich südschwedische, der Elster-Vorstoß ostfennoskandische, Saale III = (Warthe-) ostfennoskandische Geschiebe, Brandenburger und Frankfurter Stadium stärker gemischte Bestände aus Süd-, Mittel- und Nordschweden, das Pommer'sche Stadium im Oder-Lobus südschwedische Geschiebe. SKUPIN et.al.1993 un-

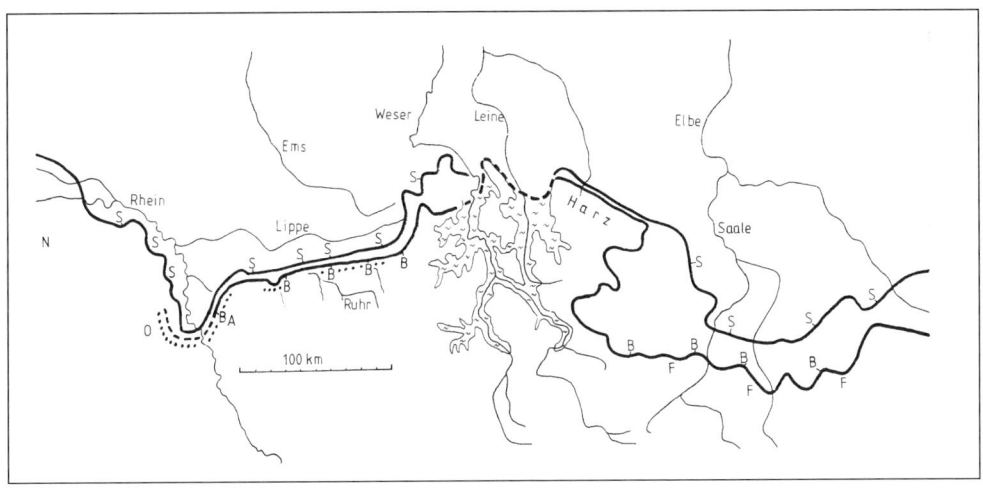

Abb. 31
Maximale Ausdehnung des
Elster- und Saale -1- Eises und
vorherrschende
Geschiebevormacht:
S = südschwedisch;
B = ostbaltisch;
F = Feuersteinlinie;
A = vermuteter Rand der
Anger-Vereisung am Nieder-
rhein.

Abb. 32
Herkunftsgebiete skandinavi-
scher Geschiebe.
nach HESEMANN mit
Erweiterung von ZANDSTRA
1983

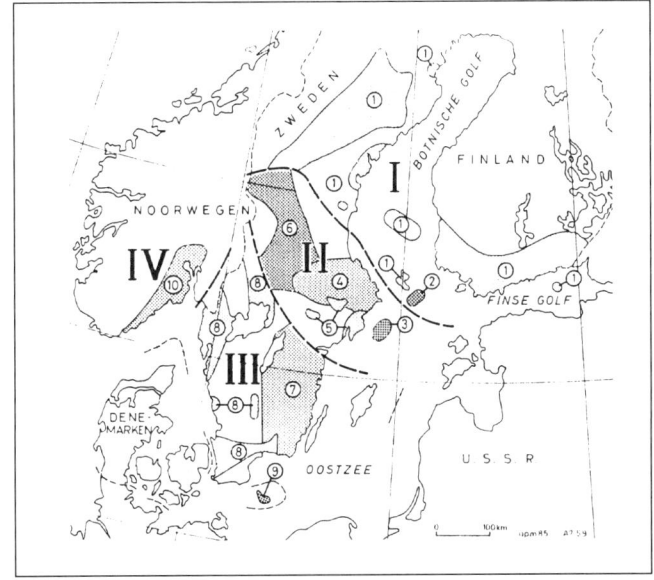

terscheiden nach der Geschiebeverteilung in Nordwestdeutschland 3 saale-zeitliche Eisvorstöße in das Münsterland.

In fast allen Gebieten Norddeutschlands sind Geschiebe aus mehreren der oben genannten Einzuggebiete gemischt. Ursachen der Durchmischung: Änderungen der Eisströmungs-
richtungen, Aufnahme aus älteren Moränen, Verschwinden von Gesteinsarten durch Erosion (Abb. 33). Lokale Unterschiede im Geschiebebestand sind oft nur Folgen der Mi-
schungsvorgänge aufeinanderfolgender Eisvorstöße. Das gelegentliche lokale Nebeneinan-

Abb. 33
Fließrichtungen
im Inlandeis:
N = vom norwegischen,
B = vom baltischen Eisscheitel.

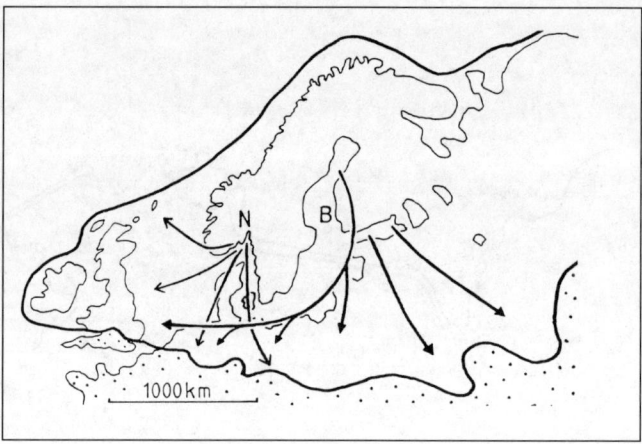

der roter Moräne mit ostbaltischer und grauer mit südschwedischer Geschiebevormacht kann im Hinblick auf die zahlreichen Mischungsmöglichkeiten nicht als Beweis für eine gleichartige Entwicklung der Geschiebeströme während verschiedener Glaziale gelten. Zur Unterscheidung sind großregionale Besonderheiten der Geschiebeführung eher verwendbar.

Für den norddeutchen Raum wären bei radialer Ausbreitung des Inlandeises im äußersten Westen Geschiebeinventare aus Norwegen, östlich davon aus Südschweden zu erwarten. Die Geschiebespektren zeigen häufig östlichere Herkunft als Zeichen westwärts gerichteter Eisströme, besonders ausgeprägt während des Elster-Maximums. Auch das kleine Inlandeis des Beltstadiums hatte in der Ostseedepression einen westwärts gerichteten Eisstrom, der im Bereich der Belte nach Norden drehte.

Eis aus dem Oslogebiet war während aller Vereisungen am äußersten rechten (westlichen) Rand des schwedisch-baltischen Eises angelagert. Seine Geschiebe finden sich vorwiegend in Schleswig Holstein; sind in geringen Mengen erstaunlich weit nach Osten bis zur Westküste Schwedens, Berlin und Breslau verbreitet (SCHULZ 1973). HESEMANN erklärt dies durch verschiedene Position des Eisscheitels in verschiedenen Vereisungen. EHLERS et.al. 1984 nehmen an, das jede Eiszeit mit radialer Eisausbreitung begann und mit dem Wandern der Eisscheide von einer aus Osten kommenden Eisströmung abgelöst wurde. Zuerst also norwegische, dann schwedische, dann ostfennoskandische Geschiebespektren in Moränen aller Glaziale. Als Argument dienen Funde unterschiedlicher Geschiebevormacht in Moränen gleichen Alters. Moränen mit markanter westskandinavischer Geschiebeführung werden der Elster-Vereisung (MEYER 1983:278), Moränen mit ostfennoskandischer Geschiebevormacht dem Saale-1-Glazial zugerechnet (EHLERS & MEYER & STEPHAN 1984).

Eine kritische Wertung der Geschiebezählungen gibt MEYER 1985: Vielfalt der Geschiebemischungen, regionale Besonderheiten und unterschiedliche Zählmethoden haben zu zahlreichen sich widersprechenden Deutungen über den Fließmechanismus des Inlandeises geführt. Sedimentärgeschiebe wurden absichtlich nicht berücksichtigt, man befürchtete eine Verfälschung, wenn besonders weit verbreitete Vorkommen (z.B. südschwedische Sandsteine) einbezogen würden. Für große Übersichten wäre die Erfassung möglichst aller Geschiebe und aller schon erstellten Geschiebezählungen wünschenswert. Die verschiedenen Zählverfahren sind jedoch nur teilweise ineinander umrechenbar (s.Kap. 9.2.3).

Seit mit mehreren präelsterzeitlichen Inlandeisen in Norddeutschland gerechnet werden muß, ist die Zuweisung der Gletschersedimente zu bestimmten Glazialen noch schwieriger geworden, weil die möglichen Mischungsvariationen durch Aufnahme von Geschieben aus älteren Grundmoränen sich vervielfacht haben. Auch ist eine bisher nicht erörterte Verbreitungsart der norwegischen Geschiebe denkbar: Das erste große Inlandeis (Glazial 22) traf noch auf keine ausgeprägte Ostseedepression, die es nach Westen ablenken konnte; vielleicht hinterließ es den von SCHULZ beschriebenen Fächer norwegischer Geschiebe, die später in jüngere Vereisungen aufgenommen wurden.

In diesem Zusammenhang sei ein Vorkommen von Oslogeschieben erwähnt, das in den Niederlanden südlich der Maas im Raum Roosendal-Oudenbosch-Breda-Oosterhout vorkommt und zu keinem bisher bekannten Eisvorstoß paßt und deshalb kaum erörtert wird; Transport durch Menschen scheidet sehr wahrscheinlich aus (u.a. SCHUDDEBEURS 1987:131).

Geschiebespektren innerhalb der von mehreren Vereisungen überdeckten Gebiete sind nicht sehr beweiskräftig für die Rekonstruktion bestimmter Eisströme oder unterschiedlicher Vereisungen, weil an der Eisbasis altes und jüngeres Moränenmaterial nicht nur gemischt, sondern auch zusammenhängende Schollen in die eigene Grundmoräne aufgenommen wurden. Günstiger sind Geschiebespektren an den südlichen Rändern der Inlandeise, weil zum Eisrand hin die Mischungsvielfalt der Fremdgeschiebe, die den Ferntransport charakterisieren, zwangsläufig abnimmt.

Der Rand der Elstervereisung hat in Deutschland ostfennoskandische, der Rand der Saale-1-Vereisung südschwedische Geschiebevormacht (Abb. 31). Die Geschiebeführung innerhalb des Münsterlandes, das von beiden Inlandeisen bedeckt war, läßt noch erkennen, wie der jüngere die Geschiebeinventare des älteren veränderte: In den Talniederungen von Ems und Lippe herrschte unter dem Saale-1-Vorstoß starke subglaziale Erosion, sie hat die älteren elsterzeitlichen Geschiebeinventare beseitigt; auf den durch Permafrost gehärteten Höhen westlich der Ems und nördlich der Lippe fand kaum subglaziale Erosion statt, dort hat sich die verhältnismäßig kleine Zahl südschwedischer Geschiebe des relativ kurzen Saale-1-Vorstoßes nach dessen Abschmelzen mit den reichlicher vorhandenen ostfennoskandischen Geschieben des Elstervorstoßes gemischt, ohne die ostfennoskandische Geschiebevormacht zu beseitigen.

Während Geschiebespektren häufig zur Unterscheidung von Eisströmen benutzt werden, sind Schwermineralanalysen nur selten brauchbar, sie haben in verschieden alten

Moränen oft gleiche Fazies (HENTSCHKE & STEPHAN 1989). Dagegen werden sie zur Unterscheidung von Flußsedimenten oft verwendet (Kap. 13.4.4).

8.3
Subglaziale Erosion

Kombinierte Wasser- und Eiserosion an der Basis von Gletschern ist eine besonders wirksame Art der Abtragung. Sie ist auf solche Gletscherzonen konzentriert, wo subglaziales Wasser genügend Nachschub erhält. Dort werden bei geringerer Wassermenge unter Eishöhlen schmale Rinnen, bei größerer Wassermenge unter breiten Eiswannen flache breite Mulden erodiert (Kap. 14.7).

Mit dem Begriff »Tunneltäler« wurde die Erosion und Akkumulation in relativ schmalen Eistunneln in Jütland beschrieben, später darunter aber auch die Bildung mehrerer Kilometer breiter subglazialer Erosionswannen verstanden, die nicht durch schmale Höhlen gebildet sein konnten, sondern durch breitflächige Wassererosion an der Basis großer Eiszungen. Solche Wannen finden sich unter vielen ehemaligen Gletschern meist in Eisrandnähe, wo genügend Schmelzwasser zur Verfügung steht. Ihre Erosion erfolgt durch Wasser und Eis. Kombinierte Eis/Wasser-Erosion formte breite Wannen zum Beispiel im Münsterland im Bereich der heutigen Flüsse Ems und Lippe und dem keinen eigenen Fluß besitzenden Hellwegtal, in den Förden der jütischen Halbinsel, unter den Finger Lakes in Ontario, aber auch am Bodensee (Kap. 8.7.1),

Unter der norddeutschen Tiefebene verbergen sich stellenweise mehrere hundert Meter tiefe, teils mit Grundmoränen oder Schmelzwassersedimenten gefüllte »Tiefenrinnen«. Sie haben kein durchgehendes Gefälle. Das sich nach Süden verästelnde Rinnensystem gehört vorwiegend dem Elsterglazial an. Nach Sedimentinhalt scheint es, zumindest teilweise, durch subglaziale Wasser- und Eiserosion entstanden zu sein.

Grube(1983) rechnet die Rinnen zu den »Tunneltälern«. Neben subglazial entstandenen Formen scheinen fluviatile vorzukommen. Sie bilden heute weithin die Basis quartärer Ablagerungen. Die Entstehung ist rätselhaft (GRUBE 1979, LIEDTKE 1981:88). EHLERS hat 1994:72 f. die Problematik zusammenfassend geschildert.

In den Niederlanden ist das zum Aufschüttungsgebiet des Rheindeltas gehörende Isseltal östlich der Veluwe über 100 m tief mit Grundmoränen und Schmelzwassersedimenten gefüllt (ZANDSTRA 1983:466). Diese Übertiefung gilt als saale-zeitlich. Im Hinblick auf die allgemein starke elsterzeitliche Tiefenerosion ist nicht auszuschließen, dass die übertieften Täler der Veluwe elsterzeitlich angelegt sind, wie auch unter den dort an der Oberfläche liegenden saalezeitlichen Moränen elsterzeitliche Moränenreste vorkommen können (Kap.8.6.7).

Aber nicht nur die subglaziale kombinierte Eis-Wasser-Erosion erreichte beträchtliche Ausmaße, auch die Erosion größerer Flüsse hinterließ große Talwannen.

8.4
Entwässerung

8.4.1
Rinnennetz auf der Norddeutschen Tiefebene

Die meisten Gletscher entwässern radial nach außen, das Nordeuropäische Inlandeis aber tangential, weil es entgegen dem nordwärtigen Gefälle der Tiefebene »bergauf« nach Süden vorstieß. Vor und unter seinem Rand (u.a. GRIMMEL 1973) sammelte sich nicht nur das Eisschmelzwasser, sondern auch das Wasser der von Süden kommenden Flüsse. Solange der Eisrand auf der Tiefebene lag, bildete sich vor ihm ein nach Westen gerichtetes »Urstromtal«. Wich das Eis nach Norden zurück, durchbrachen die Flüsse stellenweise die vorher benutzten Urstromtäler und kehrten in die alte Süd-Nord-Richtung zurück. Norddeutschland ist infolge der Verschiebungen der Eisränder von einem Netz tangentialer (ost-west-orientierter) und radial (süd-nord-angelegter) Talstücke bedeckt (Abb. 34).

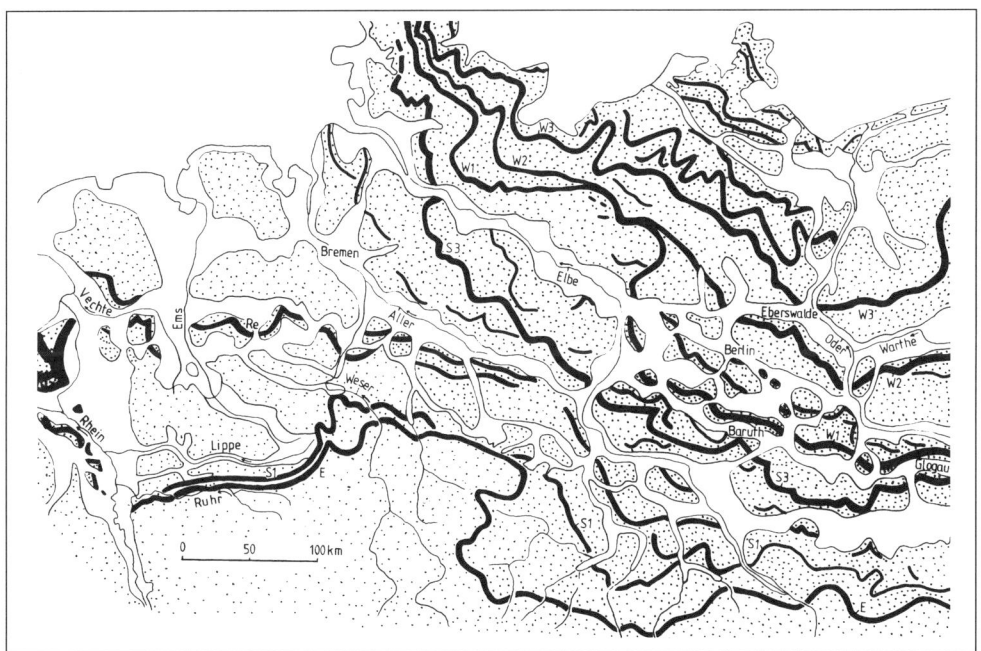

Abb. 34
Eisränder und Talnetz in Norddeutschland. nach LIEDTKE 1981

8.4.2
Urstromtäler

Im Zusammenhang mit bekannten Eisrandlagen werden daraus folgende durchlaufenden Urstromtäler rekonstruiert:

Breslau-Magdeburg-Bremer-Urstromtal vor den Moränen von Saale III;
Glogau-Baruther-Urstromtal vor den Moränen des Brandenburg-Stadiums;
Warschau-Berliner-Urstromtal vor den Moränen des Frankfurter Stadiums;
Thorn-Eberswalder-Urstromtal vor den Moränen des Pommer'schen Stadiums östlich Berlin.

Während das älteste Urstromtal von der oberen Elbe zur unteren Weser verläuft, konvergieren die jüngeren im Elbeunterlauf (LIEDKE 1981). Unter der Nordsee wurde ihre Fortsetzung als breite nordwestlich gerichtete Wanne mit einem Sedimentechographen gefunden. Ihr Boden liegt westlich Helgoland in ca. 38 m, 68 km weiter nordwestlich in 56 m Tiefe. Das Gefälle beträgt 0,27 ‰ (FIGGE 1980, die Rheinniederterrasse, Rheinbett während der letzten Eiszeit, hatte bei Düsseldorf ein Gefälle von ca. 0,4 ‰.

Beim Eisrückzug vom Pommer'schen Stadium bildeten sich auf landfestem Gebiet vor der Ostsee erneut randparelle Flußbetten, die teilweise auch als Urstromtäler bezeichnet werden, aber nicht die Breite und Länge der vorgenannten Entwässerungsysteme erreichten (LIEDTKE 1985).

8.5
Aufstau in den Mittelgebirgen

8.5.1
Rekonstruktion der Eisvorstöße nach heutigem Relief

Während des Elster- und des Saale-1-Glazials drang das Eis in die Mittelgebirge, es entstand ein Abflußsystem aus Stauseen, rand- und subglazialen Flüssen und Überlaufrinnen über Gebirgspässe. Die Aufstauvorgänge lassen sich nach Geländeformen, Sedimentresten und dem Verhalten rezenter Eisstauseen (u.a. ASHLEY 1988) rekonstruieren.

Die Vorstöße fanden ein Relief vor, das von dem heutigen nur wenig abwich; man kann dieses daher für die Rekonstruktion der Eisströme als gegeben voraussetzen. Daraus lassen sich Besonderheiten der Vorstöße erkennen, zum Beispiel die zunehmende Aufteilung der Aufstaubereiche in kleinere Seebecken mit unterschiedlichen und höheren Wasserständen und die zwischen ihnen sich notwendigerweise bildenden Abflußstrecken.

8.5.2
Beginn an den Kalkrieser Bergen

Der erste Kontakt des Eisrandes an den Kalkrieser Bergen bei Bramsche sperrte den Randfluß, es begann ein Wasseraufstau entlang dem gesamten östlich davon gelegenen Eisrand bis ins polnische Gebiet. Zunächst entwässerte der Stausee bei einer ungefähren Seespiegelhöhe von 70 m NN über die Wasserscheide zwischen Hase und Werre bei Gesmold (Melle) im Osnabrücker Längstal nach Westen. Zu diesem Stausee gehören vermutlich die Warvensedimente von Eisbergen (MIOTKE 1971), aber auch zahlreiche Schluffablagerungen, die als Löß gelten.

8.5.3
Nördliche Lößgrenze in Deutschland

Ihre Besonderheiten schildert POSER 1951 (Abb. 35). Sie verläuft von den Kalkrieser Bergen auffallend geradlinig nach Osten, macht östlich des Harzes einen Bogen nach Süden, um dann wieder in die Ostrichtung umzuschwenken. Die Schärfe dieser Grenze ist durch klimatische Vorgänge nicht erklärbar, sie entspricht vermutlich ungefähr dem Eisrand zu Beginn des ersten Aufstaus. Die Lösse in der Nähe der Grenze zeigen häufig eine Wechsellagerung von dünnen Sand- und Schluffschichten (teils sandstreifiger Löß, teils schluffstreifiger Sand) besonders in den unteren Lagen. Die unter dem Löß liegende Steinsohle (mit Windkantern) bezeichnet die Oberfläche des ablual überprägten Gletschervorlandes bevor der Stausee sich bildete.

Abb. 35
Nördliche Lößgrenze.
POSER 1951:36

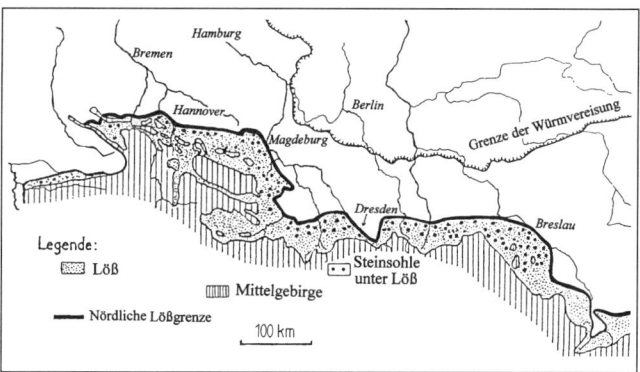

8.5.4
Stausee-Entwicklung

Das vordringende Eis verursachte zunehmenden Anstieg der Stauseespiegel, nicht stetig, sondern in unregelmäßigen Zeitabständen, die von der Reihenfolge der Verstopfung der Bergpässe abhingen.

Die Lebensdauer der Stauseen war sehr verschieden. Langdauernder Aufstau fand im Elbe- und Wesergebiet und am Harznordrand statt; während im Elbegebiet fast der ganze im deutschen Bereich befindliche Stauraum schließlich vom Inlandeis erreicht und bedeckt wurde, blieben große Teile des Weserstausees während des ganzen Vorstoßes bestehen. Am Harzrand entwickelten sich kleine Talstauseen. Der Aufstau der Ruhr war verhälnismäßig kurz, der des Rheins, falls er überhaupt zustande kam, noch kürzer.

Stauseespiegelschwankungen: Geringe Schwankungen hatte der Aufstau östlich des Harzes, weil die Entleerungsmöglichkeiten nach Westen begrenzt waren; stärkere und häufigere Seespiegelschwankungen fanden im Weserstausee statt, abhängig von der zunehmenden Verstopfung der Bergpässe des Teutoburger Waldes durch Gletschereis. Wenn ein Eisriegel brach, folgten Spiegelsenkungen des Weserstausees infolge großer Gletscherläufe ins Münsterland, wo sie die Flanke des Münsterlandgletschers beträchtlich anschmolzen.

In den Mittelgebirgen ist der ehemalige Stauraum vorwiegend von Schluff bedeckt, der, hauptsächlich als Stauseesediment abgesetzt (Kap. 14.7.8), später äolisch, solifluktiv und fluviatil umgelagert wurde; er wird meist als Löß bezeichnet. Echte Warvensedimente sind auf Bereiche besonders ruhiger Seesedimentation beschränkt.

8.6
Regionale Besonderheiten

8.6.1
Elbegebiet

Im Elbegebiet hinderten keine hohen Berge, der Aufstau der Elbe erleichterte den Eisvorstoß; er erreichte in breiter Front die Nordabhänge des Erzgebirges. Den Gletscherablagerungen ist in den Braunkohlegebieten Sachsens viel Braunkohle beigemischt. Vom Eis überfahrene Stauseesedimente sind stellenweise erstaunlich wenig gestört: Der Basisdruck des Eises war durch den hohen Wasserstand stark reduziert.

Am Erzgebirge stauten Gletscherzungen kleine Täler über 400 m NN hoch auf (GRAHMANN 1934). Durch das enge Elbtal konnte das Eis nicht nach Böhmen vordringen, staute aber die Elbe dort zu einem großen See. Der Abfluß aus diesem See am Eisrand entlang nach Westen hat im Elbsandsteingebirge und Erzgebirge kräftig erodiert: Der Bergsattel

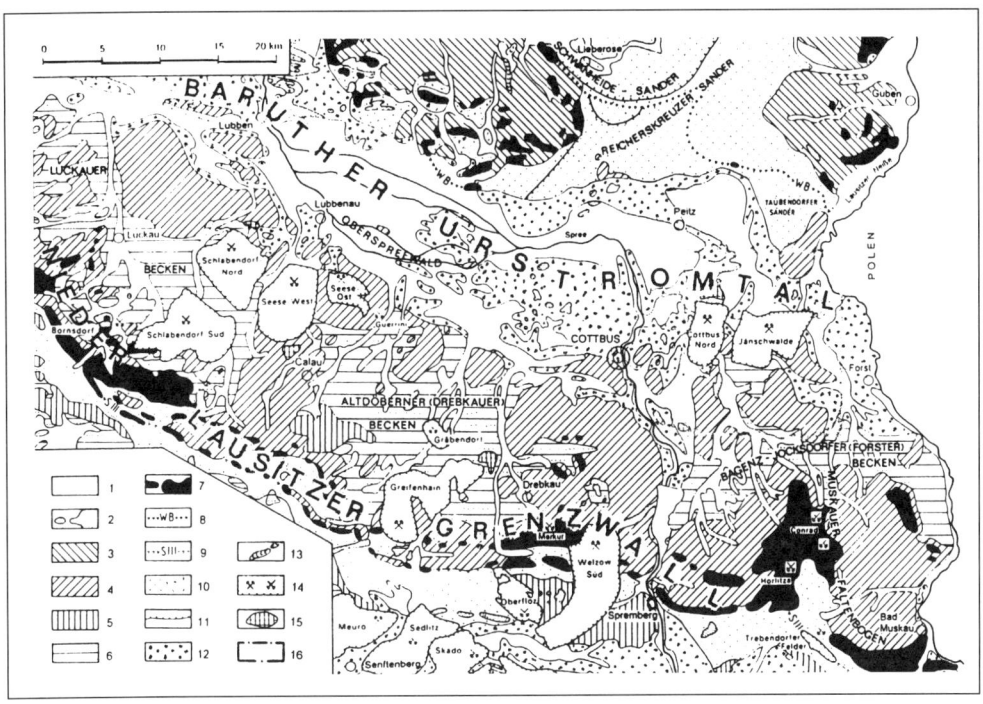

Abb. 36
Quartär der Niederlausitz. nach NOVEL 1992 aus LIPPSTREU et.al. 1994:153

östlich Cunnersdorf, 282 m über NN, (se Pirna) ist vermutlich ein Stück zeitweise benutz-
ter Eisrandentwässerung.

Westlich Erfurt bestand beiderseits der Fahner Höhe durch die Nesse in ca. 280-290 m
NN ein Überlauf in den im Werratal stehenden Weserstausee. Ein Bergpass westlich Nord-
hausen (ca. 285 m über NN) von der Goldenen Aue ins Leinetal wurde anscheinend kaum
benutzt; die Nesse hat vermutlich den größten Teil des Elbeseeabflusses bewältigt.

Die Eisränder der verschiedenen Glaziale liegen im Elbegebiet verhältnismäßig weit
auseinander; Endmoränenzüge, Sander und Urstromtäler prägen die Landschaft (Abb. 36).
In den Braunkohletagebauen sind Moränen und Schmelzwassersedimente in großer Man-
nigfaltigkeit aufgeschlossen. Besonders erwähnt seien die vielerlei Formen von Eisstau-
chungen in den durch dünne verschwemmte Braunkohlenlagen gekennzeichneten Schichtserien (KUPETZ et.al. 1989, EISSMANN 1994).

Abb. 37
Spuren des
nordischen Inlandeises
am Nordwestharz.
PILGER et.al. 1991

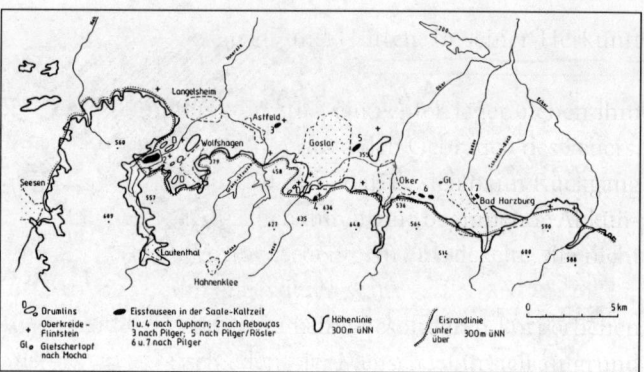

Abb. 38
Zauberberg, Südseite,
fluvioglaziale Sande und Stauseeschluffe (als Ton bezeichnet).
PILGER et.al. 1991:137

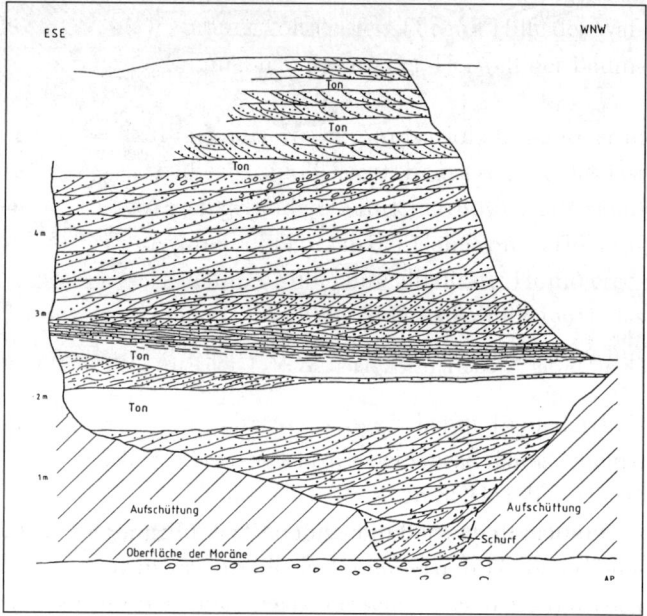

8.6.2
Harz

Der Oberharz bildete für das Inlandeis ein unübersteigbares Hindernis: Das in der Nähe des Harzrandes nur ca. 200-250 m mächtige Saale-I-Eis legte sich entlang dem Harznord- rand, das mächtigere, ca. 500 m erreichende Elstereis überschritt den Ostharz (CEPEK 1976, LIEDKE 1981, PILGER et.al. 1991).

Der höhere Westharz blieb in beiden Vereisungen frei vom nordischen Eis. Er trug aber, wie in der Weichsel-Vereisung, Gletscher, die wahrscheinlich größer als die weichselzeitli- chen waren (DUPHORN 1968, HÖVERMANN 1974, 1987 s.u.).

Abb. 39
Hrutar-Sander; links Endmoränen; unter dem Sander Toteis, erkennbar an kreisrunden Einsturz-
löchern (Dolinen); im Hintergrund links Fjalls-Jökull mit Endmoränen, rechts Küstenebene
(Foto 9.8.1966).

Bevor der Eisrand den Harznordrand erreichte, begann im Harzvorland der Aufstau von
Seen. PILGER et.al.1991 haben den mehrfachen Wechsel limmnischer und fluviatiler Sedimente beschrieben, der mit dem allmählichen Ansteigen der Stauseespiegel und starker
Sedimentschüttung während des Eisvorstoßes verbunden war (Abb. 37, 38). Schließlich
sperrte das Inlandeis die Mündungen der Harztäler. Sie wurden von den in die Frostschutt-
und Eiszone hochragenden Harzbergen reichlich mit Schutt, vom Inlandeis mit Stauseeschluffen gefüllt; ein kleiner Rest von Stauseeschluffen blieb in ca. 300 m Höhe am Rammelsberg erhalten (DUPHORN 1976).

Das Wasser des Elbestausees konnte vermutlich nicht am Harznordrand entlang nach
Westen abfließen; man muß damit rechnen, daß in den großen Glazialen auch der Harz
stärker vereist war und wahrscheinlich der Brocken eine Eiskappe trug, die sich an seinem
Nordhang mit dem nordeuropäischen Inlandeis vereinigte (s.Kap. 8.8.4). Die westlich des
Brockens gelegenen Harztäler entwässerten in sporadischen Gletscherläufen subglazial am
Harzrand entlang nach Westen; vielleicht hängt die Versteilung des dortigen Harzrandes
mit subglazialer Erosion zusammen. Beim Eisrückzug wurden die in den gestauten Harz-
tälern aufgehäuften Schotter am Harzrand nach Westen geschüttet; die fluviatile Einrege-

lung, die Schotter normalerweise besitzen, ging durch Versturz verloren, von PILGER 1991:40 als Schottersturz bezeichnet.

An heutigen Gletschern kann man die Verstürzung von Schottern auf Gletschereis bei der Schmelze beobachten (Kap. 14.5.7, Abb. 39); sie läßt erwarten, dass das verstürzte Material teilweise direkt der an der Eisbasis befindlichen Grundmoräne aufliegt. Am Harz schalten sich aber fluviatil geschichtete Schotter dazwischen, sodaß PILGER et.al.(1991:54 f.) vermuten, die Verstürzung sei über zum Teil vom Eis schon freigegebenes Gebiet erfolgt.

8.6.3
Weserbergland

Im Weserbergland sind die Reichweiten des Elster- und Saale-1-GLazials an vielen Stellen unsicher (KALTWANG 1992). Hohe Berge am Nordrand behinderten das Vordringen. So konnte das Eis nicht, wie in Thüringen und Sachsen, fast den ganzen Stauraum einnehmen, sondern blieb in der hindernden »Höckerlinie« der nördlichen Berge (Harz, Hils, Ith, Deister, Wesergebirge usw.) hängen, während sich in den südlichen Tälern ein stark verästelter Stausee erstreckte. Dessen Wasserspiegelhöhen waren abhängig vom Stand des Eis-

Abb. 40
Eismaximum des Elster-Vorstoßes und randliche Stauseen schwarz: W-L = Weserbergland-Leine-Stausee, R = Ruhrstausee;

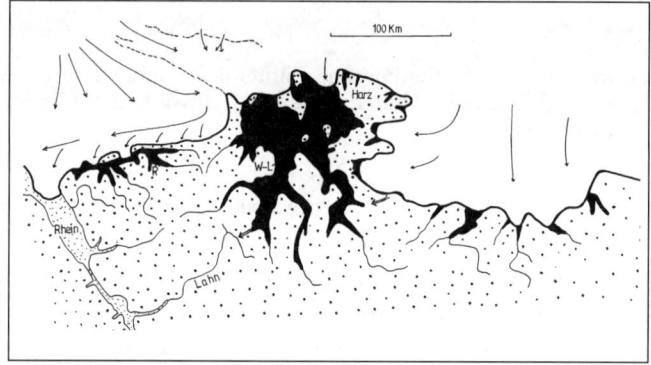

Abb. 41
Stauseespiegelniveaus in den Mittelgebirgen, schematisch; Pfeile = zeitweise benutzte Entwässerungswege; bis 200 m NN Saale -1- Glazial, bis 300 m NN Elsterglazial.

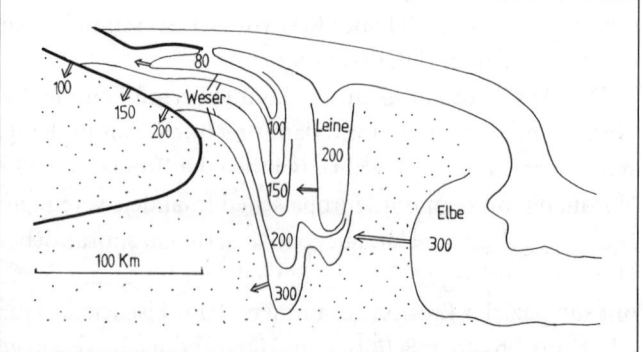

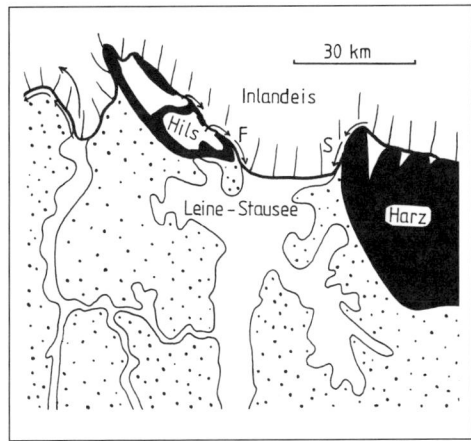

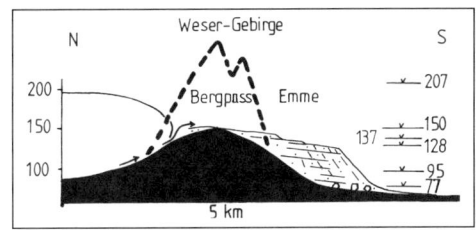

Abb. 42 links
Leinegletscher zwischen Hils und Harz, bei F (Freden) und S (Seesen) subglaziale Sand-Kiesvorkommen.

Abb. 43 oben
Die Emme = Eisranddelta im Weserstausee bei Rinteln/Hameln.

randes an den Bergpässen im Teutoburger Wald, über die der See ins Münsterland entwässerte. Die Bergpässe wurden von dem aus Westen zwischen Wiehengebirge und Teutoburger Wald eindringenden Eis nacheinander verstopft, wodurch der Stauseespiegel während des Saale-1-Glazials in mehreren Etappen von ca. 70 m NN östlich Melle, 50 m östlich Ibbenbüren bis 200 m NN anstieg. Während des Elsterglazials erreichte er sehr wahrscheinlich Wasserstände um 300 m NN (Abb. 40, 41). Der Stausee speicherte im Sommer relativ große Wärmevorräte, die während des Ausfließens beträchtliche Mengen von Gletschereis schmolzen. Da der Abfluß der aufgestauten Weser fast immer gegen und unter die Gletscher gerichtet war, fand nur geringe Schluff- und Ton-Sedimentation vor dem Eisrand statt. Der größte Teil der Gletschersedimente wurde subglazial ins Münsterland und von dort zum Rhein verfrachtet. Stellenweise sind im ehemaligen Stausee Sande und Kiese aufgehäuft, ein Umstand, der die Erkennung des hohen Wasseranstaus erschwert, weil er fluviatile Vorgänge anzeigt, die eine Existenz von Stauseen auszuschließen scheinen (Kap. 9.7).

Leinetal

Im Leinetal staute eine Gletscherzunge zwischen Harz und Hils die Leine (Abb. 42). Der Leinestausee fand einen Überlauf in ca. 197 m NN in die Weser über die Talwasserscheide zwischen dem Leinezubringer Harstebach und dem Weserzubringer Schwülme. Unter der rechten Flanke des Leinetalgletschers entstand (ausweislich der zurückgelassenen Sedimente bei Freden) ein vom Schmelzwasser der Hilshöhen gespeister subglazialer Strom in einer Höhle an der Eisbasis. Seine Strömung wechselte: zeitweise wurden größere Gerölle, zeitweise nur sehr feiner Sand, manchmal auch nur Schluff sedimentiert. Die Strömungsgeschwindigkeit war nicht nur vom Wasserabfluß von den Hilshöhen, sondern auch vom Höhlenquerschnitt und von Hebungen und Senkungen des fast schwimmenden Gletschers abhängig. Seine Hebungen und Senkungen wurden vom Steigen und Fallen des Stauseespiegels beeinflußt, das durch Gletscherläufe aus den Bergpässen des Teutoburger Waldes verursacht wurde.

Die (nicht mehr aufgeschlossenen) Ablagerungen der »Endmoräne« bei Seesen liegen an der linken Flanke des Leinetalgletschers am Harzhang in ähnlicher Position; vermutlich sind sie ähnlicher Entstehung.

Die Emme

Ein gut erhaltenes Delta im ehemaligen Weserstausee ist die Emme bei Rinteln: Ein Eisrandfluß sedimentierte durch eine Talkerbe des Wesergebirges einen Schwemmkegel in das zu einem See gestaute Wesertal. Der Knick zwischen dem flach gelagerten subärischen Schwemmfächer (topset beds) und der steiler einfallenden Deltaschüttung unter dem ehemaligen Wasserspiegel (foreset beds) ist noch verhältnismäßig gut erhalten und läßt die ehemaligen Höhen des Stausees erkennen. Aus Morphologie und Sedimentstrukturen er-

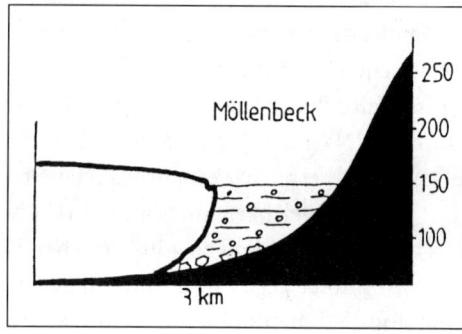

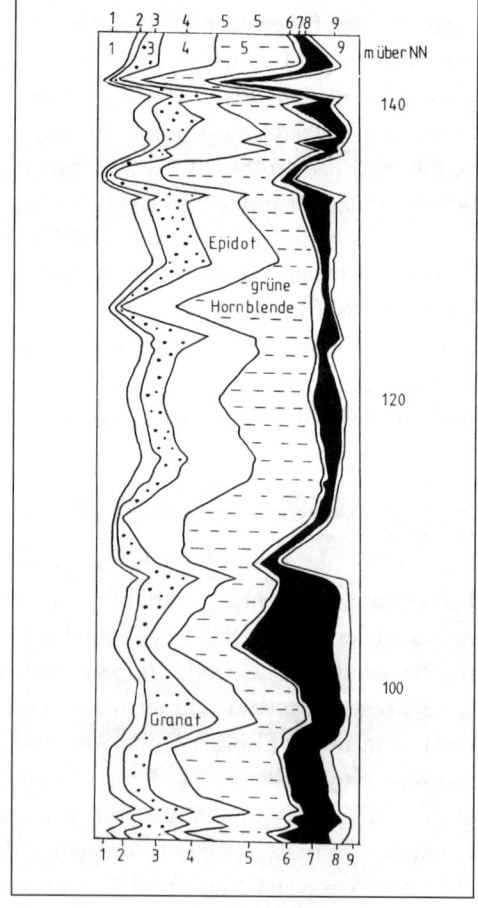

Abb. 44
Möllenbeck südlich Rinteln/Hameln; Aufschotterung der Weser am Eisrand.

Abb. 45
Schwermineralspektrum der Schotter von Möllenbeck: (Analytikerin U. WEFELS, Geol.L.A.N.W. Krefeld); Mineralgruppen:
1 Turmalin, Zirkon, Rutil, Anatas, Brookit
2 Staurolith, Disthen, Andalusit, Sillimanit
3 Granat
4 Epidot, Zoisit
5 Grüne Hornblende, Glaukophan
6 Saussurit, Alterit
7 Klinopyroxen, Orthopyroxen (Augit)
8 Braune Hornblende
9 Olivin, Titanit, Apatit, Chloritoid, Pumpellyit, Spinell, Biotit, Topas, Korund, Monazit, Prehnit

Abb. 46
Weserschotter bei Möllenbeck
(Foto 9.8.1982).

Abb. 47
Foßbrink, südöstlich der Porta
Westfalica, Sand/Kies-
schichten.

gibt sich daß der Seespiegel während der Aufschüttung des Deltas anstieg. Einige der von Überlaufhöhen im Teutoburger Wald gesteuerten Wasserspiegelstände sind in Abb. 43 vermerkt.

Möllenbeck

Ca. 60 m mächtige Sand-Kiesserien wurden am Südrand des Wesertals bei Möllenbeck (Abb. 44, 46) von der am Eisrand entlang fließenden Weser (subärisch) bis ca. 160 m NN aufgeschüttet. Sie korrespondieren vermutlich mit Ständen des Weserstausees unter und bis ca 150 m NN (Überlauf über den Bergpass bei Bielefeld). Vielleicht hängt mit Wasserspiegelständen des Stausees auch der Wechsel zwischen vorherrschender Sand- und Kiesfazies und der Schwermineralfazies im Möllenbecker Profil (Abb. 45) zusammen (Kap. 13.4.4).

Abb. 48
an Autobahnabfahrt Porta-
Westfalica-Veltheim, Sand/
Kiesschichten.

Abb. 49
Piesberg, oberer Teil der Sand/
Kies-Grube am Westrand
(Foto 29.6.1984).

Abb. 50
Sennesander mit steil nach
rechts einfallenden
Scherklüften (Foto 8.6.1979).

Als der Bielefelder Paß durch den von Osnabrück vordringenden Gletscher verstopft wurde, stieg der Wasserspiegel relativ rasch bis zum nächsthöheren Überlauf über den Bergpass der Döre in ca. 200 m NN (Kap. 8.2.5). Dieser Anstieg, vermutlich zunächst durch Gletscherläufe aus dem Bielefelder Paß verzögert, beendete die Weseraufschotterung bei Möllenbeck, weil die Stauseeufer sich im Wesertal rasch und weit nach Süden verlagerten. Bei Möllenbeck wurden nun nur noch Seeschluffe sedimentiert.

Porta-Westfalica

Der Weserdurchbruch durch die Porta Westfalica zwischen Weser- und Wiehengebirge spielte während des frühen Aufstaus eine wichtige Rolle: Durch ihn konnte der Stausee in das Osnabrücker Längstal entwässern, wo er über die Wasserscheide zwischen Hase und Werre in ca. 70 m NN bei Gesmold nach Westen Richtung Osnabrück abfloß.

Erst als das Westende des Teutoburger Waldes bei Ibbenbüren vom Eisrand erreicht und gesperrt wurde, begann im Weserbergland das stufenweise weitere Ansteigen des Stauseewasserspiegels, das sich jeweils auf den niedrigsten, noch nicht vom Eis verstopften Bergpass des Teutoburger Waldes einstellte.

Durch die Porta-Westfalica drang schließlich eine starke Gletscherzunge ins Weserbergland – der Porta-Gletscher – und breitete sich dort nach allen Seiten aus (SERAPHIM 1972). Unter dem Gletscher strömte zeitweise ein starker subglazialer Fluß in Richtung Südwest, er hinterließ den mächtigen Höhenrücken, der bis zum Wesertal bei Veltheim reicht (Abb. 47, 48). In größeren subglazialen Kanälen fand, angeregt durch das Heben und Senken des Stauseespiegels Sand- und Kiessedimentation statt.

Die Unterscheidung saaleglazialer und elsterglazialer Reste ist oft unsicher. HINZE 1979:74 vermutet elsterglaziale Moränenreste in 30-41 m Tiefe unter dem Hasetal bei Osnabrück. Vermutlich sind auch die Findlinge an der Basis der Weserschotter bei Möllenbeck elsterzeitlich.

Piesberg

Wasseranstieg erleichterte den Eisvorstoß: In den Sand-Kiesgruben am Westrand des Piesberges (Abb. 49) ist ein Wasseranstieg, vermutlich vom 49 m- zum 95 m Niveau der Bergpässe im Teutoburger Wald erkennbar: Der untere Teil der Schichten (im Bild nicht sichtbar) wurde vermutlich subärisch auf »Aufeis« abgesetzt und durch dessen Schmelzen gestört; der größte Teil der Aufschüttung dürfte bei steigendem Wasserspiegel etwas über dem Wasserspiegelniveau entstanden sein, im oberen Teil des Profils zeigen limnische Schluff- und Feinsand-Lagen eine Transgression des Stausees; bevor der durch den Wasseranstieg erleichterte oder vielleicht erst ausgelöste Gletschervorstoß seine Grundmoräne darüber breitet (in der Abbildung im Wurzelbereich der Bäume).

8.6.4
Teutoburger Wald

Hindernis für den Eisvorstoß

Mit dem Vorrücken des im Stausee liegenden und teils vom Stauseewasser getragenen Osnabrücker Gletschers zwischen Wiehengebirge und Teutoburger Wald nach Südosten wurden die Bergpässe des Teutoburger Waldes (49 m ü.NN am Huckberg, 95 m bei Brochterbeck, 128 m bei Tecklenburg, 137 m bei Borgholzhausen, 150 m bei Bielefeld und 207 m an der Döre nacheinander verstopft, ein stufenweises Steigen des Stausees war die Folge.

Zu Beginn der Verstopfung des nächsthöheren Bergpasses dürften große Gletscherläufe und ein mit ihnen verbundenes mehrfaches Schwanken des Wasserstandes verbunden gewesen sein, das sich in Hebungen und Senkungen der im Wasser liegenden Gletscher auswirkte und dadurch Strömungen in subglazialen Kanälen beeinflußte.

Döre

Südlich des Teutoburger Waldes breiten sich im Raum Paderborn Sande (Abb. 50) der Senne (SKUPIN 1980). Sie wurden während des Saale-1-Glazials hauptsächlich subglazial aus dem Werretal zur Dörenschlucht transportiert und dort durch den Bergpaß ins Münsterland geschüttet. Die Bezeichnung »Dörenschlucht« bezieht sich eigentlich nur auf die schmale enge Schlucht, die vom Bergpass nach Norden zur Werre herabzieht. Der Bergpaß selbst ist damit nicht gemeint, er ist das Gegenteil einer Schlucht: eine sehr breite U-förmige Wanne, die den Höhenrücken des Teutoburger Waldes bis zum Niveau der Senne-Ebene durchschneidet. Er ist der breiteste Berpaß im Höhenrücken des Teutoburger Waldes überhaupt; auf ihn bezieht sich die alte Bezeichnung »Döre« (=Tür).

Als Spur eines subglazialen Kanals unter dem Saale-1-Eis zieht aus dem sonst vorwiegend von Löß (Stauseeschluff) bedeckten Weserbergland durch das Werretal eine Sandzone bis zur Döre (Abb. 51, 52). Der subglaziale Kanal wurde vom Weserstausee gespeist. Nach dem Durchfließen der Döre geriet das Wasser vor die Front des von Norden aus dem Münsterland vorstoßenden Warendorfer Teilgletschers und verursachte eine sehr beträchtliche Eisschmelze, wie an dem Umbiegen des Münsterländer Kiessandzuges gegen den Teutoburger Wald zu erkennen ist (Abb. 53, 54). Das Umbiegen zeigt ein weitgehendes Verschwinden des Warendorfer Teilgletschers an. In der vor der Döre in ihn hineingeschmolzenen Nische konnten die Sennesande abgelagert werden. Eine ähnliche Konfiguration von Randsee und Eis zeigt der heutige Malaspinagletscher (Abb. 198).

Die Döre war nicht nur das Hauptaustrittstor für die Schmelzwässer des Weserstausees während des saale-1-zeitlichen Eismaximums, durch sie trat noch eine kleine Gletscherzunge aus dem Weserbergland und überfuhr die Wurzel des Sennesanders. Sie hinterließ in den Sanderschichten steile, schräg gegen die Vorstoßrichtung einfallende Scherklüfte und Findlinge auf der Sanderoberfläche (Abb. 50).

Die Entstehung der Döre ist älter, ihre U-Form deutet auf starke Erosion durch einen mächtigen Gletscher, der die Kerbe so hoch füllte, daß er sie erodieren konnte. Die saale-zeitlichen Gletscher waren dafür zu klein; die Erosion der Döre gehört zum Vorstoß des Elster-Eises (s.u.).

Abb. 51
Beiderseits des Teutoburger Waldes zwischen Bielefeld und Dörenschlucht Verbreitung der Sand- und Schlufffazies.

Abb. 52
Raum Bielefeld-Döre-Weserbergland während der Saale-1-Vereisung.

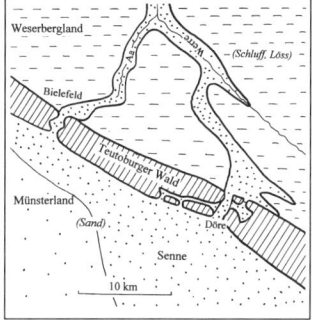 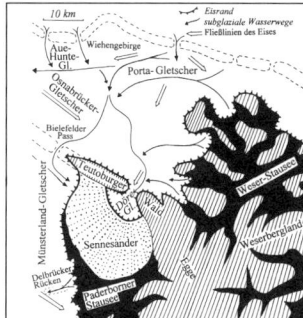

Abb. 55
Sandgrube Sohlingen bei Uslar: Bunte dünngeschichtete Ton-Schluff-Feinsand-Lagen (Warvit), ca. 1-2 m mächtig in bunten Sandschichten; vielleicht Stauseesediment des Elster-Vorstoßes.
(Foto 16.9.1986)

Bielefelder Paß

Eine schwächere Sandzone erstreckt sich durch das Aatal zum Paß von Bielefeld; sie zeigt, daß während des saale-1-zeitlichen Eismaximums neben dem subglazialen Strom aus dem Werretal zur Döre noch ein (schwächerer) subglazialer Abfluß durch den Bielefelder Paß in Tätigkeit war.

Alle anderen Bergpässe im Osning waren während des Eismaximums verstopft, erkennbar an der Verbreitung der Schluff-Fazies.

Das maximale Spiegelniveau des saale-1-zeitlichen Weserberglandstausees schwankte um ca. 210 bis vielleicht 230 m NN. In diesem Höhenbereich und etwas darunter bildeten sich am Eisrand im Weserbergland die von SERAPHIM (1962,1972) kartierten Auswaschungs-moränen.

Elsterglaziale Besonderheiten

Während des Elsterglazials bildete sich ebenso wie im Saale-1-Glazial ein Stausee im Weserbergland, doch entstanden an der Döre nicht die gleichen Verhältnisse, wie im Saale-1-Maximum, weil das Elstereis zu mächtig war: Es versperrte dem Weserstausee den Abfluß:

Der Elstereisrand reichte südlich Paderborn bis 320 m NN (in dieser Höhe liegen nordische Findlinge (DECHEN 1885) mit ostfennoskandischer Geschiebevormacht). Die Oberfläche dieses Eises hatte natürlich, wie jede Gletscheroberfläche, ein deutliches Gefälle zum Eisrand.

Im Bereich der Döre erreichte dieses Eis Höhen um 400 m NN oder mehr. Es hatte also eine Mächtigkeit von mindestens 180-200 m im Bereich der Döre und konnte durch sein Gewicht jeden Wasserausfluß abquetschen, weil der Weserstausee nicht höher als ca. 290-300 m NN steigen konnte, da in dieser Höhe ein Überlauf ins Lahntal bestand: über den Neustädter Sattel.

Der Weserstausee erreichte daher im Elster-Maximum vermutlich eine Höhe von 300 m NN. Durch die breite Osningkerbe der Döre floß ein mächtiger Eisstrom, der die U-Form des Döre-Passes erodierte – er ist ein, wenn auch kurzes, Gletschertal. Auch gab es keinen Sennesander. Damit ist nicht auszuschließen, daß sich vor dem Eismaximum des Elsterglazials doch Saale-1-ähnliche Verhältnisse entwickelten.

Sedimente des elsterzeitlichen Weserstausees sind bisher nicht identifiziert; vielleicht gehören bunte warvenähnliche Seeablagerungen aus gebänderten Schluff- und Tonlagen in der Sandgrube am Rand des Ortes Sohlingen bei Uslar dazu (Abb. 55). Sie liegen in rot und gelblich gefärbten Sandschichten (PREUSS & ROHDE 1977:38), die einer intensiven physikalischen Erosion des anstehenden Buntsandsteins und rascher Sedimentation entstammen, was durchaus glazialen Bedingungen entspricht. Das an der Basis von M. SCHEFFER nachgewiesene Cromer-Interglazial bestätigt quartäre Entstehung dieser wegen ihrer bunten Farben früher als tertiärzeitlich angesehenen Serie.

Dünn geschichtete Stauseeschluffe wurden beim Bau der Aabachtalsperre in einer Höhe von 300 m NN südlich Paderborn gefunden. Sie lagen auf dem schattenseitigen Talhang etwa 5 m über der Talaue, waren von Hangschutt bedeckt und von jüngeren Pflanzenresten durchwurzelt, sodaß keine Altersbestimmung möglich war; ihre Höhenlage läßt vermuten, daß sie Reste des elsterglazialen Aufstaus sind.

8.6.5
Münsterland

Subglaziale Erosion

Die Form des Münsterlandes gliedert sich in ein niedriges flachwelliges Höhengebiet in der nördlichen Westhälfte mit kleinen nach Westen zum Rhein gerichteten Flüssen, Ost- und Südteil bilden eine große flache Wanne; sie wird nach Norden durch die Ems, nach Westen durch die Lippe entwässert (Abb. 53). Im Grenzbereich beider Flüsse fehlt eine erkennbare Wasserscheide, ein Zeichen daß nicht Ems- und Lippe-Erosion die Talwannen erodierte. Sie entstanden durch subglaziale Erosion unter der besonders wassererreichen Ost- und Südflanke des Münsterlandgletschers (Abb. 54). Das Wasser kam teils subglazial um das Nordende des Teutoburger Waldes herum, teils durch dessen Bergpässe ins Münsterland. An der Oberfläche liegen ca. 10 m bis ca. 60 m mächtige quartäre Sedimente aus Grundmoränen, Sand, Kies, Schluffen und Tonen.

Abb. 53
Rand- und subglaziale Entwässerung des Inlandeises im Weserberg- und Münsterland.
(THOME 1983a)

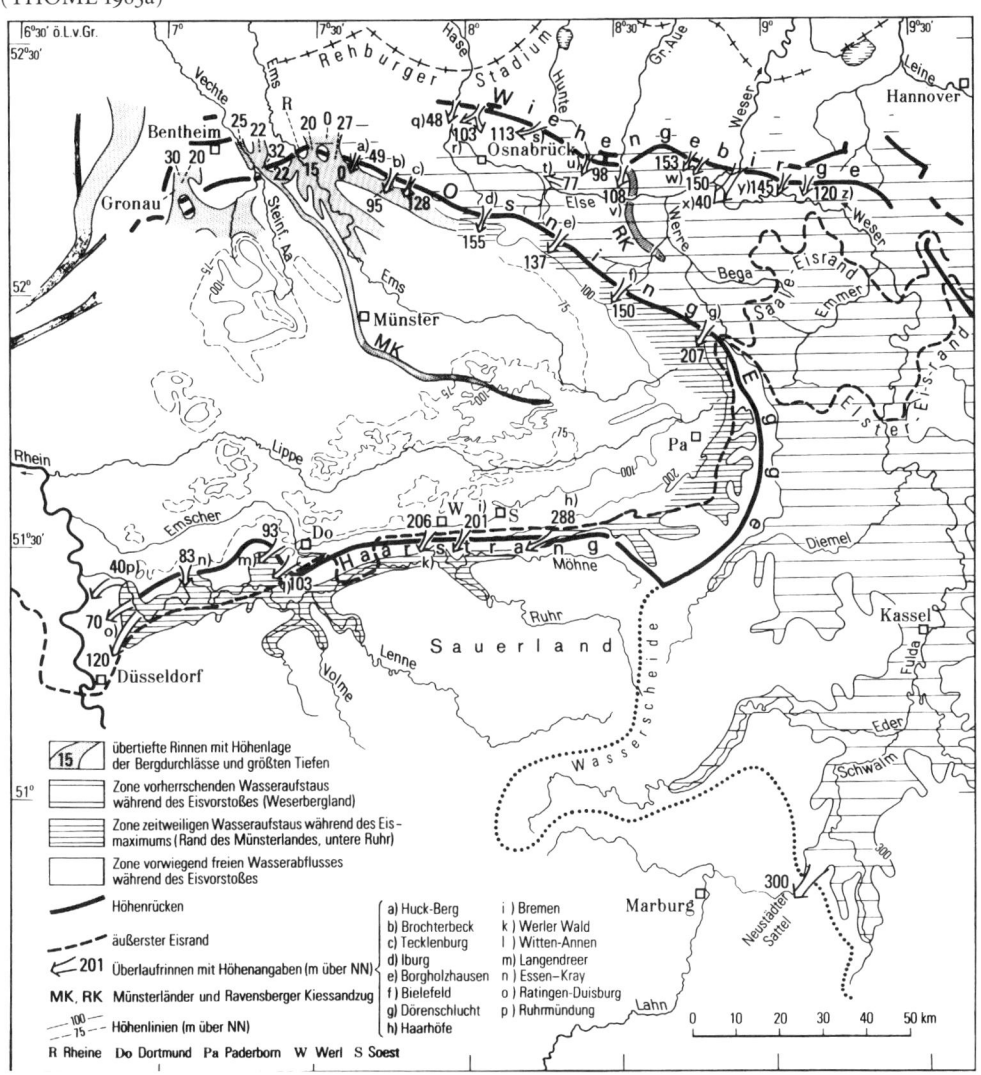

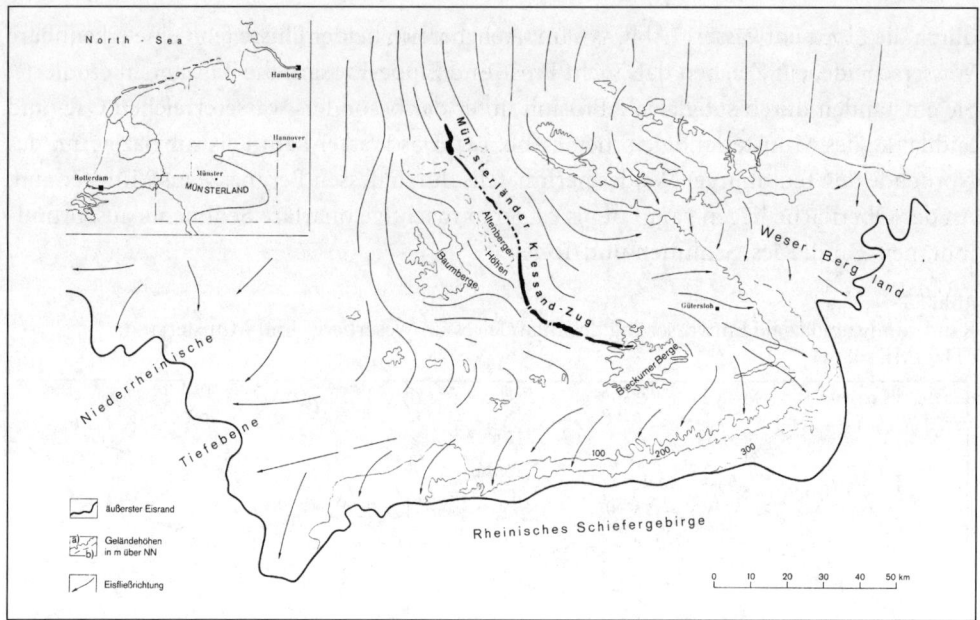

Abb. 54
Münsterlandgletscher, bestehend aus Warendorfer Teilgletscher östlich (links) und Coesfelder
Teilgletscher westlich (rechts) des Münsterländer Kiessandzuges. (THOME 1986:99)

Rinnen

In den kretazischen Untergrund haben subglaziale Ströme Rinnen erodiert, sie strahlen
vom Nordrand nach Südwesten, Süden und Südosten aus und zeigen ehemalige Eisfließrichtungen an. Zwei besonders lange und große seien erwähnt: Westlich Bentheim die bis
zum Rhein reichende süd- bis südwest gerichtete Twente-Achterhoek-Rinne (SKUPIN et.al.
1993), östlich Bentheim die südöstlich gerichtete Rinne des Münsterländer Kiessandzuges.

Münsterländer Kiessandzug

So wird ein Sandrücken bezeichnet, der in einer ca 80 km langen in etwa 1/2 bis 1 km breiten bis ca 30 m in die Basis aus kretazischen Kalken und Mergeln eingeschnittene Rinne
liegt. Er besteht aus Kies und Sand; die Rinne hat Gefälle nach Norden, ihre Sedimentfüllung wird nach Süden feinkörniger, die Schüttung erfolgte von Norden in einer Höhle an
der Eisbasis, also subglazial, er entstand als ein großes Os unter dem von Norden in das
Münsterland eingedrungenen Inlandeis.

Im Nordteil enthält der Kiessandzug eine Vielfalt grober nordischer kristalliner und sedimentärer Gerölle, am Südende kommt fast nur Sand mit wenig Kies, auffallend viel Bernstein und Geröll aus Braunkohle und Holz vor.

R.SCHÄFER fand im Geschiebematerial einen Grünsandstein aus dem Helvetikum der Alpen. Dieses Stück wurde also vom Rhein in den Norddeutschen Raum befördert, dort vom Inlandeis aufgenommen und von subglazialem Schmelzwasser in den Münsterländer Kiessandzug verfrachtet (SCHALLREUTER & SCHÄFER 1990).

Der Verlauf des Kiessandzuges verrät Fließbedingungen des Münsterlandgletschers: Das östlich von ihm ins Münsterland eindringende Eis (Warendorfer Teilgletscher) verbreitete sich nach Süden bis Münster beträchtlich, dann aber verschmälerte es sich weiter südlich, erkennbar am Einbiegen des Kiessandzuges nach Osten, sodaß das rechts (westlich) benachbarte Eis des Coesfelder Gletschers sich stärker ausbreiten konnte. Die Verkleinerung des Südendes des Warendorfer Teilgletschers ist eine Folge starker Eisschmelze an den Bergpässen des Teutoburger Waldes

Haarstrang

Den südlichen Rand der münsterländischen Schüssel bildet der mit 3-4° nach Süden ansteigende Haarstrang aus Turon-Plänerkalken, die etwa hangparallel nach Norden einfallen. Wo sie unter die flachwellig-horizontale Oberfläche der Tiefebene tauchen, werden sie von weichen Emschermergeln überlagert.

Auf dem Haarstrangnordhang liegen im Ostteil Geschiebe in über 300 m NN, nach Westen senken sie sich bis zum Rhein auf etwa ca. 120 m NN bei Kettwig. In den Nordhang des Haarstrangs sind zwischen Unna und Paderborn zahlreiche Entwässerungsrinnen (Schledden) in Südwest-Nordost-Richtung, also schräg zum Süd-Nord-gerichteten Hanggefälle eingeschnitten. Kein anderer Berghang zeigt eine so auffällige Diskrepanz zwischen Rinnenrichtung und Hanggefälle. Sie wird verständlich durch Schurf des am Haarstrang schräg hochsteigenden Inlandeises (Abb. 54, 56), nach dessen Abschmelzen sie vom rinnenden Wasser vertieft wurden (THOME 1981b).

Geschiebe

Die südlichsten Geschiebe auf dem Haarstrangscheitel und im südlich anschließenden Ruhrtal haben ostfennoskandische Geschiebevormacht. Geschiebspektren mit südschwedischer Geschiebevormacht sind in den Niederungen der Lippe und Ems verbreitet, sie kommen im Ruhrtal nur an der Mündung und in Essen vor. Dort hat ein niedriger Bergpass dem Eis mit südschwedischer Geschiebevormacht den Weg ins Ruhrtal ermöglicht.

Die unterschiedlichen Reichweiten der großen Inlandeise wurden durch Randgebirge beeinflußt: Erreichten sie einen quer zu ihrer Vorstoßrichtung liegenden Bergrücken, konnten ihn aber nicht übersteigen, erreichte der Wasseraufstau an ihren Rändern etwa das gleiche, durch die Höhe des Bergrückens bestimmte Niveau, dann lagen ihre Eisränder nahe beieinander, wie am Haarstrang; blieben sie in größerem Abstand vor dem Berghang liegen und hatten entsprechend ihrer unterschiedlichen Eismächtigkeit unterschiedlich hohe Stauseen, haben sie auffallend verschiedene Reichweiten, wie im Elbegebiet (Abb. 57).

Die Geschiebespektren Nordwestdeutschlands (neueste Zusammenstellung durch Zand-stra (in SKUPIN et.al. 1993: Karte 2) zeigen regionale Unterschiede; daraus werden verschiedene Gletschervorstöße rekonstruiert: SKUPIN et.al.1993 entwerfen 3 saalezeitliche Eisvorstöße, die in abnehmender Größe ins Münsterland eingedrungen seien.

HESEMANN (1975) ordnete Geschiebefunde mit südschwedischer Vormacht dem Saale-1-Vorstoß, solche mit ostfennoskandischer Vormacht dem Elster-Vorstoß zu. Aufgrund der regionalen Verteilung vermutet er im Münsterland einen elsterglazialen und einen saale-1-glazialen Vorstoß. THOME (1980a, 1983a, 1986, 1991a) schloß sich dieser Vorstellung aufgrund weiterer Geschiebefunde und aus glaziologischen Erwägungen an: Von allen Geschiebespektren haben die der äußersten Eisränder größere Aussagekraft, weil dort die Mischungsmöglichkeiten mit älteren Moränen geringer sind als innerhalb ehemals gletscherbedeckter Gebiete.

Der Rand des Elstereises hat von Rußland bis zum Rhein ostfennoskandische, der des Saale-1-Eises in Deutschland südschwedische Geschiebevormacht. Sowohl in Sachsen und Thüringen, als auch am Südrand des Münsterlandes ist diese Gliederung erkennbar.

8.6.6.
Ruhrgebiet

Beimischung von Steinkohlen
Alle glazialen Sedimente des Ruhrgebiets enthielten ursprünglich gut sichtbare fein verteilte Steinkohlekörner, ein Zeichen glazialen Schurfs auf flözführendem Karbon. In den Kiesen der Sander fanden sich auch Steinkohlengerölle. Die meisten Kohlefragmente sind durch Oxidation verschwunden, die noch in Nestern vorhandenen durch Verwitterung mürbe geworden.

Abb. 56
a) Annäherung des Inlandeises an den Haar-strang,
b) sub- und randglaziales Wasser während des Eis-maximums.
(THOME 1980a)

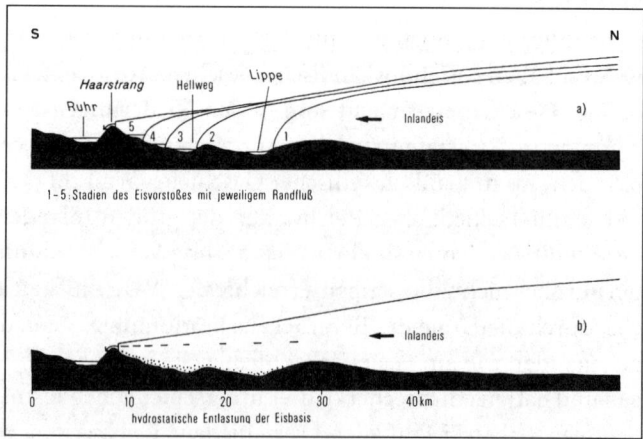

Abb. 57
Einfluß des Wasseraufstaus
auf Reichweiten des Eisrandes.
oben: Stauhöhe durch Höhe
des Wasserabflusses vorbe-
stimmt;
unten: Stauhöhe durch Eismächtigkeit bestimmt
(THOME 1980 a)

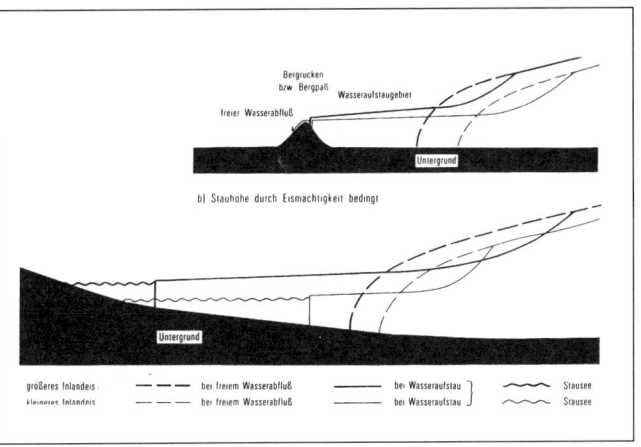

Ruhrschlinge bei Witten

In Witten sperrt ein Damm aus Schluff den oberen Teil einer Ruhrschlinge. Er wurde im Lee der Höhe von Stockum zwischen den aus dem Münsterland ins Ruhrtal führenden Überlaufrinnen von Bochum und Witten-Annen unter dem Wasserspiegel der ca. 150 m hoch gestauten Ruhr aufgeschüttet. Nach Ablaufen des Stausees gelangte die Ruhr nicht mehr an den Fuß dieses Dammes, sondern floß vorher über einen Geländesattel in ihr unterhalb der Schlinge liegendes Tal, den trennenden Sporn durchsägend (Abb. 58). In der abgeschnittenen Ruhrschlinge ist die von der Ruhr während des elsterzeitlichen Eisvorsto-ßes erreichte Bett-Tiefe praktisch mit der des heutigen benachbarten Ruhrtals gleich (mdl. Mitt. PIEPER). Die Ruhr hatte also vor dem Abschneiden der Ruhrschlinge im Elsterglazi-al schon ihre heutige Taltiefe.

Die Geschichte der glazial gestauten Ruhr ist in Stauseesedimenten bei Langendreer überliefert: An der Basis Sand und Kies mit nordischem Kristallin (ostfennoskandische Geschiebevormacht), sie zeigen einen raschen Abfluß der Schmelzwässer aus dem Hellweg ins Ruhrtal an; darüber folgt eine Tonschicht von ca. 1 m, im untersten Teil mehrere Wechsel dünner Tonschichten (ca. 1 cm) mit dünnen Sandschichten (ca. 5 cm): sie zeigen den Aufstau der Ruhr, als ihre Mündung vom Inlandeis verschlossen wurde. Die Wechsellage-rungen deuten auf einige Gletscherläufe vor dem endgültigen Verschluß; darüber folgen ca. 30-40 m feingeschichtete Schluffe, es sind Sedimente vor einem im Wasser liegenden Eisrand. Der Ruhrstausee hatte nun einen Abfluß über die Höhen bei Kettwig. In den Schluffserien liegt eine verbogene Grundmoräne ca. 1-3 m mächtig, ihr Ende ist zu einer Sand-Kies-Lage ausgewaschen.

Steinberg bei Kettwig

Eine für die Eiszeitgeschichte wichtige Besonderheit bilden die Ablagerungen auf dem

Abb. 58
Abschneidung der Ruhr-
schlinge bei Witten:
a) Ruhrtal vor Eisvorstoß,
b) aufgestauter Ruhrsee,
c) limnisch entstandener
Schluffrücken sperrt nach
dem Auslaufen des Stausees
die Ruhr,
d) Ruhr heute.
(THOME 1988 b)

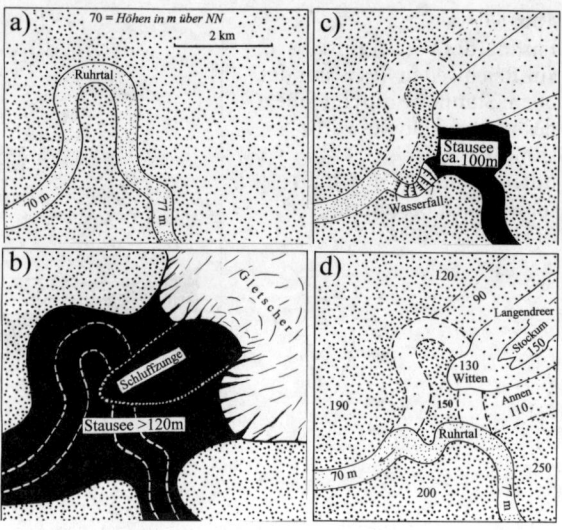

Steinberg bei Kettwig (Abb. 30): Ein elsterzeitliches Delta entstand in einem Stausee auf dem Steinberg am Rand des Ruhrtals in ca. 105-120 m NN (Niveau der Rheinhauptterrasse) durch Aufstrudelung von Schottern der Ruhrmittelterrasse (Niveau um 60 m NN), dann überfuhr der Gletscher die Deltaschichten. Sowohl hier wie auch am Rhein (Abb. 65) enthalten die von Gletschern überfahrenen Schmelzwassersedimente auf engem Raum Kolke, entstanden durch Gletschermühlen. Die gut aufgeschlossene Steilwand eines Kolks auf dem Steinberg zeigt in den Kolkkessel ragende feinkörnige Sand-Schluff-Lagen; sie waren also während der Ausstrudelung gefroren.

Unter den elsterzeitlichen Moränen-, Stausee- und Sandersedimenten mit extremer ostfennoskandischer Geschiebevormacht (HESEMANN 1975:326) liegt ein kleiner vorwiegend aus stark gebleichtem Schluff-Ton-Gemisch mit rotbraunen Schlieren bestehender Rest einer wesentlich älteren Moräne mit kristallinen Geschieben. Letztere sind, in Gegensatz zu den Geschieben in den hangenden Sedimenten, stärker chemisch verwittert und zerfallen bei Entnahme fast alle zu Grus. Der Moränenrest zeigt Spuren deutlicher Solifluktion.

Zwischen diesem geflossenen Moränenrest und den elsterglazialen Seesedimenten im Hangenden liegt eine deutlich sich abhebende rostbraune Solifluktionsschicht aus Rheinhauptterrassenkies vermischt mit oberkarbonischem Schiefergrus. Die darunter liegende Moräne entstammt einem präelsterzeitlichen Glazial, hier nach dem benachbarten Angerbach als »Anger-Glazial« bezeichnet (THOME 1991a).

8.6.7
Niederrhein

Saale-1-Vorstoß

Auf Rheinterrassen liegen Stauchwälle des Saale-1-Vorstoßes (Glazial 12) mit südschwedischer Geschiebevormacht. Das Eis stieß aus den Talmulden der Emscher und Lippe nach Westen auf die Rheinebene, bildete die Eisloben von Düsseldorf, Moers und Xanten; am nördlichen Niederrhein kam das Eis von Nordosten aus dem nordwestlichen Münsterland und dem Ijssel- und Eem-Tal, bildete die Eisloben von Kranenburg, Valburg und der Veluwe (THOME 1958).

Die Endmoränen, durch Aufstauchung von Rheinschottern und Sanderschwemmkegeln entstanden, verzahnen sich mit der Unteren Mittelterrasse. Beim Eisrückzug wurde diese vor dem zurückschmelzenden Eisrand durch mehrere nach Westen bzw. Nordwesten gerichtete, heute noch erhaltene Rinnen zerschnitten (Abb. 59). Die Grundrisse der Endmoränenstauchwälle zeigen eine Entwicklungsreihe aus der folgt, daß die Stauchwallhöhe der Vorstoßkraft der Gletscher proportional war (Abb. 60).

Der Endmoränenstauchwall des Schaephuysener Höhenzuges hat in Oberflächenformen, Schichtlagerungen und Schichtstörungen viele Details des Stauchungsvorgangs, der Entwicklung der Eisrandentwässerungsrinnen und Zusammenhänge zwischen Stauchwallhöhe und Kraft des Vorstoßes überliefert (THOME 1980b).

Ein Autobahneinschnitt legte einen Querschnitt durch den ganzen Wall bloß (Abb. 61), die sichtbar gewordenen Strukturen zeigen Unterschiede: unter der herannahenden Gletscherstirn (links im Bild, auch Abb. 62, 63) dachziegelartige Aneinanderlagerung von Gleitschuppen; tiefer unter dem Gletschereis (rechts im Bild) Abscherung des oberen Teils der gestauchten Strukturen und ihre flache Überdeckung durch mitgeschleppte gefaltete Schichten. Abb. 64).

Gleithorizonte im oberen Teil des tonig-torfigen Holstein-Interglazials (in Abb. 62 schwarz dargestellt) erleichterten das Abschieben. Die Schichten unter dem Gleithorizont: Holstein-Interglazial, Rinnenschotter und Tertiär sind im Stauchwallbereich schwach hochgewölbt und verdickt. Der Stauchwall war bei seiner Entstehung im Saale-1-Glazial ca 10-20 m höher. In den sandigen Deckschichten an seiner Oberfläche ist eine 0,5 m mächtige, eemzeitlich zu Braunerde verwitterte kryoturbat gestörte Lößschicht eingelagert.

Östlich der äußersten Stauchwälle sind kleine Reste eines zweiten Walles erkennbar (Abb. 59-c). Die beiden Vorstöße (Neusser und Kamper Staffel) stellen den Höhepunkt des Saale-I-Maximums dar. Sie galten früher als Folgen kleiner Klimaschwankungen, wahrscheinlicher sind sie eisdynamisch bedingte Pulse (surge) gewesen, die sich in dem hoch im Wasser liegenden Eis im Südteil des Münsterlandes (über Lippe-und Hellwegtal) entwickelten.

THOME 1958 sah in der (innen gelegenen) Kamper Staffel, weil sie hinter dem äußersten Eisrand der Neusser Staffel zurückblieb, einen zweiten schwächeren Vorstoß, KEMPF

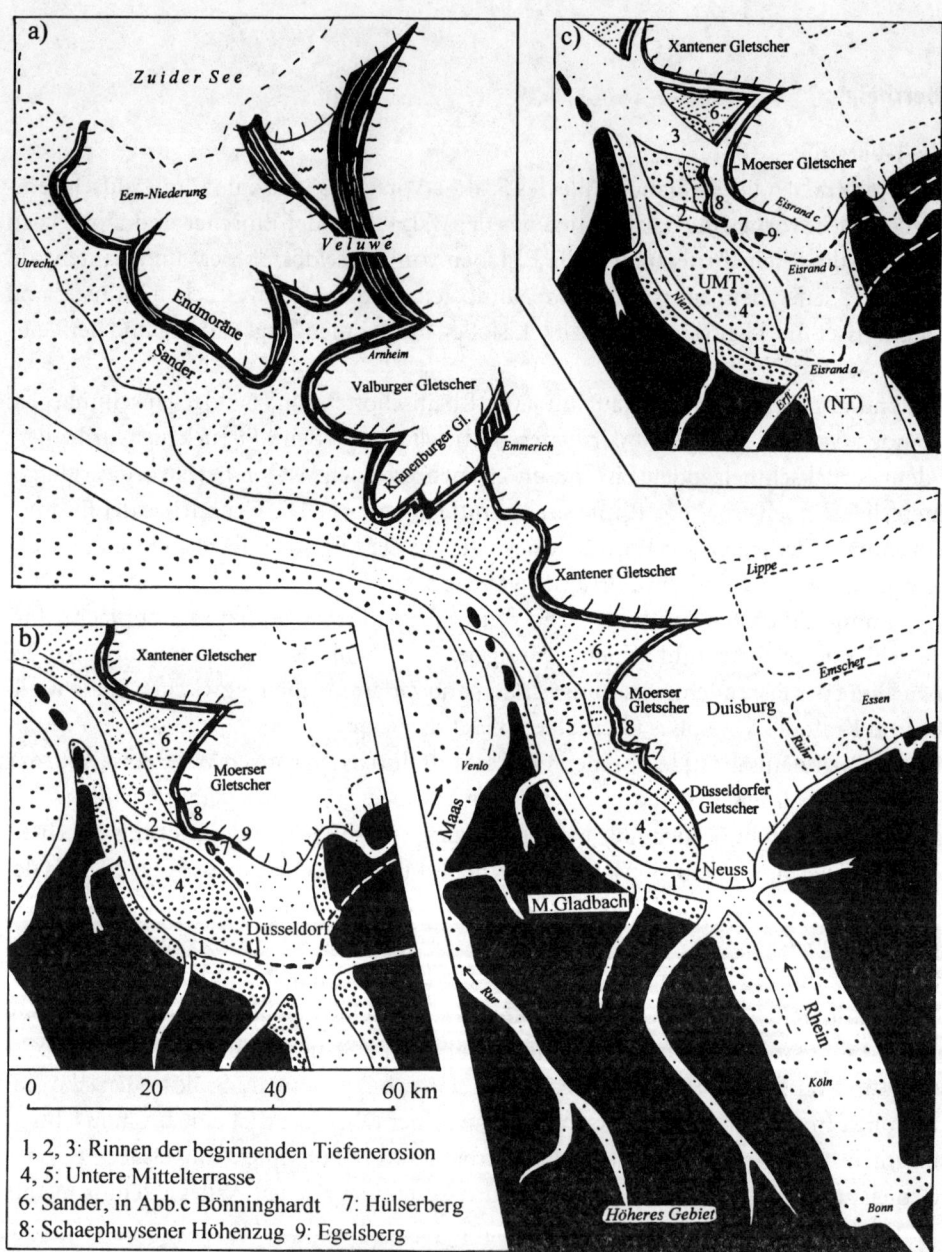

Abb. 59
Saale-1-Vorstoß am Niederrhein; a) Eismaximum: Rhein fließt auf der unteren Mittelterrasse (4), mit Beginn des Eisrückzuges erodiert er eine Rinne (1); b) nach Abschmelzen
des Düsseldorfer Gletschers erodiert der Rhein die Rinne 2; c) nach dem Zurückweichen der
Eisstirn vom Schaephuysener Höhenzug (8) erodiert er die Rinne 3 (THOME 1958)

1966 einen ersten, schwächeren. Grund der unterschiedlichen Deutungen: Zur ersten: Als früherer Vorstoß wäre sie vom zweiten größeren zerstört worden, im Untergrund blieb genügend Gleitmaterial, um während eines zweiten Vorstoßes erneut einen Stauchwall zu bilden; zur zweiten: das Eis fand schon während des ersten Vorstoßes im dortigen Raum die Bedingungen zur Aufstauchung vor, also muß es dort schon gestaucht haben. Der innere Wall konnte, weil er anschließend an die Aufstauchung durchfror, unter dem zweiten größeren Vorstoß erhalten bleiben.

Inzwischen wurden mehr überfahrene Stauchwälle gefunden (u.a. Rehburger Stadium, Stauchwälle bei Xanten). Auf den Stauchschuppen der Kamper Staffel im Eyll'schen Berg kommen in diskordanter Lagerung stellenweise, wenn auch etwas undeutlich, grundmoränenähnliche Reste vor, die ein Indiz für die Überfahrung sein könnten, vielleicht sind sie aber durch Solifluktion verlagert.

Stauchwälle und Sander der saalezeitlichen Gletscher bestehen vorwiegend aus umgelagerten Rheinschottern. Am äußersten Sandersaum bildete sich eine Schürze aus sehr feinkörnigem Material (»Glaukonitsand« in Abb. 65, 66) bestehend aus Feinsand und Schluff

Abb. 60 links
Entwicklungsreihe von Stauchwallgrundrissen auf zusammenschiebbarem Material. (THOME 1959)
Abb. 61 unten
Schnitt durch Stauchendmoräne. (Schaephuysener Höhenzug, THOME 1984:46/47)
Abb. 62 rechts
Blockbild eines Stauchwalls. (THOME 1980b)

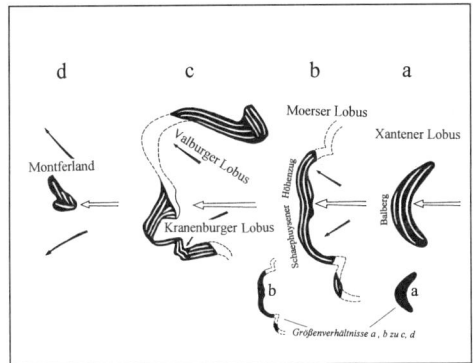

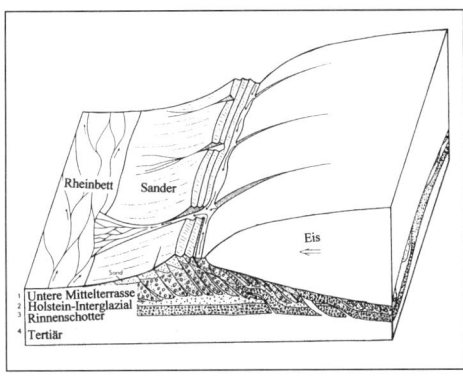

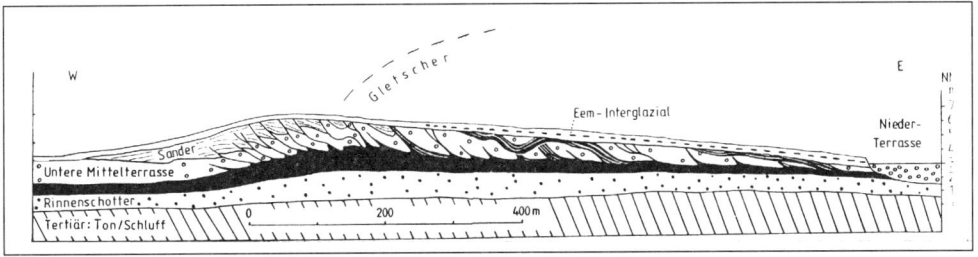

Abb. 63
Schuppung im Stirnbereich des Stauchwalls
Schaephuysener Höhenzug. (Foto 21.7.1974)

Abb. 64
›Deckenüberschiebung‹ im Stauchwall
Schaephuysener Höhenzug. (Foto 14.7.1974)

mit auffällig starker Beimischung von Glaukonit, abgerollten tertiär- und kreidezeitlichen Foraminiferen und Ostrakoden, fast ohne vulkanische Schwerminerale, wie sie für gleichzeitige Rheinsedimente charakteristisch sind. Diese Sanderschürze besitzt die Fazies der Schmelzwässer des Münsterlandes, sie belegt den Zustrom starker subglazialer Ströme von dort zu den Eisrändern bei Krefeld und Xanten am Niederrhein (vgl. Kap. 9.6).

Stellenweise war die zähe Grundmoräne in gleichmäßige Stücke zerrissen. Es handelt sich nicht um spätere Verwitterungsvorgänge oder Kryoturbation, sondern um eine durch Gletscherzug verursachte Zerreißung des gegen Zugbeanspruchung nicht widerstandsfähigen Materials ähnlich dem Vorgang der »Boudinage« in stark gefalteten Gebirgen. Wie in allen Sandern, sind auch hier in gefrorenem Zustand eingelagerte» Sand- oder Schluffbrocken nicht selten (Abb. 68).

Auf der Bönninghardt ist die sich trichterförmig öffnende Rinne des Schmelzwasserstroms aus dem einspringenden Winkel zwischen den Endmoränenwällen des Xantener und des Moerser Lobus noch erhalten Abb. 67).

In der Saarner Mark südlich Duisburg hat AULICH auf kalkfreien Sandsteinen des Oberkarbons die Richtung von Gletscherschrammen gemessen: N 10-15 W; ein Fundstück liegt vor dem Geologischen Institut der Universität Bonn (BREDDIN 1930:15).

Präsaalezeitliche Vereisungen

werden am Niederrhein vermutet. Das Fehlen zahlreicher deutlicher Spuren in einer Region, wo im Elsterglazial die tiefste Erosion herrschte, die damaligen Sedimente und Formen also weitgehend unter jüngeren Sedimenten begraben sind, braucht nicht zu verwundern. Doch ist die Verbreiterung der elsterglazialen Quartärbasis ab Neuss-Düsseldorf nach Westen auf das Doppelte (Abb. 69) ohne Inlandeis, das von Osten auf die Rheinebene vorstieß und den Rhein nach Westen drängte, kaum erklärbar. Aber nicht nur die elsterzeitliche Erosion schuf eine Verbreiterung der Mittelterrassenwanne nach Westen; auch die Wanne,

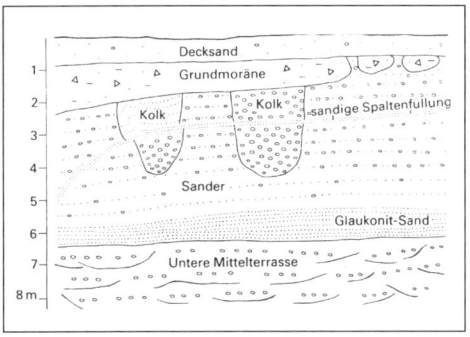

Abb. 65
Schmelzwassersander auf Rheinmittelterrasse; Sanderfuß = »Glaukonitsand«, Egelsberg, Niederrhein. (THOME 1983b)

Abb. 66
Egelsberg: Sander, unterer Rand Sanderbasis- schicht Glaukonitsand, Niederrhein. (Foto 18.4.1975)

in der die Oberen Mittelterrassen liegen, zeigt ab Neuss eine Verbreiterung ähnlichen Ausmaßes, wie die elsterzeitliche – Auswirkung eines präelsterzeitlichen Inlandeises.

Ab dem Raum Neuss-Mönchengladbach nimmt nach Süden die Mächtigkeit der Lößablagerungen, die nördlich davon nur ca. 0,5-1 m mächtig sind, mit ziemlich scharfer Grenze auf 6-10 m und stellenweise mehr zu. Ein großer Teil der Lösse ist im Wasser ab- oder umgelagert; vielleicht wurde auch der Rhein zeitweise durch einen Eisrand gestaut; es kann aber nicht der saalezeitliche gewesen sein, weil der nicht weit genug nach Süden reichte. Durch Rheinstau vor Eisrändern würde die Entstehung einiger Ost-West gerichteter Rinnen in der Rheinhauptterrasse im Raum Neuss-Mönchengladbach verständlich.

Die von BREDDIN 1958 im oberterrassenzeitlichen Mäander von Niederaußem gefundenen Bändertone zeigen Seebildung an (Aufstau vor einem Eisrand?). Auf Rheinstau mit starker Schluffsedimentation und teilweiser Erosion der abgelagerten Schluffe deutet die rätselhafte Erosionskante im Löß auf der Unteren Mittelterrasse im Südteil der Niederrheinischen Bucht, die WINTER (1970) fand.

Am Niederrhein haben die hauptsächlich aus Mittelterrassenschottern bestehenden saalezeitlichen Stauchwälle und Sander das Bild der Gletscherablagerungen geprägt (Abb. 60-68). Wälle präsaalezeitlicher Vorstöße enthalten keine Rheinschotter.

Umgelagertes Tertiär«

Elster- und Anger-Eis konnten Kieswälle nicht aufstauchen, weil während ihres Eindringens das Rheinbett weithin fast vollständig kiesfrei war, ihre Vorstöße fanden während langanhaltender Tiefenerosion statt. Der Rhein floß damals in einer 10-30 km breiten Wanne, in der nur feinkörnige (tonig-schluffig-feinsandige) Tertiärschichten zutage traten.

Das vom Rhein umgelagerte tertiäre Material = »umgelagertes Tertär« (KLOSTERMANN 1989) bildet unter den saalezeitlichen Stauchwällen aus Rheinschottern des Balber-

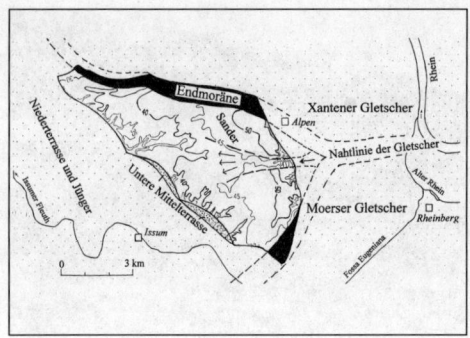

Abb. 67
Bönninghardt-Sander mit ehemaligem
Schmelzwasserstrom aus der Nahtstelle
zwischen Xantener und Moerser Lobus.
(THOME 1984:48)

Abb. 68
Egelsberg: gefrorener Sandbrocken,« Niederrhein. (Foto 11.4.1961)

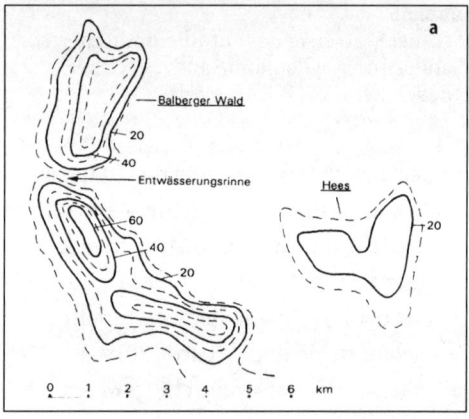

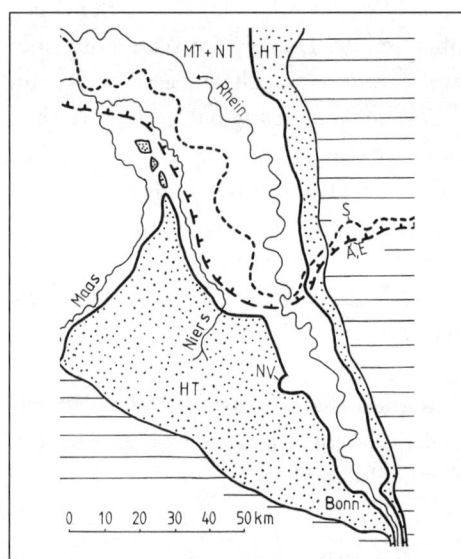

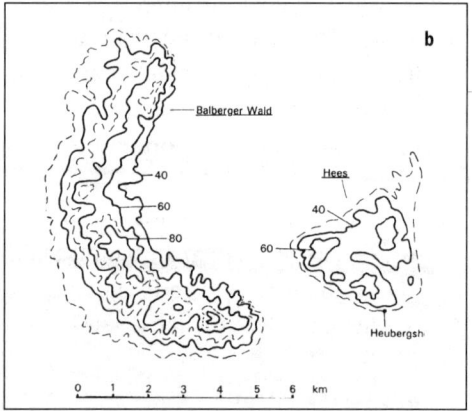

Abb. 69
Terrassengrundrisse am Niederrhein:
HT=Hauptterrassen, MT + NT Mittel- und
Niederterrassen, NV=Niederaussem-Vanikum
=Mäander der Oberen Mittelterrasse;
Eisränder: S=Saale-1-, A, E=Anger-, Elstervor-
stoß. (THOME 1991a)

Abb. 70 a und b
Balberger Wald bei Xanten, Niederrhein,
Stauchwall: a) unterer Teil aus umgelagertem
Tertiär, b) oberer Teil aus Schottern der
Unteren Mittelterrasse. (KLOSTERMANN
1989 in THOME 1992a)

ger Waldes und der Hees bei Xanten ebenfalls einen Wall (Abb. 70a), der eine tiefe Kerbe, wie sie in saalezeitlichen Stauchwällen an der Oberfläche durch Schmelzwasseraustritte aus den Gletscherstirnen entstanden, enthält. Auf den Wall aus »umgelagertem Tertiär« nebst Rinne wurden saalezeitlich Rheinschotter überschoben und hierbei die Rinne verschüttet (Abb. 70b). Die Rinne zeigt, daß der Wall aus umgelagertem Tertiär vor der Aufstauchung der Rheinschotter schon zerschnitten war, seine Aufstauchung ist präsaalezeitlich, also elsterzeitlich.

Heubergshof

Am Südrand des Stauchwalls der Hees von Xanten ist in einer aufgelassenen Sand/Kiesgrube ca. 100 m westlich des Heubergshofes ein Einblick in präsaalezeitliche Sedimente möglich (Abb. 70):

Schichtlagerung

An der Basis Schichten des »umgelagerten Tertiärs« mit zahlreichen vorwiegend nach Osten einfallenden stark verkitteten Scherklüften, darüber ohne Scherklüfte diskordant liegende rotbraun gefärbte Bodenverwitterungsbildungen in vorwiegend dünn geschichteten Feinsand- und Schlufflagen mit einzelnen Geröllen; über diesen grobe Schotter der Unteren Mittelterrasse, schräg einfallend, mit (im Bilde nicht sichtbaren) Scherflächen ohne deutliche Verkittung.

Reihenfolge der Entstehung

Zuerst Ablagerung des »umgelagerten Tertiärs« durch den Rhein am Boden der schotterfreien elsterglazialen Wanne, dann seine Aufstauchung zu einem Wall unter Bildung von Scherflächen durch einen von Osten vorstoßenden Gletscher; nach dem Abschmelzen des Gletschers Abtragung des höheren Teils der gestauchten Schichten und diskordante Überdeckung mit dünnschichtigen Umlagerungssedimenten, anschließend warmzeitliche Verwitterung unter Bildung rostbrauner Bodenhorizonte und Verkittung der Scherklüfte, zwei verschieden alte Bodenbildungen sind in Resten übereinander angedeutet; schließlich Aufschiebung von Schottern der Unteren Mittelterrasse durch einen Gletscher ohne Stauchung der tieferen Schichten, wie am Fehlen der Scherklüfte in den Bodenverwitterungszonen erkennbar ist. Das war nur bei Permafrost möglich. Daraus folgt aber auch, daß die darunter im »umgelagerten Tertiär« vorhandenen verkitteten Scherklüfte älter sein müssen, als die Aufstauchung der saalezeitlichen Schotter.

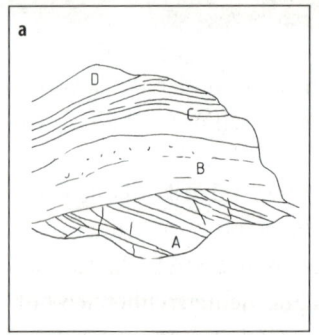
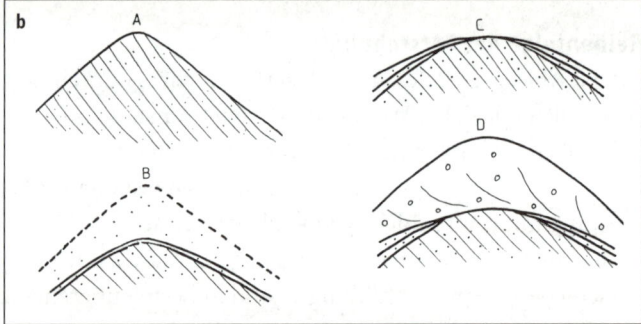

Abb. 71

Kiesgrube am Heubergshof bei Xanten; Spuren des elsterzeitlichen und des saalezeitlichen Gletschervorstoßes.

a A = »umgelagertes Tertiär mit zahlreichen Scherflächen durch Gletscherstauchung (Glazial 16); B = ungestauchte Deckschichten aus Abtragungszeit am Ende des Glazials 16 und Bodenbildung des Interglazials 15, C = Abtragungsschichten des Glazials 14 und Bodenbildung des Interglazials 13; D = Rheinschotter, auf C überschoben im Glazial 12.

b Schematische Darstellung der Entwicklungsschritte: A = Stauchwall aus »umgelagertem Tertiär (Glazial 16), B = Abtragung des Stauchwalls, Bildung der Deckschicht B (Glazial 16), Verwitterung in Interglazial 15; C = Abtragung im Glazial 14, Bodenverwitterung im Interglazial 13, D = Aufstauchung von Rheinschottern im Glazial 12.

Datierung

Bei Xanten stauchte der Elstereisvorstoß (Glazial 16) einen Wall aus umgelagertem Tertiär auf. Er ragte, wie die heutigen Stauchwälle, über die Aufschüttungsebene der Rheinterrassen, unterlag nach dem Eisrückzug der Abtragung, wobei dünnschichtige Umlagerungssedimente übrig blieben. Im Holstein-Interglazial (Isotopenabschnitt 15) entstand auf den Wallresten eine terrestrische Bodenbildung. Die besser bekannten holsteinzeitlichen Gyttjen der Krefelder Schichten (URBAN 1980) entstanden gleichzeitig, aber im aquatischen Milieu von Geländesenken.

In der Hees sind vermutlich Reste zweier terrestrischer Bodenbildungen übereinander vorhanden, die zu den Interglazialen 15 und 13 gestellt werden können. Während des Saaleglazials (Glazial 12) entstand vor der Ankunft des Eises in den aufragenden Erhebungen ein tief reichender Dauerfrostboden, der die elsterzeitlichen Stauchwallreste gegen erneuten Gletscherschub widerstandsfähig machte. Saalezeitliche Gletscher überschütteten die elsterzeitlichen Wallreste mit Schottern der Unteren Mittelterrasse.

Elsterglaziale Stauchwallkerne sind auch unter den mächtigen saalezeitlich überprägten Stauchwällen des nördlichen Niederrheins und in der Veluwe zu vermuten.

8.7
Alpen

Ebenso wie in Norddeutschland bildete sich während der Glaziale auch in den Alpen eine große Eismasse; sie konnte die hohen Gipfel nicht überdecken, sammelte sich in den Talwannen zu mächtigen Gletscherströmen, die aus breiten Talöffnungen ins Vorland austraten (Abb. 72). Auf ähnliche Weise waren fast alle Hochgebirge der Erde vereist.

Endmoränenreste verschiedener Glaziale umrahmen den Alpenraum. Nur für das letzte Glazial ließ sich die Gleichzeitigkeit mit der nordeuropäischen Vereisung nachweisen, für die früheren wird sie – natürlich – vermutet. Doch ist bisher kein Nachweis gelungen. Man hofft, daß dieser vielleicht über Terrassen des Rheinsystems möglich wird, weil dieser Fluß zeitweise beide Vereisungen berührte.

8.7.1
Würm-Glazial

Die äußersten Randlagen der alpinen Gletscher sind meist durch hohe Moränenwälle gekennzeichnet, das Hochgebirge lieferte große Mengen Schutt. Über den Verlauf des Vorstoßes ist wenig bekannt, aber die Rückzugstadien haben zahlreiche Moränen hinterlassen, die wie die Schalen einer Zwiebel ineinander liegen (Abb. 73). Die Ernährung des Eises durch vorwiegend von westlichen Winden herangeführten Schnee prägt sich in einer Asymmetrie der Eisverbreitung aus.

Abb. 72
Vereisung der Alpen Größte
ungefähr noch erkennbare
Eisausdehnung, Eisscheide,
Eisfließrichtungen; Löß
(Punktsignatur).

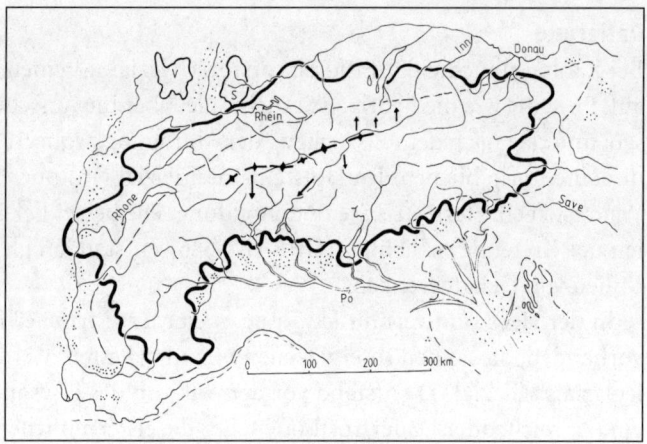

Die Eisscheide lag in Höhen um 3000 m, in verschiedenen Vereisungen vermutlich etwas verschieden hoch; gegenüber der heutigen Wasserscheide war sie nach Norden verlagert, sodaß Eis über die Pässe des Hauptkammes (u.a. Simplon, St.Gotthard, Maloja, Brenner) nach Süden floß. Die Talwanne der Rhone hatte einen Überlauf ins Aare-Tal, aus der Wanne des Inntals strömte Eis ins Lech- und Isartal.

Exposition zur Sonne und zu den schneebringenden Nordwestwinden spielte eine Rolle: Am West- und Nordwestrand der Alpen (etwa von der Rhone bis zur Enns) traten Gletscher ins Vorland, vereinigten sich dort zu einem zusammenhängenden Eiskuchen, in dem einige große Gletscherzungen erkennbar blieben (PENCK & BRÜCKNER 1909). An Sonnenhängen entwickelten sich weniger Gletscher. Die südlich der Rhone aus den Westalpen tretenden Gletscher bildeten zwischen alpinen Randhöhen tiefe Stauseen, deren beträchtliche Schluffsedimente (bis über 200 m) stellenweise noch erhalten sind (Abb. 74).

Vorlandgletscher: Im deutschen Gebiet (ausführlicher in: SCHREINER 1992, JERZ 1993) unterscheidet man von Westen nach Osten u.a.: Rhein-, Iller-, Wertach-, Loisach, Inn-Chiemsee- (Abb. 73) und Salzach-Gletscher (s.Tafel). Am Ostrand blieben die Gletscher innerhalb der Gebirgsketten. Auf der Alpen-Südseite überschritten nur wenige den Alpenrand; sie hinterließen bei Ivrea und um den Gardasee hohe Wallbögen (»Moränenamphitheater«).

JERZ 1993:11 vergleicht den eiszeitlichen Inngletscher mit dem Malaspina-Gletscher. Die alpinen Vorlandgletscher dürften teilweise nicht nur ähnliche »Akkordeonmoränen« auf ihrer Oberfläche besessen haben, wie dieser, sondern auch ähnliche Eisfließbedingungen.

Alpine Gletschersedimente sind meist gröber als die des nordeuropäischen Inlandeises; in Eisrandnähe abgelagerte grobe Schotter enthalten oft erhöhte Schluffanteile, die nach der Schottersedimentation aus stark mit Schluff beladenen Gletscherschmelzwässern infiltriert wurden.

Die vom Eis überformten Berghänge sind an gerundeten und geglätteten Oberflächen von höheren rauheren, mit zahlreichen Spitzen und Zacken bedeckten, die über die »Schliffgrenze« herausragten, unterscheidbar.

Als Folge der Gletschererosion entstanden nach dem Eisrückzug zahlreiche Seen (u.a. Bodensee (SCHREINER 1979), Ammersee, Chiemsee, Genfer See, Lago Maggiore, Gardasee) und Wasserfälle.

Von manchen Bearbeitern wird Gletschererosion gering eingeschätzt, die großen Hohlformen werden auf tektonische Senkungen zurückgeführt (s.u.a. HANTKE 1993).

Die oft beträchtliche Übertiefung großer Täler u.a. Etschtal (VENZO 1979), Inn- und Salzachtal ist durch Aufschüttungen aus Gletscher-, See-, Fluß-, Bachsedimenten und Bergsturzmaterial, die stellenweise mehrere hundert Meter betragen, verschleiert. Nach VAN HUSEN 1990 beträgt die Zuschüttung des ca. 2-3 km breiten Salzachtals bei Vigaun ca. 338 m. Fluviatile Überformung täuscht in diesen Tälern stetiges Gefälle vor und hat zur Unterschätzung der Sedimentfüllungen geführt (Kap. 15.1; FRANK 1979, HUSEN 1990).

Randlagen: Der Rückzug der eiszeitlichen Gletscher ist an hintereinander gestaffelten Randlagen mit Endmoränenwällen, Sandern, Stauseeablagerungen und Grundmoränen verfolgbar (Abb. 73, 76).

Im Alpenvorland lassen sich meist drei große Randlagenkomplexe des Hochglazials unterscheiden, sie tragen in den verschiedenen Flußgebieten verschiedene Namen:

Rheingletschergebiet: Äußerste Würmendmoräne (Eismaximum) = Schaffhausen-Komplex (Würm 1), bei vollständiger Entwicklung drei verhältnismäßig deutliche Wälle, die bis ca. 80 m hoch das innenliegende Zungenbecken überragen (SCHREINER 1992:192). An anderen Stellen liegen bis 3 km vor deutlichen Wällen noch stark abgetragene Reste eines noch weiter reichenden Vorstoßes (GERMAN & MADER 1976:41).

Nach einer Rückschmelzphase folgen ca. 10-15 km dahinter Endmoränen des Singen- bzw. Stein am Rhein-Komplexes (W2). Es handelt sich anscheinend um drei Eisstände mit mehreren hintereinander liegenden Moränenwällen, von denen der mittlere Merkmale eines erneuten Vorstoßes zeigt.

Als Alter gelten: Schaffhausen-Komplex vor ca. 19 000, Singen-Komplex vor ca. 16 000 Jahren; die Schneegrenze stieg in diesem Zeitraum von 900 auf 1200 m NN.

Nach einem weiteren Rückzug folgt ca. 10-20 km dahinter ohne deutliche Vorstoßmarken, aber mit breiten flachen Eisrandformen und weiten Schmelzwasserbahnen der Konstanz-Komplex = W3 (KELLER & KRAYSS 1987, FURRER 1990:10).

Im Inngletschergebiet werden von außen nach innen Kirchseon-, Ebersberg-, Ölkofen- und Stephanskirchen- Stadium unterschieden. Der Ammersee-Gletscher (= Loisach-Gletscher) hinterließ außerhalb des Zungenbeckens des Ammersees vier Gletscherstände: Phase 0 und die Rückzugsphasen 1, 2, 3; der äußerste Rand ist nur durch Toteislöcher und begrabene Moränreste gekennzeichnet; Wälle der Phase 1 sind nur an wenigen Stellen erhalten, Phase 2 bildet den fast vollständig erhaltenen Moränenkranz, Phase 3 einige kleine Moränen am Rand des Seeufers. Die Vergletscherung macht sich erst nach 27 000 BP be-

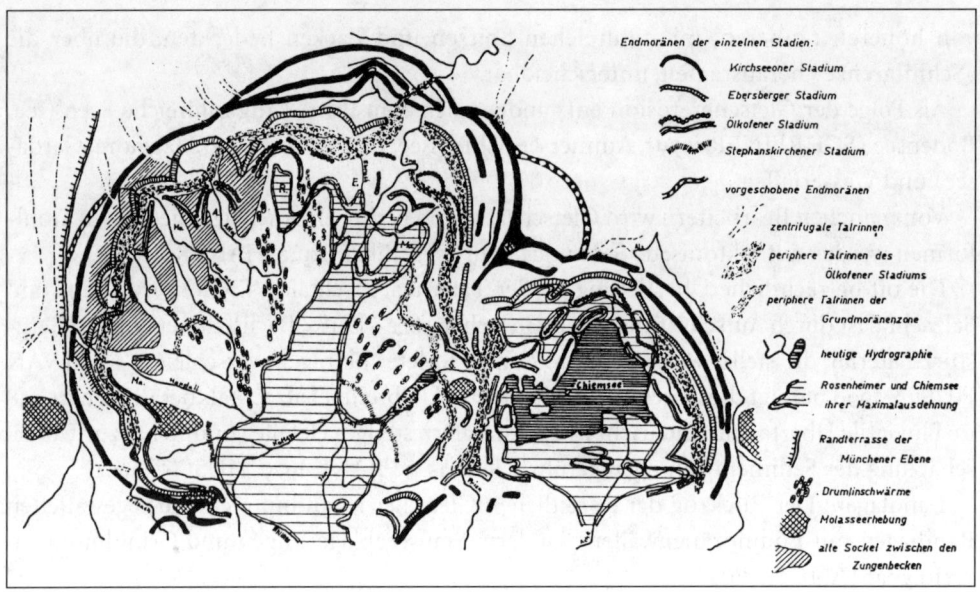

Abb. 73
Inn-Chiemsee-Gletscher. (nach HEYN 1984 in JERZ 1993:15)

merkbar, Phase 3 wird auf ca. 18 000 Jahre BP geschätzt. Dann folgen Rückzugshalte: Öl-kofener Stadium (ca. 17 000 J.) Ammerseestadium und schließlich – am Alpennordrand – das Bühlstadium vor ca. 14000 J.BP (FELDMANN 1990:62).

Weitere Endmoränenreste finden sich in den Alpentälern (FURRER 1990:15, SCHREINER 1992:191). Eine als Zeitmarke wichtige Endmoräne hinterließ der »Egesen«-Halt aus dem letzten Kälteabschnitt (jüngere Tundrenzeit). Er entspricht dem Ra- bzw. Salpausselkä-Stadium in Skandinavien.

Bodensee
Um den Bodensee sind Drumlinfelder (Abb. 76), Rundhöcker, ebene und kuppige Grund-moränenflächen und verschiedene Entwicklungsstadien der Eisrandentwässerung mit ineinandergeschachtelten Sanderterrassen und Endmoränenwällen erhalten (u.a. SCHREINER 1976).

Während des Eismaximums flossen die Schmelzwässer des Rheingletschers radial ab, sodaß seine östliche Hälfte zur Donau, seine westliche zum Rhein entwässerte. Beim Eis-rückzug verlagerte sich der gesamte Abfluß zum ca. 200 m tiefer gelegenen Rhein, wobei subglaziale Schmelzwassererosion das Bodenseebecken bis ins Meeresniveau vertiefte (SCHREINER 1992:190 f.).

Subglaziale Tiefenerosion hat auch die Aufspaltung des westlichen Endes des Bodensee-beckens in mehrere Wannen verursacht: Zuerst Erosion der Wanne des Überlinger Sees, dann die südlicheren Wannen infolge zunehmender Verlagerung der subglazialen Entwäs-serung nach Süden (Abb. 75). Die Längsachse der Überlinger Wanne ist auf den Hegau gerichtet. Dort bestand während des Eismaximums ein starker Schmelzwasserstrom, der durch die vom Gletscher überdeckte Aachquelle verstärkt wurde. Das aus der Quelle aus-tretende Wasser war Donauwasser, erhielt also in der Donau durch Einstrahlung einen höheren Wärmevorrat, den es unter dem Rheingletscher in Eisschmelze umsetzte. Auf das größere Alter der Überlinger Bodenseewanne deutet auch, daß der sie erodierende subgla-ziale Fluß schon verschwand, als südlicher gelegene Rheinabflüsse noch in Funktion wa-ren. Während des Konstanzer Stadiums querte der Eisrand sowohl die Wannen des Über-linger-, des Gnaden- und des Zeller Sees; der damals aktive subglaziale Schmelzwasserstrom schüttete am Eisrand bei Konstanz die südliche Wanne zu, während am Eisrand im Über-linger See keine nennenswerte Sedimentation erfolgte, dort fand kein Abfluß mehr statt.

8.7.2
Ältere Glaziale

Randlagen älterer Vereisungen haben geringere Abstände voneinander als die Ränder des nordeuropäischen Inlandeises, können nur mit Vorbehalt in die Zeitabschnitte des nord-europäischen Inlandeises eingeordnet werden, trotzdem ergibt sich eine vergleichbare Glie-derung. Es lassen sich mehrere Riß-Stadien unterscheiden, vor denen stellenweise noch verschwindende Reste von Mindelmoränen liegen (SCHREINER 1992:209). Aufgrund der geringen Spuren wird vermutet, daß stellenweise die Riß-, stellenweise die Mindelmorä-nen weiter ins Vorland reichten. Anhand des Geröllbestandes konnte GEIGER 1969 fest-stellen, dass sich im Rheingletscherbereich der Schwerpunkt der Liefergebiete während der verschiedenen Glaziale zunehmend nach Westen verlagerte.

Randlagen älterer Eisvorstöße sind weitgehend verwischt, doch ermöglichen einzelne Befunde Schlußfolgerungen über Besonderheiten.

Donaustausee: Obere Donau und einige ihrer linken (nördlichen) Zuflüsse waren wäh-rend der Maximalausdehnung von Riß- und Mindelgletschern gestaut. Erkennbar ist noch eine Sperrung des Donautals durch einen rißzeitlichen Eisrand bei Sigmaringen/Laiz. Die Höhe des Stausees erreichte im Donautal nach SCHAEDEL & WERNER (1965:393) 665 m über NN, die Höhe des Donautals beträgt bei Sigmaringen ca. 570 m. Die Stauhöhe reichte nicht, um den niedrigsten Überlauf zum Neckar – im Faulenbachtal in ca. 690 m über NN bei Spaichingen zu benutzen (MÜNZING 1987:75).

Abgesehen von einer vielleicht vorhandenen Drainage unter dem Gletschereis hindurch donautalabwärts hatte der Donaustausee noch eine außergewöhnliche Abflußmöglichkeit durch Versickerungsstellen (vorwiegend bei Friedingen und Tuttlingen) zur Aachquelle.

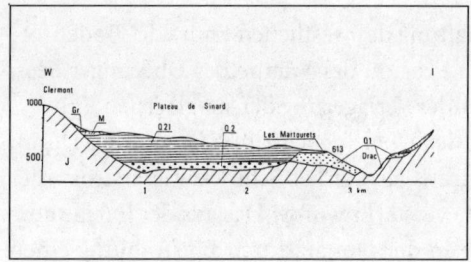

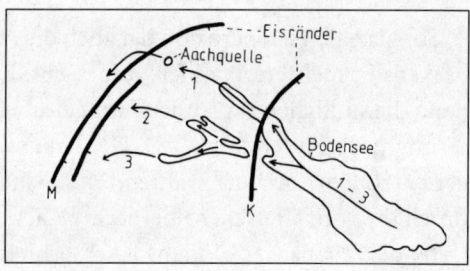

Abb. 74
Drac-Tal (Westalpen), mehrere hundert Meter
mächtige Stauseeschluffe; J=Jura; Q1, Q2=
Talschotter, Q21 Stausee-schluffe; M=Moräne;
Gr=Hangschutt. (aus LAMBERT & MON-
JUVENT 1968:121, fig.3)

Abb. 75
Verlagerung subglazialer Erosion im Boden-
seebereich während des Würmeis-Rückzuges
in der Reihenfolge 1, 2, 3;
M=Eismaximum; K=Konstanzer Stadium.

Die Donauversickerung spielte eine für Gletscher außergewöhnliche Rolle: Unter normalen Bedingungen kommt es nicht vor, daß ein außerhalb des Gletschereises auf erdigem
Bett fließender Bach seinen Wärmeinhalt tief in einen Gletscher tragen kann. Beim ersten
Kontakt mit dem Gletschereis schmilzt er sich sofort in die Tiefe, gibt seinen Wärmevorrat
also in der Nähe des Eisrandes ab. Wasser mit größerem Wärmevorrat gerät nur dann tief
in einen Gletscher, wenn es unter dem Eis aus vulkanischen oder Karstquellen entspringt.

Das Wasser der Donau, durch sommerliche Einstrahlung aufgewärmt, gelangte, im
Höhlensystem vor Wärmeverlust geschützt, über die Aachquelle unmittelbar unter den
Rheingletscher.

Aachquelle: Aus der Aachquelle tritt heute bekanntlich Donauwasser in beträchtlicher
Menge aus (HÖTZL & HUBER 1972, SCHETTER 1991). Die in den Jurakalken vorhandenen Höhlensysteme bestehen seit dem Tertiär. Das in Eiszeitsommern von der Sonne auf-
geheizte Stauseewasser konnte nach dem Durchlaufen der Höhlensysteme, wobei praktisch
kaum Wärme verloren ging, eine beträchtliche subglaziale Schmelze des Rheingletschers
im Hegaugebiet verursachen.

Die Donau wurde sehr wahrscheinlich aber nicht nur in dem Rißglazial gestaut, dessen
Spuren bei Sigmaringen noch erhalten sind, sondern in mehreren Glazialen, wobei sich
jeweils ähnliche subglaziale Abflußverhältnisse einstellten. Vermutlich bestand zeitweise
doch ein Überlauf des Donaustausees durch das Faulenbachtal zum Neckar.

Klettgau, Schwarzwaldrand

Auch im Klettgau bildete sich während der größeren Eisvorstöße zeitweise ein Stausee.
Ältere Eisrandlagen, erkennbar an vereinzelten Geschieben und Findlingen vermutlich aus
dem Mindel-Glazial, reichen auf den Schwarzwaldrand (SCHREINER 1992: 206 f.). In den
größten Vereisungen dürften Alpeneis und Schwarzwaldeis miteinander Kontakt gehabt
haben, wobei im Rheintalbereich ein starker subglazialer Strom zum Rhein entwässerte
(RAHM 1980).

Abb. 76
Randlagen des alpinen Rheingletschers (Riss, Würm 1, Würm 2) und des Schwarzwaldeises (W, R, R?), ohne Berücksichtigung etwaiger zeitlicher Beziehungen zueinander; Drumlinschwärme (Punkte); heutiges Gewässernetz; Wasserscheide zwischen Donau und Rhein; Aachquelle; heutiger Bodensee; ehemalige Eisstauseen.

8.8
Mittelgebirge

Alle höheren europäischen Gebirge u.a.Pyrenäen, Zentralplateau, Vogesen, Schwarzwald, Harz, Sudeten, Erzgebirge, Karpathen usw. trugen Eiskappen; deren Größe hing nicht nur von der Gebirgshöhe, sondern von der Entfernung zum schneebringenden Atlantischen Ozean ab. Von vereisten Plateaus hingen Gletscherzungen in die Täler.

8.8.1
Vogesen

Sie waren stärker vereist als der Schwarzwald. Die Schneegrenze lag bei 800-900 m. Neben Moränen (Abb. 77) und Stausee-Ablagerungen (Abb. 78, 79) sind zahlreiche Kare, oft mit Seen gefüllt, vorhanden. Es lassen sich Reste aus drei verschieden alten Vereisungen unterscheiden (RAHM 1977, FLAGEOLLET 1988, WENZENS 1989, KRAYSS 1992).

Besonders wichtig für die Verbindung der nordeuropäischen mit der alpinen Vereisung,

117

wozu auch die Vogesenvereisung zählt, ist der Kontakt des Moselgletschers mit Moselter-rassen. Man verspricht sich eine leichtere Verfolgung glazialer Vogesenterrassen entlang der Mosel zu den glazialen Niederrheinterrassen, weil eine lückenlose Verfolgung der Rhein-terrassen vom Alpeneis zum Nordeuropäischen Inlandeis wegen starker Senkungen im Rheingraben bisher nicht gelungen ist.

8.8.2
Schwarzwald

Im Schwarzwald lag die Schneegrenze während der Würm-Vereisung bei 900 m, während der vorletzten Vereisung etwa bei 800 m (HANTKE 1987). Es sind zahlreiche Kare erhalten, auch Moränen kleiner Talgletscher. Der Nachweis von Laacher-See-Bims im Kar des Feld-sees beweist, dass dieses im Alleröd keinen Kargletscher mehr enthielt.

Im Spätglazial läßt sich der Eisrückzug an der Verlagerung der klimatischen Schneegren-ze verfolgen: Titisee-Stadium 950-1000 m, Falkau-Zipfelhof-Stand 1000-1150 m, Waldhof-Stand 1150-1250 m, Feldseemoor-Stand 1250-1350 m, Feldsee-Stand 1300-1400 m (HANT-KE & RAHM 1976:298).

Im Würmglazial bestand kein Kontakt zum Alpeneis, wohl aber in älteren Glazialen (u.a. RAHM 1980, HANTKE 1987). Das Abschneiden eines Donauzubringers im Schwarzwald und seine Umleitung durch rückschreitende Erosion in die Wutach geschah vor ca. 15 000-20 000 Jahren; die dadurch verursachte Tiefenerosion betrug ca. 70 m; 5 Terrassenniveaus konnten mit Rückzugsstadien des Feldberggletschers korreliert werden; im Spätglazial war weitgehend das heutige Talniveau erreicht (TILLMANNs 1984, HEBESTREIT et.al. 1993).

8.8.3
Sehr alte Vereisungen?

Schotter und Blöcke abseits erkennbarer Eisrandlagen und Terrassentreppen deuten auf noch wenig durchschaute Zusammenhänge von Alpenfaltung, Hebungen und Senkungen im Vogesen- und Schwarzwaldraum mit völlig anders gerichteten Flußsystemen und Ver-gletscherungen:

Besonders auffallend ist die »Wanderblock-Formation«: bis 1 m große Wanderblöcke aus Quarzporphyr-Brekzien des Rotliegenden, ferner Buntsandstein, Hauptmuschelkalk, Lias und verkieselte Dogger-Oolithe, die nur vom Südschwarzwald bzw. dem Dinkelberg stam-men können. Sie liegen in einer braunen, stark verwitterten sandig-tonigen Matrix mit Geröllen. Es sind vielleicht Geschiebe eines Gletschers, der vom Südwest-Schwarzwald bzw. Dinkelberg herabfloss; das wäre heute wegen der zu niedrigen Lage des Dinkelberges nicht möglich, also muß es vor dessen tektonischer Absenkung um ca. 800 m geschehen sein(?).

Die Wanderblöcke liegen nördlich der Blauen Kette, im Laufener Becken und im nordwestlichen Tafeljura (am Vogesenhof, bei Breitenbach und Fehren), ihr Südrand verläuft etwa auf der Linie Grellingen-Fehren-Himmelried-Hölstein-Tenniken-Oltingen. HANT-KE (1978:272) nimmt erste, eng begrenzte Eiskalotten auf Alpen, Vogesen und Schwarzwald schon im Tertiär (Miozän oder Pliozän) an, die Nordschweiz entwässerte noch vollständig zur Donau.

Im Schweizer Jura liegen Vogesenschotter zwischen Faltenzügen im Delsberger Becken, sie konnten dorthin nur vor der Auffaltung der sie heute von den Vogesen trennenden Jurarücken gelangen. Auch vom Schwarzwald reichen Schüttungen in diesen Raum (HANT-KE 1978).

Im Donau-Glazial war das Hochrheintal eingebrochen und zog die Entwässerung der Nordschweiz nach Westen durch den Sundgau (Sundgauschotter) und die Burgundische Pforte zur Doubs. Letzte Hebungen des Jurarandes und Senkung des Oberrheingrabens ermöglichten während des Günz-Glazials zwischen einem großen Alpeneis und einer kleinen Eiskappe des Schwarzwaldes den Anschluß der Aare an den Rhein (HANTKE 1978). Zu diesem Bild passen nicht die Folgerungen aus den Ergebnissen von Schwermineralanalysen durch BOENIGK 1987 auf einen Alpenanschluß des Rheins schon im Spätpliozän (Kap. 13.4.4).

Andererseits markiert die Überschüttung der niederrheinischen Tiefebene durch die jüngere Hauptterrasse ein plötzliches Anwachsen der Rheinabflußmenge (THOME 1963), die ebenfalls den Anschluß der Aare anzeigen könnte.

8.8.4
Harz

Im oberen Odertal liegen Moränenreste kleiner Gletscherzungen des Weichsel-Glazials und belegen eine kleine Eiskappe (DUPHORN 1968, 1976). Vereisungsspuren älterer Glaziale sind schlecht erhalten, ihr Umfang nicht abgrenzbar; Gehänge- und Moränenschutt aus gleichem Gesteinsmaterial lassen sich kaum auseinanderhalten. HÖVERMANN (1987) schätzt das Alter einer Stauchmoräne am südwestlichen Harzrand (in 380 m NN) auf oberterrassenzeitlich oder älter. Die Oberterrasse hält er für saalezeitlich, RICKEN (1982) für elsterzeitlich oder älter. Reste älterer Vereisungen werden stellenweise beschrieben, sind undeutlich und teilweise strittig.

In älteren größeren Glazialen war der Harz vermutlich stärker vereist als in der letzten. Hinzu kommt, daß im Elster- und Saale-1-Glazial das nordeuropäische Inlandeis sich an den Harznordrand legte, im Elster-Glazial den Ostharz überdeckte.

Die von diesen Vereisungen ausgehende Kälte dürfte die gleichzeitige Harzvereisung verstärkt haben. Eine ungefähre Rekonstruktion der damaligen Eisverhältnisse läßt vermuten, daß die harzeigene Eiskappe mit Zentrum im Brocken sich nach Norden an den Eisrand des nordeuropäischen Inlandeises legte und dadurch einem westlich gerichteten Ab-

Abb. 77
Chajoux-Tal, Vogesen
Endmoränenwall.
(Foto 16.9.1973)

Abb. 78
Subglaziale Sedimente,
Remiremont, Vogesen,
(Foto 15.9.1973, vgl. Kap.
9.7.)

Abb. 79
Subglaziale Sedimente,
Kieskegel aus ehemaliger
Gletscherspalte, Remiremont,
Vogesen, .(Foto 14.9.1985 vgl.
Kap. 9.7.)

fluß von Schmelzwasser aus dem Elbegebiet entlang dem Harzrand den Weg versperrte. Als Nahtstelle zwischen nordeuropäischem Inlandeis und Harzeis dürfte der Bereich nördlich des Brockengebiets gelten, dort ist der Harznordrand weniger erodiert als weiter westlich. Die noch in Spuren nachweisbaren glazialen Vorgänge am Nordwestrand des Harzes wurden von PILGER et. al. 1991) detailliert beschrieben (s. Kap. 8.6.2).

8.8.5
Sauerland

Das Sauerland sei als Beispiel der Vereisung niedriger Gebirge erwähnt. Es fehlen Gletscherspuren aus dem letzten Glazial, dessen Schneegrenze um 800 m NN gelegen haben dürfte. Man muß aber damit rechnen, daß in den großen Glazialen Elster und Saale-1, als das nordeuropäische Inlandeis bis zum Südrand des Münsterlandes reichte, die Schneegrenze tiefer lag, etwa bei 700 m NN, das bedeutet eine Kappenvereisung auf dem Hochsauerland. In den höchsten Bereichen ist, verglichen mit tiefer gelegenen Gebieten, die Lockerschuttdecke auffällig gering (LEUTERITZ,mdl.Mitt.). Es gibt, besonders nördlich des Hunaurückens, kesselartig eingeschnittene Talanfänge in Höhen um 640-470 m, sie lassen stellenweise eine Ineinanderschachtelung kleinerer Hohlformen in größere erkennen (kleinere Saale-1-zeitliche Kare in größeren elsterzeitlich angelegten, die nachträglich von Bächen zerschnitten wurden (?). Das obere Ruhrtal und benachbarte Täler nördlich Winterberg haben eine auffällig flachmuldige Form ohne scharfe Kanten, die in tieferen Talbereichen nicht mehr auftritt, vielleicht durch Gletschererosion geformt?

8.9
Außerhalb des europäischen Festlandes (einige Beispiele)

8.9.1
Sibirien

Trotz kalten Klimas fehlt in Sibirien ein großes Inlandeis, es war zu trocken. Es gab nur in der Nähe der nördlichen Meeresküste einige kleine Eisschilde.

8.9.2
Arktische Flachmeere

Eisschilde erhoben sich über der Barentssee und den Queen Elizabeth-Inseln (arktisches Kanada). Ihre Spuren sind weitgehend unter dem Meere verborgen, aber Landhebungen verraten ehemalige Eiszentren. Vermutlich stieß ein Gletscher aus der Beringstrasse auf dem Schelfbereich nach Süden zum Pazifik vor und sperrte zeitweise die Landverbindung zwischen Asien und Amerika (u.a. HUGHES & HUGHES 1994).

8.9.3
Island

hatte schon im Tertiär Gletscher, wie Grundmoränen und eisgeschliffene Basalte, begraben unter vielen hundert Metern jüngerer Basaltströme bezeugen. Interglaziale Pflanzenreste blieben lokal erhalten. Die Insel war vermutlich in jedem Glazial unter einem Eisschild begraben, dessen Rand außerhalb der heutigen Küste auf dem Schelf lag. Entsprechend häufig drückte Eisbelastung die Insel nach unten und sie stieg beim Abschmelzen des Eises wieder empor. Dieses bis in den Erdmantel sich auswirkende Durchkneten der sehr aktiven Erdkruste dürfte während der mit Druckentlastung verbundenen Phasen des Aufsteigens den Vulkanismus verstärkt haben.

Infolge starker Erosion läßt sich nur die letzte Vereisung rekonstruieren: Aus völlig unter Eis begrabenen Tälern strömten mächtige Gletscher, erodierten breite Fjorde. Vulkanische Ausbrüche durchschmolzen die Eisdecke, bildeten Tafelberge aus Palagonittuff und verursachten Gletscherläufe. Die mit dem Abschmelzen der letzten Vereisung einsetzende Landhebung ist noch nicht abgeschlossen. Es ereigneten sich riesige Spaltenergüsse (u.a. aus der Eldgja-Spalte 950 n. Ch., aus der Laki-Spalte 950 und 1783 n.Ch.(THORODDSEN 1925). Aschen zahlreicher Vulkanausbrüche erleichtern die Datierung. Für sie prägte THORARINSSON hier den Namen »Tephrachronologie«.

8.9.4
Spitzbergen

ist noch weitgehend vergletschert; es war während des letzten Glazials Teil eines Eisschildes, der sich auf dem trocken gefallenen Schelf ausbreitete. Teilweises Abschmelzen nach dem Ende des Glazials führte zu Landhebungen, die sich noch fortsetzen.

8.9.5
Nordamerika

Über dem Nordamerikanischen Kontinent bildeten sich zwei große Eiszentren: eines im Westen über den Kordilleren (Kordillereneis), ein weiteres auf den Tiefebenen des Ostens (Laurentisches Eis). Schließlich wuchsen beide Eismassen zusammen. Das Laurentische Inlandeis war größer als das europäische, es bedeckte die Ebenen zwischen den Rocky Mts (wo es bis 1200 m hoch reichte) und der Ostküste, wo die Adirondacks (bis 1640 m) noch überdeckt wurden und hatte mehrere Scheitel: Labrador, Hochland von Keewatin und Baffin-Insel. Sein Wachstum wurde nicht wie in Europa durch ein Hochgebirge erleichtert, es bildete sich über weiten Ebenen mit Höhen bis maximal 500 m. Sein Eisscheitel erreichte Höhen zwischen 4000 und 5000 m.

Es sind Randlagen von mindestens sechs älteren Vereisungen bekannt; die frühere auf 4 Vorstößen basierende Gliederung wird zur Zeit revidiert (HALLBERG 1985:11-15, RICHMOND & FULLERTON 1985).

Das Kordillereneis entwickelte sich ähnlich dem alpinen. Lange Zeit blieben beide Eismassen durch einen Korridor mit Tundrenvegetation getrennt. Durch ihn wanderten Menschen und Tiere von Asien über die trocken gefallene Beringstrasse und Alaska nach südlicheren Breiten des amerikanischen Kontinents.

8.9.6
Mauna Kea (Hawai)

Kleine Endmoränen und Kare des letzten Glazials liegen auf dem Gipfel des 4200 m hohen Bergkegels. Der fast genau so hohe Mauna Loa zeigt keine Vereisungsreste – sein oberer Teil wurde erst im Postglazial aufgeschüttet.

8.9.7
Neu-Guinea

Als Beispiel einer Vereisung unter dem Äquator sei Neu Guinea erwähnt: Die heutige Schneegrenze liegt bei ca. 4500 m, die eiszeitliche lag bei 3500 m NN. Die Schneegrenzdepression betrug also 1000 m, die Depression der Waldgrenze aber 1500 m. Es gab in der Eiszeit kaum Solifluktion, weil nur ein schmaler Höhensaum regelmäßige Nachfröste hatte. Die heutigen Gletscher sind erst vor 5000 Jahren entstanden, im holozänen Klimaoptimum war Neuguinea eisfrei (LÖFFLER 1980).

9 Gletscherspuren

9.1
Formen

9.1.1
Gletscherschrammen, Gletscherschliff

Striemung auf geschliffenen Festgesteinen entstand durch Gletscherschliff (Abb. 80, 81).
Manchmal kreuzen sich zwei Richtungen: Auf Felsflächen entstand die zweite meist durch
veränderte Fließrichtung abschmelzenden »Toteises«; bei Felsblöcken durch Drehung des
Blocks während des Eistransports. Die Schrammenrichtung ist ein brauchbarer Richtungsanzeiger für Eisbewegungen: Die von AULICH südlich Duisburg auf der rechten Rheinseite in der Saarner Mark gemessene Schrammenrichtung N10-15W zeigt, daß das Inlandeis
dort von Nordwest nach Südost gegen die rechte Rheinseite vorstieß (BREDDIN 1930:15).

Eisschliff setzt das Vorbeigleiten des Eises an der Schleiffläche voraus. Dies tritt nur ein,
wenn die Eistemperatur die Bildung eines dünnen Wasserfilms erlaubt, also nur bei temperierten Gletschern (Kap. 14.4.5). Schliff-Flächen und Schrammen bilden sich auch unter
den durch Winde oder Gezeiten bewegten Eisdecken und Eisschollen an Felsküsten in kalten Regionen. Entlang der Ostküste der Hudson-Bay überprägen sie vorher entstandene
Gletscherschliffe; in der Trichtermündung des St. Lawrenzstroms sind sie auf Steinblöcken
in der Tidezone häufig (DIONNE 1985).

9.1.2
Sichelmarken

Glatt geschliffene Felsflächen sind manchmal durch sichelförmige Brüche quer zur Eisfließrichtung gezeichnet (Abb. 82), meist ist die konkave, gelegentlich aber auch die konvexe
Seite in Eisfließrichtung angeordnet. Die Sichelform entsteht durch schwach geneigte (flache) Bruchflächen, wobei die über der Bruchfläche befindliche schmale Platte am dünne-
ren Ende abbricht. Die Sichelform ist nicht als Richtungsanzeiger brauchbar wohl aber die
in Richtung der Eisbewegung geneigte flache Hauptfläche (SCHWARZBACH 1978). Als
Ursache wird punktförmig verstärkter Druck durch Gesteinsblöcke angenommen.

Abb. 80
Eisgeschliffenes Kristallin an schwedischer Küste.
(Foto 28.7.1984)

Abb. 81
Block mit Gletscherschliff im Vorland des Fjalls-Jökulls, Island, in Eisfließrichtung hinter dem Block Geröll-streifen.
(Foto 10.8.1966)

Abb. 82
Sichelmarken auf eis-geschliffenem Kristallin, Brofjord, Schweden.
(Foto 29.7.1984)

9.1.3
Gerupfte Flächen

Felsbereiche, die von allem gelockerten Gesteinsschutt durch Eiserosion entblößt sind, zeigen in frischem Zustand oft charakteristische unregelmäßige, kantige Vertiefungen und Erhebungen, keinen Gletscherschliff (Abb. 83); sie entstehen durch einen Sog im Gletschereis, das an die Basis angefroren ist. An der Eisbasis werden große Bereiche durch Rupfung nicht nur von allem Lockerschutt befreit, sondern auch Teile des Festgesteins in das Eis hineingesaugt. Erosion durch Rupfen scheint wesentlich wirksamer als die durch Schleifen. Sie kommt sowohl unter temperierten als auch unter kalten Gletschern vor.

Die Versteilung von Tal- und Karwänden ist durch Rupfen besser verständlich als durch schleifende Erosion (GOLDTHWAIT 1989). Der Sog des Rupfvorganges beförderte nicht nur viele Findlingsblöcke, sondern Erdschollen von mehreren hundert Metern Länge in das Eis (Kap. 14.6.2). Er beeinflußt auch die Größe der im Gletschereis eingeschlossenen Gesteinsbrocken, weil intraeisischer Stress weniger zugfeste Gesteine stärker zerkleinert (s.Kap. 14.6.4).

9.1.4
Drumlin (Mehrz. Drumlins)

So werden stromlinienförmige Hügel aus Lockergestein, meist aus Sander- oder Moränenmaterial genannt. Innerhalb der Grundmoränenfelder erheben sich manchmal Schwärme kleiner in der ehemaligen Eisfließrichtung gestreckter Hügel. Besonders auffällig sind die in Schwärmen auftretenden Drumlins um den Bodensee (HABBE 1988), im Ostmünsterland hat SERAPHIM 1979 Drumlins des Saale-1-Vorstoßes identifiziert.

9.1.5
Rundhöcker

Rundgeschliffene Felsbuckel (Abb. 84), oft mit noch erhaltenen Gletscherschliffen; häufig auf eisgeschliffenen Festgesteinen Skandinaviens, Kanadas, in Felstälern von Alpen, Schwarzwald, Vogesen usw.; auf weithin freigelegten Felsflächen treten sie stellenweise in Schwärmen auf (Abb. 85).

9.1.6
Kar (Mehrz. Kare)

So bezeichnet man sesselartig in Berghänge eingetiefte Nischen mit steilen Wänden und flachem Boden (Abb. 86). Sie bilden sich unterhalb der klimatischen Schneegrenze. EM-

Abb. 83
Gerupfte Gletscherbasis,
Casement-Gletscher, Alaska.
(Foto 11.6.1986)

Abb. 84
Rundhöcker mit Gletscher-
schliff unter schmelzendem
Gletschereis, Nigardsbreen,
Norwegen.
(Foto 13.8.1965)

Abb. 85
Rundhöcker und Drumlins an
der Gletscherbasis.
(DIONNE 1984b:70)

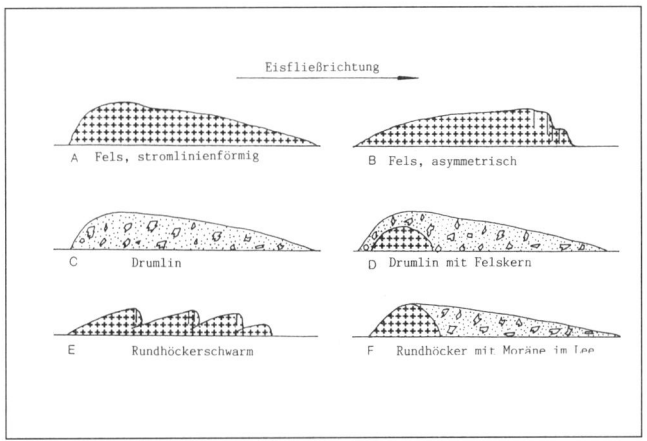

BLETON & KING 1969:198 unterscheiden zwischen der lokalen Kar-Schneegrenze inner-halb des Kars (ca. 3/5 des Abstandes zwischen Ende des Kargletschers und der oberen Eis-grenze im Kar) und der klimatischen Schneegrenze einige hundert Meter (an der Labra-dorküste 240 m) darüber. Kare sind in vielen früher vergletscherten Gebieten vorhanden, oft als einzige Form, die noch an eine Vereisung erinnert. Die meisten Kare liegen an Schat-tenhängen (nach Norden und Osten geneigte Hänge), die des letzten Glazials sind noch gut erhalten, die älterer Vereisungen mehr oder weniger stark von Bächen zerschnitten. Am Karausgang befindet sich oft eine niedrige Schwelle über die ein kleiner Kargletscher kroch.

In eisfrei gewordenen Karen aus dem letzten Glazial füllt oft ein See den tiefsten, abfluß-losen Teil, weil der niedrige Riegel am Karausgangs noch nicht zerschnitten ist; bei Karen aus älteren Glazialen ist er meist teilweise zerstört. Stellenweise reiht sich Kar an Kar und zerschneidet die Berghänge zu scharfen Graten. Fossile Kare geben Hinweise auf die unge-fähre Höhe der einstigen Schneegrenze: Das Verhältnis der Länge eines Kars und der Höhe des Gipfels der Rückwand über der Karlippe ist normal 2,8 und 3,2 zu 1 (EMBLETON & KING 1968:187; MANLEY 1959); in Teilen von Labrador ist das Verhältnis von 2,1 zu 1 (es sind vielleicht unreife Formen); in Jotunheim 2,8.

9.1.7
U-Tal

Viele Gletschertäler in Hochgebirgen haben einen charakteristischen Querschnitt in Form eines U, sodaß oft gefolgert wird, daß dies die typische Talerosionsform des Gletschereises sei. Zwar sind übersteilte Talflanken eine Folge der Gletschererosion, die flacheren Talbö-den vieler U-Täler aber durch hohe Aufschüttungen nach dem Gletscherrückzug gebildet. In großen alpinen U-Tälern sind diese Aufschüttungen bis mehrere hundert Meter mäch-tig; darunter verbergen sich gelegentlich enge Felsschluchten (KUHLE 1991:1).

Gletscher erodieren vorwiegend in die Breite; fluviatil entstandene V-Täler werden zu U-Tälern; aber U-Talformen sind kein Endstadium: der vorwiegend von Gletschern ge-formte Sogne-Fjord in Norwegen hat zwischen übersteilen Felswänden einen 1-2 km brei-ten mehr oder weniger ebenen Boden (HOLTEDAHL 1960:520), in dem als Folge unter-schiedlicher Gesteinsfestigkeit lokale Erhebungen und Vertiefungen bestehen. Außerhalb von Talwänden erodieren Gletscher flachwellige Ebenen.

9.1.8
Kerben- bzw. Rinnen-Erosion

Wo in schmalen Streifen unter Gletschern viel Wasser zur Verfügung steht, zum Beispiel im Bereich subglazialer Kanäle, oft unter Mittelmoränen, entstehen durch die besonders wirksame kombinierte Wasser/Eis-Erosion mehr oder weniger schmale Rinnen und Ker-

Abb. 86
Kare in Grönland.
(Foto 31.8.1989)

Abb. 87
McBride-Gletscher, Alaska;
rechts Kerbe im kristallinen
Felshang, entstanden durch
kombinierte Eis- und Wasser-
Erosion unter einer Mittel-
moräne.
(Foto 10.6.1986)

Abb. 88
In Eisfließrichtung zerbroche-
ner Rhyolithblock vor dem
zurückschmelzenden Fjalls-
Jökull, Island.
(Foto 10.8.1966)

ben. Unter der Mittelmoräne des McBride-Gletschers (Alaska) wurde während des neoglazialen Eismaximums (Abb. 87) in das kristalline Grundgebirge eine schmale Kerbe erodiert, die bis in die tiefsten schmalsten Stellen Eisschliff aufwies. Eine ähnliche Rinnenerosion fand unter dem Os des Münsterländer Kiessandzuges statt (Abb. 53, 54).

9.2
Moränen

9.2.1
Definition

Von Gletschern transportierter und abgelagerter Schutt wird seit Agassiz 1838 nach dem von Schweizer Bergbauern entlehnten Namen »moraine« genannt. Man versteht darunter zum einen das unmittelbar mit dem Gletscher im Zusammenhang stehende erdige Material in, unter und auf dem Eis, zum anderen das von Gletschern zurückgelassene erdige Sediment und seine Oberflächenformen. Die strenge Anwendung dieser Definition (Kap. 9.4) führt dazu, daß erdiges Material, von Gletscheroberflächen durch Schmelzwasser abgeschwemmt oder als Mure heruntergerutscht und am Gletscherrand liegen geblieben, nicht mehr unter den Begriff »Moräne« fällt, weil es zu allerletzt durch andere Transportmedien bewegt wurde.

Für fossile Gletscherablagerungen sind weitgehende genetische Unterscheidungen nicht praktikabel. Manchmal läßt sich in Grundmoränen eine Basismoräne und eine aus dem Eis ausgeschmolzene »Innenmoräne« unterscheiden. Im Englischen ist das Wort »moraine« vorwiegend für Landformen in Gebrauch und für Schutt auf dem Eis, während eine unverfestigte Grundmoräne als till oder drift, eine verfestigte (fossile) als tillit bezeichnet wird.

9.2.2
Geschiebe

Kleine und große Blöcke = Findlinge = erratische Blöcke = Erratiker von einigen Metern bis zu kleinen Steinen von wenigen cm Durchmesser sind wichtige Zeugen ehemaliger Vereisungen, insbesondere, wenn ihr Herkunftsgebiet bekannt ist, denn »die Verteilung der Geschiebe in den Grundmoränen ist erstarrte Gletscherbewegung« (EISSMANN 1986:122).

Unter großen Geschieben herrschen bei weitem kristalline vor, eine Folge ihrer größeren Zugfestigkeit. Geschiebe, die auf der Gletscheroberfläche transportiert werden, unterliegen keinem großen Stress und können – fast unversehrt – am Gletscherende abgesetzt werden. Blöcke, die an die Eisbasis geraten, werden geschliffen oder zerbrochen (Abb. 88). Die meisten Geschiebe aber wurden im Eis transportiert. Dort nimmt in der Nähe der

Gletscherbasis der Stress so stark zu, daß wenig widerstandsfähige Steine von Zugkräften, einem innereisischen »Sog« (Kap. 14.6.4), auseinandergerissen werden. Da kleinere Körper höheren Stress aushalten als große ist die Größe der Resttrümmer in etwa proportional der Höhe des Stresses, sodaß die dadurch bedingte Größenbegrenzung eine Größensortierung hervorruft. So wurden zum Beispiel locker verfestigte Sandsteine bis zu Sandkorngröße zerlegt (Abb. 89), Dolomite bis zu Würfeln von einigen Zentimetern Kantenlänge.

9.2.3
Herkunftsgebiete

Herkunftsgebiete der Geschiebe werden mittels Geschiebezählungen festgestellt. Für die Rekonstruktion der Eisströme des nordeuropäischen Inlandeises erlangten die kristallinen Ferngeschiebe besondere Bedeutung:

HESEMANN (1931, 1975 a, b) unterscheidet nach Herkunftsgebieten 1. ostfennoskandisch = ostbaltisch, 2. mittelschwedisch, 3. südschwedisch, 4. norwegisch.

Er charakterisiert den Geschiebeinhalt eines Fundpunktes, indem er die auf Zehnerprozente abgerundeten Geschiebemengen in der oben angegebenen Reihenfolge nebeneinander schreibt: So bedeutet z.B. Geschiebezahl 4321: 4 = 40% ostfennoskandisch, 3 = 30% mittelschwedisch, 2 = 20% südschwedisch, 1 = 10% Oslo-Gesteine, zusammen = hundert Prozent. Diese aus vier Ziffern bestehende HESEMANN-Zahl gibt, in Karten an den Fundstellen vermerkt, eine ziemlich anschauliche Übersicht über die Geschiebeverteilung eines Gebietes.

VAN DER LIJN 1941 und ZANDSTRA 1983,1987 bauten das Zählprinzip der Hesemann-Zahlen weiter aus; ZANDSTRA unterscheidet 10 verschiedene Herkunftsbereiche (Abb. 32). Einige besonders häufige Geschiebe seien erwähnt: Ostfennoskandisch: Aaland-Granit, -

Aplit und -Granitporphyr, Rapakivi, Roter Ostseequarzporphyr; Mittelschwedisch: Stockholm-Granit, Bredvad-Porphyr, Brauner Ostseequarzporphyr; Südschwedisch: Smaaland-Granit, Smaaland-Porhyr, Alö-Granit, Bornholm-Granit, Basalt, Hälleflint; Norwegisch, (Oslogesteine): Rhombenporphyr und (selten) Larvikit.

Wenn auch meist nur kristalline Geschiebe gezählt wurden, sind doch auch mannigfaltige sedimentäre Ferngeschiebe (HUCKE & VOIGT 1967) brauchbar.

Als weitere Klassifizierungsmethode der Grobgeschiebe schlug LÜTTIG 1959 die Errechnung des theoretischen Geschiebezentrums (TGZ) vor. Hierbei werden die Herkunftsgebiete der gezählten Geschiebe gemittelt. Das TGZ hat nichts mit dem ehemaligen Ausstrahlungspunkt der Eisströme zu tun, es ist lediglich ein theoretisch errechneter Mittelwert.

9.2.4
Lokalgeschiebe

Im Weserbergland fand SERAPHIM 1972:74 anhand lokaler Geschiebe u.a.: Dobergkalkmergel, Wiehengebirgsquarzit, Porta-, Osning-, Planicosta-, Schilf- und Rhätsandstein vier verschiedene Eisströme: Westsüntel-, Hamelner-, Porta- und Aue-Hunte-Gletscher. Gelegentlich gelingt die Identfizierung lokaler seltener Gesteinsvorkommen; zum Beispiel aus skandinavischen Meteoritenkratern (u.a. MEYER 1987).

Eine besondere Bedeutung haben kretazische Feuersteine (=Flint), da ihr Auftreten in Gebieten ohne Kreidesedimente oft als Beleg für die ehemalige Anwesenheit des nordischen Inlandeises gilt, wenn alle kristallinen Geschiebe schon verwittert sind. Die Südgrenze der Feuersteinverbreitung in Sachsen und Thüringen (»Feuersteinlinie«) bezeichnet die Grenze maximaler ehemaliger Inlandeisausbreitung. Weil bisher als größte und älteste Vereisung die des Elsterglazials angenommen wurde, gilt diese Grenze automatisch als elsterzeitlich. Unterschiedlicher Feuersteingehalt verschiedener Moränen wird ebenfalls zu Unterscheidungen benutzt.

9.2.5
Kleingeschiebeanalyse

Die oben beschriebene »Grobgeschiebestatistik« läßt sich nicht bei Moränenuntersuchungen im Material aus Bohrungen verwenden, weil darin zu wenig Grobgeschiebe vorkommen. Um die vielen in den letzten Jahrzehnten in Mitteldeutschland niedergebrachten Bohrungen für die Moränenstratigraphie nutzen zu können, wurde – insbesondere von CEPEK (1994:159) – die Kleingeschiebeanalyse der Fraktion 4-6 mm ausgearbeitet. Sie unterscheidet: Nordisches Kristallin (NK), paläozoische Kalksteine (PK), paläozoische Schiefer (PS), Dolomit (D), Flint (F), mesozoische Kalksteine (MK), Sandsteine und Quarzite (S), Quarz (Q), südliche Komponenten (Südl), Sonstige (So). Durch sie wurde eine weitgehende Untergliederung verschiedener Moränen in den dicht abgebohrten Gebieten Mitteldeutschlands innerhalb kleiner Bereiche möglich. Die Übertragung der Ergebnisse auf größere Gebiete macht aber Schwierigkeiten, weil innerhalb der Moränen die Kleingeschiebespektren sich ändern (LIPPSTREU 1994:181). Ferner ändern sich die Ergebnisse bei Verwendung anderer Korngrößen der gleichen Moränen, was ebenfalls Vergleiche erschwert.

9.3
Alpine Leitgeschiebe

Im alpinen Raum sind die Gletschereinzugsgebiete morphologisch besser zu unterscheiden, auch stehen mehr Geschiebe bekannter Herkunft zur Verfügung, sodaß die Geschiebeanalyse dort weniger Probleme aufwirft. Als Leitgeschiebe seien genannt: Silvretta-Gneis, Julier-Albula-Granit, Amphibolithe, Ophiolithe, Verrukano und Marmor, ferner zahlreiche nur in den Alpen auftretende Sedimentgesteine der verschiedenen Deckenfazies, u.a. Dolomite, Radiolarite (LABHART 1993). Mit ihrer Hilfe wurden Verlagerungen der Einzugsgebiete verschiedener großer Gletscher innerhalb verschiedener Glaziale, aber auch Verlagerungen der Eisscheiden innerhalb eines Glazials festgestellt.

9.4
Moränenarten

9.4.1
Fossile Reste

Die mannigfaltigen Unterscheidungen verschiedener Moränen an und auf lebenden Gletschern (s.u.) sind an fossilen Resten nur sehr eingeschränkt anwendbar. Man unterscheidet meist nur grob zwischen Stirnmoränen = Endmoränen (am Gletscherende), Flankenmoränen (an den Seiten) und Basismoränen (unter dem Gletscher). Wichtig sind End- und Flankenmoränen (meistens Wallrücken) zur Erkennung des Gletscherumrisses; sie erlauben Folgerungen auf Gletschergröße und Eisdynamik.

GRIPP 1975 unterteilte die Endmoränen nach dem Innenaufbau in Satzendmoränen, entstanden durch Absatz unsortierten Gesteinsschutts an stagnierenden Gletscherrändern und Stauchendmoränen (= Stauchwälle), entstanden durch Zusammenschieben des vor dem Gletscherrand liegenden teilweise geschichteten Materials. Endmoränen in Bergländern gehören meistens zum Typ der Satzendmoränen, doch enthalten sie nicht selten Stauchungsspuren.

Eine besondere Art erkannte SERAPHIM (1972) im Weserbergland: Anreicherungen grober Findlingsblöcke, denen das normalerweise in Moränen reichlich vertretene feinkörnigere Material fehlt: Sie entstanden durch Auswaschung vor den im Weserstausee liegenden Eisrändern.

Gelegentlich werden fossile Mittelmoränen erwähnt, wenn aufgrund bestimmter Lage oder Zusammensetzung angenommen wird, daß die so bezeichneten Reste im Bereich einer Grundmoräne aus einer ausgeschmolzenen Mittelmoräne stammen (u.a. SERAPHIM 1972). An rezenten Gletschern lassen sich aus Formen der an der Eisoberfläche sichtbaren Mittelmoränen wichtige Hinweise auf den Vorgang der Gletscherfließbewegung und auf die Gletscherstruktur gewinnen (s.Kap. 14.5.3).

9.4.2
Erscheinungsformen der Grundmoräne

Nach Abschmelzen eines Gletschers wird die unter ihm mitgeschleppte Basismoräne sichtbar, sie bildet zusammen mit dem aus dem Eis ausgeschmolzenen erdigen Sediment die Grundmoräne, die vorwiegend aus feinkörnigen Fragmenten besteht, denen kleinere und größere Steine und Blöcke (= Geschiebe) in ungeregelter Lage beigemischt sind.

Kalkhaltige Grundmoränen werden als Geschiebemergel, kalkfreie als Geschiebelehm, sandige, aber lehmfreie als Geschiebesand bezeichnet. Sie überziehen weite Landstriche, oft von jüngeren Sedimenten (u.a. Löß) bedeckt und stammen aus verschiedenen Glazialen; im Bereich jüngerer Vereisungen sind ältere Moränen weitgehend erodiert; übereinander liegende verschieden alte Grundmoränen selten, ihre Zugehörigkeit zu bestimmten Eisvorstößen oft spekulativ. Zur Unterscheidung werden Bodenbildungen herangezogen (STREMME 1981); die Moränenstratigraphie ergibt sich aus vielen verschiedenen Hinweisen sedimentärer Befunde und regionaler Kombinationen. Für den Norden Deutschlands hat STEPHAN(1987) eine Gliederung entworfen.

Der Sedimentinhalt erlaubt Schlüsse auf Herkunft und Gliederung der Eisströme; Grundmoränen großer Gletscher haben über Festgestein auf weite Entfernungen ziemlich gleichmäßige Zusammensetzung, über Lockergestein oft starke lokale Variationen, enthalten aber neben Material der näheren Umgebung eine charakteristische Mischung von Ferngeschieben.

Die Basis der Grundmoränen geht manchmal ohne scharfe Grenze in den Untergrund über, dessen obere Partien eine nach unten abnehmende Schleppung zeigen. In Bohrproben ist solches Grundmoränenmaterial kaum vom anstehenden Untergrund zu unterscheiden. Gelegentlich ist die Moränenbasis sehr scharf gegen den Untergrund abgesetzt, wenn die Grundmoräne vom Eis ein Stück mitgeschleppt wurde, erkennbar an Rillen in ihrer Unterfläche, die die Schleppungsrichtung anzeigen, manchmal ist sie durch die Schleppung in Linsen zerrissen.

Kuppige oder flachwellige Grundmoränenlandschaften werden stellenweise unterschieden, zeigen auch zahlreiche Übergänge, Altersunterschiede spielen oft eine Rolle: Kuppige

Landschaftsformen enthalten meist mehr Toteislöcher, Drumlins und Rundhöcker als flachwellige, welche stärker eingeebnet sind.

Unter Gletschern herrscht stellen- und zeitweise sowohl Erosion als auch Akkumulation. Die Ablagerung von Grundmoränen umfasst nur einen kleinen Zeitabschnitt innerhalb einer Gletscherbedeckung, meist kurz vor dem Ende.

Die unter der Eisbasis des Burroughs-Gletschers in Alaska gefundene Grundmoräne entstand erst während des Eisrückzuges, wie an der sich ändernden Orientierung der Gesteinsfragmente mit der Höhe in der Moräne festgestellt werden konnte. Sie ging konform mit den Änderungen der Fließrichtung des abschmelzenden Eises während des Freiwerdens der Nunataks (MICKELSON 1986:47-67 in zzAN) und entstand durch das Ausschmelzen der untersten Eislagen des Gletschers; seine etwa 3 m mächtige Basislage enthielt ca. 60-70% erdiges Material, vorwiegend Sand und Schluff mit einzelnen Geschieben, die meist Schliff aufwiesen. Die Grundmoräne zeigt Spuren der letzten Eisbewegung: kleine Scherflächen und Orientierung dreiachsiger Fragmente in Eisfließrichtung, aber keine des Ausschmelzens (HAM & MICKELSON 1994).

9.4.3
Moränengliederung an rezenten Gletschern
(u.a. DREIMANIS 1988, LUNDQUIST 1988)

Sie kann an fossilen nur teilweise angewendet werden: Vor der Gletscherstirn: Stirn- oder Endmoräne, an den Gletscherflanken Flankenmoräne, im ehemals gletscherbedeckten Gebiet Grundmoräne (sie enthält genetisch verschiedene Moränentypen); Schutt, der unter dem Eis bewegt und abgesetzt wird, ist eine Absatzmoräne (lodgement till = basal till), hierzu gehört der größte Teil der Grundmoränen; Schutt aus abschmelzendem Gletschereis unter und auf dem Eis = Ausschmelzmoräne (melt-out till), durch Sublimation von schuttreichem Eis = Sublimationsmoräne (SHAW 1988), Schutt der sich auf der abschmelzenden Gletscheroberfläche ansammelt = Ablationsmoräne = (ablation till) = Oberflächenmoräne = supraglacial till; vom Gletscher mitgeschlepptes bzw. gestauchtes Material = Sohlmoräne = Deformationsmoräne (deformation till), durch reine Scherung unter einem Gletscher zusammengeschobenes Sediment wird Schermoräne genannt (STEPHAN 1988:93).

Auf dem Gletscher ausgeschwemmtes Sediment = Fließmoräne (flow-till) ist im strengen Sinne keine Moräne, da letzter Transport durch Wasser erfolgt (GRIPP 1981b:211). Unter Wasser vom Gletscher abgelagert: Unterwassermoräne (waterlain till), er enthält Spuren subaquatischer Sedimentation, teilweise Sortierung, teilweise Schichtung – daher die Bezeichnung »Moräne« im strengen Sinne ebenfalls strittig.

Es gibt zwischen den genetischen Typen Übergänge. Schutt, unmittelbar vom Gletscher abgelagert = Primärmoräne (primary till), später umgelagert = Sekundärmoräne (secondary till). Fern-Moräne = Schutt aus größerer Ferne, Lokalmoräne = Schutt aus der Umgebung, Stauchmoräne = durch Gletscherschub zusammengeschobene, oft dachziegelartig aneinander gelegte Schollen in Grund- und Endmoränen = Stauchendmoräne (ABER 1988); Anhäufung von Gletscherschutt vor der Gletscherstirn = Satzendmoräne. (GRIPP 1974, 1975, 1979, GRUBE 1990).

9.5
Fluviatile Eisrandsedimente

9.5.1
Vor- und Nachschütt-Sand

Es gibt in Geologischen Karten die Begriffe Vorschüttsand und Nachschüttsand; den einen für Sandschichten unmittelbar unter, den anderen für Sandschichten unmittelbar auf der Grundmoräne. Diese Bezeichnung sagt nichts über die Beziehung der Sedimente zum Gletscher, der die Grundmoräne hinterließ, aus. Es können Sedimente verschiedener Genese sein.

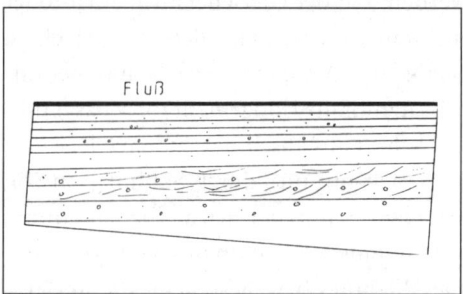

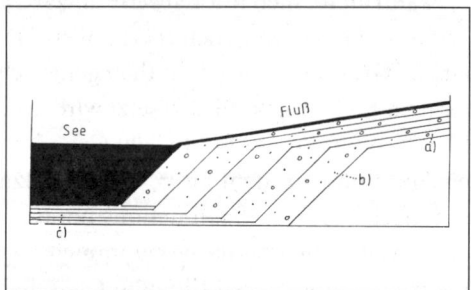

Abb. 90-92
Schichtungsarten glazifluviatiler und limnischer Eisrandsedimente, schematisch:

Abb. 90 o.
Sander (subärische Sand-Kies-Schichtung)
Abb. 91 o.r.
Deltaschichtung
Abb. 92 r.Eishöhlenschichtung

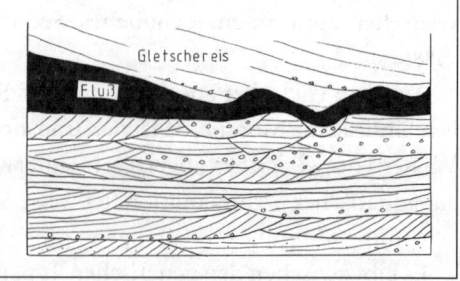

9.5.2
Sand- und Kies: subärisch, limnisch, subglazial

Infolge der mit Gletschern verbundenen Reliefenergie lagern Schmelzwasserströme in Gletschernähe meist gröberes Material= Sand und Kies ab. Da Schmelzwässer aber nicht nur an der Erdoberfläche, sondern auch in und unter dem Gletscher fließen, selbst wenn er in einem Stausee liegt, bilden sich Sand/Kies-Vorkommen sowohl in aufgeschütteten Sanderschwemmkegeln (subärisch,= Sander, Abb. 90), in steil einfallenden Deltaschichten am Rand von Stauseen (limnisch, Abb. 91) als auch in Kanälen unter Gletscherzungen (subglazial), die in Stauseen liegen (Abb. 92). Letztere werden hier »Eishöhlensedimente« genannt. Das unterschiedliche Entstehungsmilieu ist in größeren Aufschlüssen an Schichtungsunterschiedenu erkennbar.

9.6
Sander

Gestalt

Aus Gletschern an der Erdoberfläche austretendes Schmelzwasser lagert vor dem Eisrand subärisch seine Sedimentfracht wohlsortiert in Schwemmfächern (= Sander) ab. An der Austrittsstelle aus dem Gletscher = Sanderwurzel zuerst gröberes, nach außen feinerkörnigeres Material. Die Schichten sind meist geringmächtig, ganz gleich ob sie aus gröberkörnigen (Schotter) oder feinerkörnigen Fragmenten (Sand) bestehen, sie haben alle ungefähr das gleiche (schwache) Einfallen in die gleiche Richtung, Unter- und Obergrenzen ziemlich geradlinig; vorherrschend gerade gestreckte, gleichsinnig schwach geneigte Schichtgrenzen; meist ungefähr gleiche Mächtigkeiten und ähnliche Korngrößen (Gegensatz zur Eishöhlenschichtung).

Bei längerem Gletscherhalt werden 10-50 m mächtige Sanderschwemmkegel aufgebaut, die allmählich den Eisrand immer tiefer unter sich begraben. Diese Aufschüttung zwingt die aus dem Gletscher kommenden Flüsse, am Eisrand immer höher aufzusteigen, bevor sie frei auf dem Schwemmkegel ausfließen.

Weicht ein Gletscher vom Sandersaum zurück, entsteht zwischen Sanderwurzel und neuem Eisrand ein tieferes Abflußniveau, das aus dem Gletscher austretende Wasser sammelt sich in dieser Kerbe und erodiert eine Rinne in den Sanderschwemmkegel, sie öffnet sich talabwärts tricherförmig, von TROLL als »Trompetentälchen« bezeichnet. Bei fortgesetztem Eisrückzug können mehrere ineinandergeschachtelte Rinnen entstehen. Im Schichtaufbau der Sander ist meist nur das Näherkommen des Eisrandes dokumentiert: Zuunterst feinkörnigere, nach oben gröberkörnigere Schichten.

Gefrorene Sand- und Lehmbrocken

In Eisrandnähe werden eckige Sand- oder Lehmkörper häufig in gefrorenem Zustand »gefrorene Sedimentbrocken« eingebettet (Abb. 68).

Sandgänge

Stellenweise schneiden sandgefüllte Gangspalten von 10-50 cm Dicke und 10-30 m Länge mit relativ flachem Einfallen schräg durch die Sanderschichten. Das Aufreißen solcher Spalten wird durch den vom vorstoßenden Eis ausgehenden Streß in gefrorenen Sanderablagerungen verursacht; durchströmendes Schmelzwasser füllte sie mit Sand und Kies. Sie wurden in Sandern Schleswig-Holsteins und des Niederrheins (Abb. 65) beobachtet.

Sanderschürze

Der meist am Gefälle der Oberfläche erkennbare aus Kies und Sand bestehende Sanderschwemmkegel geht nach außen in eine kaum geneigte, vorwiegend aus Grobschluff und Feinsand bestehende Sanderschürze über. Mit diesem Übergang ändert sich auch die Form der Abflußrinnen. Sie bilden auf dem Kies-Sand-Schwemmkegel ein vernetztes, verwildertes Rinnensystem, auf der Sanderschürze mäandrierende Rinnen mit Uferwällen (MIALL 1984:168). Die Sanderschürze breitet sich oft wesentlich weiter aus als der Kies-Sand-Schwemmkegel.

Im Vorfeld des Tunsbergsdalsbreen (größte Gletscherzunge des Jostedalsbree in Norwegen) bildet er außerhalb des mehrere hundert Meter weit sich erstreckenden Sand-Kies-Schwemmkegels ein mehrere Kilometer weit reichendes sumpfiges Vorfeld mit ausgeprägten Uferwällen beiderseits der Schmelzwasserinne.

In den Niederrheinischen Sandern (Egelsberg, Bönninghardt) bilden die Sedimente der Sanderschürze eine leicht unterscheidbare ca. 0,5-1 m mächtige feinsandig-schluffige Schicht unter den jeweils ca. 10-20 cm mächtigen Sand- und Kieslagen des 5-20 m mächtigen Sanderschwemmkegels. Da die feinkörnigen Fragmente der Sanderschürze vorwiegend aus umgelagerten marinen tertiären und kretazischen Sedimenten bestehen, enthalten sie reichlich Glaukonit (Glaukonitsand in Abb. 65, 66).

Bortensander

An Eisrändern hochgestautes Wasser, das durch Endmoränenwälle sickert, lagert schlecht sortiertes Schuttmaterial am Moränenfuß ab; Im Gegensatz dazu werden normale Sander durch Schmelzwasserflüsse abgelagert, die in Kerben die Endmoränenwälle durchbrechen, sie haben geringeres Gefälle und bessere Sortierung als Bortensander. Aufgeschnittene Bortensander zeigen eine Verzahnung von unsortiertem Endmoränenmaterial mit mehr oder weniger sortiertem Bortensandermaterial (KUHLE 1991:169).

Wechsellagerungen subärischer und limnischer Sedimente

kommen bei steigendem Stauseespiegel vor. Hierzu gehören einige der von PILGER 1991 am Harzrand beschriebenen Vorkommen (Abb. 38); sie zeigen ein allmähliches Ansteigen des Stausees an, dessen Uferrand durch Aufschüttung von Schwemmkegeln mal ausgreift, mal bei steigendem Wasserstand zurückweicht.

Das Kiessandvorkommen am Piesberg bei Osnabrück (Abb. 49) zeigt im unteren Teil subärische Schmelzwassersedimentation, vermutlich auf Eis, im oberen Seesedimentation, darüber Grundmoräne.

9.7
Subglaziale Sedimentation: Eishöhlenschichtung

Sand/Kies-Sedimente in subglazialen Kanälen unter Gletscherenden = Eishöhlenschichtung (Abb. 92) entstehen unter vielen Gletschern, besonders bei Gletscherläufen, aber auch unter Gletschern, die in Stauseen liegen. Es sind Sedimente verhältnismäßig starker Wasserströmung, so gleichen ihre Korngrößen subärisch abgelagerten Sand/Kiesschichten, doch verrät ihr andersartiges Schichtungsgefüge subglaziale Entstehung: Sie zeigen ein welliges Auf und Ab der Schichtgrenzen bei allgemein horizontaler Anordnung, einen sehr krassen Wechsel gröberkörniger und feinerkörnigerer Lagen; stellenweise auch feinkörnige Sedimente (vorwiegend Schluff und Feinsand, seltener Tonlagen); zahlreiche Diskordanzen belegen wiederholten Wechsel von Sedimentation und Erosion; Fallsteine aus dem darüber befindlichen Eis (dropstones) und kleine Linsen aus Geröllmaterial verschiedener Korngrößen, manchmal mit vertikaler Sortierung (gradiert: unten grob darüber feinkörniger) kommen (nicht allzu häufig) vor. Dieser Sedimentationstyp findet sich auch in Osrücken.

Gletscher in Stauseen haben meist Bodenhaftung. Dort bilden Wasserzuflüsse von den Gletscherflanken Ströme in subglazialen Höhlen. Die Strömungsgeschwindigkeit wechselt mit Änderungen des Höhlenquerschnitts und Menge des Wasserzuflusses. Der Querschnitt der Durchflußröhre ändert sich infolge Eisschmelze, Deformation und Hebungen und Senkungen des Gletschers infolge von Wasserstandsschwankungen des Stausees. Der Wasserstand schwankt mit wechselnden Zuflußmengen in Tauwetter- und Frosttagen und Gletscherläufen. Die Häufigkeit krasser Sedimentationsänderungen ist unter kleineren Gletschern höher als unter größeren. Eishöhlenschichtung zeigen im Weserbergland Sand-Kies-Vorkommen »Auf dem Limberg«; bei Habighorst; Oldinghausen; südlich der Porta Westfalica (Abb. 47, 48) und bei Freden, in den Vogesen Stauseeablagerungen in Seitentälern des Moselgletschers (Abb. 78, 79).

9.8
Schema glazigener Formen und Sedimente
(GOLDTHWAIT 1989:270)

I) Direkt glazial = im Eiskontakt

A) Subglazial in Eisbewegungsrichtung unter höchst aktivem temperiertem Eis, geglättet durch Schutt an der Basis und durch basisnahes Eis mächtiger Gletscher: tief erodierte Felsböden: übertiefte Becken in Karen, U-Tälern, Fjorden, Gletscherseen; geschliffene Felsböden: weiche gerundete Formen, meist mit Striemung, in Feltaschen Moränenmaterial, u.a. Drumlins, Rundhöcker; gestriemtes Lockermaterial: subglaziales Moränenmaterial in elliptischen Hügeln (u.a. Drumlins) und Vertiefungen, durch Eiserosion geformt.

B) Subglazial quer zur Eisbewegungsrichtung orientiert oder ohne Orientierung: Subglaziale Moränenrücken: mehrere sichelförmig gebogen oder gerade parallele niedrige Rücken; hochgepresstes Moränenmaterial vermutlich nahe dem ehemaligen Eisrand; Grundmoräne: unebene sanfte bis hügelige Bedeckung mit vorwiegend subglazial abgesetztem teilweise auch supraglazialem Moränenmaterial.

C) Landformen des Eisrandes: Endmoränen von langsam sich bewegendem Gletschereis, höher als angrenzende Grundmoräne, senkrecht zur Eisbewegung; Schutt der Eisoberfläche, Satz- und Stauch-Endmoränen oder Geschiebegürtel, Kamemoräne. Flankenmoränen: Parallel zum zentralen Eisstrom, scharfe Rücken mit Blöcken, oft wechselnd Moränenmaterial und Grobkies, Einbiegungen in den Abhängen durch mehrere Gletscheranschwellungen, an Hängen nach Rückschmelzung glaziale unbewachsene Zone unter begrünter; andere Moränen verschiedener Entstehung: durch Ablation, Schutt in Gletscherspalten, Eisschub, usw.

II) Indirekt glazial durch Schmelzwasser entstanden oder beeinflußt

A) Subglaziales Schmelzwasser: Erosion der Gletscherbasis, basale Wassererosion: Tunnel-Täler, Gletschermühlen, glazialer Kanal, der in einem Kamefeld oder Os endet, Os-Systeme: Sedimentrücken in Tunnels oder in Eisspalten.

B) Eisrandnahes Schmelzwasser: im Eiskontakt, aber subärisch durch sommerliche Eisschmelze in Becken und Rinnen auf zusammensinkendem oder zurückweichendem Eis, Rinnen in Berghängen: durch Eisrandfluß auf Berghängen, Kame-Felder: unregelmäßige kurze Rücken (glazialer Karst), vorwiegend Sand, aber auch Kies; Mühlen-Kame unter ehemaliger Gletschermühle in Eisrandnähe; Kame-Plateau oft von Seesedimenten bedeckt mit steilem Eiskontakt und Kollapsstrukturen, Kame-Delta: meist steile Seite zum Eiskontakt, Deltaschichtung.

C) Randglaziales Schmelzwasser: glaziofluviale, glaziolakustrine und glaziomarine (u.a. BORMS 1988) wohlsortierte geschichtete Sedimente auf früherer terrestrischer Landtopographie, in Fels oder Moränenmaterial zerschnittene Topographie: schmale Schmelzwasserschluchten, breite Schmelzwassertäler, Urstromtäler.

Glaziofluviatil: Auswaschungsmaterial; Sanderschwemmkegel, Sanderebene, manchmal mit zahlreichen Löchern (durch nachträglich ausgeschmolzenes Toteis), Sanderterrassen.

Glaziolakustrin: Seen am Eisrand, meist vom Schmelzwasser genährt, Seesedimente vorwiegend aus Schluff und Ton, Eisranddelta, subaquatische Sedimentation, lakustrine Strandlinien, ebene Seeböden mit Warvensedimenten.

Glaziomarin: Soweit wie Sedimentation im Meer von Gletschern beeinflußt, vorwiegend Schluff, Ton, Feinsand, oft in Wechselschichtung, Seeboden eben, mächtige Schluff-Ton - Lagen mit Linsen von subaquatischem Moränenmaterial, selten marine Fossilien, Dropstones, Eisbergrillen.

10 Periglazial

10.1
Definition, Grenzen

Bereich mit kaltem Klima ohne Gletscher; umfasst Formen und Prozesse »im Umkreis der Gletscher« bzw. »in gletscherfreien, kalten Regionen« (WEISE 1983, BOARDMAN 1987, HARRIS 1988). Grenzen: einerseits ziemlich scharf gegen Gletschereis, zu wärmeren Zonen unscharf. Hierzu gehören von polaren zu mittleren Breiten die Zonen vegetationslosen Frostschutts, waldloser Tundren und Teile des borealen Waldes und die entsprechende Höhengliederung alpiner Gebirge (KARTE 1979, 1990, WEISE 1983).

Im engeren Sinne versteht man unter diesem Begriff Formungsvorgänge durch Frost und die von ihnen hinterlassenen Spuren. Im weiteren Sinne gehören dazu auch Wirkungen des Windes (Kap. 11), des stehenden (Kap. 12) und fließenden Wassers (Kap. 13); doch kann man bei diesen oft nicht deutlich zwischen kaltzeitlichen und warmzeitlichen unterscheiden.

Die zunächst meist wenig sichtbaren Frostwirkungen auf den festen Untergrund erhalten durch unzählige Wiederholung der Gefrier- und Tauvorgänge ihr Gepräge; sie werden in wasserreichen »frostempfindlichen« (d.h. insbesondere Schluff und Feinsand enthaltenden) Böden besonders gut erkennbar. Manche dieser Prozesse sind auch außerhalb der eigentlichen Periglazialzone, in gemäßigten Klimabereichen wirksam: u.a. Gefrieren und Auftauen oberflächennaher Schichten, zeitweise Bodenversiegelung durch Frost, Frostsprengung, Bildung von Kammeis und Eislinsen, Vereisung von Seen und Flüssen (u.a. EMBLETON & KING 1975, WASHBURN 1979).

Die Periglazialzone umfasste in den Kaltzeiten den gesamten deutschen Raum, soweit er nicht unter Eis lag (Abb. 11); die heutige Landschaft wurde durch periglaziale Erosionsvorgänge in etwa einem Dutzend Glazialen nachhaltig geformt, an Sedimenten blieben vorwiegend nur solche des letzten erhalten.

10.2
Frostwirkungen im Locker- und Festgestein

10.2.1
Winterfrostböden

Als Winterfrostboden bezeichnet man Böden, die für Wochen und Monate gefroren sind. Der Frost dringt mit unregelmäßiger Front in die Erde ein, wobei unterschiedliche Wärmeleitfähigkeit und Wassergehalt eine Rolle spielen. Je nach Temperatur und Länge der Frostdauer erreicht die Frostfront Tiefen um 0,5-2m. In schluffigem Untergrund wachsen Eislinsen, die den Boden zu Frostbeulen aufwerfen; dies wird besonders in Strassendecken sichtbar, deren Untergrund nicht frostfest gemacht wurde (Kap. 15). Bei Tauwetter bilden sich wochenlang flache Seen durch Wasserstau auf nur langsam tauenden Frostböden. Ebene Flächen werden durch wiederholte Frostperioden bucklig.

Eine besondere Form von Frostbeulen treten in strengen Wintern auf Wattflächen auf, sie stehen im Zusammenhang mit kleinen Prielrinnen; die Aufbeulungen zeigen radialstrahlige Spaltenbildung (PILGER 1950:139).

10.2.2
Kammeis – Nadeleis – pipkrake

Bei Frost wachsen auf nassen Böden, oft an Bachrändern, dicht gescharte dünne Eisstengel bis zu einigen cm Höhe senkrecht zur Erdoberfläche (an geneigten Hängen also schräg) auf. Meist tragen sie auf ihrer Oberfläche gefrorene Erdkrümel oder Steine, während ihre Basis auf wassergesättigtem ungefrorenem Boden steht, der den Nachschub an Eis liefert. Friert die Basis ebenfalls, das geschieht u.a. bei nachlassendem Wassernachschub oder stärkerem Frost, hört das Wachsen der Eisnadeln aus; es bildet sich manchmal einige Zentimeter tiefer eine neue Kammeisschicht. So können mehrere Kammeislagen übereinander entstehen, jeweils durch geringmächtige gefrorene erdige Lagen oder Steine getrennt. Beim Tauen sinkt die gehobene Erde senkrecht nach unten, an geneigten Hängen tritt dadurch eine Bodenverlagerung hangabwärts ein.

10.2.3
Frostsprengung

Die Volumvergrößerung durch das Gefrieren des Wassers beträgt nur 9% des Wasservolumens, doch genügt dies, um Gesteine, in die auf Fugen und Klüften Wasser eindringen konnte, durch mehrmaligen Frostwechsel in grob- und feinstückigen Frostschutt zu zerle-

Abb. 93
Frostverwitterung: zu Grus
zerfrorene Rhyolithsteine
zwischen frostfesten Basalt-
blöcken, Island.
(Foto 13.8.1960)

gen (Abb. 93). Auch das Abstürzen gefrorener oberflächennaher Bereiche steiler Lehmbö-
schungen bei Tauwetter wird hierdurch verursacht. Durch mehrere Frostwechsel werden
steile Böschungen aus Lockergestein rasch verschüttet.

10.2.4
Frostschutt

besteht aus eckigen Fragmenten unterschiedlicher Größe. Er entsteht durch Frostsprengung, bei der gefrierendes Wasser eine erhebliche Rolle spielt. Auch wenn er durch keine
Transportvorgänge sortiert wurde und noch auf dem Ursprungsgestein liegt, besitzt er
meist eine Größenzunahme nach unten, weil die Häufigkeit der Frostwechsel und damit
die Ursache der Frostzerlegung mit der Tiefe abnimmt.

Frostschutt ist locker gelagert; in seinen Hohlräumen kann sich leicht Wasser bewegen,
oft hat es schluffig-toniges Material eingeschwemmt. Berghänge tragen über dem Festgestein meist eine Lockerdecke aus Frostschutt und lehmigem Material. Ist sie vorwiegend
grobkörnig, wird sie als Hangschutt, ist sie vorwiegend feinkörnig als Hanglehm bezeichnet. Meist geht der dem Festgestein aufliegende Hangschutt nach oben in eine Hanglehm-
schicht über. Auf Hangfüßen ermöglichen lehmreichere und lehmärmere Zonen eine zeitliche Gliederung (HINZE et.al. 1989:88 f.).

10.2.5
Frosthebung

Bodenwasser verursacht durch die Ausdehnung beim Gefrieren eine leichte Bodenanhe-
bung; sie wird in frostempfindlichen Böden (schluffhaltigen) durch Wachsen von Eiskristallen, die ständig Wasser anziehen und Eislinsen bilden, beträchtlich verstärkt. Diese
Ausdehnung führt dazu, daß im Kontakt miteinander liegende Kornfragmente voneinan-

Abb. 94
Buckelwiesen bei
Djupvashytta, Norwegen.
(Foto 15.8.1965)

Abb. 95 l.
Steinpolygone

Abb. 96 r.
Steinstreifen

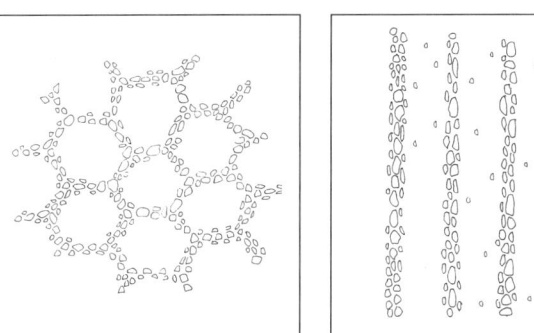

der getrennt werden; bei Tauen macht sich dies als eine weitgehende Auflockerung bemerkbar, die die Tragfähigkeit der Böden fast ganz aufheben kann.

10.2.6
Auffrieren von Steinen

Das Auffrieren von Steinen ist eine der auffälligsten Frostwirkungen: Die in den Boden vordringende Gefrierfront hebt durch die Ausdehnung des zu Eis gefrierenden Bodenwassers den Boden an, mit ihm angefrorene Steine, die nach unten noch in den nicht gefrorenen Boden ragen. Dadurch entsteht unter ihnen ein Hohlraum, in dem Eiskristalle wachsen und den Stein nach oben schieben. Beim Auftauen wandert die Auftaufront von oben nach unten. Der aufgetaute Feinboden sinkt nach unten, während der auf noch gefrorenem Sockel sitzende Stein nicht sinken kann; wenn der Tauvorgang beendet ist, liegt der Stein etwas höher als vorher. Pro Gefriervorgang beträgt der Hub mehrere Millimeter bis Zentimeter, sodaß die Steine verhältnismäßig rasch nach oben wandern; quer liegende stengelige Steine werden hierbei in die Vertikale aufgerichtet. An der Oberfläche täuschen Steinansammlungen steinigen Untergrund vor, obwohl manchmal unter dünner Steindecke steinfreier Sand oder Schluff liegt; unter bestimmten Umständen werden die Steine zu Strukturböden geordnet.

Steinsohle

Eine dünne Lage mit angereicherten gröberen Steinen wird als Steinsohle bezeichnet. Oft ist sie der letzte Rest eines mächtigeren Sediments, dessen feinkörnigere Teile erodiert wurden, oft auch entsteht sie durch Auffrieren des Steingehalts eines feinkörnigen Sediments (u.a. Meyer 1986).

10.2.7
Buckelwiesen – Erdbülten – isl. Thufur

Auf nassen Wiesen bilden sich in den nördlicheren Gebieten Europas (u.a. Schottland, Island, Norwegen und in höheren Bergen Mitteleuropas) durch Frostwechsel im Laufe weniger Jahre dicht gedrängt nebeneinander stehende steile etwa halbkugelförmige Buckel von 30-60 cm Höhe und ca. 0,5 bis 1 m Durchmesser (Abb. 94). Ihre Form entsteht vorwiegend durch üppigeres Pflanzenwachstum in den trockeneren Buckeln gegenüber den nasseren Zwischenräumen. Manchmal wird als Kern der Bulten eine Aufwölbung des mineralischen Bodensubstrates genannt (KARTE 1979:46), eine solche ist aber nicht immer erkennbar; manche Bulten entstehen nur durch unterschiedlich starkes Pflanzenwachstum (SCHUNKE 1988). Zu diesem Typ dürften die von HABRICH (1968) beschriebenen Vegetationshökker der Ellesmere-Insel gehören.

Abb. 97
Schema zur Entstehung von Strukturböden ohne (A) und mit (B) Spaltenbildung. (KARTE 1979:61, Abb.9)

Abb. 98
Steinstreifen;
a AHLMANN 1936:10, Fig.4;
b SCHENK 1955:172 in WEISE 1983:62;
c Raleigh-Benard-Konvektionszellen als angebliche Ursache für Steinstreifen (WARBURTON 1987:164, Abb. 14.1).

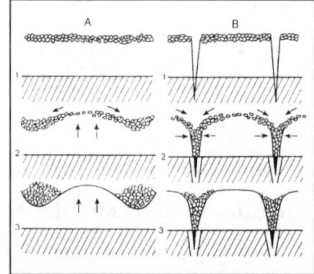

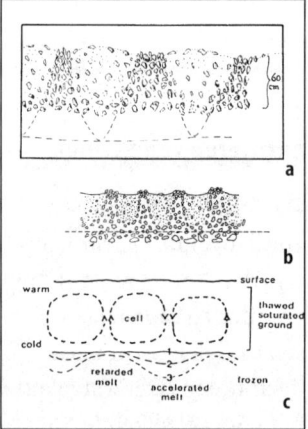

Abb. 99
Auftauender Eisboden,
Talböschung am Aldan,
Jakutien.
(Foto 25.7.1982)

10.2.8
Strukturböden

bestehen auf ebenen Oberflächen aus meist fünf- bis sechseckigen Steinnetzen (Steinpolygone Abb. 95) oder Steinringen, an geneigten Hängen aus Steinstreifen in Gefällsrichtung
(Abb. 96, u.a. Akerman 1987). Steinnetze bzw. -Streifen bilden sich auf der Oberfläche (Abb.
97), der Untergrund ist oft mehr oder weniger steinfrei, weil Frosthebung alle Steine an die
Oberfläche beförderte.

Über den Mechanismus ihrer Entstehung gehen die Meinungen auseinander. Er hängt
mit den durch wiederholtes Gefrieren und Auftauen verursachten vertikalen und lateralen
Bewegungen der Bodenteilchen zusammen. In einer Computersimulation konnten WER-
NER & HALLET 1993 die Entstehung von Steinstreifen durch wiederholte Bildung von
Nadeleis nachahmen.

Brodeltheorie

In einigen modernen Abhandlungen über Strukturbodenbildung werden noch »Brodelbe-
wegungen« als Ursache erwähnt. Diese Vorstellung beruht wohl auf einer Fehlinterpretati-
on der (nicht sichtbaren) Tiefenfortsetzung der Bodenstrukturen (Abb. 98). Die Brodeltheorie erklärt die Entstehung der Steinringe, Steinnetze und Steinstreifen und Sinktöpfe
durch vertikale kreisförmige Bodenbewegungen entsprechend den Raleigh-Benard-Konvektionszellen im kochenden Wasser. Sie stellt Zusammenhänge zwischen Größe der Struk-
turformen und Größe der hypothetischen Konvektionszellen her und würde, falls ihre
Voraussetzungen zutreffen, Voraussagen über Eigenschaften des Untergrundes ermöglichen
(WARBURTON 1987, KRANTZ 1990). Solche Konvektionszellen sind in den schwer beweg-
lichen Bodensubstraten nie beobachtet worden.

Die als Beleg gezeigten Skizzen Abb. 98 a und b stellen keinen Gleichgewichtszustand
frostbewegter Bodenprofile dar, wie er nach vielfachem Frostwechsel zu erwarten wäre,

Abb. 100 oben
Frostboden in SE-Spitzbergen:
1 = Permafrostfront = Grenze
des Auftaubodens,
2 = Grobschuttbeete,
4 = Feinerdekerne,
5 und 6 = älterer Auftauboden,
7 = Eisrinde, 8 = Übergang zum
ungestörten Anstehenden.
(BÜDEL 1977:59)

Abb. 101 rechts
Verteilung des Permafrosts auf
der Nordhalbkugel.
(aus KUHN 1990:46 nach T.
PEWE (1986): Zeitschr. für
Gletscherkunde und Glazialgeologie 22:89-95)

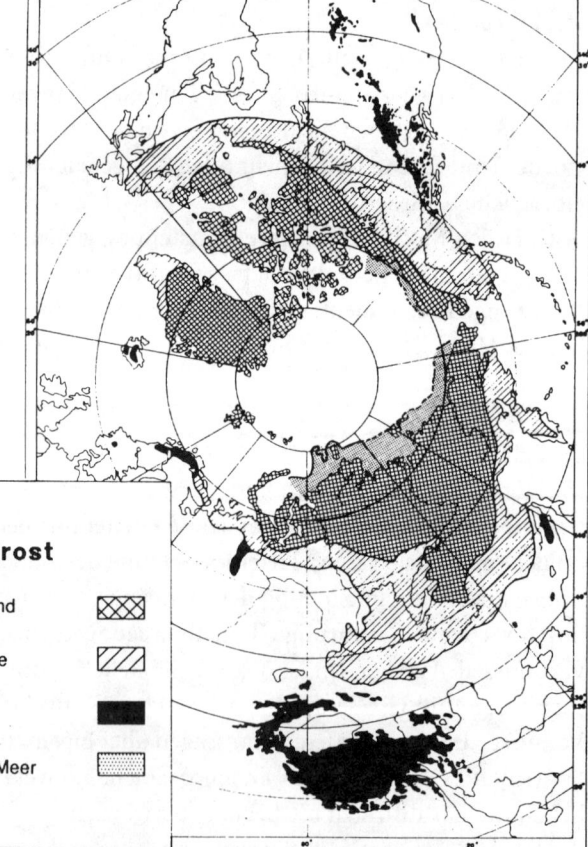

Permafrost

durchgehend

stellenweise

im Gebirge

unter dem Meer

sondern eine sehr labile Anordnung der Steinbereiche, die schon nach wenigen Frostwechseln durch Frosthebung sich verändert haben würden: Die schräg nach außen einfallenden Grenzflächen der Steinkegel würden durch Frosthebung der einzelnen Steine rasch aufgelöst. Nach außen geneigte stabile Grenzflächen kommen in Frostböden nur an Einsinkformen vor und bestehen aus feinkörnigem Material, nicht aus Geröll. Das wirkliche Einfallen einer stabilen Grenzschicht zwischen Feinboden und groben Steinen in einer Auftauschicht ist in Abb. 100 dargestellt: senkrecht bis überhängend; dort kann Frosthub keinen Stein nach oben befördern.

10.3
Permafrost – Dauerfrostboden – ewige Gefrornis

10.3.1
Definition, Verbreitung

Nach einer älteren Definition gilt ein Lockerboden oder Fels, dessen Temperatur länger als zwei Jahre (manchmal viele Jahrzehntausende) etwas weniger als 0 °C beträgt, als Permafrostboden (Abb. 101). Es gibt aber Böden, die bei Temperaturen knapp unter 0 °C noch nicht gefroren sind, weil sie stark mineralisiertes Wasser enthalten. Um ungefrorene aus dem Begriff Permafrostboden auszuschließen, wird nicht die Bodentemperatur, sondern das Vorhandensein von Eis als Kriterium für Permafrost angesehen.

Permafrost bildet sich bei Jahresmitteltemperaturen der Luft unter -6 °C bis -8 °C. Er ist in den Ländern um das nördliche Eismeer verbreitet, reicht in Nordkanada, Alaska und Nordsibirien verhältnismäßig weit nach Süden. Man unterscheidet eine nördlichere Zone zusammenhängenden Permafrosts und eine südlichere mit Permafrostinseln zwischen ungefrorenen Bodenbereichen (Abb. 101).

Der dauernd gefrorene Boden reicht Zehner bis hunderte von Metern tief. Unter ihm befindet sich wasserhaltiger nie gefrorener Niefrostboden = Talik. Stellenweise kommen Linsen von Talik auch innerhalb des Dauerfrostbodens vor. Permafrost ist heute in den Tiefländern Mitteleuropas nicht mehr vorhanden, in den Hochgebirgen aber bewahrt er vielleicht manchen Felsstock vor dem Absturz.

10.3.2
Aktive Schicht = Tauaktive Schicht

Im Sommer taut nur der obere Teil des gefrorenen Bodens wieder auf; er friert im nächsten Winter bis auf den noch vorhandenen Frostboden durch. Die Winterkälte dringt wieder in den Permafrostboden ein, der während des Sommers in der Nähe der Oberfläche Tautemperaturen erreicht hatte. Wiederholte Frost- und Tau-Perioden führen zu nachhaltigen

Änderungen der Bodenstruktur: Entfernung der groben Steine durch Frosthebung bis zu einer Tiefe von ca. 0,5-1m, Bildung von ungeordneten sowie geordneten Steinbedeckungen, den Strukturböden. Durch wiederholtes Frieren und Tauen entstehen Änderungen des Porenvolumens, des Wassergehaltes und der Dichten. Das führt zu Massenverlagerungen, die charakteristische Bodenstrukturen verursachen. Deshalb wird die Auftauzone als aktive Schicht = tauaktive Schicht bezeichnet (STÄBLEIN 1977:273).

Die in der Literatur auch benutzte Bezeichnung »Mollisol« (u.a. KARTE 1979:23; MARTINI et.al. 1990:583, CATT 1992:117) ist in der amerikanischen Nomenklatur Bodentypen vorbehalten und hat nicht die Bedeutung »aktive Schicht«.

Mit dem Gefrieren der aktiven Schicht ist Frosthebung und Absonderung reinen Eises in Nestern und Linsen verbunden. Tiefe des Frostbodens und Tiefe der Auftauschicht sind nicht nur von klimatischen sondern auch von Milieufaktoren wie Bodenart (Wärmeleitfähigkeit) und Bewachsung abhängig. KARTE (1979:25) gibt als Anhaltspunkte folgende Werte: In der Frostschutzzone ohne Vegetationsbedeckung: 0,3-0,8 m, in der Tundrenzone: Plateaus mit Torfmooren 0,3-0,4 m, Plateaus mit Decklehmen, bewachsen, 0,5-1,0 m, vernäßte Talauen 0,8-1,2 m; in der Waldtundra: Torfmoore 0,3-0,5 m, Lärchenwald auf lehmigem Substrat 0,8-1,5 m, Lärchenwald mit guter Entwässerung 2,0 m.

Das Auftauen im Frühling geschieht einseitig – von der Oberfläche nach unten – und verhältnismäßig rasch: Mehr als 3/4 des Auftaubodens sind in den ersten 4-5 Wochen mit Lufttemperaturen über 0 °C aufgetaut. Starker Schneefall verzögert das Auftauen und verhindert starkes Gefrieren. Das herbstliche Gefrieren geschieht zweiseitig: Von der Oberfläche nach unten und von der Auftaugrenze des Dauerfrostbodens nach oben.

Das winterliche Durchfrieren dauert länger als das frühsommerliche Auftauen: In Inuvik beginnt das Zufrieren Ende September und endet Mitte Dezember (KARTE 1979). Während des größten Teils dieser Zeit bleibt der Boden unter ungefähr isothermalen Bedingungen in der Nähe von 0 °C. Das lange Verweilen der Temperatur der Auftauschicht in der Nähe des Schmelzpunktes nennt man den »Null-Grad-Vorhang« (»zero curtain«), er entsteht durch den großen latenten Schmelzwärmevorrat des Wassers, der erst verbraucht werden muß, bevor die Temperatur unter 0 °C sinken kann. Anfangs verläuft der Gefrierprozess langsam, in den letzten noch ungefrorenen unteren Bodenbereichen aber rasch, weil diese während des Einfrierens teilweise entwässert wurden.

Auch in gefrorenen Böden ist bei Bodentemperaturen dicht unter dem Gefrierpunkt ein Teil des Wassers noch flüssig und fließt (FRENCH 1987, 1988:46). Bei einer Bodentemperatur von -1 °C sind noch ca. 40 % des Wassers flüssig. Dadurch ist weiteres Wachsen der Eislinsen möglich. Beim Gefrieren wandert das Wasser von unten in den oberen Teil der aktiven Schicht zur Gefrierfront, beim Tauvorgang sickert es zusammen mit inzwischen gefallenem Niederschlag nach unten. Es ergibt sich eine bleibende Eisanreicherung im obersten Teil des dauernd gefrorenen Bodens unter der aktiven Schicht, der während der Tauperiode Auftautemperatur erreicht, von BÜDEL (1969) »Eisrinde« genannt.

Abb. 102
Thermokarst
im Yukongebiet.
(Foto 12.8.1972)

In frostempfindlichen (schluffreichen) Mineralböden) kann die Eisanreicherung das Volumen des Mineralbodens übersteigen und eine beträchtliche Hebung der Bodenoberfläche um mehrere Meter verursachen (u.a. HARRY 1988).

10.3.3
Thermokarst

Nach langjährigem Tauen (durch Waldrodung, Klimaänderung usw.) sinkt die durch Eislinsen angereicherte und gehobene Bodenschicht ein. Zunächst entstehen flache Mulden, in denen sich Wasser sammelt. Da Wasser die Wärme besser speichert als Luft, beschleunigt es den Tauvorgang; es bilden sich Seen, deren Steilufer Spuren andauernden Einsinkens zeigen: Risse an der Steilkante, schräg zum See geneigte Bäume (Abb. 102). Man nennt diese Erscheinungen »Thermokarst« (WEISE 1983). Sie sind typisch für auftauende schluffreiche Schichten von einigen Metern und mehr Mächtigkeit.

10.3.4
Bodenfließen = Solifluktion

An geneigten Hängen kriecht aufgetauter Boden abwärts, an seiner meist von Gras bewachsenen Oberfläche entstehen Fließwülste (nicht fossil überliefert), im Innern bilden sich Fließstrukturen (fossil überliefert, Abb. 103-110), mit Übereinanderschichtungen, kleinen Verwerfungen, Schuppen, Fließfalten, »Verknäuelungen«, bei vorwiegendem Schieferschutt kleine Knick-Falten; an Hängen sind die oberen Lagen abwärts gebogen = Hakenschlagen. Solifluktion bewirkt eine weitflächige sehr wirksame Abtragung des periglazialen Reliefs (LEWKOWITCZ 1988).

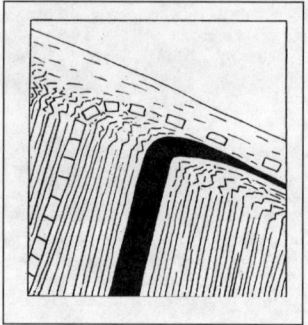

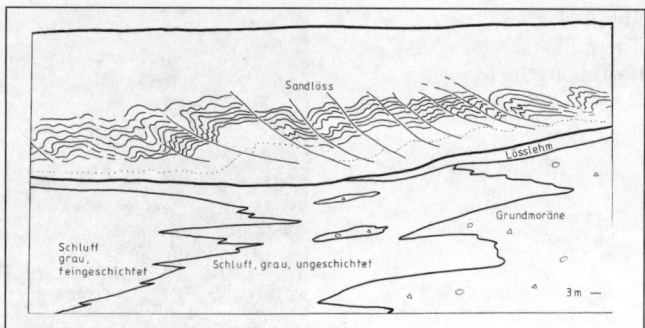

Abb. 103
Solifluktion: auskeilendes
Steinkohleflöz in Essen, Ruhr.

Abb. 104
Solifluktion im Sandlöss,
Bochum, Hauptbahnhof.

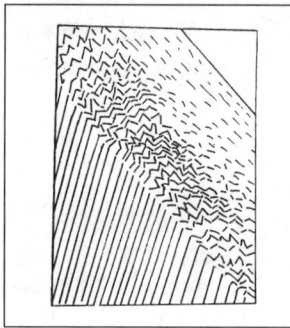

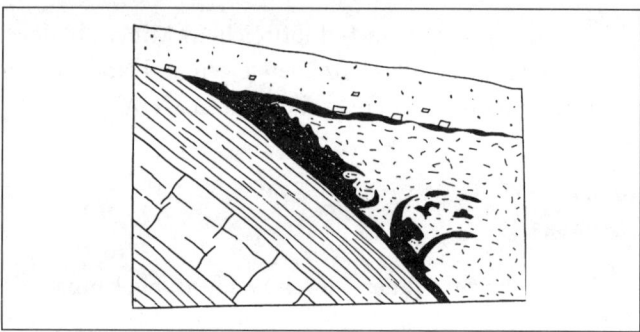

Abb. 105
Solifluktion: steilstehende
Fredeburger Schiefer, Sauer-
land.

Abb. 106
Solifluktion: auskeilendes
Steinkohleflöz südlich
Eschweiler, Eifel.

Abb. 107
Sinktopf in Unterer Mittelterrasse, Krefeld,
Niederrhein.(Foto 11.4.1961)

Abb. 108
Sinktopf im Schmelzwassersander,
Bönninghardt, Niederrhein.(Foto 20.9.1982)

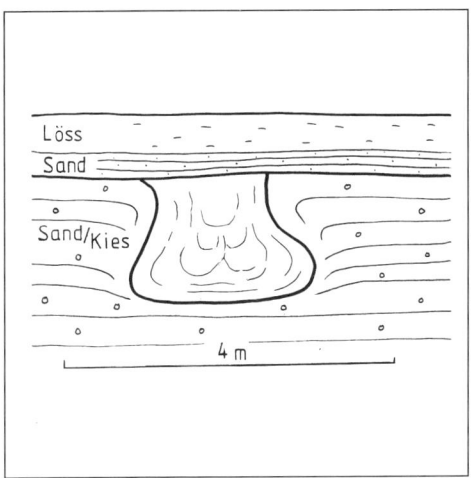

Abb. 109
Sinktopf, schematisch.

Abb. 110
Kryoturbation: häufige
Bodenstrukturen.(EISSMANN 1994:117)

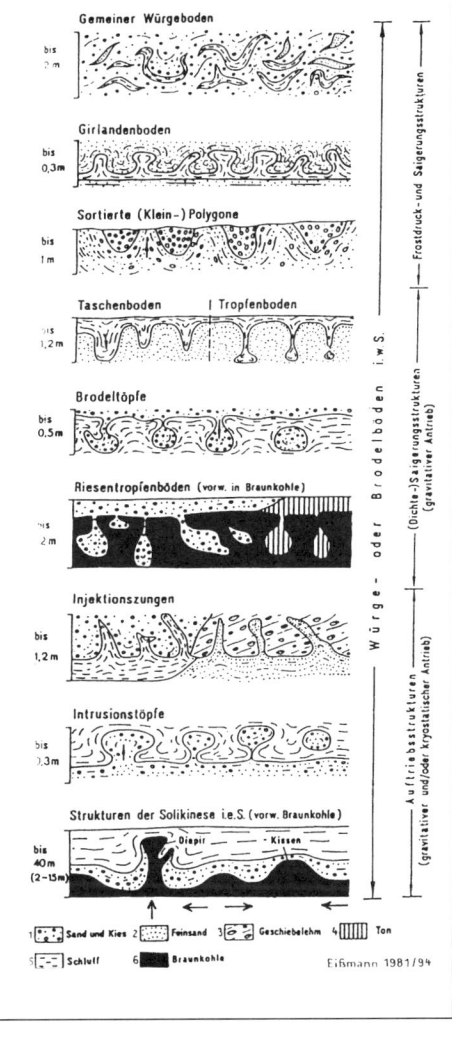

Die an Hängen abwärts gekrochenen Substrate, ob grob, fein oder gemischt werden als »Fließerde« bezeichnet. Dieser in geologischen Karten verwendete Begriff (HINZE et.al. 1989:95) sagt zu wenig über die Bodenart aus; wünschenswert für praktische Auswertungen sind zusätzliche Angaben, zum Beispiel, ob geflossener Hanglehm, Grundmoräne, Seeschluffe usw.

10.3.5
Kryoturbationen

Als Kryoturbationen bzw. Schichtverwürgungen bezeichnet man Deformationen oberflächennaher Bodenschichten, die durch den Wechsel zwischen Auftauen und Gefrieren in der aktiven Zone entstanden. Es sind wellige Schichtverbiegungen aus guirlandenartig aneinander gereihten nach unten konvexen Bögen = Girlandenböden, bei stärkerer Deformierung stark verknäulte zwiebelschalig angeordnete, nach unten konvexe Sinkformen (Abb. 107-110). Ihr Auftreten ist an »nasse« flachmuldige Oberflächenformen mit feinkörnigen (vorwiegend schluffigen und feinsandigen) Sedimenten gebunden, der Grad der »Verknäulung« von Bodenart und Lokalklima beeinflußt. Kryoturbationen scheinen im nördlichen Deutschland häufiger und dichter zu sein als im südlichen.

Neben Zeichen seitlichen Ausweichens und vertikaler Sinkbewegungen wurden in Schluff-Feinsand-Wechsellagen der Emscherniederung schmale vertikale Sandröhren gefunden, deren Schichtränder aufwärts geschleppt waren; sie zeigen lokales Aufwärtsfließen von Wasser an, wie es bei der Bildung von Frost- und Eishügeln stattfindet.

10.3.6
Sinktaschen = Sinktöpfe

Oberflächennahes Material sinkt bei Tauvorgängen in den aufgelockerten Untergrund und bildet sackförmige Taschen von ca. 0,5-3m Durchmesser und 1-2 m Tiefe (Abb. 107- 110). Auf niederrheinischen Terrassen besteht die Sackfüllung vorwiegend aus schluffig-tonigsandigem Material (Lehm) mit krassen roten braunen und weißen Verwitterungsfarben einer warmzeitlichen Verwitterung, an den Flanken sind oft die Ränder benachbarter Sand- und Kiesschichten herabgebogen. In Sinktöpfen sind Reste früherer Deckschichten, die auf der Oberfläche erodiert sind, konserviert.

Das Einsinken konnte nur unter kaltzeitlichen Bedingungen stattfinden; an der Einsinktiefe (1,5-2 m) wird die ehemalige Tiefe der Auftauschicht über Permafrostboden erkennbar. Die auf der Terrasse neben und über den Sinktaschen liegenden schwach geschichteten Decksedimente aus Sand und Löß sind jüngeren Ursprungs, sie enthalten eine holozäne Bodenbildung. Die Sinktöpfe werden auch mit dem von der »Brodeltheorie« (Abb. 98c) abgeleiteten Namen »Brodeltopf« bezeichnet.

Manchmal bilden sich kugelige Sinkformen; sehr schön ausgebildete finden sich in mächtigen feinkörnigen weißen kretazischen Sanden bei Haltern im Münsterland; diese »Tropfenböden« bestehen aus lehmigem Material mit Durchmessern zwischen 5 und über 20 cm, oft ist die Sinkspur als dünner Lehmfaden erhalten.

Abb. 111
Eiskeil, Yukongebiet.
(Foto 13.8.1972)

Abb. 112
Eiskeilnetz in Grönland. (Luft-
bild des Geodädisk Institut,
Kopenhagen vom 15.7.1950)

10.3.7
Frostspalten

Zwar dehnt sich wasserhaltiger Boden beim Gefrieren aus, ist er aber gefroren, unterliegt
er, wie jeder feste Körper, bei weiterer Abkühlung der Zusammenziehung. Da weite Bo-
denflächen zusammenhängend gefroren sind, äußert sich die Raumverkürzung in stati-
stisch verteilten Zerrungsrissen. Zuerst bilden sich zwei-, drei- oder mehrstrahlige Spal-
tensterne, sie wachsen bei anhaltender Kälte zu einem Spaltennetz zusammen. Es ist ein
ähnlicher Vorgang wie bei der Bildung von Trockenrissen in tonigen Böden.

10.3.8
Eiskeile

In die Frostspalten wird Schnee oder Sand (Sandkeile) geweht, in Tauperioden füllen sie
sich mit Wasser, das sofort zu Eiskeilen (Abb. 111-115) gefriert. Bei wiederholten Frostvor-
gängen vergrößern sich die Spalten, im sommerlichen Tauwetter verschwinden sie im oberen Bodenbereich, der breiartig aufgetauten aktiven Zone. Im nächsten Winter bilden sie
sich erneut an gleicher Stelle, die durch den unter der Auftauzone im Permafrostboden noch
erhaltenen Eiskeil festgelegt ist. Eiskeile bleiben in den nicht bindigen Lockergesteinen Sand
und Kies schmal, in bindigen, besonders schluffreichen, wird ihr oberes Ende über 1 m breit
(u.a. AKERMAN 1987).

 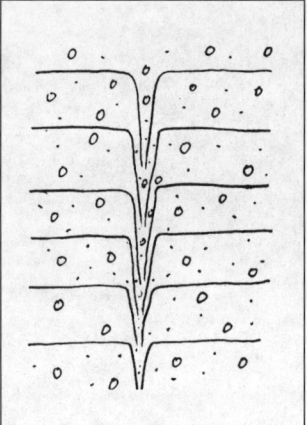 

Abb. 113
Eiskeile am Aldan, Sibirien.
(Foto 25.7.1982)

Abb. 114
Eiskeilpseudomorphose,
schematisch.

Abb. 115
Eiskeilpseudomorphose in
jüngerer Niederterrasse südlich
Duisburg. (Foto 11.10.1983)

10.3.9
Spaltennetze

Wiederholte Spaltenbildung führt zur Ausbildung von Spaltennetzen mit deutlichen Rand-
wällen entlang den Grenzen der Spalten. Größe der Spaltennetze und Tiefe und Breite der
Spalten hängen u.a. von der Dauer und Größe der Kälte, der Häufigkeit der Kältewechsel
und der Bodenart ab. Eiskeile erreichen über 10 m Tiefe; Spaltennetze haben Durchmesser
von einigen Zentimetern bis mehreren Metern (Abb. 112).

Die von Spalten umgrenzten Erdschollen = Polygone durchlaufen im Frost- und Tau-
wechsel Phasen der Aufwölbung und des Zurücksinkens. Vielfache Frostwechsel haben die
Spalten verbreitert. Ihre Eisfüllung taut an der Oberfläche rascher als die Polygone, so entstehen Vertiefungen über dem Eiskeilnetz, dort sammelt sich Wasser, das den Tauvorgang
verstärkt. Beim Wiedergefrieren verlängert sich der Eiskeil wieder bis zur Oberfläche. An
den Grenzen der Eiskeile kommt es zu Auspressungen schlammigen Bodenmaterials, das
entlang den Polygongrenzen niedrige Wälle bildet.

Wird das Klima wärmer, schmelzen die Keile von oben, breiartiges Bodenmaterial sinkt
in dem Maße ein, wie das Eis auftaut. Es entstehen Pseudomorphosen nach Eiskeilen aus
eingesunkenem Bodenmaterial. Manchmal sind die an den Eiskeil grenzenden Schichten
verbogen, eine Folge seitlicher Sink- und Pressungsvorgänge.

Eiskeile sind Zeichen kalten Klimas. Es charakterisiert die Kälte des letzten Abschnitts
des Weichselglazials, der jüngeren Tundrenzeit vor 11 900-10 700 Jahren, daß in trockengefallenen Rinnen auf der Rheinniederterrasse sich Eiskeile bildeten (Abb. 115).

Abb. 116
Palsa am Dempster Highway,
Yukongebiet. (Foto 15.8.1972)

In den in niederrheinischen Terrassen häufigen Lehmtaschen, meist als Sinktöpfe (Abb. 108) gedeutet, sehen GOLTE & HEINE (1974) angeschnittene Rieseneiskeilnetze, die mit Aufpressungen benachbarter Schotter den Riesenpolygonen heutiger arktischer Gebiete gleichen. KLOSTERMANN & DASSEL 1987 vermuten die Bildung solcher Taschen über aktiven tektonischen Störungen bei Weeze. Fossile Eiskeilnetze sind an unterschiedlichem Pflanzenwachstum oft erkennbar (u.a. CHRISTENSEN 1973).

10.4
Frosthügel

Ebene Oberflächen auf Lockergestein werden durch Frostvorgänge bucklig, hierbei spielt die Höhe des Schluffanteils eine Rolle. Der Vorgang hängt mit unterschiedlicher Korngrößenverteilung und Eindringgeschwindigkeit der Gefrierfront, Frostdehnung und Wasseranziehung durch wachsende Eiskristalle zusammen. Kleine Formen, etwa im cm- und dcm-Bereich, lassen sich in permafrostfreien Gebieten der gemäßigten Klimazone beobachten.

Im Periglazialgebiet entstehen wesentlich größere. Je nach der Genese unterscheidet man: Jahreszeiten-Frosthügel, Palsas und Pingos. Teilweise spielt Grundwasserinjektion eine Rolle (KARTE 1979:51, Akerman 1987, POLLARD 1988).

10.4.1
Jahreszeiten-Frosthügel – Eishügel – Frostbeulen

entstehen im Winter durch Grundwasserinjektion aus dem noch nicht gefrorenen tieferen Teil der aktiven Schicht unter dem Druck, der durch fortschreitendes Einfrieren erzeugt wird. Wenn das unter Druck stehende Wasser an die Oberfläche durchbricht, bildet sich ein Hügel aus reinem Eis, friert es unter der Oberfläche, bildet sich ein Eiskern, der die

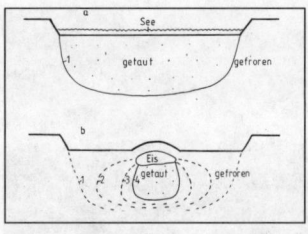

Abb. 117
Entstehung eines Pingos des
geschlossenen Systems aus
einer Tautasche (Schema).

Abb. 118
Pingo des geschlossenen
Systems in Yakutien.
(Foto 27.7.1982)

Oberfläche anhebt. Eishügel wachsen schnell, manchmal 0,5 m/Tag und sind von kurzer
Dauer: wenige Monate bis einige Jahre. Die Hügel werden ca. 1-3 m Meter hoch, haben
Durchmesser bis ca. 10 m (KARTE 1979:51, POLLARD 1988:208).

10.4.2
Palsa (Plural: Palsas)

In Torfmooren entstehen an Stellen, an denen die Gefrierfront rascher vordringt, ovale
Frosthügel von meist 0,5 bis 1,5 m Höhe und ca. 5-20 m Länge (Abb. 116). Der wassergesät-
tigte Untergrund liefert Nachschub für die sich bildenden Eislinsen, sie heben die decken-

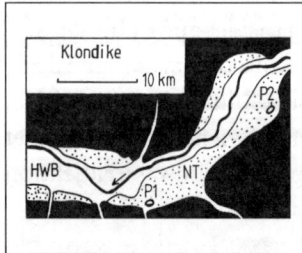

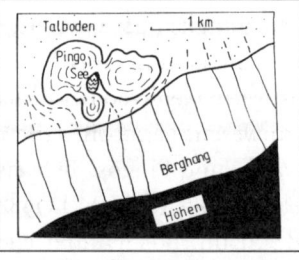

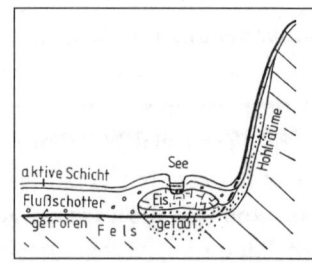

Abb. 119
Pingos des offenen Systems
(P1, P2) am Klondike,
Yukongebiet;
schwarz = Bergland,
NT = Niederterrasse,
HWB = Hochwasserbett.

Abb. 120
Pingo des offenen Systems
(P1 aus Abb. 119).

Abb. 121
Hypothetischer Schnitt durch
Pingo des offenen Systems.

Abb. 122
Pingo P1 mit See.
(Foto 17.8.1972)

de Torfschicht an. Gewöhnlich treten Palsas in Gruppen auf. Der aus reinem Eis bestehende Kern enthält eine durch Gefrierintervalle entstandene Schichtung. Die über dem Eiskern hochragenden Torflagen trocknen aus und werden vom Wind zerstreut. Es wurden Palsahöhen bis 7 m in einem 3 m dicken Torfpaket gefunden. Es gibt auch außerhalb der Torfmoore ähnliche Formen, die ebenfalls zu den Palsas gerechnet werden (SEPPÄLÄ 1988:265 u.271).

Palsas gehören zum Formenbereich des Permafrostbodens, ihre äquatorwärtige Verbreitungsgrenze korreliert in Nordskandinavien mit der -2 °C bis -3 °C, in Nordamerika mit 0 °C Jahresisotherme (LUNDQUIST 1962, 1966 und ZOLTAI 1971 in KARTE 1979:53); bei Blanc-Sablon, Quebec wurden Palsas bei einer durchschnittlichen jährlichen Lufttemperatur von +0,6 °C, also südlich der Grenze des Permafrostes gefunden (DIONNE 1984a).

10.4.3
Pingos

sind isoliert stehende verhältnismäßig große Hügel mit erdigem Mantel und einem Eiskern. Sie entstehen durch Aufsteigen von Wasser unter Druck, das unter der Erdoberfläche zu Eis erstarrt und unter Bildung eines Eishügels die deckende Bodenschicht anhebt. In aufgeschnittenen Eiskernen ist Schichtung erkennbar, vermutlich Jahresschichtung (Mackay in WILLIAMS & SMITH 1989). Bei punktförmigem Wasserauftrieb entstehen rundliche, bei flächenhaftem (kommt bei großen Pingos vor) komplexe Hügelformen. Ist der Wassernachschub in seiner Menge begrenzt, entstehen Pingos des geschlossenen, ist er unbegrenzt solche des offenen (Wasserversorgungs-) Systems:

10.4.4
Pingo des geschlossenen Systems

Er bezieht sein Wasser aus einer Linse ungefrorenen Erdreichs (=Talik), die nach den Seiten und nach unten von wasserundurchlässigem Material umschlossen ist. Meist verursacht Permafrost die Undurchlässigkeit, bei manchen Pingos wird aber auch eine undurchlässige Gesteinsschicht als Basis vermutet. Aus der in ihrem Volumen begrenzten Linse ungefrorenen Erdreichs wird beim allmählichen Zufrieren das durch die Volumvermehrung des Eises überschüssige Wasser nach oben ausgepreßt (Abb. 117, 118). Solange der Nachschub anhält, vergrößert sich die Eislinse; der Vorgang kann in Tauperioden (Sommer) unterbrochen sein und setzt sich in Frostperioden (Winter) fort bis die ganze Linse ungefrorenen Erdreichs (Talik) durchgefroren ist.

Pingos des geschlossenen Systems erreichen Höhen um 5-20 m und Durchmesser um 30-80; sie sind verhältnismäßig häufig auf ebenen Talsohlen und Küstenebenen. In Yakutien bilden sich Pingos des geschlossenen Systems auf Rodungsflächen, wo fehlender Baumschatten zunächst das Auftauen des Permafrostes begünstigte, das zur Bildung von Seen (Thermokarst) führte. Nach dem Auslaufen solcher Seen begann von der Oberfläche her erneut die Bildung von Permafrost, allmähliches Zufrieren der Tautasche veranlaßte die Pingobildung.

10.4.5
Pingo des offenen Systems

Er entsteht über Quellen, deren Zuflußwege trotz Permafrost nicht zufrieren, die also über unbegrenzte Zeiträume immer wieder Wasser liefern: Es sind meist Hangfußquellen, deren unterirdische Zuflußwege, soweit sie sich im Permafrostbereich befinden, offen bleiben, weil sie nach der sommerlichen Wasserlieferung leerlaufen (Abb. 119-122).

Bei einsetzendem Winterfrost leiten Kanäle noch lange Zeit Wasser an die in einigen Metern Tiefe befindliche Gefrierfront des Pingoeises, das sich durch Anwachsen einer wei-

Abb. 123
Blautopf bei Ulm vor ca.
12 000 Jahren und heute.

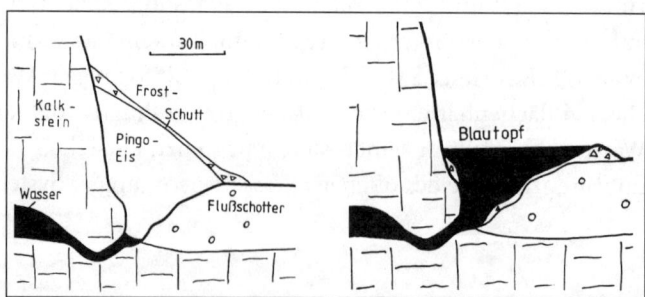

teren Eisschicht an seiner Basis verdickt. Der bis mehrere Meter mächtige gefrorene Ober-
boden wölbt sich zu einem Hügel auf, der oft einen Krater im Zentrum hat, in dem sich
manchmal ein See bildet. Bei der während des Sommers sich fortsetzenden Wasserlieferung
kann der Pingoeiskern angeschmolzen werden, vielleicht wird dadurch auch die Bildung
der Seen beeinflußt. Spalten an Pingohängen zeigen eine Andauer von Bodenbewegungen.
Pingodurchmesser erreichen 50 bis ca. 1000 m, Höhen ca. 30 m (u.a. HUGHES 1969, PIS-
SART 1988).

10.4.6
Palsas und Pingos: Unterschiede und Gemeinsamkeiten
haben gemeinsam: Eisbildung in wassergesättigtem Untergrund an der Gefrierfront. Sie
unterscheiden sich dadurch, daß Palsa-Bildung in Bereichen ohne gespanntes Grundwasser, Pingobildung dagegen in Bereichen mit hydrostatischem Überdruck durch aufdringen-
des Quellwasser vor sich geht. Eisbildung erfolgt durch die Kältewellen des Winters an der
Basis der Eiskerne; die neu entstehende Eisschicht hebt den bestehenden Eiskern an, sie
enthält gelegentlich erdige Bestandteile. Jede Eisschicht besteht aus dicht aneinandergren-
zenden senkrecht zur Gefrierfront wachsenden stengeligen Eiskristallen, wie sie sich auch
bei Kammeis oder in Seeeisdecken bilden. Die Oberfläche der Eiskerne wird in Sommer-
perioden angeschmolzen, im Eiskern wandern die Eisschichten nach oben.

10.4.7
Fossile Spuren von Frosthügeln

Im mitteleuropäischen Periglazialgebiet dürften an vielen Stellen Frosthügel bestanden
haben. Der einst vom Eiskern eingenommene Hohlraum ist zugeschüttet oder vermoort,
die durch Herabrutschen erdiger Deckschichten von den Eishügelflanken entstandenen
Erdwälle eingeebnet. Als Reste werden kreisrunde bis ovale Moortümpel beschrieben, wobei niedrige Randwälle als Indiz für herabgerutschte Deckschichten dienen: in den Niederlanden (MAARLEVELD 1965), Ardennen (MÜCKENHAUSEN 1960, PISSART 1983, 1987)
Niederrhein (SCHNEIDER 1970), Rhein-Maingebiet (BRÜNING 1972), Schlewig-Holstein
(PICARD 1961), England, Frankreich (GANS 1990:306 f.). Sie dürften vorwiegend durch
Pingos des geschlossenen Sytems entstanden sein.

   Pingos des offenen Systems entstanden vermutlich über zahlreichen Quellaustritten an
Hangfüßen in Mittelgebirgstälern. Im zentralen Yukongebiet identifizierte HUGHES (1969)
463 aktive Pingos, darunter 460 vom Typ des offenen Systems. Besonders geeignet sind
Quellen, deren Einzugsgebiet vom Bodenfrost nicht oder nicht vollständig erfaßt wird.
Hierzu zählen Karstquellen, insbesondere aus Höhlen, die entweder unter die Permafrost-
grenze reichen oder – innerhalb des Permafrostbereichs – nach frühommerlichem Wasser-
durchfluß trocken fallen und deshalb nicht zufrieren.

Abb. 124
Regelmäßige Erosionskerben (Baydjarakhs) in
tertiären Sanden und Kiesen, Aldan.
(Foto 25.7.1982)

Abb. 125
regelmäßige Kerbung in untercambrischen
Kalken bei Lenskye Stolby, Lena, Sibirien.
(Foto 28.7.1982)

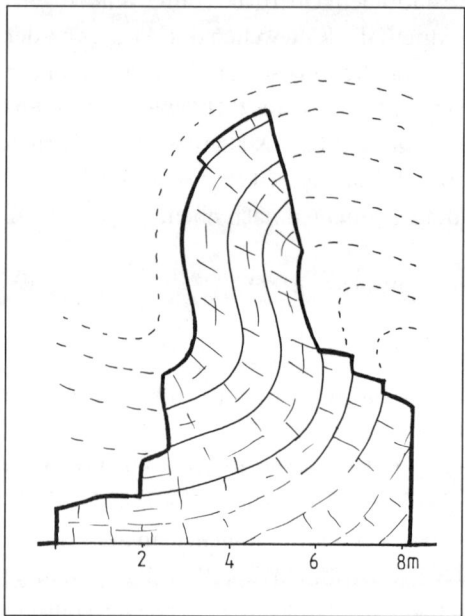

Abb. 126
Klippe (Kaiserfelsen).

Abb. 127
Klippe (Kaiserfelsen) im Kalltal; Nordeifel.
(Foto 15.7.1977)

   Der Teich des Blautopfes bei Blaubeuren (Ulm) liegt vermutlich im Hohlraum des Eis-
kerns eines Pingos vom offenen System: Er hat die Form eines sich stark ausweitenden
Trichters, dessen oberer Durchmesser ca. 35 x 32 m, seine Tiefe ca. 35 m beträgt (VILLIN-
GER 1987): Der Trichter liegt unmittelbar am Steilhang eines früheren Donautals, seine
Nord- und Westwand grenzt an festen Jurakalkstein (Malm), Süd- und Osthang an die ca.

30 m mächtige Talfüllung. Diese besteht von unten nach oben aus Donauschottern, Auenmergel und Schottern von Schmiech und Ach. In den Blautopf mündet ein kilometerlan-
ges Höhlensystem (HASENMAYER 1984, 1986). Daß dieser Teich nicht vermoort ist, liegt
offensichtlich an dem aus dem Blautopf ausfließenden Wasser, im Mittel 2,3 m³/s (VILLIN-
GER 1987).

Man nimmt an, daß Freispülen aus der Höhle den Trichter während der Aufschüttung
des Donautals freigehalten hat. Doch ist eine dafür ausreichende Wassergeschwindigkeit
in dem sich nach oben erweiternden Trichter schwer vorstellbar, zumal in Glazialen die
Talakkumulation zeitweise sehr groß, der Zufluß aus dem Höhlensystem infolge des Permafrosts sehr klein war. Auch sind in der wasserliefernden Höhle Schluffe sedimentiert
(HASENMAYER 1986), Zeichen relativ geringer Durchflußgeschwindigkeit.

Noch in der jüngeren Tundrenzeit bestanden die klimatischen Voraussetzungen zur Pingobildung, im Blautopf auch die technischen durch geringen Wassernachschub aus einer
Höhle. Das Auftauen (erst) am Ende des letzten Glazials verhinderte eine Zuschwemmung
des Quelltrichters, weil kein Hochwasser hinein gelangte: Er ist gegen die Talsohle durch
einen Wall von ca. 3 Metern Höhe (VILLINGER 1987) aus Hangschutt und Versturzböden
(KELLER 1963) abgeschirmt (Abb. 123).

Sehr große Pingokomplexe, ähnlich P1 (Abb. 120) bildeten sich vermutlich über Karstquellen wie Rhume (Harzrandgebiet), Urspring und Achurspring (Schelklingen, Schwäbische Alb). Die ehemalige Tiefe der jährlichen Auftauschicht (aktive Zone) ist aus dem Tief-
gang der Kryoturbationen und an der plattgedrückten Basis mancher Sinktöpfe ersichtlich. Kein Merkmal läßt die ehemalige Tiefe des Permafrostes, die ohnehin nicht konstant
war, erkennen. Indirekte Anzeichen für Permafrost im Festgestein sind vielleicht Auflocke-
rungen der Gipfelregionen höherer Berglagen, die sich durch größere Wasseraufnahmefä-
higkeit bemerkbar machen (THOME 1993).

Abb. 129
Vermutliche Reste eines
fossilen Blockgletschers im
Sauerland.
(THOME 1981a:Abb. 18)

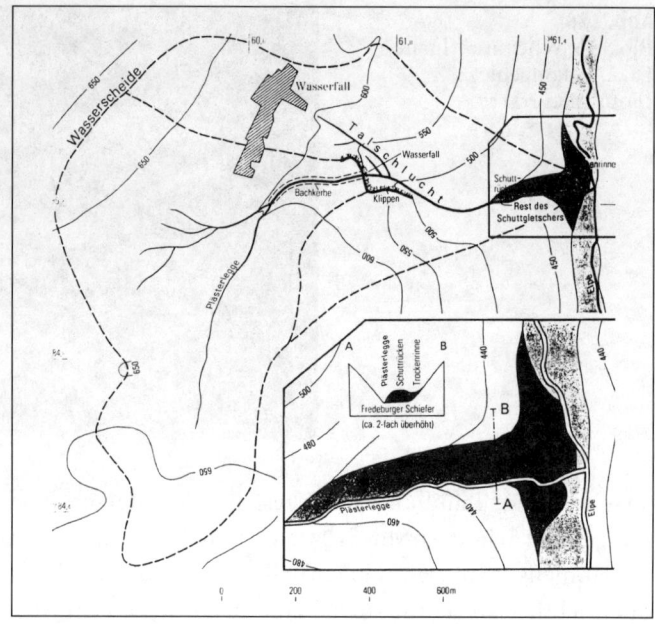

10.5
Besondere Hangformungen

10.5.1
Gleichmäßige Hangkerbung bei Permafrost

Gegensatz: Steilhänge von Tälern in permafrostfreien Gebieten sind durch unregelmäßig verteilte Kerben, Nischen usw. zerschnitten; die Unregelmäßigkeit dieser Zerschneidung entsteht durch stark wechselnde Geteinsfestigkeit gegenüber der Abtragung infolge innerer Zerlegung an Klüften, Spalten, Schichtfugen, Störungszonen. Nur Hänge aus homogenen Gesteinen zeigen gleichmäßig verteilte Erosionrinnen (z.B. Vulkankegel) und fast alle festen und lockeren Geteine der Permafrostgebiete, weil Permafrost die strukturell bedingten Festigkeitsunterchiede weitgehend aufhebt. Dort untergliedern Erosionrinnen die Hänge in auffällig gleichmäßigen Abständen, ganz gleich, ob sie aus gefrorenem Locker- oder Felsgestein bestehen:

Anschauliche Beipiele zeigen Steilhänge aus gefrorenen tertiären Seeablagerungen am Aldanufer, als Baydjarakhs bezeichnet (Abb. 124) und irrtümlich als Ausschmelzformen von Eiskeilen gedeutet (CZUDEK & DEMEK in WASHBURN 1980:270). Ähnliche regelmäßige Hangzerschneidungen kommen am Lenaufer in mesozoischen Kalkmergeln und kambrischen festen Kalksteinen vor (Abb. 125); regelmäßige Hangzerschneidung verursachte auch die Entstehung der »spitzen Bergkegel« in Spitzbergen.

Abb. 130
Kryoplanationsterrassen,
Taylor-Highway, Yukongebiet.
(Foto 13.8.1972)

10.5.2
Klippen

entstehen durch selektive Abtragung in verschiedenen Klimazonen. Frostwechsel bewirken eine Selektion nach dem Wassergehalt: Gut entwässerte Gesteine sind widerstandsfähiger als schlecht drainierte; so entstehen Klippen in steil stehenden Schichten asymmetrischer Faltenschenkel, während die gleichen Gesteine bei flacher Lagerung zerstört werden (Abb. 126, 127). Auch Gesteine aus frostfestem Material (Basalte, Keratophyre, Quarzitbänke usw.) bilden Klippen. Aber auch schräg gestellte unverfestigte Kiesbänke in niederrheinischen Stauchwällen ragen unter lehmigem Solifluktionsschutt höher als benachbarte Sandschichten und können Kanten bilden. Es ist auch hier die bessere Drainage, die eine höhere Frostfestigkeit und damit Abtragungsfestigkeit verleiht.

Besonders groß sind Klippen aus wollsackverwittertem Granit, ihre Entstehung soll in präquartäre Zeiten zurückreichen (u.a. WEISE 1983).

10.5.3
Nivation

Schneeflecken überdauern in muldigen Geländeformen längere Zeit die allgemeine Schneeschmelze. Aus dieser Beobachtung entstand die Vermutung, daß Schneemulden durch eine vom Schnee ausgehende Erosion (= Nivation) entstanden seien. Als Ursache wurde Anfeuchtung vermutet, weil feuchte Gesteine leichter der Frostsprengung unterliegen. Aber der Untergrund eines Schneeflecks ist besser gegen Frostsprengung geschützt als die schneefreie Umgebung.

Gelegentlich wurden am unteren Rand geneigter Schneeflecken kleine Erdwälle beobachtet, entstanden durch erdiges Material, das über den vereisten Schnee herunterrutschte oder durch Sackungen des Schnees zusammengeschoben war, das schien eine aktive Erosion durch den Schneefleck zu bestätigen. Da Schnee aber auch in anderweitig entstandenen Mulden länger liegen bleibt, weil Mulden bessser vor warmem Wind und Sonneneinstrahlung schützen, wird eine bevorzugte Muldenbildung durch Nivation angezweifelt. THORN (1988:4) empfiehlt, diesen Begriff aufzugeben. Wird der Begriff allerdings weiter gefaßt, daß zum Beispiel Schneesammelmulden, die sich zu Karen entwickeln, auch darunter verstanden werden, hat er seine Berechtigung.

10.5.4
Kryoplanation

Selektive Frostzerstörung ist vom Wassergehalt abhängig; an vernäßten Stellen flachgeneigter Hänge bildet verstärkte Frostzerstörung Stufen. Die dadurch eintretende Versteilung verstärkt die Vernässung der Stufenfüße, sodaß steilere Geländekanten entstehen, die durch Frostverwitterung langsam hangaufwärts zurückverlegt werden. Auf größeren flachgeneigten Hängen entwickeln sich mehrere Stufen übereinander (Abb. 130). Die Stufen bewirken eine Verflachung der Oberflächenneigung außerhalb der Stufenkanten (PRIENITZ 1988).

10.6
Blockgletscher – Rockglacier – Schuttgletscher

sind vorwiegend aus Gesteinsschutt bestehende Massen, die an Berghängen in Hochgebirgen unterhalb der Schneegrenze zungenartig abwärts kriechen. Sie sind kleiner als Eisgletscher: ca. 5 bis 100 m breit, 10-400 m lang, größere Blockgletscher tragen charakteristische Wülste aus flachen konvexen Bögen auf dem Zungenende (Abb. 128). Die Bewegung der Schuttmassen wird durch Eis in den Zwischenräumen der Gesteinsfragmente ermöglicht. Es ist in Oberflächennähe meist ausgeschmolzen, wird erst in Aufgrabungen sichtbar. Das Eis bildet keinen eigenen vom Schutt getrennten Bestandteil wie bei Eisgletschern. Letztere werden, auch bei hoher Schuttbedeckung, nicht zu den Blockgletschern gerechnet (BARSCH 1988).

Das Eis im Schuttgletscher, das dessen Bewegung erst ermöglicht, entsteht durch das Gefrieren nasser Schuttmassen oder durch Vermischung von Schutt mit Schnee in Lawinen. In heutigen Hochgebirgen sind Blockgletscher häufig. Die Bezeichnung «Blockgletscher» ist mißverständlich, sie assoziiert eine (nicht bestehende) genetische Beziehung zu echten Gletschern und ihrer Zusammensetzung (Blöcke), sie können auch aus kleinstückigem Schutt bestehen, doch hat sich der Name, abgeleitet aus dem Englischen »Rockglacier« so eingebürgert, daß Namensänderungen kaum allgemein anerkannt würden (HÖLLERMANN 1993). Fossil sind sie wenig bekannt.

Im Sauerland liegt unterhalb des Ortes Wasserfall bei Ramsbeck am Ausgang einer Schlucht (»Wasserfalltal«, bzw. Plästerleggetal) ins Elpetal der vermutliche Rest eines

Schuttgletschers, noch erkennbar an konvex gewölbter Oberfläche und dem Inhalt aus unsortiertem Schiefergrus ca. 400-450 m über NN (Abb. 129) aus der jüngeren Tundrenzeit. Oberhalb der Talschlucht liegt das verhältnismäßig hochgelegene Einzugsgebiet, aus dem der Frostschutt bei Tauwetter in die Talschlucht geschwemmt wurde. Dort bildete er, durchgefroren und wieder teilweise getaut, einen abwärts kriechenden Schuttgletscher, der den Elpebach an den jenseitigen Talhang drängte (THOME 1981a:55).

11 Windsedimente

Windablagerungen aus Sand (»Flugsand«) oder Schluff (»Löß«) nehmen im Periglazial große Gebiete ein. Das Material wurde hauptsächlich aus trockengefallenen Flußbetten ausgeweht; aber auch aus terrestrischen Gebieten stammt ein Anteil, wobei Kammeisbildung die Auswehung erleichterte (u.a. WEIDENBACH 1952). Windsedimente haben eine bessere Korngrößensortierung und sind gleichkörniger als fluviatile. Unter Flugsanden herrschen die Korngrößen Fein- bis Mittelsand, unter den Schluffen Grobschluffe vor (Tab. 21). Auf niederrheinischen Höhen hat SIEBERTS (1990) eine Abhängigkeit der Korngrößen vom Abstand zu Geländekanten festgestellt.

11.1
Flugsand, Decksand

Sand wird dicht über dem Erdboden transportiert; die Körner springen, vom Wind getrieben, mehrere Meter hoch, erodieren sehr wirksam entgegenstehende Gesteine; hierbei werden gewölbte Gerölloberflächen flach geschliffen (Windkanter). Stellenweise bilden sich Dünen, die langsam in Windrichtung wandern; Verschwemmung (Abluation) hat zahlreiche eiszeitliche Dünen zu Decksand eingeebnet.

In den Glazialen häufte sich Flugsand an der windabgewandten Seite fast aller großen Flußbetten, soweit sie nicht durch tiefe Täler vor starkem Wind geschützt waren; so werden in der Norddeutschen Tiefebene insbesondere die Urstromtäler und die Unterläufe von Rhein und Maas von breiten Dünenstreifen begleitet.

In den Interglazialen verhinderte dichte Bewaldung die Sandauswehung, nur an der Küste entstanden auch im Holozän Dünen. Doch gibt es Ausnahmen durch künstliche Entfernung der natürlichen Vegetation: Eine Sandaufwehung von 2m im Graßaholz auf der Albhochfläche ostwärts Neumarkt (Oberpfalz) liegt auf einer Kulturschicht, deren Holzkohlenreste ein ^{14}C-Alter von ca. 1465 Jahren BP ergaben (Zeit des Rückzugs der Römer vom Limes, HABBE 1981:219; spätmittelalterliche Dünen liegen auf Rheinsand und -Kies mit römischen und mittelalterlichen Resten bei Wissel (Calcar).

11.2
Löß

11.2.1
Entstehung

Im Gegensatz zu den in Bodennähe bewegten Sandkörnern bildet Schluff Staubwolken, die 1000 m und höher steigen und hunderte von Kilometern weit befördert werden. Der leicht bewegliche Staub häuft sich vorwiegend dort zu Löß an, wo Vegetation (hauptsächlich Gras, aber auch niedriges Buschwerk) ihn vor erneuter Aufwehung und vor Abschwemmung schützt. Im Gegensatz zu wenig fruchtbaren Sandgebieten stellen Lößgebiete die Kornkammern der Erde dar: 80% des Getreides werden auf Lößböden gewonnen (PECSI 1990). Lößböden begünstigten den jungsteinzeitlichen Ackerbau: die erste dauerhafte Besiedlung Europas geschah durch »Lößbauern« (SANGMEISTER 1983); in Persien, Turkestan, China entwickelten sich alte Kulturen auf Löß (Abb. 131).

Riesige Mengen von Fragmenten in Schluffkorngröße entstanden vorwiegend als Mahlgut der Gletscher und Inlandeise; ferner durch das Aneinanderschlagen von Geröllen während des Flußtransports (experimentell nachgewiesen: WEIDENBACH 1952) und durch Auswehung aus der Oberfläche der Permafrostgebiete (SMALLEY 1990), aber auch durch Verwitterungsvorgänge in Wüsten. In Gebieten starker vulkanischer Tätigkeit, wie Island und Neuseeland, kann vulkanischer Staub in erheblichem Maße beigemischt sein (u.a. EDEN & FURKERT 1988), im Umkreis von Wüsten Wüstenstaub.

Der äolische periglaziale Löß der gemäßigten Breiten entstand in Glazialen vorwiegend während der trockenen Klimaabschnitte ab dem Eismaximum. Löß entstand in jeder Kaltzeit. Durch Verschwemmung wurde die Lößmächtigkeit auf Höhen verringert, in Mulden durch Schwemmlösse vergrößert; die künstliche Entfernung der natürlichen Vegetation durch Ackerwirtschaft hat diese Umlagerungen verstärkt.

Äolisch abgelagerter Löß wird als »Primärlöß« bezeichnet, alle geschichteten gelten als umgelagert, was nicht immer zutrifft, weil in Seen oft der erste Absatz des von Flüssen transportierten Schluffes erfolgte. Sandlöß besteht aus einer Wechsellagerung sandigerer und schluffigerer Lagen, die ihm eine unscharfe Bänderung verleihen. Sie entstand durch Windsedimentation wechselnd sandigerer und schluffigerer Schichten am Rande großer Flußniederungen in der Übergangszone zwischen flußbettnahem Sandgürtel und flußbettferner Lößdecke. Tonlöss hat sich in der Nähe besonders trockener Gebiete angereichert (FINK 1973).

Benachbarte Flußbetten machen sich in der Schwermineralführung der Lösse bemerkbar; dennoch besteht Löß nur zum geringen Teil aus dem Material benachbarter Flußbetten, zum größeren aus überregional verbreiteten Komponenten (HINZE et.al. 1989:156 f. KUKLA 1975).

Abb. 131
Löß bei Lubny, Ukraine: An der Basis Grundmoräne, in den ca. 20 m hohen Lößschichten
mehrere Bodenverwitterungshorizonte.
(Foto 13.8.1982)

Abb. 132 »
Geschichtete Hangablagerungen: Bändergrus
bei Küstelberg, Hochsauerland.

Abb. 133
Sortierter, geschichteter Schiefergrus.
(Fotos 15.10.1975)

11.2.2
Korngrößen

Vorwiegend Grobschluff (Korngrößen 0,06-0,02 mm, meist schichtungslos; verhältnismäßig gleichkörnig, runde und kantige Körner. Farbe: im trockenen Zustand gelb bis braun-
gelb;

Abweichende Korngemische: Sandlöß: Hauptmaximum in der Korngröße des Grobschluffs: 0,06-0,02 mm und kleineres Nebenmaximum in der Korngröße des Mittelsandes:
0,5-0,2 mm; Tonlöß: Hauptmaximum in der Korngröße des Grobschluffs 0,06-0,02 mm
und deutlicher Anteil von mehr als 25% der Korngrößen kleiner als 0,002 mm (=Ton).
Chemische Zusammensetzung: SiO_2 50-65 %, Al_2O_3 7-10%, Fe_2O_3 3-5%, MgO 2-10%, CaO
11-17%, K_2O 1,0-1,5%, CO_2 9-14%. (ROSENBUSCH 1923:565)

Löß besteht zu ca. 50% aus Quarz, ferner Feldspat, Ton und Kalk, in geringer Beimischung noch Schwerminerale und Spurenelemente: u.a. Eisenhydroxide (daher Gelb-Braun-Färbung), Hornblende, Augit, Rutil, Zirkon, Apatit, Turmalin, Muskovit, Biotit, Kaolin.

Kalk kommt als Korn und als Umhüllung anderer Körner vor, die er leicht verklebt. Er stammt teils aus zerkleinertem Kalkstein, teils aus verwittertem Feldspat, letzterem entstammt auch ein Teil des bei Verwitterung zunehmenden Tongehalts.

11.2.3
Eigenschaften

Löß ist frei von Steinen, hat eine gute Porosität, nimmt leicht Wasser auf, Niederschlag versickert rasch, die Oberfläche bleibt meist trocken. Er ist gut belüftet, nährstoffreich, hat hohen Kalkgehalt, meist 8-15%, stellenweise bis 40%; enthält Phosphate und andere lösliche Salze, ist leicht für landwirtschaftliche Zwecke zu bearbeiten, in künstlichen Einschnitten standfest. Auf Löß angelegte Feldwege werden nach längerer Benutzung, die die Lößstruktur zerstört, zu Hohlwegen mit steilen Wänden, weil der Niederschlag den zermahlenen Lös abschwemmt.

Die kapillare Wassersteighöhe beträgt ca. 1,5 m; da Wurzeln einjähriger Pflanzen etwa 1,5 m tief reichen, steht in grundwasserfernen Böden für den Ackerbau das Haftwasser bis etwa 3 m Tiefe zur Verfügung, es faßt oft den gesamten Jahresniederschlag und reicht aus, um in Trockenjahren Dürreschäden zu vermeiden.

Bodenlockerung durch Pflügen oder Befahren zerstört die Festigkeit und verursacht Abschwemmung. Durch wiederholte Benutzung werden Lößwege zu Hohlwegen ausgeschwemmt. Breitflächige Abschwemmung der Ackerbauflächen macht sich im Verschwinden der frühholozänen Bodenbildungshorizonte (Braunerde bzw. Parabraunerde), landschaftlich durch Auflagerung verschwemmter Lösse in Mulden über holozänen Böden bemerkbar. Verschwemmte und umgelagerte Lösse sind oft nicht von primär abgelagerten zu unterscheiden. Nachträgliche, mehrere Meter tief greifende Verwitterung (aus mehreren Interglazialen) hat die primären feinen Sedimentunterschiede oft verwischt.

11.2.4
Schichtaufbau

Schichtungslosigkeit gilt als Merkmal primären äolischen Lösses. Sandlösse haben eine schwache Bänderung durch Einwehung abwechselnd sandigerer und schluffigerer Lagen. Gröbere Schichtung mit meist undeutlichen Schichtgrenzen entstand durch Solifluktion äolischer Lösse. Unregelmäßige Feinschichtung mit an- und abschwellenden Schichtlagen kann bei Abschwemmung von seitlichen Höhen entstehen, aber oft ist in abgeschwemmten Lössen eine Schichtung kaum erkennbar.Sehr gleichmäßige Feinschichtung zeigen die oft als Löß bezeichneten Schluffablagerungen in Seen, die also limnischer Entstehung sind. Sie werden meist wie die von seitlichen Höhen abgeschwemmten äolischen Lösse als »Schwemmlösse« bezeichnet.

11.2.5
Mächtigkeit

Sie beträgt meist einige Meter, stellenweise auch weniger, manchmal mehr, in der niederrheinischen Bucht westlich Stommeln bis 40 m (Ausfüllung einer tiefen Rheinschlinge, BREDDIN 1958), im Kaiserstuhl bis ca. 60 m (SCHREINER 1992). In Lößgebieten nimmt die Mächtigkeit in Mulden stark zu, während sie unter Kuppen sehr gering sein kann. In mächtigen Lössen bilden sich besondere Landformen heraus: Löß-Dünen sind langgestreckte flache Rücken, Erosionsrinnen bilden schmale Schluchten mit Steilwänden = »balkas« in Südrußland (LEGER 1990).

11.2.6
Verbreitung

10% der Kontinentflächen sind von Löß bedeckt; als erdumspannender Gürtel liegt Löß in gemäßigten Breiten der Nordhalbkugel; auf der Südhalbkugel ist er weniger verbreitet: in den Pampas Südamerikas und auf den Ostebenen Neuseelands. Löß ist charakteristisch für semiaride Gebiete, Steppen, Waldsteppen, Waldzonen mit Ausnahme der im letzten Glazial vom Eis bedeckten Flächen (EDEN & FURKERT 1988, PECSI 1990). Er reicht von der Kanalküste (Seine) bis zum Ural; Nordgrenze: Sangatte-Dünkirchen-Courtrai-Oudenarde-Löwen-Mönchengladbach-Paderborn-Braunschweig-Magdeburg-Leipzig-Dresden-Breslau, dünnt östlich des Dnepr aus, erscheint wieder in Sibirien, Kirkisische Steppe, ferner nördlich der Pyrenäen.

Nördlich der Alpen liegt Löß von Lyon bis Wien, in Süddeutschland im Oberrheingraben, Kaiserstuhl, Donaugebiet. Südlich der Alpen ist Löß zwischen Alpenrand und der großen Sammelader Po verbreitet, oft umgelagert (verschwemmt) und verwittert. Die von den Südalpengletschern erzeugten Schluffmengen gelangten durch den Po in die damals ca. 100 m tiefer liegende Adria, füllte ihren nördlichen Teil und wurde in die umliegenden Bergländer geweht. Heute ist der Löß von den entwaldeten Felseninseln und Küstengebieten weitgehend erodiert, auf der niedrigen Insel Susak haben sich auf kreidezeitlichem Kalksteinsockel, der vor der Abtragung durch die Meeresbrandung schützte, bis ca. 20 m mächtige Lösse mit mehreren Verwitterungszonen erhalten, an der Lößbasis eine Lage von Konkretionen (»Lößkindln«, CREMASCHI 1990 und mdl. Mitt. WEIN). Die Südgrenze des mediterranen Lösses ist eine Trockenheitsgrenze, sie folgt etwa der heutigen 150-mm-Niederschlagslinie (BRUNNACKER 1974a).

Lößablagerungen sind vorwiegend an Tiefländer gebunden, in Tälern liegt die größere Mächtigkeit meist auf dem Schattenhang. Die zur Sonneneinstrahlung orientierte Asymmetrie wird fälschlich als Luv- und Lee-Wirkung lößbringender Winde bezeichnet, es waren aber durch Sonneneinstrahlung verursachte Vegetationsunterschiede, die die Lößakkumulation steuerten: In heutigen Periglazialgebieten sammelt sich Löß nur im Schutz der Vegetation an, auf vegetationsfreien Flächen wird er nach Ablagerung abgeschwemmt oder erneut verweht.

Eiszeitliche Lößverbreitung gibt Hinweise auf trockeneres eiszeitliches Lokalklima; Lößgebiete haben auch heute meist ein trockeneres Lokalklima, was nicht verwundern darf, da das Lokalklima von der Oberflächengestalt beeinflußt wird, die während der letzten Eiszeiten praktisch mit der heutigen identisch war. Besonders reichlich sind Lößvorkommen in ehemaligen Eisstauseegebieten (zum Beispiel im Weserbergland), dort wurde das Lößausgangsmaterial Schluff in großen Mengen sedimentiert.

11.2.7
Lößverwitterung

Unverwitterte frische Lösse (helle braungelbe Farben) enthalten keine colloidalen Tone. Im humiden Klima verwittert Löß durch Auswaschung des Kalkgehalts und Anreicherung des Tons zu kalkfreiem dunkelbraun gefärbtem Lößlehm. Kalkauswaschung der oberen Horizonte ist manchmal von Kalkausscheidung in tieferen unter Bildung von Kalkkonkretionen (Lößkindl) in Kartoffel- bis Gurkengröße begleitet; besonders häufig sind sie dicht über wasserstauenden Schichten.

Verbraunungshorizonte

die durch Verwitterung in Interglazialen und Interstadialen entstanden, werden zur Gliederung des Eiszeitalters benutzt. Sie unterscheiden sich meist durch die Farbintensität: Verwitterungsböden der Interglaziale sind intensiver braun gefärbt als solche der Interstadiale. Da in einzelnen Profilen meist nur wenige Verbraunungshorizonte vorkommen, ist das Verfahren sehr subjektiv und die Übertragung auf größere Gebiete oft unsicher. Trotzdem haben weiträumige Vergleiche durch erfahrene Bearbeiter brauchbare Ergebnisse gebracht.

Kukla (1975) entwarf nach Bodenbildungshorizonten eine sehr detaillierte Gliederung mit überraschenden Ähnlichkeiten zur Tiefseegliederung. Sie enthält 17 Hauptwechsel zwischen Glazialen und Interglazialen seit ca. 1,6 Millionen Jahren, davon 8 in der Brunhes-Epoche; das Elster-Glazial stellt er zum Isotopenabschnitt 16, er vermutet drei verschieden alte Eem-Warmzeiten.

11.2.8
Löß in China

Lößablagerungen in China übertreffen die europäischen bei weitem. Sie sind stellenweise bis über 200 m mächtig; darin wurden vier seismische Reflexionshorizonte gefunden, vielleicht Bodenbildungen. Die Reflexionen sind schwierig zu deuten, da Horizonte geringerer Geschwindigkeit (low velocity) eingeschaltet sind; sie stimmen nicht mit den in Aufschlüssen bei Luochuan festgestellten 26 Bodenhorizonten überein. Die dortigen Lösse werden in drei große Abschnitte eingeteilt: oben Abschnitt Malan (ca. 80 000 BP bis heute), darunter Lishi (500 000 bis 1 300 000 BP), darunter Wucheng (ca. 1300 000 bis 2 500 000 BP); die Dichte nimmt nach unten von Abteilung zu Abteilung um je 10% zu (ROLPH et.al. 1993).

12 Seen am Eisrand

12.1
Dichtemaxima von Süß- und Salzwasser, Eisdecken

Das Dichtemaximum von Süßwasser liegt bei ca. 4 °C. Süßwasserseen haben daher im Winter eine stabile Temperaturschichtung mit Bodenwasser von ca. 4 °C und kälterem Wasser darüber, im Sommer mit wärmerem Wasser über der Bodenschicht. Der Austausch von Boden- und Oberflächenwasser findet nur in den Übergangszeiten Frühjahr und Herbst statt.

Im Wasser gelöste Gase und Salze verändern Dichte und Gefriertemperaturen: Das Dichtemaximum von Salzwasser fällt bei einem Salzgehalt von 24,7‰ mit dem Gefrierpunkt -1,33 °C zusammen (Tab. 18, 19, 20); bei höherem Salzgehalt würde die größte Dichte erst bei Temperaturen unter dem Gefrierpunkt erreicht, also wenn das Wasser schon zu Eis gefroren ist. Das bedeutet, daß Meerwasser (ca. 35 ‰ Salzgehalt) in der Nähe des Gefrierpunktes keine stabile Wasserschichtung hat, es findet ein ständiger Austausch mit tieferem wärmeren Wasser statt. In den Polargebieten werden Meereisdecken (abgesehen vom seitlichen Übereinanderschieben) durch jahrzehntelanges Frieren nur wenige Meter dick.

Beim Frieren bilden sich auf Wasserflächen Eiskristalle als Nadeln und Scheibchen, die, an der Oberfläche schwimmend, sich vergrößern, zu Eisschollen aneinanderfrieren und durch Aneinanderstoßen (Wind, Wasserströmungen, Wellen) zu Pfannkucheneis abrunden. Schließlich entsteht eine zusammenhängende Eisdecke, sie nimmt bei anhaltendem Frost immer langsamer an Dicke zu; in ihr wachsen dicht gescharte Eiskristalle vertikal zur Temperaturfront, also senkrecht nach unten. Sie geben dem Eis eine stengelige Struktur, die aber erst beim Tauen sichtbar und wirksam wird, wenn hauchdünne Wasserfilme auf Kristallgrenzen die Festigkeit der Eisdecke vermindern.

Vom Seeboden aufsteigende Gasblasen (aus verrottendem organischem Material) werden unter der Eisdecke eingefangen und im Eis eingeschlossen, sie bilden senkrecht angeordnete Gasblasenreihen.

Eine Eisdecke ist starr und leitet Spannungen kilometerweit; sie lösen sich durch plötzliche Brüche, die unter knallartigem Geräusch lange Risse bilden; Randpartien knicken ab, aus Spalten tritt Wasser, das wieder gefriert. Infolge ihrer Starrheit erodieren Eisdecken die

Ufer, es entsteht »Plattformerosion«(s.u.). Bei starkem Frost biegt sich eine verhältnismäßig dünne plötzlich belastete Eisdecke unter knisterndem Geräusch bevor sie bricht; bei Tauwetter bricht eine wesentlich dickere bei plötzlicher Belastung ohne Vorwarnung.

12.2
Plattform-Erosion

Nach DAWSON et.al.(1987:173 f.) wurde das aus metamorphem Gestein bestehende Felsufer des Eisstausees Böverbrevatnet in Südnorwegen in einem Zeitraum von 57 bis 125 Jahren um 2,6 bis 4,4 cm/Jahr zurückverlegt. An den Ufern der vor einigen Jahrzehnten ausgelaufenen Eisstauseen Vatnsdalur und Dalvatn (Abb. 190) am Heinabergsjökull in Island waren ehemalige Stauseewasserspiegel an der Hangkerbung infolge Plattformerosion erkennbar. Besonders stark war die von der Eisdecke verursachte Kerbung dort wo die Talhänge in der Bachkerbe spitz aufeinandertreffen; dort bildete der Bach einen Wasserfall über die Steilkante. Breite Felsplattformen an Küsten der mittleren Breiten entstanden hauptsächlich durch periglaziale Erosion, vermutlich sind hier neben Eisdecken weitere Faktoren beteiligt (FAIRBRIDGE 1977).

12.3
Deltaschüttungen (Abb. 91)

Sie bestehen aus verhältnismäßig grobkörnigem Material (Sand und Kies) in flach gelagerten Deckschichten (topset, Einfallswinkel ca. 0,5-3°) und steil einfallenden Deltaschichten (foreset, Schüttwinkel um 20-30°). Außerhalb des Deltas setzt sich feinkörniges Material in ± horizontalen Lagen auf dem Boden (bottomset) ab, sie sind in Deltanähe feinsandigschluffig, in Deltaferne vorwiegend schluffig bis tonig, besitzen eine Feinschichtung in meist Millimeter- bis cm-mächtigen Lagen. Sedimentation erfolgt auf drei verschiedenen Wegen: 1. Unterschichtung durch turbulente Trübeströme, die schwerer sind als das Seewasser, 2. Einschichtung von Wasserkörpern, die leichter als das Wasser am Seeboden und schwerer als das Wasser an der Seeoberfläche sind; 3. Überschichtung mit Wasser geringerer Dichte. Im kalten Wasser der Eisrandseen (Wassertemperaturen zwischen 0 und etwa 6 °C), wo die Wasserdichte in der Nähe ihres Maximums ist, wird die Wasserdichte von der im Wasser verteilten Sedimentmenge bestimmt (EMBLETON & KING 1975, QUIGLEY 1984).

Warven aus winterlichen Schluff- und sommerlichen Tonlagen entstehen durch den Wechsel sommerlicher Trübeströme der stark mit Sediment beladenen Schmelzwasser entlang dem Seeboden und winterlicher Überschichtung des thermisch geschichteten ruhigen Seewassers (oft unter einer Eisdecke) mit Ausregnen der Tonpartikel. Tonsedimentation setzt voraus, daß die Turbulenz des Seewassers aufgehört hat.

Wo im Winter die Turbulenz zu hoch bleibt, wird kein Ton, sondern nur Schluff abgesetzt. Das ist der Fall, wenn Gletscherränder in Stauseen liegen. Dann bilden sich rhytmisch geschichtete feinkörnige Sedimente aus gradierten Schlufflagen; sie zeigen keinen Jahresrhythmus, sondern aufeinanderfolgende Trübeströme an (QUIGLEY 1984:151 f.). Diesem Sedimenttyp entsprechen die meisten Ablagerungen in den Stauseen am Rand des nordeuropäischen Inlandeises in den deutschen Mittelgebirgen.

Mit Warven gelang DE GEER die erste absolute Datierung des Endes der letzten Eiszeit: Warven aus Stauseen älterer Vereisungen wurden in Tälern des Erzgebirges, im Wesertal (bei Eisbergen und Heßlingen), bei Paderborn und in der nördlichen Veluwe gefunden (GRAHMANN 1934, MIOTKE 1968:144). BREDDIN (1958) beschreibt Warven aus der cromerzeitlichen Rheinschlinge bei Niederaußem zwischen Köln und Neuss (s. Kap. 8.6.7; 13.9.3, Tab. 16). Warvenzählungen in Sedimenten älterer Glaziale erlauben nur Aussagen über die Mindestdauer dieser Stauseen, nicht über das Alter des Glazials, da keine Anbindungsmöglichkeit an jüngere Ereignisse besteht.

12.4
Erkennbarkeit ehemaliger Seespiegelniveaus

An Deltaschüttungen ist das ehemalige Seespiegelniveau gut erkennbar: Es liegt etwa in der Höhe des Knicks zwischen subärisch geschütteten Deckschichten (topset) und subaquatisch geschütteten Deltaschichten (foreset). An uferfernen Bodensedimenten (Schluff- und Tonschichten, Warven) läßt sich die ehemalige Seespiegelhöhe nicht erkennen; sie entspricht nicht dem zufällig erhaltenen oberen Ende der Bodenschichten.

In den vor einigen Jahrzehnten ausgelaufenen Stauseen des Dalvatn und Vatnsdalur am Vatnajökull liegen Bodensedimente auf dem Talboden tief unter dem ehemaligen Wasserspiegel, ohne Bezug zur ehemaligen Stauseehöhe (Abb. 191), letztere war an einer Hangkerbung (durch Plattformerosion) ca. 100 m höher erkennbar. Gut erhaltene Deltaschüttungem (Abb. 91) sind u.a. in der Emme bei Rinteln (Abb. 43) und auf dem Steinberg bei Kettwig (Abb. 30) erhalten. In den Vogesen finden sich zahlreiche Deltaschüttungen in ehemals gestauten Seitentälern des Moselgletschers.

13 Fließendes Wasser

13.1
Kleine Gerinne

13.1.1
Aufeis

Rinnendes Wasser aus Quellen, Strasseneinschnitten und Gletschern bildet bei Frost am Boden Eis, dadurch erhöht sich sein Bett, das Wasser wird zum seitlichen Ausweichen gezwungen und verbreitert den Eisboden. Es entstehen breite Eisplatten von mehreren Zehnern bis mehrere hundert Meter Breite und Länge und ein bis mehrere Meter Dicke. Sobald Tauwetter einsetzt, schmilzt das fließende Wasser schmale Kanäle bis auf den Mineralboden in die Aufeisplatte und schüttet sie teilweise zu. Wenn die Platte abtaut, bleiben die zugeschütteten Kanäle als Rücken stehen.

13.1.2
Abluation

Die weitflächige Abspülung durch rinnendes Wassser bei Schneeschmelze an schwach geneigten Hängen über Permafrostboden, Sortierung des Spülguts und Ablagerung nach geringer Transportweite in schwach geneigten Mänteln aus Spülmaterial, das vorwiegend aus Sand oder Grus, aber auch aus Schluff oder Kies bestehen kann, wurde als Abluation (GALBAS et.al.1980, LIEDTKE 1981:156) bezeichnet. Durch sie entstanden Talverschüttungen und breite periglaziale Glacis. In Tonstein- und Schiefergebieten unterlag der durch Frostzerlegung entstandene Grus in großen Mengen der Abchwemmung.

Neben flächenhafter Abspülung kommt Erosion in zahllosen kleinen dicht gescharten Rinnen vor (BIBUS 1975). Flächenhafte Abspülung und Rinnenspülung sind neben Solifluktion (Kap. 10.3.4) die hauptsächlichsten Flächenabtragungsfaktoren periglazialen Klimas. Die Einebnung der Altmoränenlandschaften im nordwestdeutschen Flachland erfolgte während des Weichselglazials weniger durch Solifluktion als durch Abluation. Nicht nur in Sandgebieten des Flachlandes war sie wirksam (LIEDTKE 1990:268), sondern auch in den Gebirgen.

13.1.3
»Geschichtete Hangablagerungen«

Abluale Sedimente zeichnen sich durch gleichmäßige verhältnismäßig dünne Schichten (ca. 2-20 cm) aus und liegen oft hangparallel auf schwach geneigten Hängen. DEWOLF (1988:91 f.) bezeichnet sie als »geschichtete Hangablagerungen«: In Tonstein- und Schiefergebieten bestehen sie aus Tonstein- bzw. Schiefergrus (= »Bändergrus«; im Englischen »banded scree«).

Der Grus wenig verfestigter Tonsteine des Mesozoikums und Oberkarbons hat kugelig-bauchige Gestalt; der Grus tektonisch verfestigter devonischer oder älterer Schiefer der Faltengebirge besteht dagegen aus sehr dünnen Blättchen, die glimmerähnlich fein sein können. Vom fließenden Wasser sortiert, füllt Grus in Tonstein- und Schiefergebieten die Talböden. Wenig verfestigter Tonsteingrus zerfällt rasch zu Ton, stärker verfestigter (schwach metamorpher) Schiefergrus bleibt unter dem Grundwasserspiegel lange Zeit frisch und damit poren- und grundwasserreich. In geologischen Karten werden solche Sedimente als »Abschwemmassen« »Schwemmfächer« mit anderweitig entstandenen zusammengefasst (HINZE et.al. 1989:52,56).

Typische »geschichtete Hangablagerungen« aus kaum verwittertem Schiefergrus kommen in den höheren Lagen des Sauer- und Siegerlandes vor; sie sind meist hangparallel aufgeschichtet. Eine auffällige Ausnahme des Schichteinfallens zeigt das Vorkommen westlich Küstelberg bei Winterberg (Sauerland) in ca. 650-680 m NN: Es ist ca. 20-30 m mächtig, die Schichten fallen mit 20 und 30° ein, die Auflagerungsfläche ist mit ca. 5° geneigt. Die Oberfläche dieses Sediments ist kryoturbat verändert. LEUTERITZ 1981:84-85 bezeichnete es als »Bänderschutt« (Abb. 132, 133). Der Name »...schutt« ist irreführend, so wurden diese Sedimente in der Nomenklatur von HINZE et.al. 1989 irrtümlicherweise zu den Schuttablagerungen gestellt. Es sind aber typische, von fließendem Wasser sortierte und geschichtete Hangablagerungen, deshalb ist die Bezeichnung »Bändergrus« vorzuziehen.

13.2
Flüsse

13.2.1
Flußwasser bei Frost

Im Flußwasser entsteht – im Gegensatz zu Seen – keine stabile Temperaturschichtung, weil Wasserwalzen laufend einen vertikalen Wasseraustausch herbeiführen. Nachdem der Fluß seinen Wärmeinhalt durch Verdunstung (Nebelbildung) und Wärmestrahlung verausgabt hat, tritt Unterkühlung ein: Eis bildet sich im Wasser (vorwiegend an Schwebstoffen, die als Kristallisationskeime wirken) und an sämtlichen Grenzflächen des Flußkörpers; an der Wasseroberfläche, im Wasser, am Flußbettboden (= Grundeis) und an den Ufern.

13.2.2
Eistreiben

Treibende Eisstücke frieren zu größeren Schollen zusammen; durch Aneinanderstoßen runden sie sich zu Pfannkucheneis mit kleinen Wällen aus Eisgrus an den Rändern. Bei anhaltendem Frost vermehrt sich die Zahl der Eisschollen (Eistreiben) bis sie sich so stark behindern, daß der Eisstand eintritt. Er verursacht eine Verengung des Durchflußquerschnitts und hebt den Wasserspiegel leicht an; anschließend setzt sich das bei Frost normalerweise vorherrschende langsame Sinken des Wasserspiegels (abnehmende Grundwasserzufuhr) wieder fort.

Durch Antreiben weiterer Schollen wächst der Eisstand rasch flußaufwärts, die dicht gepackten, teils schräg gestellten Eisschollen frieren zu einer festen Decke, an ihrer Unterseite wachsen dicht gepackte stengelige Eiskristalle senkrecht zur Kältefront. Ablation durch Wind und Sonneneinstrahlung glättet die Eisoberfläche; wo ortsbeständige aufwärts gerichtete Wasserwalzen bestehen, oft in Flußkrümmungen, können sie die Eisdecke durchschmelzen und offene Wasserflächen bilden. Auch am Flußbettboden geht das Eiswachstum weiter. Nach langen Frostperioden ist der Fluß an allen Seiten von Eis eingehüllt, wird der Durchflußkanal zu eng, bricht Wasser aus, bildet an der Oberfläche neue Eisschichten. Bei Tauwetter vermindert sich die Festigkeit der Eisdecke durch selektives Schmelzen an Kristallgrenzen rascher als die Eisdicke abnimmt. Ein dünner Wasserfilm trennt die vorher fest miteinander verklammerten stengeligen Eiskristalle.

13.2.3
Eisgang

Steigt der Wasserspiegel, hebt und zerbricht er die Eisdecke; sie treibt mit dem Hochwasser als Eisgang ab. Im aufschwimmenden Grundeis sind Steine eingefroren. Die Eisschollen stellen sich quer, verstopfen den Abfluß, der dadurch entstehende Hochstau bricht mit Gewalt die Sperre mit steiler Flutwelle. Die Erosionskraft eines Eisgangs übertrifft alle anderen von fließendem Wasser ausgehenden Energien. Der Fluß ist von dicht aneinander gedrängten Eisschollen bedeckt, die nicht nur an der Oberfläche treiben, sondern zeitweise bis zur Flußbettsohle reichen. Die an großen Flüssen bis über 100 Tonnen schweren Schollen pflügen in Ufer und Flußbettboden. Oberhalb der Lorelei ist das sonst ca. 5-7 m tiefe Rheinbett über 20 m in den Felsuntergrund eingetieft, das Donaubett am Eisernen Tor 75 m. In den Waldgebieten Kanadas und Sibiriens sind die durch große Eisgänge abrasierten Reste ufernaher Wälder viele Jahre sichtbar. Wo die Eisdecke nicht bricht, entstehen Eisversetzungen, besonders an Flußkrümmungen.

Eisgänge großer Flüsse dauern, verglichen mit normalem Hochwasserabfluß infolge wiederholter Eisversetzungen wesentlich länger. Für den Rhein scheint die Lorelei-Enge besonders wirksam gewesen zu sein: Hier setzt sich auch heute noch leicht Eis fest; die in Eiszeiten hier entstandenen Eisversetzungen verursachten große Hochwasserwellen, die sich bis an den Niederrhein auswirkten. Die Weser hatte vermutlich an der Porta-Westfalica-Enge hohe Staus, die Elbe im Bereich des Elbsandsteingebirges.

13.2.4
Rechtstrend

Der Rechtstrend, dem alles sich Bewegende auf der Nordhalbkugel infolge der Erdrotation unterliegt, wirkt sich an Flüssen mit unterschiedlicher Deutlichkeit aus, so daß sein Einfluß manchmal bezweifelt wird. Gut erkennbar ist er an Flüssen mit Eisgängen: Der Niederrhein hat sein Tal in der rechten Hälfte der Tiefebene, entlang dem Höhen des Schiefergebirges erodiert, obwohl westlich von ihm tektonische Senkungen stattfanden, er blieb rechts auf dem nicht sinkenden östlichen Teil.

13.3
Flußbettentwicklung

13.3.1
Abflußvorgang

In den Eiszeiten sammelte sich der Winterniederschlag als Schnee. Er ging in der Tauperiode des späten Frühjahrs in einem großen Hochwasser mit Eisgang ab, dann sank die Abflußmenge. Bei einsetzendem Frost verschwanden die letzten Rinnen fließenden Wassers unter einer Eisdecke, aus nicht gefrorenem Untergrund der Flußbetten erfolgte eine geringe, im Laufe des Winters langsam abnehmende Grundwasserspeisung des Flusses.

Für Flußbettentwicklung nennen MURRAY & PAOLA 1994:57 drei gegeneinander abgrenzbare Fälle: 1. Ein Flußnetz, das allein durch erodierende Tätigkeit entsteht, ist dendritisch aber nicht verwildert; 2. verwilderte Flüsse bilden sich nicht in bindigem Material; 3. voll entwickelte Mäanderbildung kann sich nicht entwickeln ohne eine gewisse Uferstabilisation, die der Seitenerosion einen Widerstand entgegensetzt. Vermutlich sind diese Unterschiede von der höheren Adhäsion der »bindigen« Korngrößen verursacht oder beeinflußt.

Abb. 134
Verwildernde Flüsse, Mündungsbereich, Island. (Foto 31.7.1966)

13.3.2
Verwilderte Flüsse

= verwildernde F.= verflochtene F.= braided river (Abb. 134) haben sehr ungleichmäßige Wasserführung, große Hochwasser, kleine Niedrigwasser (Abb. 135), großes Gefälle, starke Turbulenz; sie sind undurchsichtig, fließen bei freier seitlicher Ausbreitungsmöglichkeit (auf Sanderschwemmkegeln) in unzähligen miteinander vernetzten Armen, die sich dauernd verlegen, über ein aus Sand und Kies bestehendes Bett. Keine der unzähligen Windungen reift soweit, daß sie sich selber, wie bei Mäanderflüssen, abschnürt; die Tiefe der Rinnen ist im Vergleich zur Flußbreite gering.

In sandigen Betten entstehen auf der Wasseroberfläche charakteristische Wellen, die langsam gegen die Fließrichtung aufwärts wandern, sich hierbei versteilen und dann mit lautem Geräusch brechen. Der Lärm der in zahlreichen Armen eines größeren verwilderten Flusses laufend brechenden Wellen ist kilometerweit zu hören. Bei rein kiesigem Untergrund besitzt die Flußoberfläche oft zahlreiche brechende Wellen, sie zeigen aber keine ähnliche Entwicklung.

Abb. 135
Abflußkurven des Rheins.
(THOME 1958)

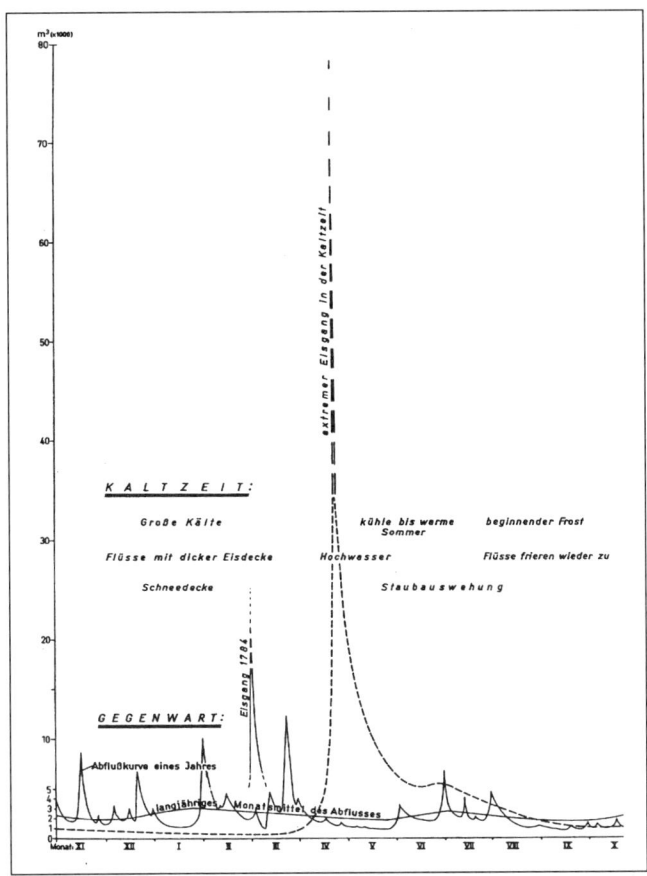

Verwilderte Flüsse entspringen Gletschern (u.a. MIALL 1984:168 f.) und hoch gelegenen Einzugsgebieten der Frostschuttzone. Bei steigendem Wasserspiegel steigt der Schuttransport unverhältnismäßig rasch an, bei fallendem läßt er rasch nach.

Das Netzwerk verwilderter Flüsse entwickelt sich nur, wenn eine durch keine engen Talwände eingeengte Wassermasse über einen Untergrund aus nicht bindigem Material (Sand, Kies) abfließt und sich dort ausbreiten kann. Es bilden sich gelegentlich regelmäßige ausgewogene Muster mit statistischer gleichmäßiger Verteilung von Sandbänken und Rinnen.

Verwilderte Flüsse entstehen nur auf Sand und Kiesuntergrund, nicht auf Feinsand-Schluff-Sedimenten, weil dort der erforderliche Sedimenttransport fehlt. Auf den letzteren bilden sich mäandrierende Rinnen mit Uferwällen. Man kann den Unterschied an großen Sanderaufschüttungen: Verwilderte Schwemmkegel aus Sand/Kies, davor ausgebreiteter Sanderfuß aus Feinsand/Schluff mit mäandrierenden Rinnen und Uferwällen sehen (MURRAY & PAOLA 1994).

Werden verwilderte Flüsse in Tälern eingeengt, überströmt und formt ihr Hochwasser meist den ganzen Talboden, während Mittel- bzw. Niedrigwasser sich auf einige Arme verteilen. Die tief eingeschnittenen Täler in Gebirgen enthalten heute Flüsse mit mäandrierender Tendenz, was sich an kleinen Wiesenmäandern in den meist zu großen Talböden zu erkennen gibt. In den Glazialen aber wurden auch die gewundenen Talstrecken von Flüssen geformt, die aufgrund ihres Abflußvorgangs zu den verwilderten gerechnet werden müssen.

Aus Talformen läßt sich oft die Lage des eiszeitlichen Stromstrichs rekonstruieren, das erlaubt Folgerungen auf Betttiefe und Korngröße der abgelagerten Sedimente: In Windungsbögen tiefere Erosion (heute oft mächtigere Schotterfüllungen), im Bereich der Stromstrichwechsel zwar gröbere Schotter, aber mit geringeren Mächtigkeiten und infolge des sehr durchlässigen Porenraums oft nachträglich stärker mit schluffigem Material gefüllt (Kap. 15.5).

13.3.3
Mäanderflüsse

Unter mäandrierenden Flüssen wird ein Flußtyp verstanden, der in ebenem Gelände Wiesenmäander bildet. Ihr Abflußregime ist von dem verwilderter Flüsse sehr verschieden: Sie haben gleichmäßigere Wasserführung, geringere Sedimentfracht, geringeres Gefälle, geringere Turbulenz und durchsichtigeres (dunkles, klares) Wasser; fließen meist in einer Rinne, die sich durch seitliche Erosion am Prallhang und Akkumulation am Gleithang langsam verlagert, durch seitliche Erosion große Bögen (Mäander) bildet, die schließlich am Mäanderhals sich abschneiden. Die Flußrinne ist im Verhältnis zur Flußbreite verhältnismäßig tief. Als charakteristische Spuren bleiben nicht mehr durchflossene Windungsbögen neben der aktiven Flußrinne zurück. In Flußnähe sind sie meistens zugeschüttet. Heute gehören die meisten mitteleuropäischen Flüsse zum Typ der Wiesenmäander, im Periglazial nur wenige kleine, die nassen moorigen Niederungen entsprangen oder auf sehr breiten Flußterrassen, zum Beispiel auf der Rhein-Niederterrasse abseits des verwilderten Flußbetts, sich aus Grundwasseraustritten bildeten.

Die Mündungsbereiche der großen Flüsse Lena (Sibirien) und Mackenzie-Strom (Nordkanada) lassen noch im Satellitenbild deutliche Unterschiede der sie aufschüttenden Flußtypen und ihrer Sedimentfracht erkennen: Die Lena besitzt ein Delta aus Sand und Kies, von verwildernden Flußarmen aufgeschüttet; das Delta des Mackenzie-Stroms besteht vorwiegend aus Feinsand- und Schluffsedimenten, mäandrierende Arme haben Uferwälle aufgeschüttet und schneiden gelegentlich Schlingen ab.

13.4
Flußsedimente

13.4.1
Schichtung

Die Flußablagerungen unserer Täler bestehen meist aus einem mehrere Meter mächtigen Flußschotterpaket (Gerölle, Sand, Driftblöcke), das fast immer von feinkörnigeren Deckschichten (vorwiegend Schluff, gemischt mit Sand und Ton) in einer Mächtigkeit von 1-2 m überlagert ist. Die Schottermächtigkeiten sind unter anderem von der Flußgröße abhängig. Kleine Gebirgstäler haben Schotter von wenigen Metern bis ca. 10 m, größere Ströme um 20-40 m. Stellenweise sind diesen noch bis einige Meter mächtige Linsen feinkörnige Sedimente aus Feinsand, Schluff und Ton eingelagert. Die Schotter gelten als kaltzeitliche Sedimente, die eingelagerten feinkörnigen enthalten oft Reste warmzeitlichen Klimas.

Die feinkörnigen Deckschichten der Talablagerungen bestehen in dem Bereich, der mehr oder weniger regelmäßig von Hochwasser überflutet wird, aus nährstoffreichem kalkhaltigem Auenlehm, auf hochwasserfreien Niederterrassen aus mehr oder weniger entkalktem Hochflutlehm, auf höheren Terrassen oft aus Lößlehm und Löß, regional auch aus Sand.

13.4.2
Korngrößen

In Flußschottern sind durch Eisschollen beförderte Driftblöcke nicht selten; auf der Rheinniederterrasse erreichen sie über 10 t Gewicht und liegen viele Kilometer von ihrem Ursprungsort entfernt. Zu ihrem Transport waren Eisschollen mit einem Volumen von ca. 100 m³ erforderlich, woraus man auf eine Wassertiefe des transportierenden Hochwassers von mindestens 2 m schließen kann.

Die Sedimente der verwilderten Flüsse bestehen vorwiegend aus Sand und Kies, die der mäandrierenden Flüsse sind mannigfaltiger: Im Stromstrich großer Flüsse (zum Beispiel Rhein) Geröll, an den Rändern Sand; bei Hochwasser neben der Rinne Absatz von Uferwällen aus Feinsand und sandigem Grobschluff, in größerer Entfernung auf dem Hochwasserbett vorwiegend Feinschluff und Ton.

13.4.3
Gerölle

Quartäre Gerölle sind je nach ihrer Härte gerundet: weiche Sandsteine besser, harte wie Milchquarz, Quarzit, Feuerstein, Verkieselungen oft nur kantengerundet, schiefrige Gesteine plattig. Im Hochgebirge und an seinen Rändern sind Geröllldurchmesser um 10-50 cm häufig, flußabwärts werden sie kleiner, im Unterlauf großer Flüsse zunehmend von Sand abgelöst; kleine Flüsse der Mittelgebirge führen nur sehr wenig Sand.

Die Schotter des Rheingebiets zeigen eine mit dem Terrassenalter zunehmende Härteauslese: Die ältesten enthalten vorwiegend verwitterungsfeste Reliktgesteine der Rumpfflächen: Milchquarz, dichte Quarzite, Kieselschiefer, Verkieselungen. Vereinzelt vorkommende gut gerundete Milchquarze sind vermutlich Fremdgerölle, vorwiegend aus dem Buntsandstein oder Tertiär umgelagert. Anhand des Gehalts an Milchquarz (Quarzzahl) lassen sich die Rheinschotter grob datieren: Tertiäre Terrassen haben nach VINKEN 1959:127 Quarzzahlen je nach Alter zwischen 85-57%, Hauptterrassen um 47-60%, Obere Mittelterrasse 47-49%, Untere Mittelterrasse 28-38%, Niederterrasse 25-36%; BRUNNACKER & BOENIGK 1983:68 geben ähnliche Werte. Tertiäre Schotter sind besser gerundet als quartäre.

Mit Leitgeröllen lassen sich Flußverbindungen nachweisen: alpine Leitgesteine: Juliergranit (Rhein), Verrucano (Linth), Windgällenporphyr (Reuss), Grimselgranit, Gasterngranit (Aare), Allalin-Gabbro (Saas Fee), Mont-Blanc-Granit, Vallorcine-Konglomerat (Rhone), ferner zahlreiche Sedimentgesteine verschiedener Decken- und verschiedener Metamorphosefazies (LABHART 1993); in Norddeutschland: fennoskandische Geschiebe, Gesteine des Erzgebirges, des Harzes, Porphyre des Thüringer-Waldes; Gesteine des Weserberglandes; im Maasgebiet: Gesteine der metamorphen Zone der Ardennen; im Rheingebiet Konglomerate, Quarzite, Sandsteine, Kieselschiefer, Vulkanite des Rheinischen Schiefergebirges, Porphyre und Achate des Nahegebietes (SCHNÜTGEN & BRUNNACKER 1977, BRUNNACKER et.al.1979, ALTMEYER 1982).

In niederrheinischen Schottern sind Feuersteineier häufig; es sind gut gerundete Brandungsgerölle aus Feuersteinen der Oberkreide, durch Küstenversatz an oligozänen und miozänen Küsten von Westen her in die Niederrheinische Bucht gerollt, aus tertiären Meeressanden durch den Rhein in seine Schotter übernommen. Die Übernahme aus miozänen Geröllnestern in die Rheinhauptterrassen ist an den Wänden der Braunkohlengruben aufgeschlossen. Sie werden fälschlich »Maas-Eier« genannt, leider folgt auf diese Bezeichnung immer die falsche Folgerung, sie seien von der Maas in das Niederrheingebiet transportiert, würden also Maaseinfluß anzeigen In Norddeutschland vorkommende Feuersteineier stammen von der Ostseeküste, wurden durch das Inlandeis mitgeschleppt. Feuersteineier entstehen noch an heutigen Kreideküsten.

Unter den Verkieselungen des Schotterspektrums kommen mannigfaltige Gesteinarten vor: verkieselte Kalksteine (darunter Kieseloolithe), tertiäre Sande, Hölzer, bunte Verwitterungsböden mit Eisenausfällung, tertiäre Vulkantuffe, usw. Die Verkieselungen gelten vorwiegend als oberflächennahe tertiärzeitliche Bildungen; aber auch ältere sind darunter: verkieselte Eisenerze des Lahn-Dill-Gebiets, Achate des Rotliegenden im Nahegebiet.

Die Kieseloolithe der pliozänen Rhein- und Moselschotter sind verkieselte Juragesteine, sie stammen vermutlich aus heute restlos entfernten Vorkommen auf oder am Rande des

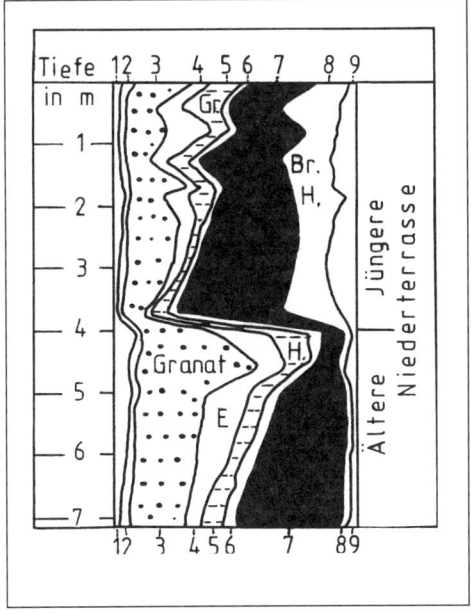

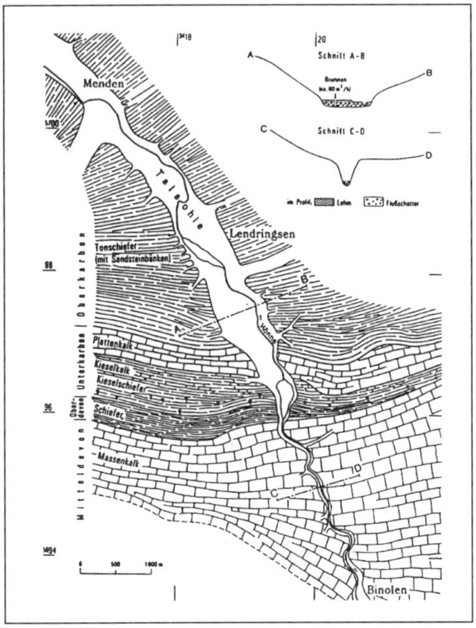

Abb. 136
Schwermineralprofil der jüngeren und älteren
Rhein-Niederterrasse aus Abb. 140 südlich
Duisburg (Legende unter Abb. 45).
(Analytikerin: U.WEFELS, G.L.A.N.W.
Krefeld)

Abb. 137
Hönnetal zwischen Binolen und Menden,
Sauerland. (THOME 1974a)

westlichen Teils des Rheinischen Schiefergebirges; es kommen aber auch Kieseloolithe im
Mittleren Muschelkalk und damit in Neckarschottern vor.

13.4.4
Schwerminerale

In quartären Rheinsedimenten herrschen instabile Schwerminerale: Granat, Epidot und
grüne Hornblende, in tertiären der Kieseloolith-Formation stabile: Zirkon, Turmalin, Staurolith vor. Nach diesen Unterschieden legt BOENIGK 1990:133 den Anschluß des alpinen
Einzugsgebiets (vermutlich der Aare) in das Oberpliozän. Die rheinischen Mittelterrassen
unterscheiden sich durch den Gehalt an vulkanischen Schwermineralen von den Hauptterrassen (VINKEN 1959, RAZI-RAD 1976). Besonders reich an vulkanischem Augit sind
die elsterglazialen Rinnenschotter (KLOSTERMANN 1985). Die Schwermineralfazies des
Laacher-See-Ausbruchs (u.a. auffallend mehr braune Hornblende) erlaubt die Unterscheidung einer jüngeren von einer älteren Niederterrasse (Abb. 136).

Nicht alle Flußterrassen lassen sich durch unterschiedliche Schwermineralgehalte definieren: Wie schon die Unterscheidung zwischen älterer und jüngerer Niederterrasse anhand der Schwerminalfazies des Laacher-See-Ausbruchs zeigt, ändern Vulkanauswürfe die Schwermineralfazies bestimmter Flußstrecken drastisch, während Bereiche fern diesen Auswürfen diese Änderungen nicht aufweisen.

Man muß damit rechnen, daß deutliche Schwankungen der Schwermineralgehalte in Mittelterrassen teils durch Sedimentationsunterschiede (zum Beispiel zwischen groben Schottern und feinen Sandschichten), teils durch sporadische Vulkanausbrüche bedingt sind. Im eisrandnahen saalezeitlichen Weserschotterprofil von Möllenbeck (Abb. 45) sind Schwankungen der vulkanischen Minerale Augit und Olivin, aber auch der grünen Hornblende auffällig, ohne daß sich daraus eine Untergliederung in mehrere Terrassen ergibt.

13.5
Flußerosion

13.5.1
Talbildung

Erosion ist nur möglich, wenn das erforderliche Gefälle durch Hebung oder Änderung des Flußregimes herbeigeführt wird, als Erosionsmittel gelten gewöhnlich Gerölle, chemische Lösung und Transportenergie. Wie langwierig solche Arbeit ist, zeigen Flüsse der Tropen: Sie schneiden schmale steilwandige Täler, bilden an tektonischen Bruchstufen lange Zeit Wasserfälle, benötigen große Zeiträume für eine ausgeglichene Gefällskurve.

In ehemaligen Periglazialgebieten verlief Flußerosion wesentlich rascher und intensiver, weil der Frost Talböden und Talhänge auflockerte (»Eisrindeneffekt« BÜDEL 1969), sodaß Hochwässer den Frostschutt nur auszuräumen brauchten. An Größenverhältnissen kleiner Täler werden Frostfestigkeitsunterschiede des Untergrundes sichtbar (Abb. 137): Im frostfesten Massenkalk konnte die Hönne nur eine 50-100 m enge Schlucht erodieren, mit der gleichen Wassermenge in der gleichen Zeit in frostempfindlichen oberkarbonischen Schiefertonen eine ca. 700 m breite Wanne.

Ursache für die wirksame kaltzeitliche Erosion waren neben der Frostlockerung auch sehr große Hochwässer: In den Frostmonaten blieb der Niederschlag als Schnee liegen, in der Schmelzperiode des Frühjahrs ging er in einem großen Hochwasser ab. Eisversetzungen verstärkten die Erosionswirkung indem sie die Hochwassermengen konzentrierten und mit Eisschollen sehr wirksam die Ufer angriffen. Große Flüsse schnitten sich mit einer ihrer Hochwassermenge angepassten Sohlenbreite ein (von WISSMANN als »Tieferschalten« bezeichnet), gleichzeitig wurden die Talhänge durch Frostabtragung verflacht. Sie erreichten im Periglazial trotz Hebung nach verhältnismäßig kurzer Zeit (etwa ein Glazial) eine verhältnismäßig ausgeglichene Gefällskurve.

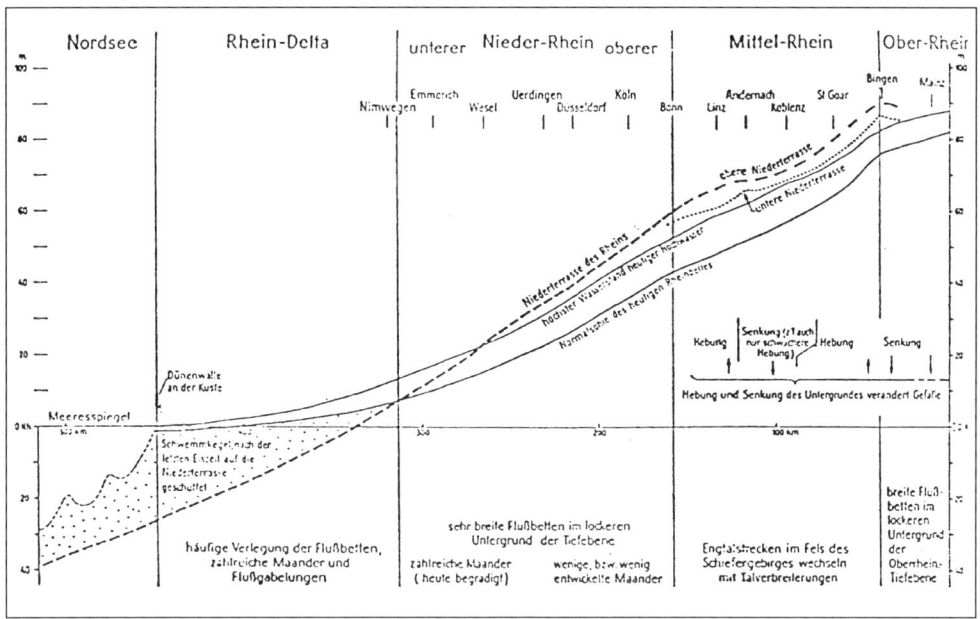

Abb. 138
Gefällskurven von Niederterrasse und heutigem Rhein ab Mainz bis zur Mündung. (THOME 1963)

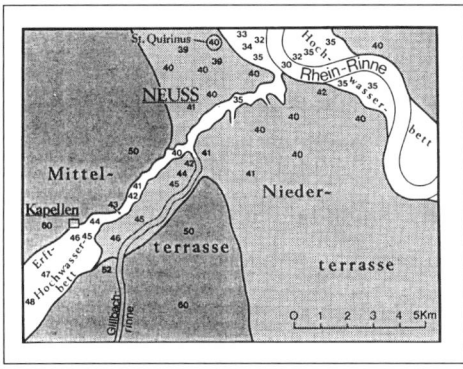

Abb. 139
Holozäne Erosion der Erft oberhalb ihrer Mündung.
(THOME 1989:32)

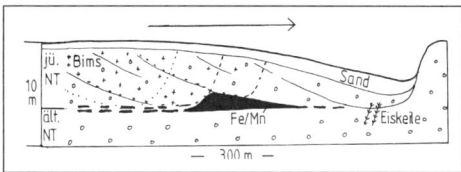

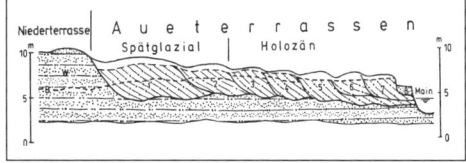

Abb. 140
Wanderung einer Flußschlinge südlich Duisburg vom Alleröd bis zur jüngeren Tundrenzeit; Bimsvorkommen = +, Fe-Mn-Verkrustungen = schwarz. (THOME 1990b)

Abb. 141
Nebeneinanderlagernde holozäne Sedimentkörper am Obermain. (nach SCHIRMER 1981 aus SCHREINER 1992)

Die hauptsächlich quartärzeitliche Talbildung verlief, verglichen mit Talbildungen in warmen Klimabereichen verhältnismäßig rasch; das Verständnis ihrer Genese ist für die Eiszeitgeschichte großer Gebiete wichtig. Neben Tiefen- und Seitenerosion waren Solifluktion und Abluation in beträchtlichem Umfang beteiligt. Stellenweise spielte auch der durch Klüftung beeinflußte, noch wenig untersuchte Tal-Zuschub, hangabwärts gerichtete, durch Frostspalten verstärkte Erweiterung vertikal stehender Kluftkörper (HERRMANN 1969), eine Rolle.

13.5.2
Tiefenerosion

war vorwiegend eine Folge von Erdkrustenhebung unter eiszeitlichen Bedingungen (u.a. SCHAEFER 1950, BÜDEL 1969,1977). Die Hebung der Mittelgebirge hat seit dem jüngeren Tertiär eine langsam fortschreitende stetige Tendenz, die in Glazialen durch Bildung von Randschwellen um große Vereisungen (FJELDSKAAR 1994) von kurzfristigen Hebungs- und Senkungsbewegungen überlagert wurde.

Die Wirkung fluviatiler und glazifluviatiler Erosion addierte sich von Glazial zu Glazial und resultierte in einer zunehmenden Vertiefung der Täler, sodaß bei größerem Gefälle die tiefste Erosion erst im letzten Glazial oder im Holozän stattfand. In zahlreichen großen Flüssen mit geringem Gefälle wurde jedoch das Maximum der Tiefenerosion nicht erst im letzten Glazial, wie oft vorausgesetzt wird, sondern früher, teils im Elsterglazial, teils schon vorher erreicht (Kap. 13.9).

Die geringe Tiefenerosion der größeren holozänen Flußrinnen in die Schotter des letzten Glazials (Niederterrasse) ist nicht Folge einer Krustenhebung sondern des veränderten Abflußregimes, es ereignete sich schon im Spätglazial. Die Nieder- und die Untere Mittelterrasse des verwilderten glazialen Rheins haben bei Düsseldorf jeweils ein Gefälle von ca. 0,4 ‰, der heutige Rhein etwa 0,2 ‰; nördlich Bonn hat sich der heutige Rhein um ca. 15 m in die NT eingeschnitten; in den Niederlanden ein Delta auf die NT geschüttet, das an der Meeresküste 25 m mächtig ist (Abb. 138).

13.5.3
Expositionsasymmetrien

Die Asymmetrie der Talquerschnitte infolge Exposition zur Sonne ist nur an kleinen Flüssen mit schwacher eigener Erosionskraft deutlich, an größeren wird sie von Formen überlagert, die durch die Eigendynamik des Flusses entstanden. Es gibt zwei gegensätzliche asymmetrische Talquerschnitte: a) Schattenhang steiler, Sonnenhang flacher, b) Schattenhang flacher, Sonnenhang steiler. Nach POSER & MÜLLER 1951 ist der Schattenhang steiler, wenn Solifluktion die Erosion beherrscht, der Sonnenhang steiler, wenn Bacherosion vorherrscht. SEMMEL (1990:252) vermutet Einfluß von Westwinden, die die Wasserläufe nach Osten abdrängten. Auch Berghänge zeigen, soweit Gesteinstrukturen keine Abweichungen hervorrufen, Expositionsasymmetrien: flacher Sonnenhang, steiler Schattenhang.

13.5.4
Holozäne Talentwicklung

Am Ende der letzten Eiszeit verkleinerte sich infolge abnehmender Frostwirkung und aufwachsender Vegetation der Schuttanfall, der Abfluß wurde ausgeglichener, die Flüsse bildeten jeweils eine ganzjährig fließende Rinne, die Mäander entwickelte. Sie enthielt im natürlichen Zustand meist einige Inseln. Rückschreitende Erosion hat an großen Flüssen (Rhein) zur Eintiefung eines Hochwasserbetts und einer mäandrierenden Rinne in die Niederterrasse geführt.(Abb. 138). Dies begann teilweise schon im Wechsel der Klimaschwankungen des Spätglazials. Aber erst im Holozän wurde die Niederterrasse hochwasserfrei.

Kleine Nebenflüsse hatten nicht die gleiche Erosionskraft: Die Erft erodierte anschließend an die Erosion des Rheinhochwasserbetts rückschreitend von ihrer Mündung bei Neuss ebenfalls ein kleines Hochwasserbett in ihre Niederterrasse, das aber nur bis in den Raum Grevenbroich gelangte, von da ab aufwärts liegt das holozäne Erftbett noch auf der eiszeitlichen Erftniederterrasse, hat diese mit holozänen Schluff- und Lehmsedimenten bedeckt und beiderseits ihrer Rinne Uferwälle aufgeschüttet (Abb. 139). Bei Heidelberg wurde das Alter von Auenmergel unter Sanddünen mit ^{14}C-Datierungen von Schneckenschalen auf ca. 10 800-11 400 Jahren bestimmt, auch die Dünen darüber sind spätglazial.

Südlich Duisburg (Abb. 140) war die Entwicklung einer kleinen Rheinschlinge auf der Niederterrasse vom Alleröd (links im Bild) zur jüngeren Tundrenzeit zu verfolgen: Die allerödzeitlichen Rheinsedimente führen reichlich Bims des Laacher-See-Ausbruchs. Boden und östlicher Rand des allerödzeitlichen Bettes sind durch Eisen- und Mangan-Ausfällungen bis zu einer maximal 1,5 m dicken Lage verkittet. Nach Osten, zum Bett der Jüngeren Tundrenzeit, hören Bimsführung und Eisen-Manganverkittung auf, ein Zeichen, daß der aus Osten kommende allerödzeitliche Grundwasserstrom versiegte und der Rhein die Bimsablagerungen aus seinem Bett entfernt hatte. In der Jüngeren Tundrenzeit fällt die Rinne trocken; im Flußbettboden entstehen Eiskeile.

SCHIRMER (1981) findet in Flußwindungen am Main nebeneinander verschieden alte holozäne Aufschüttungen von etwa gleicher Mächtigkeit (Abb. 141). Hierin äußert sich ein Sedimentationstyp, der von dem der glazialen Niederterrasse abweicht: Die Niederterrasse erscheint als einheitlicher, vertikal aufgebauter Schotter, die holozänen Sedimente als etwa gleich mächtige nebeneinander liegende verschieden alte Schotterkörper (EISSMANN & LITT 1994:334).

Mit der im Spätglazial beginnenden Tiefenerosion in die Niederterrasse geht im Küstenbereich die Aufschüttung des Rheindeltas einher, als das Steigen des Meeres sich verlangsamte. Auf dem Delta gabelt sich der Rhein in mehrere Arme, sein Hauptabfluß verlagerte sich, durch die von West nach Ost (nach rechts) an der Küste entlangziehenden Tidewellen beeinflußt (WAGNER 1960) im Laufe der Zeit immer mehr nach links: Wenn die nach Osten laufende Tidewelle den linken Rheinarm passiert hat und freigibt, sperrt sie noch den Abfluß des rechten, dadurch wird die Erosion im linken gefördert.

Die Rheinarme werden von großen Uferwällen begleitet, hinter denen sich (früher sumpfige) Hochwasserabsetzbecken ausbreiten. BRUNNACKER (1978:437) vermutet am Niederrhein im jüngeren Holozän einen Wechsel von Phasen größerer und geringerer Flußaktivität, vielleicht größenordnungsmäßig alle 1000 Jahre; auch andere Flüsse würden solche Phasen zeigen: u.a. Are, Ens, Donau, Main, Lahn, Sieg, Weser. EISSMANN & LITT 1994:334 kommen anhand der Aufschlüsse im Elbegebiet zu der Folgerung, daß »keinesfalls deutliche Phasen der Schotterakkumulation und Phasen der Sedimentationsruhe erkennbar sind.«

Holozäne Umlagerung und Verschwemmung oberflächennaher Böden sind weitverbreitet, sie erfolgten besonders nach Rodungsperioden, zum Beispiel im Mittelalter (LÖSCHER & HAAG 1989). Auenlehme auf der Talsohle eines kleinen Seitenbaches der Ruhr bei Fredeburg, Sauerland, konnten mit einer ^{14}C-Bestimmung eines an der Basis liegenden Baumstamms auf ca. 2000 Jahre B.P. (Rodungszeit) datiert werden (THOME 1993:48). In den Tälern der Weißen Elster und Pleiße (Sachsen) beginnt die Auenlehmsedimentation im mittleren Atlantikum, als die ersten Ackerbauern und Viehzüchter, die Bandkeramiker, den Raum besetzten. Im benachbarten Muldegebiet begann die Besiedlung erst in der Bronzezeit, ebenfalls die dortige Auenlehmbildung. Vor der Auenlehmsedimentation waren die Talböden von An- und Niedermooren bedeckt (EISSMANN & LITT 1994:336).

Abb. 142
Verlagerungen der Rheinmäander bei Neuss seit 2000 Jahren. (THOME 1974b:20)

Abb. 143
Rhein zwischen Köln und Düsseldorf um 1100 (links) und um 1950 (rechts). (THOME 1988a:52/53)

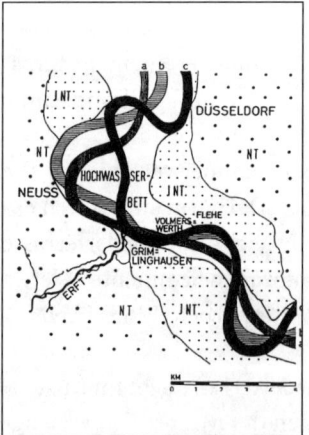

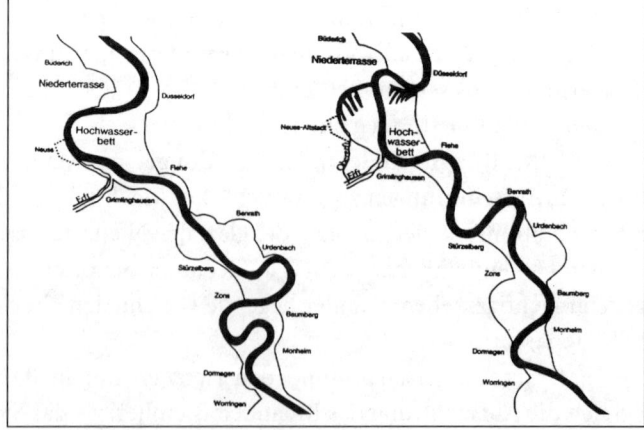

Das ewig widerholte Spiel mäandrierender Flüsse, Bildung und Abschneiden von Mäandern, läßt sich am Niederrhein stellenweise datieren: Bei Bislich (Xanten) bohrte sich eine nach Westen wandernde Rheinschlinge nach dem Abzug der Römer in das linke Niederterrassenufer, auf dem die Ruinen des römischen Lagers Castra Vetera 2 standen, die Mauerreste sanken auf den Boden der über sie nach Westen wandernden Rinne. Im Jahre 1784 wurde der Mäanderbogen durch ein Hochwasser begradigt, die römischen Ruinen später bei Baggerarbeiten gefunden.

Bei Neuss floß der Rhein seit der Gründung von Novaesium (15 v.Chr.) bis etwa zur Mitte des 13. Jahrhunderts entlang dem linken Niederterrassenufer. Dann begann ein zunächst langsames, sich dann drastisch beschleunigendes Abwandern nach Osten, das durch die Hinderungsmaßnahmen der in ihrer wirtschaftlichen Existenz bedrohten Neusser Bürger gut belegt ist. Der Rhein löste sich, trotz aller Hinderungsversuche vom linken Niederterrassenrand und wanderte nach rechts (Abb. 142). Verglichen mit dieser Abwanderung, deren Hauptschritte ca. 2-3 Jahrhunderte dauerten, war die Lage des Rheinbetts am Neusser Ufer vorher für mindestens 1300 Jahre konstant. Unmittelbare Ursache der langen Ruhe und der folgenden Aktivität war die Mäanderentwicklung südlich Neuss im Raum Grimlinghausen-Flehe-Volmerswerth.

Die relative Ruhe in der Entwicklung der Rheinwindungen bei Neuss wurde vermutlich durch den sich immer mehr einengenden Doppelmäander im Raum Dormagen-Zons-Unterbach bewirkt. Er verbrauchte die für die darunter folgende Strecke erforderliche Erosionsenergie. Erst als der Doppelmäander abgeschnitten wurde, in einem oder mehreren Hochwässern, verstärkte sich im darunter befindlichen Stromabschnitt bis Neuss die Mäandererosion.

Der Doppelmäander Dormagen-Unterbach bestand seit römischer Zeit, seine allmähliche Entwicklung ist nicht überliefert, aber der Vergleich mit der Entwicklung anderer Rheinmäander macht es möglich, einige allgemeine Tendenzen der Mäanderentwicklung zugrunde zu legen; sie läßt erkennen, daß die großen Uferbögen, die heute das Landschaftsbild prägen, nicht den letzten Stand der Rheindoppelwindung darstellen, sondern daß sich

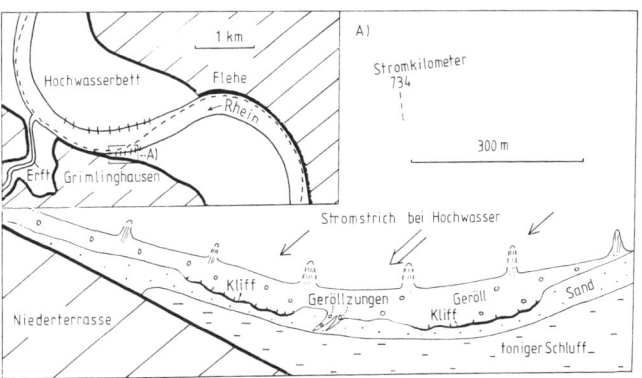

Abb. 144
Heutiger Schwerpunkt des seitlichen Stromangriffs der Hochwässer im Mäanderbogen bei Neuss.

der Rhein zur Zeit des Durchbruchs von den Uferbögen gelöst hatte. Die bei Neuss um die Mitte des 13. Jahrhunderts einsetzenden Änderungen im Rheinlauf geben als möglichstes jüngstes Datum für den Bruch des Doppelmäanders bei Dormagen-Unterbach die Mitte des 13. Jahrhunderts, vielleicht einige Jahre bzw. Jahrzehnte (?) früher (Abb. 143). Das Freiwerden der vorher im Doppelmäander gebundenen Erosionskraft startete anscheinend die Mäanderbildung in dem rheinabwärts folgenden Stromabschnitt. So ist das plötzlich einsetzende Abwandern des Rheins vor Neuss ohne klimatische Phasenänderungen allein aus der Jahrhunderte umfassenden Entwicklung der Rheinmäander erklärbar. Nach Auswertung alter Urkunden über Eigentumsverhältnisse nehmen u.a. LANGE 1986 und STRASSER 1990 für die beiden Windungen des Doppelmäanders getrennte Durchbrüche einige Jahrhunderte früher an.

Weitergehender Uferangriff im Mäanderbogen südlich Neuss

Infolge der ab 1865 gebauten Buhnen war die Rheinerosion vom linken Ufer abgelenkt, Hochwässer hatten seitdem neben der Stromrinne einen Wall aus Sand (Uferwall) aufgeschüttet und dahinter tonig-feinsandigen Schluff (Absetzbecken) abgelagert. Um 1970 hatte Rheinerosion die Buhnen in 200 m Breite am Ufer zerstört, Kliffs in die Sedimente des Uferwalls und des Absetzbeckens erodiert und eine Kieszunge inmitten der Erosionszone aus der Strommitte bis auf den Uferwall gerollt. Die Kieszunge bestand im tieferen, rheinnäheren Teil aus kugeligen, im oberen Teil, auf dem Sandwall, aus plattigen Geröllen. Neuerliche Stromverbauung hat weitere Rheinangriffe vorerst vereitelt (Abb. 144).

In tief gelegenen holozänen Verebnungen, wie sie am Unterläufen großer Flüsse und in Küstennähe auftreten, haben die Menschen zum Schutz gegen Überflutung zunächst Hügel (Wurten) später Deiche aufgeschüttet. Bei Deichbrüchen entstehen fast regelmäßig tiefe Kolkseen. Sie blieben als charakteristische Spuren von Deichbrüchen jahrhundertelang erhalten und sind in allen Gebieten früher Deiche zu finden. Um die Kolke herum liegt sandigeres ausgespültes Material, es macht tonige schwere Auenlehme leichter bearbeitbar. Wurde ein gebrochener Deich repariert, schloß man die Durchbruchslücke, indem man den neuen Deich in einem Bogen um den Kolksee führte. Kolkseen und Deichbögen um erhaltene und verlandete Seen sind Spuren ehemaliger Deichbrüche. Ihre Datierung, bisher selten vorgenommen, könnte zur Erkundung der jüngeren Flußgeschichte beitragen.

13.6
Flußterrassen

Das Thema der Flußterrassen und ihrer Genese zeigt so verschiedenartige Erscheinungsformen und Deutungen, daß hier aus der sehr umfangreichen Literatur nur Hinweise im Hinblick auf die Anwendung der Tiefseegliederung gebracht werden. Sehr wichtig ist hierbei die Frage nach dem wirklichen Alter.

13.6.1
Definition

Die Bezeichnung »Terrasse« hat eine morphologische und eine sedimentologische Bedeutung: Sie umfaßt den als Stufe sichtbaren Rest eines früheren Flußbetts und den in dieser Terrassenstufe vom Fluß zurückgelassenen Sedimentinhalt.

Das Einschneiden der Täler hat Spuren in Form von Hangstufen = Terrassen mit (Schotterterrassen) und ohne Flußsedimente (Felsterrassen) hinterlassen. Die übereinander angeordneten Stufen eines Talhangs bezeichnet man als Terrassentreppe.

Die Entstehung von Flußterrassen hat verschiedene Ursachen:
1. Experimente zeigen, daß selbst bei gleichbleibender Abflußmenge und stetigem Einschneiden Stufen an Hängen zurückbleiben, weil sich Windungen bilden und verlagern;
2. Wechsel der Flußaktivität zum Beispiel infolge von Klimaschwankungen;
3. wechselnde tektonische Hebungsraten.

Besonders zahlreich sind Terrassenstufen an Gleithängen, wo das Flußbett mehr Platz hatte, sich nach den Seiten auszudehnen. Die in den Terrassen zurückgelassenen Flußschotter enthalten oft kaltzeitliche Klimaspuren, daher wird meist kaltzeitliche Entstehung für unsere Flußterrassen angenommen.

Hangstufen entstehen aber auch an Ufern ehemaliger Eisstauseen durch Plattformerosion (Kap. 12.2), sie entstanden also auch an Eisrandseen in deutschen Mittelgebirgen. Bisher wurden noch keine gefunden.

13.6.2
Ineinanderschachtelung von Schotterkörpern

Die Bezeichnung »Terrasse« für abgrenzbare kleinere Schotterkörper innerhalb einer komplexen Flußaufschüttung wird häufig angewendet, sollte aber besser vermieden werden, weil sie die Bedeutung des Begriffs »Terrasse« durch Erweiterung verwischt.

Abb. 145
Konstruktion des Längsprofils der Rheinterrassen an Mittel- und Niederrhein nach der Theorie des stufenweisen Einschneidens der mittelrheinischen Terrassentreppe. (aus WOLDSTEDT 1958:50)

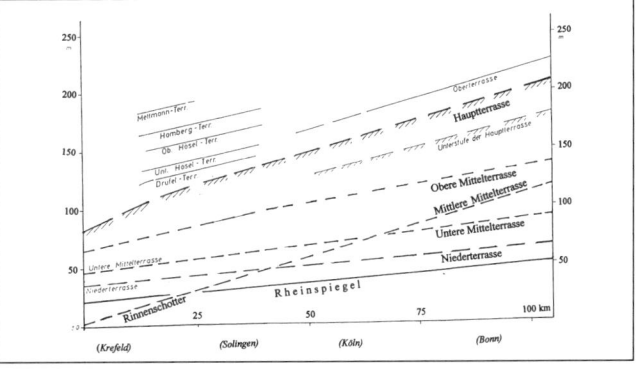

Die elsterglazialen Rinnenschotter an der Quartärbasis des Niederrheingebiets, die unter holsteinzeitlichen Gyttjen und saalezeitlicher Unterer Mittelterrasse begraben sind, werden gelegentlich als »Mittlere Mittelterrasse« bezeichnet und zeitgleich einer Hangstufe des Mittelrheins bei Remagen zwischen der Oberen und Unteren Mittelterrasse zugeordnet (Abb. 145). Diese Konstruktion setzt unwahrscheinliche zeitlich eng begrenzte tektonische Sonderbewegungen eines Teils des Rheinischen Schiefergebirges voraus, die sich nicht nachweisen lassen. Sie diente dem Versuch, die nach dem Schema der Terrassentreppe aufgestellte Gliederung des Mittelrheingebiets auf niederrheinische Terrassen zu übertragen.

13.6.3
Alter von Flußterrassen

Terrassen werden oft nach der Reihenfolge ihrer Höhenlage über dem heutigen Flußbett datiert (Datierungsschema der Terrassentreppe), wobei vorausgesetzt wird, daß in jeder Eiszeit sich der Fluß eine Stufe tiefer einschnitt. Gestützt wird diese Ansicht dadurch, daß bei großen Flüssen die tiefste Terrasse über dem heutigen Flußbett (= Niederterrasse) meist das Flußbett während des letzten Glazials war; die Niederterrasse (zumindest ihre oberflächennahe Partie) ist also meist eindeutig weichsel- bzw. würmglazialen Alters.

Die Einstufung der angrenzenden höheren Terrassen erfolgt mehr oder weniger schematisch nach der Reihenfolge vorhergehender Glaziale, wobei die Anzahl der in den Deckschichten erhaltenen Verwitterungsböden gewertet wird. Tiefer gelegene Terrassenstufen an Talhängen sind selbstverständlich jünger als höhere, das impliziert aber nicht eine fortschreitende lückenlose Altersreihenfolge; unter manchen Stufen sind nachweislich mehrere Glaziale verborgen. Meist wird nur das Niveau der Terrassenoberfläche zur Einstufung benutzt; es ist die morphologisch verläßlichste Höhenmarke – sie bezeichnet, wenn keine spätere Störung erfolgt, den Endstand einer fluviatilen Aufschüttung, während die Terrassenbasis den Endstand der fluviatilen Erosion vor einer Aufschüttung anzeigt. Doch ist die Basis nicht mehr festzustellen, wenn Terrassenreste nur an Talrändern erkennbar sind, weil die Erosion fern den Talrändern die maximale Tiefe erreicht.

Besonders zahlreiche Hangstufen finden sich an Gleithängen von Windungsbögen, sie erlauben eine sehr weitgehende Untergliederung (Abb. 147), täuschen eine in Wirklichkeit nicht vorhandene Gleichwertigkeit der Erosions- und Akkumulationsabschnitte verschiedener Glaziale vor. In höheren Terrassen gefundene Artefakte könnten zwar aufgrund ihres Entwicklungsstandes Hinweise für eine zutreffendere Datierung von Terrassen geben, doch wurden – umgekehrt – die Artefakte oft nach dem vermuteten Alter des Terrassenkörpers datiert.

Abb. 146
Terrassentreppe des Mittelrheins.
(nach QUITZOW 1962, 1974)

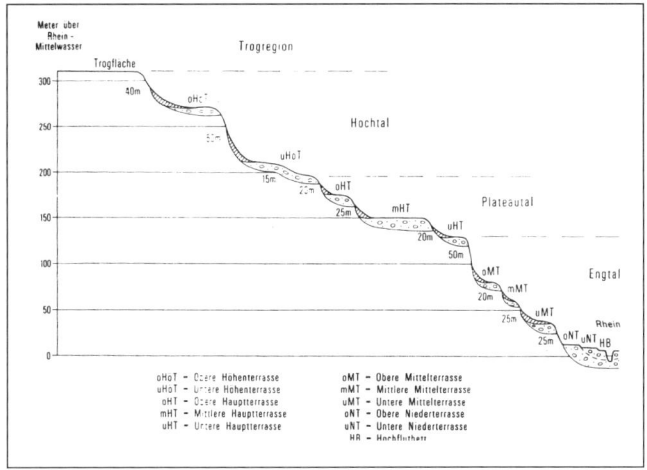

13.7
Terrassengliederungen

13.7.1
Gliederungsschema

Die Folge der übereinander an Talhängen angeordneten Stufen wird von unten nach oben untergliedert in: Niederterrassen (NT), Mittelterrassen (z.B. Untere-, Mittlere- und Obere Mittelterrasse: UMT, MMT, OMT); Hauptterrassen (oder Oberterrassen) HT (zum Beispiel Untere- und Obere Hauptterrasse, UHT, OHT). Höher als diese quartären Terrassen liegen spärliche Reste pliozäner Terrassen (Höhenterrassen), über diesen die Verebnungen der tertiären Trogregion.

Die Niederterrasse wird gewöhnlich als Flußbett während des letzten Glazials angesehen, die höheren quartären Terrassen sind Flußbettreste älterer Kaltzeiten. Das heutige Flußbett wird nicht als Terrasse bezeichnet, Terrassen sind also fossil. An großen Flüssen (z. B. am Niederrhein) gibt es ein in die Niederterrasse eingeschnittenes ca. 1-5 km breites Hochwasserbett mit der darin eingeschnittenen relativ schmalen (ca. 600-1000 m breiten) ständig Wasser führenden Rinne für Niedrig- und Mittelwasserabfluß (Abb. 138).

Sehr kleine Flüsse fließen oft noch auf dem Talboden, den sie am Ende des letzten Glazials aufschütteten. Er wird dann nicht als Niederterrasse sondern als rezenter Talboden bezeichnet (Abb. 139). Dann kann eine möglicherweise wesentlich ältere Terrassenstufe als »Niederterrasse« bezeichnet werden, wenn sie die Talaue nur wenig überragt.

Als gleichzeitig gelten Terrassen, deren Höhenniveaus sich in eine Gefällslinie einordnen; ältere Terrassen sind stellenweise durch unterschiedliche Hebung verstellt. Die Datierung erfolgt gewöhnlich nach der Reihenfolge über dem heutigen Flußbett und nach der

Anzahl der auf ihrer Oberfläche noch erkennbaren Verwitterungsböden, weil unabhängige Zeitmarken wie Pflanzen- und Tierreste, vulkanische Aschen, paläomagnetische Magnetisierung oder Artefakte kaum zur Verfügung stehen. Manche Terrassenstufen sind deutlicher ausgeprägt als andere. Die Unterschiede lassen sich manchmal auf lokale Besonderheiten der Talgestaltung zurückführen, verursacht durch die Position in einer Talwindung. Sind aber bestimmte Terrassen entlang großen Talstrecken deutlicher als andere, spielen überregionale Gestaltungsfaktoren zum Beispiel zeitlich begrenzte stärkere Erosionsphasen eine Rolle.

Gut erkennbare Terrassen werden bestimmten Glazialen zugeordnet, daraus entstand die Hoffnung, durch eine möglichst vollständige Erfassung (Abb. 146) eine »Vollgliederung des Eiszeitalters« zu finden, wobei vorausgesetzt wird, daß der Fluß sich während des Quartärs fortschreitend tiefer einschnitt, in jeder folgenden Eiszeit also eine tiefere Terrasse erodierte.

13.7.2
Terrassenkreuzung

Wo Flüsse aus Hebungs- in Senkungsgebiete gelangen, kann sich die Position der Terrassen umkehren: In Hebungsgebieten liegen ältere Terrassen in höherer Position als jüngere, in Senkungsgebieten (Oberrheingraben, Neuwieder Becken, Niederrhein) umgekehrt (tiefer als jüngere); der Übergangsbereich zwischen Hebungs- und Senkungsgebieten wird als Terrassenkreuzung bezeichnet.

Der Begriff spielte besonders beim Übergang der Terrassen des Mittelrheintals zum Niederrhein eine Rolle: Im Mittelrheingebiet liegen die pliozänen Kieseloolithschotter in höheren Terrassenresten als die quartären Hauptterrassenschotter, in den Senkungsgebieten der westlichen Hälfte der niederrheinischen Tiefebene die pliozänen Schotter unter den Hauptterrassenschottern. Bei Bonn etwa wurde eine Kreuzung der Terrassen angenommen und deshalb die am Niederrhein außerhalb des Senkungsgebiets an der Quartärbasis liegenden Mittelterrassenschotter zunächst irrtümlich für Hauptterrassenschotter gehalten.

Das Schema hat die wirklichen Zusammenhänge mehr verwischt als geklärt: In diese Vorstellung passt die Konstruktion der Mittleren Mittelterrasse bei Remagen am Talhang zwischen Oberer und Unterer Mittelterrasse, sie solle den Rinnenschottern an der Basis der Niederrheinischen Mittelterrassen entsprechen.

Es gibt aber keine Kippachse der Terrassenkreuzung bei Bonn: Nur im tektonisch bedingten linksniederrheinischen Senkungsfeld liegen pliozäne Kieseloolithschotter unter quartären Hauptterrassen, wie es der Vorstellung der Terrassenkreuzung entspricht; außerhalb des Senkungsfeldes, in der östlichen Hälfte des Niederrheingebiets, wo sich die jüngere Rheingeschichte abspielte, herrscht die gleiche Großgliederung wie am Mittelrhein (Abb. 148, Kap. 13.9).

Eine »Terrassenkreuzung« liegt nördlich von Bonn im Raum Kalkar: Dort sinkt die Niederterrasse unter das Hochwasserbett (Abb. 138), es ist eine Folge der Änderung des Rheinabflußregimes am Ende des letzten Glazials und der Aufschüttung des Rheindeltas aber keine Folge tektonischer Krustenbewegungen.

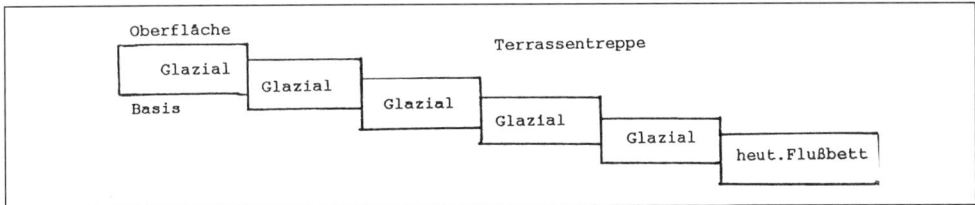

Abb. 147
Schema 1: Datierung von Flußterrassen nach der Reihenfolge der Höhenstufen.

13.7.3
Alpenbereich

Die alte Gliederung in Ältere und Jüngere Deckenschotter und Hochterrassenschotter wurde in verschiedenen Flußgebieten stärker unterteilt, als die Älteren Deckenschotter verschieden alten Glazialen zugeordnet wurden (SCHREINER 1992, HABBE 1986, 1989). Die Oberfläche der Hochterrassenschotter liegt höher als die Niederterrasse, ihre Basis tiefer (HEIM 1918:Taf.XII), das beweist, daß die tiefste Flußerosion schon während der Entstehung der Mittelterrassen, also in älteren Glazialen stattfand, wie in anderen Teilen des Rheingebiets auch (Kap. 13.8).

13.7.4
Weser

An Talhängen hat ROHDE (1989) elf pleistozäne Terrassen gefunden, besonders zahlreich an Innenseiten der Talmäander; sie wurden nach ihrer Höhenlage über der heutigen Weser datiert. Die älteste liegt ca. 160 m über der Talaue; alle enthalten Driftblöcke. Bei Fürstenberg ist die drittälteste pleistozäne Terrasse (128-131 m über der Talaue) revers magnetisiert, bei Wahmbeck die vermutlich gleiche Terrasse normal. Das entspricht entweder der Brunhes/Matuyama-Grenze (vor ca. 700 000 Jahren) oder dem Anfang des Jaramillo-Events (vor ca. 970 000 Jahren) und wird der älteren Hauptterrasse des Rheins gleichgesetzt (FROMM 1987). WIEGANK 1979 in ROHDE 1989:49 fand die Brunhes/Matuyama-Grenze im Werratal zwischen Bad Salzungen und Gerstungen in der »Oberen Oberterrasse« ca. 55 m über der heutigen Talaue, dort folgen bis zur Niederterrasse vier Terrassenniveaus.

Anhand der Geröllführung von Thüringerwald-Vulkaniten weist ROHDE nach, daß die Werra seit dem Tertiär in die Weser floß, daß also nie die vermutete Verbindung zur Leine bestand. ROHDE schätzt die Eintiefung des Wesertals seit der Bildung der ältesten pleistozänen Terrasse auf ungefähr 20 cm im Jahrtausend. Die Terrassengliederung des Wesertals paßt zu einer von Terrasse zu Terrasse fortschreitenden Eintiefung, woraus sich die Datierung nach der Reihenfolge ergibt.

13.8
Rhein

13.8.1
Bedeutung

Infolge seiner verhältnismäßig großen Wassermenge sind Erosions- und Aufschüttungsvorgänge und damit seine Terrassenbildungen mannigfaltiger entwickelt als bei Flüssen mit geringerer Abflußmenge und erlauben weitergehende Aussagen. Zudem ist er der einzige Strom, dessen Talgestaltung sowohl Alpenraum, Mittelgebirge und Norddeutsche Tiefebene erfaßt und während einiger Glaziale gleichzeitig mit dem alpinen und dem nordischen Eis in Berührung kam. So ist seine Terrassenbildung für die Quartärgeschichte Europas besonders wichtig.

13.8.2
Erstarken des Stroms

Eine wichtige Etappe der Rheinentwicklung bedeutet das Anwachsen seiner Abflußmenge seit dem Pliozän auf etwa das doppelte (heute ca. 70 km³/Jahr) u.a. durch Vergrößerung des Einzugsgebiets, insbesondere durch den Anschluß der wasserreichen Alpen: BOENIGK 1990 vermutet aufgrund des Umschlags in der Schwermineralfazies (Kap. 13.4.4) einen Anschluß der Aare im Pliozän: Der untere Teil des Reuvertons bei Brüggen am Niederrhein

Abb. 148
Terrassen am Mittel- (bei Ariendorf) und Niederrhein (bei Krefeld).

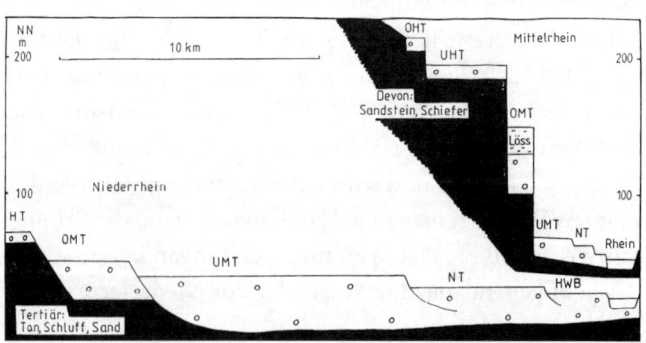

hat noch die stabile Schwermineralfazies des Tertiärs, der obere die instabile des Quartärs. Beide gehören pollenanalytisch zum Reuverium und damit zum jüngsten Tertiär (BOE-NIGK et.al. 1974:226).

BIBUS 1980 führt den tertärzeitlichen Umschlag der Mineralführung auf klimatisch bedingte Änderungen der Verwitterungsintensität zurück, sodaß der Aare-Anschluß später erfolgt sein kann.

Der Anschluß der Aare an das Rheinsystem vergrößerte die Abflußmenge des Rheins beträchtlich. Vielleicht hat sich dies in einer erkennbaren Vergrößerung des Rheinbetts ausgewirkt: Die jüngere Hauptterrasse hat ein gegenüber älteren Terrassen vergrößertes Bett, sodaß der Zeitabschnitt der Hauptterrassen als Zeitpunkt des Aareanschlusses in Erwägung gezogen wurde (Abb. 22). Der ebenfalls wasserreiche Alpenrhein wurde nach SCHREINER 1974 und VILLINGER 1986 in BOENIGK 1990) mit Beginn der Günz-Eiszeit oder am Ende der Donau-Kaltzeiten angeschlossen.

13.8.3
Terrassengliederung

Sie ist in Senkungs- und Hebungsgebieten verschieden: Aus der Vielfalt der Erörterungen und Befunde (u.a. KANDLER 1970, SEMMEL 1972, BRUNNACKER et.al. 1978, BIBUS 1980, BOENIGK 1990) können hier nur wenige Probleme stichwortartig skizziert werden. Die ältesten Schotterablagerungen sind in Senkungsgebieten übereinander gestapelt, in gebirgigen Laufstrecken hat kräftige Flußerosion viele Sedimente beseitigt, aber in Hangstufen eine Terrassentreppe (Abb. 146) hinterlassen, die am Mittelrhein in Hochtal (noch Pliozän), Plateautal (= Hauptterrassen), Engtal (= Mittel- und Niederterrassen) aufgegliedert wurde (u.a. KAISER 1961, QUITZOW 1962, BIBUS 1980, BOENIGK 1990, HOSELMANN 1994).

Oft unterscheidet man im Engtal noch Steilhänge mit Oberer und Mittlerer Mittelterrasse und den breiten Talweg mit Unterer Mittelterrasse, Niederterrassen, Hochwasserbett und Rheinrinne. Das Niederrheingebiet gilt als Ausnahmeregion infolge der in seiner westlichen Hälfte sichtbaren tektonischen Senkungen, doch zeigt seine Talentwicklung weitgehende Übereinstimmung mit dem Mittelrhein (Abb. 148). Tektonische Senkungen haben nur die pliozäne und hauptterrassenzeitliche Rheinakkumulation der Senkungsgebiete

Abb. 149
Schema 2: Einordnen der
Niederrheinterrassen in die
Tiefseegliederung.

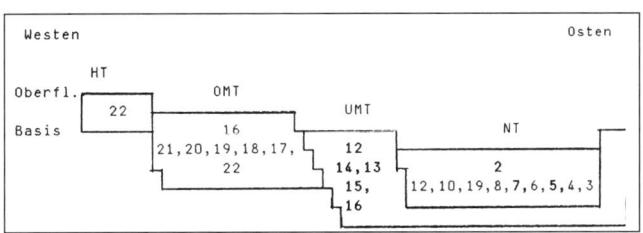

beeinflußt. Dort liegen über pliozänen Kieseloolithschottern altquartäre Hauptterrassen-schotter, in 4 Terrassenkörper aufgeteilt (KOWALCZYK 1969, SCHNÜTGEN 1974). Die Talerosion des Rheins geschah außerhalb der Senkungsgbiete in der östlichen, tektonisch nicht bewegten Hälfte der Tiefebene.

13.8.4
Höhenterrassen

Pliozäne und altquartäre Terrassen des Mittelrheingebiets liegen heute hoch auf Bergflan-ken als stufenförmig angeordnete Reste (BIBUS 1980, SCHNÜTGEN 1974), die eine lang-same tektonisch bedingte Hebung belegen. Es waren sehr breite, wenig in die Rumpffläche eingeschnittene Talböden; die pliozänen Terrassen liegen in breiten flachen Mulden, die auf lange Erosionszeiten hinweisen. Wesentlich besser erhalten und tiefer eingeschnitten sind die Hauptterrassen. Es sind ebenfalls sehr breite Flußbetten, sie zeigen weithin eine sehr deutliche Stufung in eine obere und eine untere Hauptterrasse. Die untere hat breitere Betten und bildet weithin die Oberkante des Engtals. Stellenweise werden etwas höher oder tiefer gelegene Schotterreste ebenfalls zu den Hauptterrassen gerechnet.

13.8.5
Mittelterrassen

Erst nach der Bildung der Hauptterrassen beginnt die eigentliche Talbildung, d.h. die Ero-sion eines wesentlich schmaleren tief eingeschnittenen Engtals. Es muß sich ein großer Umbruch ereignet haben zwischen der Zeit langsamer Hebung mit langsamer Tiefenerosi-on und starker Breitenerosion im Bereich der Höhenterrassen und wesentlich rascherer Hebung und starker Tiefenerosion zur Zeit der Mittelterrassen. Dieser Umschwung im Verlauf der Talbildung scheint mit dem ersten großen Glazial (Abschnitt 22 der Tiefsee-gliederung) verbunden zu sein. Nur dieses bisher kaum in Erwägung gezogene große Gla-zial macht eine Ursache für die starke Tiefenerosion erkennbar: Kräftige Hebung infolge Randschwellenbildung um das erste große Inlandeis (Abb. 9). Die Geschichte der Rhein-mittelterrassen liefert weitere Belege für den Zusammenhang großer Inlandeise mit star-ker Rheinerosion.

13.8.6
Niederterrassen

Die Niederterrasse war Rheinbett noch gegen Ende des letzten Glazials: Verschwemmte Bimslagen aus den allerödzeitlichen Eruptionen des Laacher-See-Vulkans erlauben eine Untergliederung in eine ältere und jüngere NT. Am Niederhein überdecken die letztglazialen Rheinsedimente der Niederterrasse nachweislich Rheinablagerungen aus älteren Glazialen und Interglazialen, am Mittelrhein fehlen Unterscheidungsmöglichkeiten.

13.9
Terrassendatierung

13.9.1
Niederrhein (Abb. 149)

Zeitlich gesichert sind die Ablagerung der Rinnenschotter am Ende des Elster-Glazials (Abschnitt 16), Aufschüttung des Holstein-Interglazials (Abschnitte 15-13), Ablagerung des Saale-1-Glazials = UMT (Abschnitt 12), Ablagerung mehrerer Eem-ähnlicher Interglaziale (Abschnitte 7+5), Ablagerung des letzten Abschnitts des Weichsel-Glazials (Abschnitt 2).

An der Oberfläche liegen Rheinsedimente, die den Glazialen 22 (HT), 16 (OMT), 12 (UMT), 2 (NT) zugeordnet werden können. Die darunter verborgenen Sedimente stammen, soweit sie nicht erodiert wurden, aus den mit Nummern bezeichneten Zeitabschnitten, lassen sich aber nicht unterscheiden. Stellenweise mögen Teile der begrabenen Sedimente an die Oberfläche treten, die letzte fluviatile Umformung erfolgte jeweils im obersten der genannten Glaziale.

13.9.2
Mittelrhein

Am Mittelrhein verlief die Talbildung in gleichen Erosions- und Akkumulationsschritten wie am Niederrhein, mit einem Unterschied: Die jüngsten Terrassen und das heutige Rheinbett liegen nicht hoch über der elsterglazialen Erosionsbasis sondern in ihr. Vielleicht hat nachträgliche Tiefenerosion die Erosionsbasis noch um wenige Meter vertieft. Dem geologischen Schnitt des Mittelrheintals in Abb. 148 wurden die Verhältnisse bei Ariendorf (s. BRUNNACKER et.al.1975, TURNER et.al.1990) zugrunde gelegt.

Erosions-und Aufschüttungsniveaus der Rheinterrassen bei Ariendorf, Niederaußem und Krefeld belegen eine kräftige Tiefenerosion sowohl am Ende der Hauptterrassenzeit als auch während des Elsterglazials, hohe Aufschüttung während der Zeit der Oberen Mittelterrassen und vom Ende des Elsterglazials bis zum Höhepunkt des Saale-1-Eisvorstoßes.

13.9.3
Erosionsgeschichte seit den Hauptterrassen

In den relativ breiten Talboden der jüngeren Hauptterrasse wird verhältnismäßig rasch eine große Wanne ca. 50-60 m tief erodiert. Die Kürze der Erosionszeit ist am großen Talmäander der Oberen Mittelterrassenzeit bei Niederaußem (Rinnenbasis bei 50 m NN, Oberfläche der Füllung bei ca. 85 m NN) dokumentiert: Er schneidet nach Westen in die Hauptterrasse (in Abb. 69 mit NV markiert); in seinem Ostteil enthält er Schotter der Oberen Mittelterrasse; sein Westteil ist frei von Schottern, nur mit Schluffen gefüllt: an der Basis »Warven«, darüber verschieden alte Lösse. Die Rinne erreicht vor dem Beginn der Aufschüttung obermittelterrassenzeitlicher Schotter die im Bereich der Oberen Mittelterrassen vorkommende Erosionstiefe (BREDDIN 1958). Auch der Zeitpunkt ihres Abschneidens ist erkennbar: Beim Übergang von der Tiefenerosion zur Aufschüttung, also am Ende der Hebungsperiode, die die Tiefenerosion veranlasste. Die obermittelterrassenzeitliche Aufschüttung endete spätestens in der ersten Hälfte des Elsterglazials.

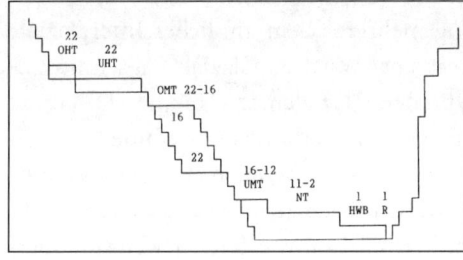

Abb. 150
Schema 3: Einordnen der Mittelrheinterrassen in die Tiefseegliederung.

Abb. 151
Erosion und Akkumulation im Rheingebiet seit 900 000 Jahren.

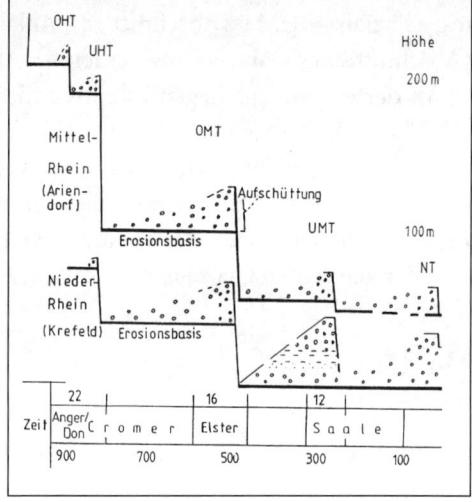

Die Erosionswanne der Oberen Mittelterrassen ist im südlichen Niederrheingebiet (ab Bonn) ca. 10-15 km breit, weitet sich ab Neuss nach Westen auf etwa die doppelte Breite, vermutlich durch Ablenkung des Rheins vor einem aus Osten kommenden Inlandeis (Abb. 69). Ab dem Elsterglazial wiederholten sich Tiefenerosion und Aufschüttung in ähnlichen Größenverhältnissen wie am Ende der Hauptterrassenzeit schon einmal: In die Oberen Mittelterrassen wird eine große Wanne 50-60 m tief erodiert; die Wanne war etwas schmaler als die vorhergehende, weitete sich ab Neuss ebenfalls nach Westen auf die doppelte Breite (wieder Inlandeiseinfluß); die Oberen Mittelterrassen wurden bis auf schmale Säume entfernt.

Im Niederrheingebiet erreichte der Rhein im späten Elsterglazial sein tiefstes Erosionsniveau, er fließt heute auf seither 20-30 m hoch aufgeschütteten Sedimenten. Seine Tiefenerosion schuf in den lockeren feinkörnigen tertiären Meeressedimenten keine schmale Kerbe, wie normalerweise zu erwarten gewesen wäre, sondern eine am südlichen Niederrhein ca. 5 km, nach Norden auf über 30 km sich verbreiternde Wanne. Der Wannenboden enthält – im Gegensatz zu den sehr ebenen Oberflächen der Terrassen – zahlreiche ca. 10 bis über 20 m hohe Erhebungen, vielleicht teilweise entstanden durch Aufstauchungen des Untergrundes durch eindringendes Inlandeis. Auch die plötzliche starke Ausweitung der Wanne im Raum Neuss-Düsseldorf ist nur durch ein von Osten eindringendes Inlandeis verständlich, daß den Rhein während des Elsterglazials in ähnlicher Weise nach Westen drängte, wie später, während des Saale-1-Glazials erneut (THOME 1991a). Die Wanne ist vorwiegend mit Rheinsedimenten gefüllt; von unten nach oben: elsterglaziale Rinnenschotter, holsteinzeitliche Feinsande, Schluffe und Tone, saaleglaziale Schotter der Unteren Mittelterrasse.

Unter den elsterglazialen Rinnenschottern liegen umgelagerte Feinsande, Schluffe und Tone des darunter anstehenden Tertiärs mit zahlreichen Bruchstücken tertärer Muscheln mit vereinzelten Rheingeröllen. KLOSTERMANN (1989) nannte diese Fazies, die vor der Schottersedimentation entstand, »umgelagertes Tertiär« (Kap. 8.6.7).

Am Niederrhein stellt die elsterglaziale Eintiefung die tiefste Erosion überhaupt dar, die der Rhein in seiner Geschichte erreichte. Er bildet aber keine Ausnahme: Auch in der nördlichen Schweiz reicht die mittelpleistozäne Flußerosion tiefer als die jungpleistozäne (HEIM 1918:295). Oberhalb von Dresden hat die Elbe (u.a. WOLF & ALEXOWSKY 1994:198) elsterzeitlich die tiefste Erosion erreicht. Auch an der Lena (Sibirien) liegen mittelterrassenzeitliche Schotter tiefer als der heutige Lenawasserspiegel (ALEKSEEV et.al. 1982:33).

Auf die elsterglaziale Tiefenerosion folgte wieder Aufschüttung: zunächst spätelsterzeitliche Rinnenschotter, darüber Gyttjen und Torfe des Holstein-Interglazials, darüber saale-1-zeitliche Schotter der Unteren Mittelterrasse; das Schema: Erosion in jeder Kaltzeit gefolgt von Akkumulation gegen Ende jeder Kaltzeit ist hier nachweislich falsch. Als die Untere Mittelterrasse Rheinbett war, erfolgte der saale-1-glaziale Vorstoß, dessen Moränen sich mit ihr verzahnen.

Das Ende der Aufschüttung ist durch den Beginn erneuten Einschneidens während des Eismaximums zu fassen: Sie begann mit dem Rückzug der Saale-1-Gletscher und zerschneidet die Unteren Mittelterrassen. Die nun entstehende Erosionswanne bildet sich im Bereich der heutigen Niederterrasse; sie erreicht nicht die elsterglaziale Basis, sondern bleibt in Rheinsedimenten stecken. Vermutlich hat im Niederterrassenbereich in den seither abgelaufenen Glazialen mehrfach geringe Tiefenerosion und Akkumulation stattgefunden, ohne an Sedimenten belegbar zu sein. Im Weichselglazial floß der Rhein auf der Niederterrasse.

Schema 1 (Abb. 147) paßt für kleine Flüsse, denen die Kraft für rasches Einschneiden fehlt. Schema 2 (Abb. 149) und 3 (Abb. 150) zeigen die Terrassengliederung des Rheins: Es ist die Gliederung eines Stroms mit großer Erosionskraft; sie konnte bei Hebungen die Gefällskurve rasch der Endkurve annähern.

13.9.4
Rheinnebenflüsse

Die vom Rhein ausgehenden Erosionsphasen erfassten auch seine Nebenflüsse. So besaß schon die im Elsterglazial abgeschnittene Ruhrwindung bei Witten die Tiefe des heutigen Ruhrtals (Kap. 8.6.6). Aber auch im Sieg- und Lennetal wurden hohe, von der Niederterrasse bis ins Mittelterrassenniveau reichende Talverschüttungen festgestellt (WIRTH 1978). Nur weil sie bis ins Niveau der Niederterrasse reichen, wurden sie als Bildungen des letzten Glazials aufgefasst. Sie passen besser in die Vorstellung einer elsterglazialen Taleintiefung bis zum Niederterrassenniveau mit anschließender hoher Aufschüttung bis zum Höhepunkt des Saale-1-Glazials und einer anschließenden fast vollständigen Talausräumung. Das Tal des mittleren Mains wurde schon vor dem Elsterglazial bis zur heutigen Flußsohle ausgeräumt (Kap. 13.9.5).

Abb. 152
Entstehung der Rheinterrassen (vgl. Abb. 9), terrassenmorphologisch bedeutsame Glaziale schwarz dargestellt.

Tabelle 16
Höhenlagen der Rheinterrassen.

		Krefeld	Nieder-außem	Ariendorf
HT	Oberkante.	70	110	210
	Basis	65	100	190
OMT	Oberkante	55	85	130
	Basis	20	50	100
UMT	Oberkante	40	60	70
	Basis	0	(25)	(50)

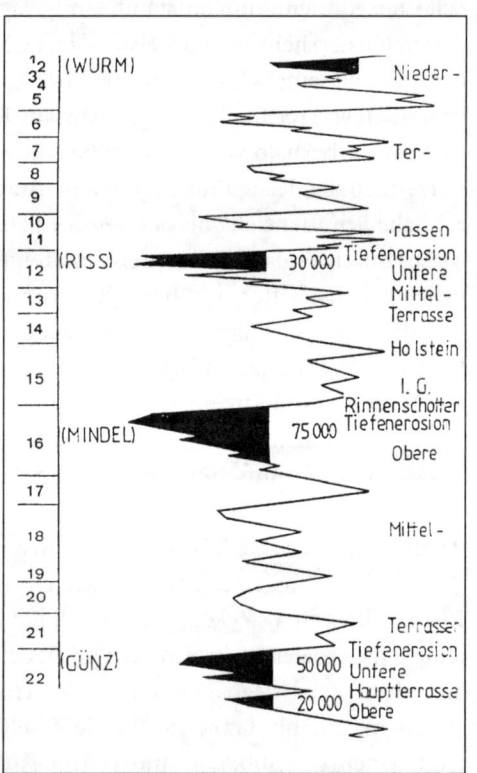

13.9.5
Rheingeschichte nach der Tiefseegliederung (Abb.151,152)

Seit dem Elsterglazial (= Glazial 16) ist im Niederrheingebiet die Entwicklung verhältnismäßig deutlich überliefert. Sie wird deshalb zuerst geschildert, aus ihr ergeben sich Anhaltspunkte für das Verständnis der vorhergehenden Entwicklung:

Im Elsterglazial erreichte der Rhein seine größte Erosionstiefe, bis auf die heutige Quartärbasis. Gegen Ende dieses Zeitabschnitts begann mit der Ablagerung der Rinnenschotter eine Aufschüttung, die über das Holstein-Interglazial (Gyttjen, Torfe) bis zum Höhepunkt des Saale-1-Glazials (Glazial 12, Schotter der UMT) anhielt. Die Schwermineralführung der Rinnenschotter hat den höchsten Gehalt aller Rheinterrassen an vulkanischem Augit (40-68% KLOSTERMANN 1985). Der Eifelvulkanismus hatte da vermutlich seinen Höhe-punkt (LIPPOLT et.al.1986, SCHMINCKE et.al.1983, BOGAARD & SCHMINCKE 1990).

Auffällig ist die große flächenhafte Verbreitung holsteinzeitlicher See- und Moorablagerungen im Vergleich zu den winzigen Resten jüngerer Interglaziale. Letztere liegen nur in abgeschnittenen Flußschlingen, die holsteinzeitlichen aber dokumentieren weite See- und Sumpfflächen und damit eine Krustensenkung im Anschluß an die elsterglaziale Hebung. Die durch Hebung, Senkung und Vulkanismus belegten Krustenbewegungen scheinen

Abb. 153
Elbetal südlich Dresden. (WOLF & ALEXOWSKY 1994:198)

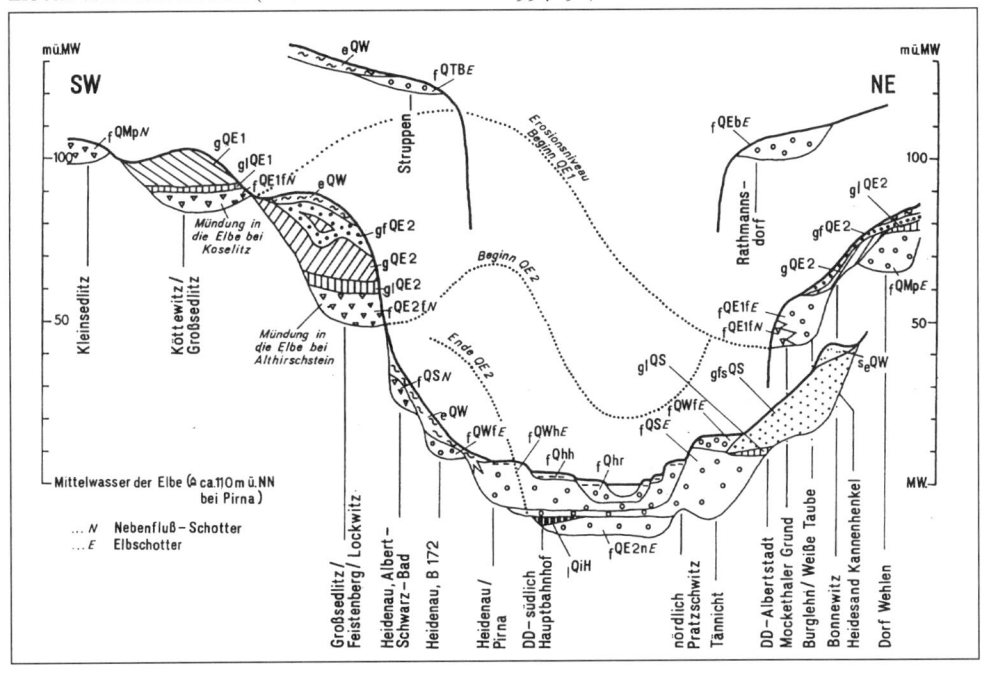

nicht nur zeitlich sondern ursächlich mit dem größten Inlandeis des Quartärs verknüpft zu sein.

Die Auswirkungen des Inlandeises des Saale-1-Vorstoßes (Glazial 12) sind, verglichen mit denen des Glazials 16, auffallend gering, obwohl es fast die gleiche Größe hatte, aber seine Dauer war wesentlich kürzer: Die Tiefenerosion begann erst während des Eismaximums (THOME 1958); sie erreichte nicht das Ausmaß der elsterzeitlichen, sondern blieb in älteren Rheinsedimenten stecken; auch der Vulkanismus war schwächer. Die in jüngeren Glazialen anzunehmenden Erosions- und Akkumulationsvorgänge waren klein; sie erreichten nicht die Ausmaße der elsterzeitlichen und sind, eingeschachtelt in ältere Sedimente, (noch) nicht unterscheidbar. Die in den Glazialen 16 und 12 erkennbaren unterschiedlichen Erdkrustenreaktionen gleichen Vorgängen, die sich während des Glazials 22 abspielten:

Mit dem Glazial 22 begann vor ca. 900 000 Jahren das Zeitalter großer Vereisungen, die Erosion und Akkumulation der ersten großen quartären Terrassen und die erste beträchtliche Tiefenerosion. Zu Beginn des Glazials entstand zusammen mit dem ersten, kürzeren Eisvorstoß (der etwa die Ausmaße des Glazials 12 erreicht haben dürfte) das erste große eiszeitliche Rheinbett, die Obere Hauptterrasse. Dann folgte, ähnlich wie im Höhepunkt des Glazials 12, eine Hebung; sie verursachte eine Tiefenerosion (etwa in gleicher Größenordnung wie im Glazial 12) um ca. 20-30 m zum Niveau der Unteren Hauptterrasse. Dann folgte der zweite größere und längere Eisvorstoß des Glazials 22, der etwa die Ausmaße des Glazials 16 erreicht haben dürfte. Er verursachte zunächst eine starke Breitenerosion (Ausweitung des Rheinbetts), dann eine starke Hebung, die sich in kräftiger Tiefenerosion um ca. 100 m am Mittelrhein (bei Ariendorf), um ca. 50 m am Niederrhein äußerte. Sie endete mit dem Gletscherrückzug und machte einer Senkung Platz, während der in den folgenden Glazialen und Interglazialen die Oberen Mittelterrassen ca. 30-40 hoch aufgeschüttet wurden. Hebung und Tiefenerosion waren ebenso wie im und nach dem Glazial 16 mit Vulkanismus verbunden, dessen Schwerminerale eine Unterscheidung der Oberen Mittelterrassen von den Hauptterrassen ermöglichen (VINKEN 1959, RAZI RAD 1976).

Die kräftige Tiefenerosion am Ende der Hauptterrassenzeit war ein besonders markanter, im wahrsten Sinn des Wortes einschneidenter flußmorphologischer Umbruch. Er wird durch die Verbindung mit der ersten großen Vereisung (Glazial 22) verständlich. Zahlreiche Flußverlegungen, die nicht näher datiert werden können, fanden im Zeitraum um die erste große Vereisung statt, ein großer Teil davon vielleicht während dieses Umbruchs. Hierhin gehört vielleicht auch die Tiefenerosion des Main: Das Mittelmaintal erreichte schon im Cromer stellenweise die heutige Talsohle (SEMMEL 1990:251, RUTTE 1992).

Regional scheinen die maximalen Hebungs- (=Tiefenerosions-) Beträge unterschiedlich verteilt zu sein: Südlich Dresden erreichte die Elbe ihre maximale Tiefenerosion, ähnlich dem Rhein im Elsterglazial (Abb. 153, WOLF & ALEXOWSKY 1994). Die kleineren Inlandeise der übrigen Glaziale lassen keine vergleichbaren morphogenetischen Auswirkungen erkennen, nur Glazial 2 hat eine etwa größere Bedeutung, weil es das letzte war, sodaß seine Spuren durch kein weiteres verwischt wurden. Es ergeben sich vier Abschnitte erhöhter morphogenetischer Aktivität des Quartärs, in Abb. 152 schwarz angelegt, die etwa der alten Einteilung in Günz, Mindel, Riß und Würm zu entsprechen scheinen.

14 Heutige Gletscher (zum Vergleich mit fossilen)

14.1
Physikalische Eigenschaften von Wasser und Eis

Der Gefrierpunkt des Wassers fällt für je 1 Atmosphäre Drucksteigerung im Mittel um 0,00753 °C (HOLLEMANN & WIBEREG 1976:70). Er beträgt an der Basis eines 3000-4000 m mächtigen Inlandeises also ca. -2,5 bis -3 °C. Ab einem Druck von 2100 kg/cm² wandelt sich das hexagonal kristallierende Eis in andere Kristallmodifikationen mit geringerem Volumen; diese spielen bei glaziären oder periglaziären Erscheinungen keine Rolle. Die Volumvergrößerung beim Gefrieren (Wasser zu Eis) beträgt ca. 9 %, der Wärmebedarf bei Verwandlung von Eis von 0 °C in Wasser von 0 °C oder umgekehrt (= Schmelzwärme): 333,8 J/g = 79,74 cal/g. Die Moh'sche Härte von Eis beträgt 1,5 bei 0 °C, nimmt mit sinkender Temperatur auf 6 zu (bei -50 °C). Eis ist unter geringem Druck (z.B. eigenem Gewicht) plastisch deformierbar.

Wasser bei Frosttemperaturen: In dünnen Spalten gefriert Wasser infolge kapillarer Adhäsion erst bei Temperaturen unter 0 °C. Die Kapillaren feinkörniger Bodensedimente enthalten bei geringen Frosttemperaturen noch reichlich Wasser. Im Schmelzpunktbereich bilden sich Wasserfilme auf Kristallgrenzen und Klüften im Eis; je nach Salzgehalt beginnt dieser Vorgang schon bei noch tieferen Temperaturen. Im Frostboden bildet das noch zirkulierende Wasser Eisanreicherungen. Im dem unter starkem Stress stehenden Gletschereis setzt es dessen Festigkeit wesentlich herab.

14.2
Salzlösungen

Es gibt kein natürliches Wasser, das völlig rein ist, immer enthält es gelöste Gase und Salze, darunter besonders häufig Kochsalz ($NaCl$) und Gips ($CaSO_4 + H_2O$). Salze kristallisieren bei entsprechender Konzentration sowohl beim Gefrieren wie auch beim Verdunsten aus. Kochsalz kristallisiert bei tiefen Temperaturen nicht kubisch als wasserfreier Halit = $NaCl$, sondern monoklin als wasserhaltiger Hydrohalit bzw. Kryohalit ($NaCl$ x $2H_2O$). Salzkristallisation zerstört Gesteine noch wirksamer als Gefrieren von Wasser (BLOOM 1976:27).

	Fläche	Volumen	Masse	mittl. Dicke
	10^6 km^2	10^6 km^3	10^{18} kg	km
Nordhalbkugel				
Grönland	1,7	2,7	2,4	1,6
Arktische Inseln	0,35	0,2	0,2	0,6
Gebirgsgletscher	0,2	0,03	0,03	0,2
Meereis				
mittlere minimale Ausdehnung	8	0,02	0,02	0,003
mittlere maximale Ausdehnung	15	0,03	0,03	0,002
Schneedecke				
mittlere maximale Ausdehnung				
Nordamerika (ohne Grönland)	13			
Eurasien	24			
Südhalbkugel				
Gebirgsgletscher	0,03	0,01	0,01	0,3
Antarktis einschl. Schelfeis	13,6	30,1	27,1	2,2
Meereis				
mittlere minimale Ausdehnung	3	0,01	0,01	0,003
mittlere maximale Ausdehnung	19	0,04	0,04	0,002
Erde	33,0	29,7	2,1	
permanent schnee- oder eisbedeckt				
Land	16	11% des Festlandes		
Meer	11	2,5% der Ozeane		
maximale gleichzeitige Festlandbedeckung (Nordwinter)	53	35% des Festlandes		
maximale gleichzeitige Meereisbedeckung (Südwinter)	27	7,5% der Ozeane		

Tabelle 17
Verteilung von Eis und Schnee auf der Erde. (Abb. 13 in KUHN 1990)

Eisbildung = Kristallisation von Wasser

Gelöste Gase und Salze werden beim Gefrieren nicht in das Kristallgitter des Eises einge-
baut sondern bilden kleine Blasen. Die Konzentration der Restlaugen wächst mit der Abnahme der Temperatur, der Druck eingeschlossener Gase steigt unter dem Belastungsdruck
der Eismächtigkeit. In Meereis sickert im Laufe der Zeit, hauptsächlich unter Einfluß von
Temperaturschwankungen, der größte Teil der Restlaugen nach unten, Eis in Oberflächennähe wird salzfreier und fester. Seefahrer haben ihren Süßwasserbedarf aus den auf diese
Weise salzarm gewordenen Meereisschollen gedeckt. Restlaugen verringern die Eisfestig-
keit; das wirkt sich besonders im Schmelztemperaturbereich aus, weil die Laugenmenge
größer ist und ein Laugenfilm auf Eisfugen und Kristallgrenzen ein erneutes Aneinanderfrieren verhindert. Auf Meereisschollen kann Salz aus Restlaugen auskristallisieren. Bei -22
°C bildet sich (im Labor) ein Eis-Salz-Eutektikum das zu 76,5 % aus Wassereis und zu 23,5
% aus NaCl besteht. Es enthält in geringen Spuren gelöste Gase. In der Natur kommt dieses Eutektikum nicht vor (EMBLETON & KING 1975).

Tabelle 18
Süßwasser bei normalem
Luftdruck.
(nach HOLLEMANN-
WIBERG 1976:67)

Temperatur in °C	Dichte/Wasser	Dichte/Eis
100	0,9584	
25	0,9971	
20	0,9982	
15	0,9991	
10	0,9997	
4	1,0000	
0	0,9999	0,9168

Tabelle 19
Gefrierdauer von Eis in Tagen.
Theoretische Mittelwerte, da
Salzgehalt und Eigentempe-
ratur des Meereises nicht nur
seine Dichte, sondern auch
die Wärmeleitfähigkeit
verändern.
(nach E.HERRMANN 1949
aus WEISS 1975:55)

Eisdicke in cm	Lufttemperatur in °C					
	-5°	-10°	-20°	-30°	-40°	-50°
10	1,78	0,89	0,45	0,30	0,22	
40	25	13	6,25	4,7	3,38	2,54
100	151	75	38	25	19	15
200	600	300	150	100	75	60

Tabelle 20
Gefriertemperaturen in
Abhängigkeit vom Salzgehalt.
(WEISS 1975)

Salzgehalt	10‰ (Ostsee)	22‰ (Sibirische Küste)	30‰	33‰	35‰
Gefrier-temperatur	-0,53 °C	-1,2 °C	-1,62 °C	-1,8 °C	-1,9 °C

Gletschereis entsteht aus Schnee: Es sind Vorgänge der Umkristallisation von Schnee-kristallen, teilweisem Schmelzen, Wiedergefrieren, Verdichtung der Korngefüge und Deformation infolge Stress – ähnlich denen in der Gesteinsmetamorphose.

Schnee

Bei Temperaturen um den Gefrierpunkt gefrieren die in der Luft enthaltenen Wassertröpf-chen zu Eiskristallen (Schnee), bei Temperaturen in der Nähe des Schmelzpunktes haben sie einen dünnen Wasserfilm an ihrer Oberfläche, der weiteres Wachstum an bevorzugten Kanten fördert, sodaß verhältnismäßig große hexagonal geformte nasse Sterne entstehen. Sie kleben zu großen Flocken zusammen. Bei tieferen Temperaturen fehlt der Feuchtigkeits-film, die Schneekristalle bleiben klein, kleben nicht. Beim Fallen durch kalte, feuchte Luft kann sich Eis anlagern, es entstehen Eiskörner, Griesel, Graupeln und Hagel. Am Boden häufen sich klebende Schneekristalle zu Pappschnee, der nicht verweht werden kann, nicht klebende zu Pulverschnee, der leicht verweht wird und Schneeverwehungen bildet. Viele Lufteinschlüsse ergeben die Farbe weiß. Durch zeitweises Tauen und Wiedergefrieren wachsen Eiskörner. Das versickernde Schmelzwasser füllt Teile der Luftporen und gefriert, der Schnee wird dichter und teilweise zu durchsichtigem Eis, seine Farbe dunkler; es bilden sich horizontale und vertikale Eiskrusten, er wird zum Firn.

Firn

enthält größere durchsichtige ziemlich lufteinschlußfreie Eiskristalle zwischen weißen noch stark lufthaltigen undurchsichtigen Schneeresten (= Schneezement); Die Umwandlung von Schnee in Firn schreitet von der Oberfläche nach der Tiefe fort. Seine wichtigsten Entstehungsfaktoren sind zeitweises Auftauen, Versickern des Schmelzwassers, Wiedergefrieren und Verdichtung unter zunehmendem Belastungsdruck. Rauhreif, Eisnebel, Sonneneinstrahlung, Winddruck und Sublimation sind an der Firnbildung beteiligt. Aus wasser- und luftdurchlässigem Firnschnee wird zunächst das noch Schnee-Zement enthaltende milchig aussehende, aber schon luftundurchlässige Firn-Eis; bei weiterer Verdichtung das durchsichtige bzw. durchscheinende, durch Lichtbrechung bläulich-grünliche Gletschereis.

Es gibt alle Übergänge von Schnee mit ca. 99% Luftinhalt, Dichte um 0,085 über Firn (Dichte um 0,4-0,6) zu kompaktem Eis (Dichte um 0,87-0,91).

Schneegrenze, Firngrenze

Die untere Grenze der im Jahresgang dauernd schneebedeckten Zone ist die Schneegrenze (KERSCHNER 1990). Sie wird meist erst im Spätherbst sichtbar, wenn der jährliche Ab-

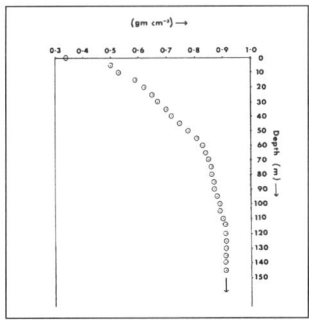

Abb. 154
Dichtezunahme des grönländischen Inlandeises mit der Tiefe in Camp Century. (JENSSEN & CAMPBELL 1983:129)

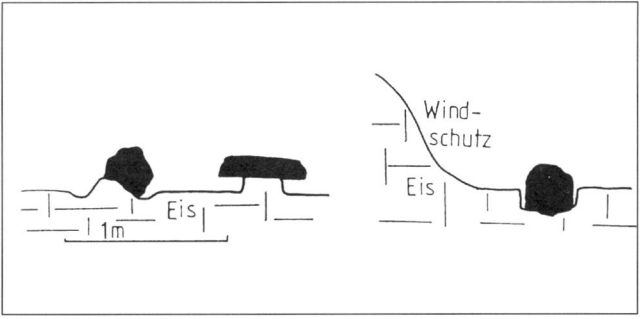

Abb. 155
Steinblöcke schützen die Gletscheroberfläche vor dem Schmelzen; rechts: im Windschutz schmelzen sie sich in sie hinein.

schmelzbetrag das größte Defizit erreicht. Im Laufe mehrerer Jahre schwankt ihre Lage um einen Mittelwert.

Firnlinie bzw. Firngrenze bezeichnet die untere Grenze, bis zu der vorjähriger oder noch älterer Schnee (= Firn) reicht. Sie wird nur sichtbar, wenn sie tiefer als die Schneegrenze liegt. In der letzten Eiszeit sank die Schneegrenze 1000 bis 1300 m unter ihr heutiges Niveau, in älteren größeren Glazialen vermutlich noch tiefer.

14.3
Gletscher

14.3.1
Entstehungsdauer von Gletschereis

Sie hängt u.a. von der Zahl der Tau-und Frostwechsel ab: Sie erfolgt schneller bei Temperaturen um den Gefrierpunkt als bei tieferen. Aus Schnee in tropischen Breiten (Kilimandscharo, Neu Guinea) wird unter Umständen schon an einem Tag Eis, während in polaren Breiten viele Jahre erforderlich sein können (Abb. 154). In der Antarktis (Bohrung Vostok) war die Eisdichte von 0,80-0,83 erst in einer Tiefe von 86-96 m erreicht (BARNOLA et.al.1987).

14.3.2
Luftgehalt in Schnee und Eis

Luft kann in Schnee und Firn noch zirkulieren, wobei wechselnder Luftdruck eine wichtige Rolle spielt. Ab einer Dichte von 0,82 bis 0,84 ist Luftzirkulation nicht mehr möglich, noch vorhandene Luft in Blasen eingeschlossen, die in Fließrichtung gestreckt werden (RAYNAUD 1983:79). Anwachsender Belastungsdruck verursacht plötzliche Ausgasungen, z.B. beim Öffnen von Spalten. Selbst am Gletscherende erfolgen gewaltsame Ausbrüche; plötzliches Bersten von Eisbergen soll damit zusammenhängen.

14.3.3
Eiskristalle

Die kleinen körnigen Eiskristalle sind eng miteinander verzahnt, vergrößern sich auf Kosten ihrer Nachbarn, sie haben meist drei etwa gleich große Achsen; in stark bewegtem Eis sind sie langgestreckt plattig. Zum Gletscherende werden sie größer. Besonders groß sind Kristalle von nicht mehr bewegtem Eis (Durchmesser bis ca. 10 cm). Im Inlandeis der Antarktis haben sie in ca. 500 m Tiefe 5 mm, in 1400 m 15 mm Durchmesser; ihre maximale Größe erreichten sie mit 30 mm in 1800 m Tiefe im Eis der letzten Warmzeit, darunter, im

Eis des vorletzten Glazials in ca. 2000 m Tiefe sind sie wieder kleiner: ca. 10-15 mm (LIPENKOV et.al.1989).

14.3.4
Ablation

(von AGASSIZ geprägt) bezeichnet Prozesse der Verringerung von Schnee und Eis durch Schmelzen und Verdunsten (= Sublimation). Sie findet sowohl auf der Eis- bzw. Schnee-Oberfläche als auch in Hohlräumen des Innern und an der Basis statt. Verdunstung und Kristallisation von Eis aus feuchter Luft ist an windexponierten Partien bemerkenswert groß, sie findet im Gegensatz zum Schmelzen auch unter dem Gefrierpunkt statt. Warme Winde schmelzen Schnee- und Eisdecken unter Bildung flachwelliger Oberflächen ziemlich gleichmäßig ab. Bei intensiver Sonneneinstrahlung und Luftruhe entstehen (besonders in niederen Breiten) auf Schnee schmale spitze dem Sonnenhochstand zugewendete Pyramiden (= Büßerschnee = Penitentes). Ähnliche spitze Schmelzformen werden auf Gletschern in tropischen Gebieten beobachtet. Während der Tauperiode (Sommer) ist das ganze Zehrgebiet von einem Schmelzwasserfilm bedeckt; an sonnigen Sommernachmittagen führen Gletscherbäche Hochwasser. Die Schmelze führt zu einer Verkarstung der Gletscheroberfläche, sie ist löcherig zerfressen; es bilden sich aber meist keine großen Vertiefungen, weil der dünne Wasserfilm keine Wärme ansammeln kann, sondern sie sofort in Schmelze umsetzt und weil die Wärmezufuhr nur zum Teil durch Einstrahlung, zu einem weiteren beträchtlichen Teil durch Wind und Kondensation von Wasserdampf geliefert wird: Am Burroughs Gletscher, Alaska wurde die für die Ablation (mittlere Rate 3,7 m/J, maximal 8 m/J) benötigte Wärmemenge zu 57-69 % von der Einstrahlung, zu 25-36 % von der Konvektion der Luft und zu 0-18 % durch die Kondensation von Wasserdampf an der Eisoberfläche aufgebracht (LARSON 1986).

Stellenweise bildet Schmelzwasser schmale mäandrierende Rinnen mit steilen Wänden bevor es in Spalten verschwindet. Im Gegensatz dazu sammelt sich in Bächen auf erdigem Untergrund (also außerhalb der Gletscher) im Sommer eine größere Wärmemenge; geraten sie an Gletscher, schmelzen sie sich am Eisrand in die Tiefe, sie können nicht über den Gletscher fließen.

Bei winterlichem Frost hört das Schmelzen der Gletscheroberfläche auf, am Eisrand macht sich dies in einer drastischen Verminderung des Wasserabflusses und in einem kleinen Eisvorstoß bemerkbar. Das innerhalb und unter dem Eis befindliche Wasser ist dem Frost entzogen, es verhält sich etwa wie Grundwasser in festen Gesteinen und fließt mit abnehmender Menge aus; bei starkem Frost kann sich auf verwilderten Schmelzwasserkanälen vor dem Eisrand eine Aufeisschicht bilden.

Der große Wärmebedarf der Umwandlung von Eis in Wasser verzögert den Schmelzprozeß, wenn Wärme nur in kleinen Mengen (bei Temperaturen von wenigen Grad über Null) zugeführt wird, wie meist in der Nähe der Schneegrenze. Warmer Regen, vorwiegend

Abb. 156
Kviar-Jökull. (Foto 7.8.1966)

in tiefer unter der Schneegrenze gelegenen Regionen auftretend, verursacht intensive Schnee- und Eisschmelze mit großen Überschwemmungen. Die jährliche Ablation beträgt an der Wurzel des Rhonegletschers ca. 1 m, 400 m unter der Schneegrenze etwa 4 m (EM-BLETON 1975), an der Stirn des Breidamerkur-Jökull in Island ca. 8 m (PRICE 1969), an den Gletschern der Glacier Bay in Alaska zwischen 1880 und 1890 ca. 6,1 m, seither ca. 8m (GOLDTHWAIT 1986). Die Empfindlichkeit des Eises gegen Wärme führt zu verstärktem Schmelzen an sonnenexponierten Gletscher- und Talflanken, Talgletscher werden asymmetrisch (Kap. 14.4.2).

14.3.5
Erdige Bestandteile auf Gletschereis

Erdige Bestandteile nehmen aufgrund ihrer geringeren Albedo mehr Wärme auf als das Gletschereis. Einzelne Körner schmelzen bei Sonennhochstand kleine Löcher (»Mittagslöcher«); zusammenhängende dünne Lagen (wenige Millimeter bis wenige Zentimeter dick) haben, solange sie von Wasser durchtränkt sind, dunkelgraue bis schwarze Farben.

Ist die erdige Bedeckung mächtiger, entzieht der Wind mehr Wärme, als die Einstrahlung nachliefert. Dann tritt der gegenteilige Effekt ein: Die Erddecke schützt das Eis und verzögert sein Schmelzen. Dann wachsen unter einer Schuttdecke, die nur wenige Zentimeter dick zu sein braucht, auf der Gletscheroberfläche scheinbar Eishügel und Eisrücken bis zu mehreren Zehnern von Metern hoch. Beispiel: Schuttbedeckter Eisrücken auf dem Kviar-Jökull, Island (Abb. 156): Der Schutt gelangte durch einen Bergsturz auf das Eis, wurde in Laufe der Jahre abwärts transportiert und dabei in die Länge gezogen. Da er die Eisschmelze verzögerte, wuchs er gegenüber dem stärker schmelzenden schuttfreien Eis scheinbar hoch; im Eisrücken sind Scherfugen sichtbar, im Vordergrund die rechte Flankenmoräne.

Plattige Felsblöcke werden zu Gletschertischen auf einem Eissockel. Auf dem Burroughs-Gletscher (Glacier Bay, Alaska) saßen im Luv des Gletscherfallwindes vor einem Mittelmoränenrücken Steinblöcke von ca. 0,3-0,5 m Durchmesser auf kleinen Sockeln, aber hinter dem Rücken waren in einer windgeschützten Ecke Blöcke gleicher Größe zu 3/4 in das Eis hineingeschmolzen (Abb. 155). Im Eis findet keine Sortierung erdigen Materials statt. Moränen bestehen daher meist aus unsortiertem Material aus den verschiedensten Korn-

Abb. 157
Grönland: Inlandeis mit Höhenlinien (in km) und Fließlinien (BUDD & YOUNG 1983:150, zz RO)
Abb. 158
O-W-Profil mit Konturlinien errechneter Eisalter in tausend Jahren (ABE-OUCHI et.al. 1994:139)
Abb. 159
O-W-Profil mit heutiger Eis- und Eisbasis-Oberfläche; punktierte Linie berechnete Höhenlage der Landoberfläche ohne Eisbelastung (nach ABE-OUCHI et.al. 1994:135)

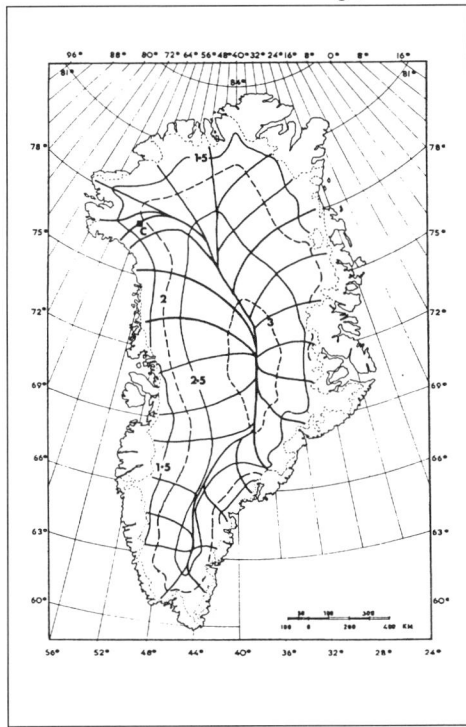
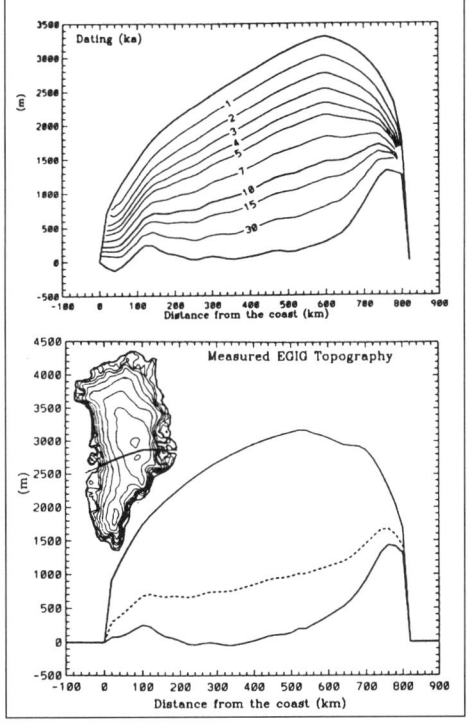

Abb. 160
Antarktis: Inlandeis mit
Höhenlinien (in m) und
Fließlinien

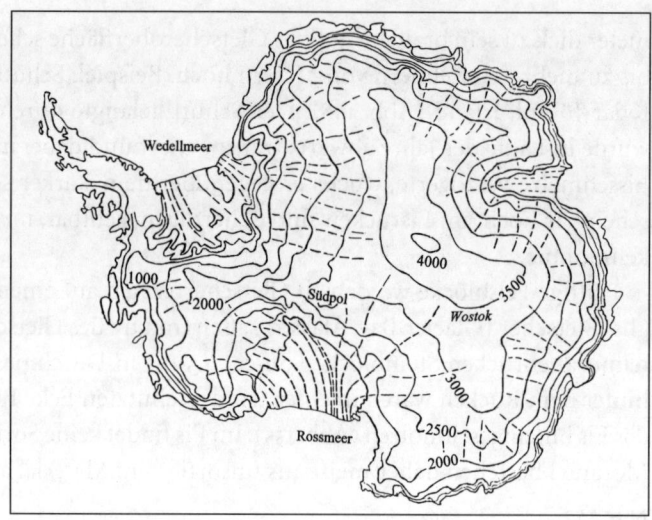

größen. Will man nur die Durchmischung verschiedenster Korngrößen eines Sediments bezeichnen – ohne sie genetisch zu deuten (z.B. als Moräne oder Solifluktionsschutt) wird u.a. der Begriff »diamict« bzw. »diamicton« (FLINT 1971) empfohlen.

14.4
Gestalt der Gletscher

14.4.1
Nährgebiet, Zehrgebiet

Im oberhalb der Schneegrenze gelegenen Nährgebiet sammelt sich Schnee in einer »Sammelmulde«, wird zu Gletschereis und fließt als Gletscherzunge in das unter der Schneegrenze gelegene Zehrgebiet. Das Nährgebiet, bei Gebirgsgletschern mindestens doppelt so groß wie das Zehrgebiet und konkav eingesenkt, bei Inlandeisen wesentlich größer und schildförmig gewölbt (Eisschild), hat immer eine weiße Schneefläche, da es über der Schneegrenze liegt. Heute bestehen auf der Erde noch zwei Inlandeise: über Grönland (Abb. 157-159) und über der Antarktis (Abb. 160). An ihren Rändern fließt das Eis in zahlreichen Gletscherzungen ins Meer.

Gletscherzungen (Zehrgebiet) haben einen konvex nach oben gewölbten Querschnitt, bestehen völlig aus Eis, tragen nur im Winter eine weiße Schneedecke. Im Spätsommer ist die Schneedecke meist geschmolzen, dann ist das Gletschereis mit blaugrüner Farbe und dunkelgrau bis schwarzen Einzeichnungen erdiger Einschlüsse und Auflagerungen sichtbar. Die erdigen Auflagerungen werden durch die Fließbewegungen des Eises verformt und verraten dadurch Einzelheiten der Gletscherbewegung.

Abb. 161
Skeidarar-Gletscher und Skeidarar-Sander, Island. (Foto 19.8.1966)

 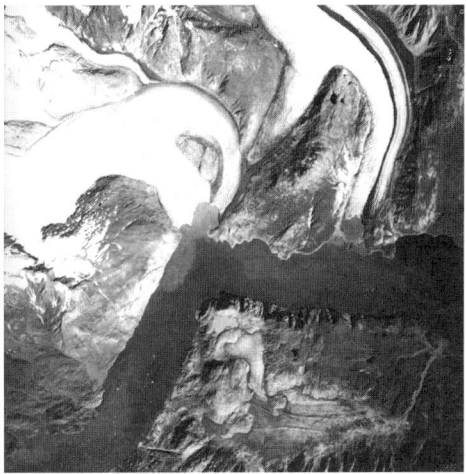

Abb. 162 a, b
Rückzug des Fjordgletschers in der Glacier-Bay: Muir-, Riggs- und McBride-Gletscher am
7.6.1948 (links) und im August 1975 (rechts). (Luftbild U.S. Geol. Survey)

Das Gletscherende (Terminus, Gletscherstirn, Eisfront) bezeichnet den Punkt, wo Eisnachschub und Ablation die gleiche Größe erreichen, das Eis also vollständig abschmilzt (u.a. Abb. 161). Übersteigt der Nachschub das Abschmelzen, stößt das Gletscherende vor = Gletschervorstoß, übersteigt das Abschmelzen den Nachschub, weicht die Gletscherstirn zurück = Gletscherrückzug (Abb. 162 a, b). Die Fließrichtung des Eises bleibt dabei immer zum Gletscherende hin gerichtet.

14.4.2
Expositions-Asymmetrie (Abb.163)

Talgletscher mit ausgeprägter Sonnen- und Schattenseite werden asymmetrisch, weil das Abschmelzen an der Sonnenseite rascher und tiefer reicht als an Schattenseite. Die Hauptfließlinie des Gletschers verlegt sich aus der Gletschermitte in die schattenseitige Hälfte, Mittelmoränen biegen zur stärker schmelzenden Sonnenseite um. Der Talboden wird unter der Schattenseite des Gletschers tiefer erodiert, dort konzentriert sich die subglaziale Hauptentwässerung; aus dem gleichen Grund bevorzugen auch Gletscherläufe die Schattenflanke. Das Eis des schattenseitigen Gletscherteils ist mächtiger als das des sonnenseitigen Teils, es reicht im Vorland weiter, seine Stirnendmoräne ist größer und trägt mehr große Blöcke, weil der Schattenhang gröberen Frostschutt liefert. Bei asymmetrischen Gletschern, die sich im ebenen Vorland vereinigen, schmilzt der von der Talsonnenseite kommende Eiskörper früher zurück, als der von der Schattenseite kommende, die Schmelzwässer fließen in den freiwerdenden Raum und zerstören die dortigen Moränen (THOME 1972).

14.4.3
Mittelmoränen

sind für die Erkennung der Eisdynamik in lebenden Gletschern von unschätzbarem Wert: Sie machen zahlreiche Details der Gletscherbewegung sichtbar, die anderweitig nur sehr schwierig, nur durch sehr aufwendige Untersuchungen oder überhaupt nicht erkennbar würden. Mittelmoränen entstehen durch das Ausschmelzen erdiger Bestandteile aus der Grenzzone (Nahtstelle) zweier Eiskörper und ihre Anreicherung auf der Gletscheroberfläche. Die durch eine Mittelmoräne getrennten Eiskörper waren gletscheraufwärts selbständige Gletscher; diese Tatsache verleiht den aus mehreren Eiskörpern zusammengesetzten Gletschern (»zusammengesetzte« Gletscher = composite glacier) eine charakteristische Innenstruktur, die sich in der Verteilung subglazialer Ströme und auch in Eisfließbewegungen auswirkt. Form und Größe der Mittelmoränen gibt Einblicke in den Gletscherhaushalt, die Abschmelzraten und Details der Bewegung.

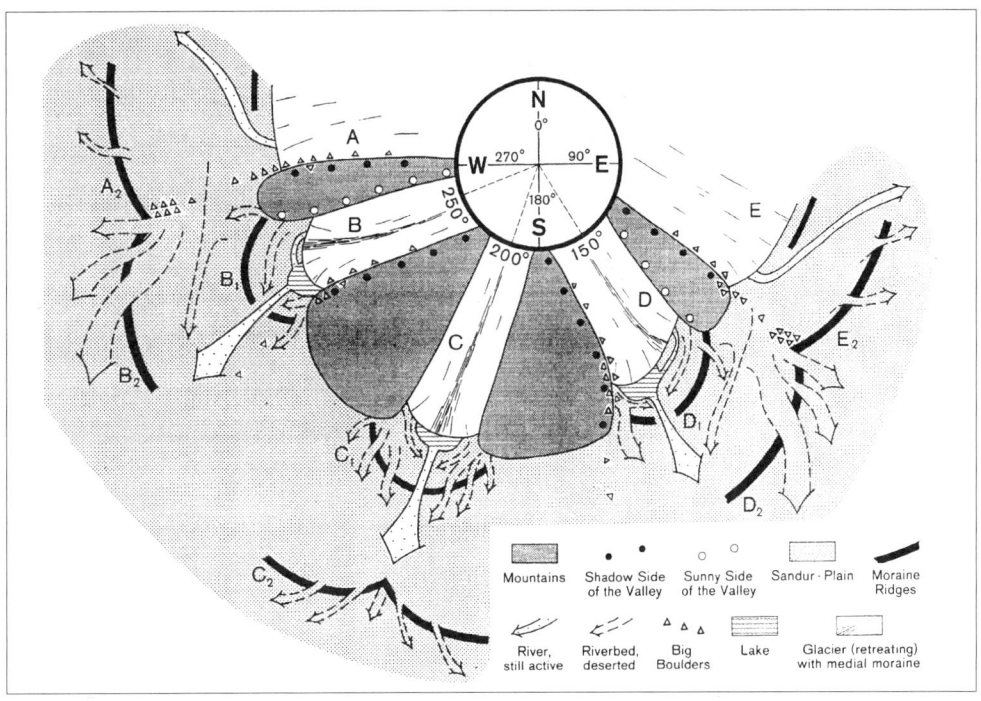

Abb. 163 oben
Asymmetrien von Talgletschern durch
Sonnenexposition. (THOME 1972:201)

Abb. 164
Fláa-Jökull, Island, Wasser (schwarz), verlas-
sene Schmelzwasserrinnen (Punkte), Wallrücken 1-7 und künstliche Sperren von 1937
und 1945

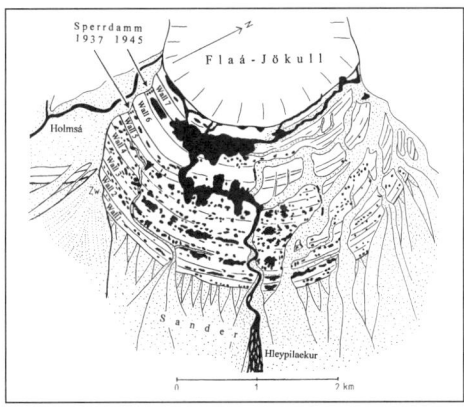

Abb. 165
Endmoränen des Flàa-Jökulls, vergrößerter
Schnitt durch rechte (südliche) Flanke..

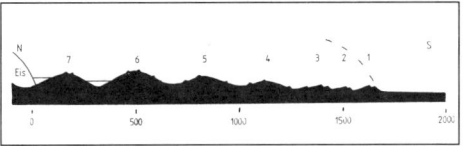

Abb. 166
Fláa-Jökull.
(Luftbild Landmälingar Island
vom 15.9.1954)

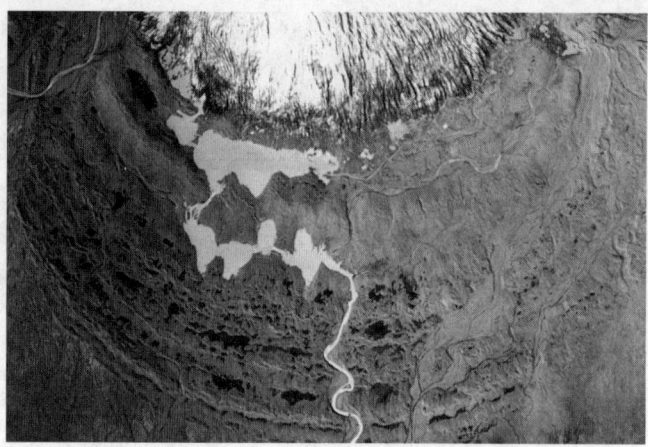

14.4.4
Endmoränen

entstehen durch Absatz oder Zusammenschub erdigen Materials am Gletscherende, sie bilden eisrandparallele Erdwälle oder Streifen grober Steine und sind deshalb für die Rekonstruktion ehemaliger Gletscher wichtig.

Eisrandparallele Rippeln

Nicht alle Erdwälle im Bereich der Gletscherenden entstehen vor dem Eisrand, sind also Endmoränen in diesem Sinne. Unter besonderen Umständen bilden sich eisrandparallele Wälle unter dem Gletscher: Der zurückweichende Fláa-Jökull, Island (Abb. 164-166), gab nacheinander ca. 100 m breite, parallel zum Eisrand gebildete Rücken frei, deren Größe nach innen, zum Gletscher, zunahm. Besonders hoch sind die innersten (Nr. 5, 6, 7 in Abb. 164) unter der rechten Gletscherflanke ausgebildet, dort wo vermutlich der Zungenbeckensee eines früheren Eisvorstoßes lag. Während des Gletscherrückzuges wurde deutlich, daß diese breiten Wälle nicht am Eisrand entstanden, sondern von ihm nur bedeckt waren, sie waren unter dem Eis schon voll ausgebildet.

Sie bestehen auch nicht aus dem vom Fláa-Jökull zurückgelassenen grobsteinigen Endmoränenmaterial, sondern vorwiegend aus schluffigem Sediment, dem Steine beigemischt sind. Mehrere Endmoränen des Gletschers ziehen als schmale Wälle aus groben Steinen über sie hinweg. Sie sind auch keine vom neoglazialen Eisvorstoß überannten älteren Endmoränen, sonst müßten sie entsprechende Beschädigungen aufweisen. Es sind Wälle, die unter dem Gletscher entstanden, ähnlich sehr großen Rippeln an der Grenzfläche unterschiedlich bewegter Medien in einem für solche Bildungen geeigneten Sediment: Seeablagerungen. Auf diese Entstehung weist auch die Größenabnahme zum ehemaligen Gletscherende hin, wo die Eismächtigkeit rasch abnahm.

Zur Mitte des Gletschers lösen sich die unter seiner rechten Flanke mit gleichmäßiger Höhe durchziehenden Wallrücken allmählich in drumlinartige Hügel mit dazwischenliegenden Mulden auf. Hier scheint sich eine beginnende Drumlinisierung der Rippeln anzudeuten.

14.4.5
Temperierte und kalte Gletscher

Gletscher zeigen, je nachdem die Eistemperatur in der Nähe des Schmelzpunktes oder weit darunter liegt, sehr unterschiedliches Fließverhalten: Bei Temperaturen in der Nähe des Schmelzpunktes = Temperierte = »warme« Gletscher wird Wärmezufuhr sofort in Eisschmelze umgesetzt. Das auf Spalten und Fugen enthaltene Wasser kann auch im Winter nicht gefrieren, da das umgebende Gletschereis es vor der Kälte der Luft schützt. Manche Spalten sind mit Wasser gefüllt.

Bei Eistemperaturen wesentlich unter dem Schmelzpunkt = Kalte Gletscher = polare Gletscher kann in den Gletschern kein flüssiges Wasser existieren. Im Sommer wird zwar die Eisoberfläche bis zur Schmelztemperatur erwärmt, im Winter aber die Erwärmung vollständig rückgängig gemacht. Kalte Gletscher haben fast keine und nur kleine Spalten. Tauwasser, das im Sommer in Spalten eindringt, gefriert, Spalten mit Wasserfüllung fehlen. Kalte Gletscher sind am Untergrund angefroren, ihre Aussenränder bilden auch auf festem Land steile Wände, während die Ränder temperierter Gletscher meist nur im Wasser Steilwände bilden.

Infolge des Wassergehalts sind temperierte Gletscher beweglicher und haben schlankere Profile als kalte Gletscher. Zu den temperierten gehören die Gletscher der niederen und mittleren, auch viele der hohen Breiten, zu den kalten Gletschern neben zahlreichen kleinen hochpolaren auch die heutigen Inlandeise: Temperaturen im Grönländischen Inlandeis, Camp Century in Nordwestgrönland 1966: in 50 m Tiefe: ca. -24,3 °C, in 100 m -24,7 °C, in 500 m: -23,7 °C, in 1000 m: -20 °C, in 1372 m (17 m über Felsboden) -13 °C. (ROBIN 1983:95).

In Küstengebieten und unter mächtigen Eisbedeckungen nähern sich auch Inlandeise im Basisbereich dem Schmelzpunkt: Unter dem Antarktischen Inlandeis werden Schmelztemperaturen vermutlich auch weitab von der Küste, unter der Westantarktis an den tiefsten Stellen der Eisbasis und in Bereichen hoher Eisgeschwindigkeit erreicht (BUDD et.al. 1970). Die zentralen Bereiche der eiszeitlichen Inlandeise über Nordeuropa und Nordamerika gehörten zum Typ der kalten Gletscher, ihre Randpartien aber verraten durch reichliche Wasserspuren, das sie temperiert waren.

14.5
Fließen des Eises

14.5.1
Fließverhalten

Man unterscheidet zwei Arten des Fließens: 1. die strömende Bewegung, 2. die Blockschol-lenbewegung (MARCINEK 1984:69). Fließendes Eis hat eine in Fließrichtung geneigte Oberfläche (Abb. 161); ihr Gefälle ist im Vergleich zu Flüssen bedeutend steiler: Die gering-sten Neigungen längerer Gletscherzungen betragen am Aletsch-Gletscher ca. 2-4°, Mer de Glace 5-6°, Malaspina-Gletscher 1-2°, Breidamerkurjökull ca. 2-3°. Innerhalb von Inland-eisen nimmt das Gefälle von den fast horizontalen Eisscheiteln zum Rand allmählich zu. Die Oberflächenneigung des grönländischen Inlandeises beträgt im Mittel bei einem Ab-stand vom Eisrand von 50 km ca 1:40, 100 km 1:55, 200 km 1:100 (BUCKLEY 1969).

Eis zerbricht bei plötzlicher Gewalteinwirkung wie ein starrer Körper. Steht genug Zeit zur Verfügung, deformiert es sich bruchlos unter dem eigenen Gewicht. Gletscher sind in der Nähe der Basis plastischer als in höheren Teilen, dehnen sich unten oft bruchlos, wäh-rend der obere Teil unter Spaltenbildung zerreißt.

Nach SHARP 1988:52 haben fließende Gletscher in Alaska eine Mindestdicke von ca. 60 m. Doch fließt auch geringmächtigeres Eis, wie an kleinen Gebirgsgletschern ersichtlich. Eis deformiert sich schon in nur 1 m langen Stangen unter der eigenen Schwere.

Die zum Fließen benötigte Eisdicke ist keine absolute Größe, sondern abgesehen von Temperatur, Wasser- und Elektrolytgehalt auch von der zur Verfügung stehenden Zeit ab-hängig. Am Fließvorgang sind u.a.beteiligt: Bewegungen auf Fugen, Scherflächen und Kri-stallgrenzen, Plastizität und Translationsfähigkeit der Eiskristalle.

Wasser spielt eine erhebliche Rolle, sowohl als »Schmiermittel« wie auch als Träger: Glet-scher, die im Wasser liegen (Abb. 182), erhalten durch dieses einen Auftrieb, der die Glet-scherbasis von einem Teil des Eisgewichts entlastet. Wo Wasser fehlt, sind Gletscher bedeu-tend steifer.

Geschwindkeitsverteilung

Infolge randlicher Reibung fließt Eis in der Gletschermitte am schnellsten. Die Geschwin-digkeitsverteilung unterscheidet sich sehr von der fließenden Wassers, dessen Geschwin-digkeit an Ufern und am Boden stärker reduziert ist. Weil das Eis der Randteile verhältnis-mäßig fest mit dem der Mitte verbunden ist, wird es kräftiger mitgeschleppt und hat an den Rändern noch beträchtliche Erosionskraft.

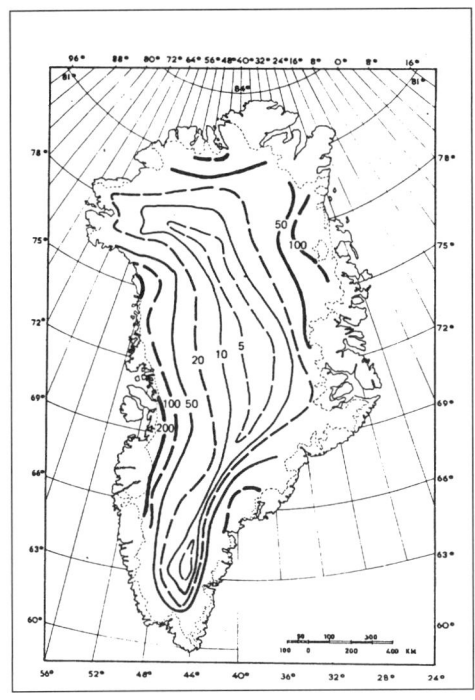

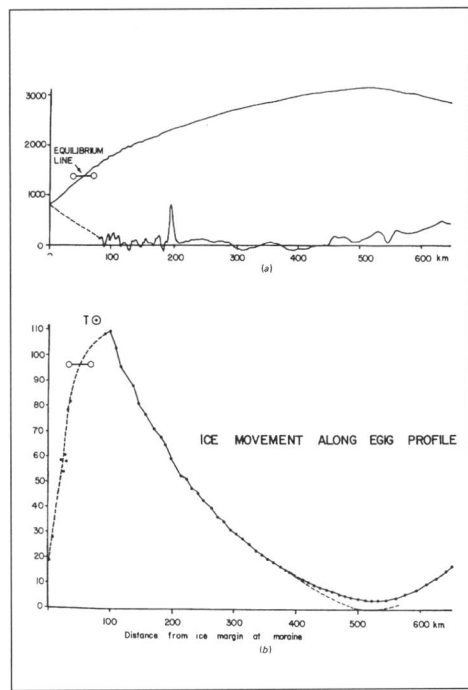

Abb. 167 oben
Grönland: Mittlere Fließgeschwindigkeit des
Inlandeises in Metern/Jahr.
(aus BUDD & YOUNG 1983:151)

Abb. 168
Grönland: oben: Ost-West-Schnitt: Profil der
Eisoberfläche und der Basis; unten: Eisbewegung entlang diesem Profil in Metern/Jahr.
(aus ROBIN 1983:40)

Abb. 169
Grönland: Reisezeit eines Oberflächenpunktes
auf dem Inlandeis vom Eisscheitel zur Küste.
(ROBIN 1983:109)

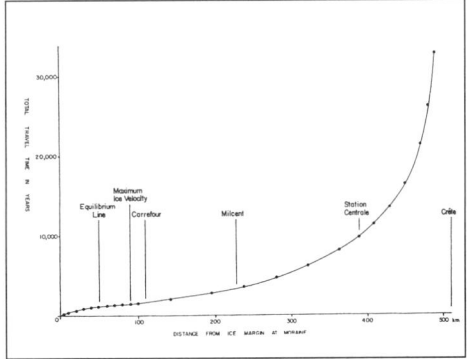

14.5.2
Geschwindigkeitsunterschiede

Im Innern von Inlandeisen beträgt die Fließgeschwindigkeit wenige Meter pro Jahr (Abb.
167). Nach ROBIN 1983:40 nimmt die Fließgeschwindigkeit von Eismitte in Grönland bis
ca. 100 km vor dem Eisrand von 0 auf ca. 100 m/Jahr zu, dann fällt sie bei zunehmender
Ausdünnung bis auf ca 20 m/Jahr am Eisrand (Abb. 168).

225

Die Fließdauer vom Eisscheitel in Zentralgrönland bis zur Küste (ca. 500 km) wird auf ca. 30000 Jahre geschätzt, wobei aber für die letzten 300 km nur 5000 Jahre benötigt werden, nach anderen Schätzungen sind diese Werte zu halbieren (ROBIN 1983: 109; Abb. 169).

WHILLANS (1983:73) errechnete die Zunahme der Fließgeschwindigkeit in der Antarktis vom Eisscheitel (0 m) bis zur Byrd-Station (162 km entfernt) auf ca. 10 m/Jahr. Aus den Temperaturverhältnissen eines Bohrlochs an der Byrdstation und der Fließgeschwindigkeit folgert er (S. 75) ein zur Zeit stattfindendes langsames Ausdünnen der Eismächtigkeit, teilweise verursacht durch einen Anstieg der Oberflächentemperatur um ca. 8 °C vor ca. 14 000 Jahren, weil das Eindringen dieser Temperaturerhöhung in das Inlandeis dieses beweglicher machte.

An Fließlinien ist eine Konzentration der sich bewegenden Eismassen aus großflächigen Einzugsgebieten im Innern der Inlandeise auf schmale Täler der Randgebirge erkennbar, in denen Gletscher wesentlich höhere Fließgeschwindigkeit erreichen:

Der in Eisbergbildung produktivste grönländische Gletscher Jakobshavn Isbrae an der Westküste Grönlands hat eine Fließgeschwindigkeit an der Stirn von ca. 20 m/Tag (ECHELMEYER & HARRISON 1990), er wich seit 1850 bis heute vom Fjordende um ca. 50 km in den Fjord zurück (Atlas Arktiki 1985:109); der Karajak-Gletscher (auch Westküste Grönlands) ca. 18 m/Tag, der Liliehök-Breen in Spitzbergen 18-40 cm/Tag (MARCINEK 1984:22); der Casement-Gletscher, Alaska 2-3 cm/Tag (McKenzie 1986:122).

In der Gebirgsenge am Austritt ins Vorland hat der Malaspina-Gletscher (Seward-Eis, Abb. 198) eine Geschwindigkeit von ca. 4-5 m/Tag. Die angegebenen Werte sind Mittelwerte. Meist ist die Eisfließgeschwindigkeit nicht gleichmäßig: Viele Gletscher haben eine jahreszeitliche Schwankung: Im Sommer etwas schneller, im Winter etwas langsamer (SUGDEN & JOHN 1976).

Pulsation

Außer dem Jahresrhythmus gibt es bei größeren Gletschern Geschwindigkeitswechsel in größeren Zeiträumen, sowohl mit langsamen als auch mit verhältnismäßig plötzlichen Bewegungsänderungen, die mehrere Monate oder Jahre anhalten. Besonders auffällig sind plötzliche rasche Vorstöße = Pulsation = Surge: Die Gletscheroberfläche zerreißt in ein dichtes Netz schachbrettartig angeordneter großer bis zum Grund reichender Spalten, zwischen denen das Eis in steilen Türmen = »Seracs« aufragt (Abb. 170), Mittelmoränen werden stark verbogen und gefaltet (Abb. 171, 172), der Eisrand stößt verhältnismäßig rasch einige Kilometer vor. Die Pulsation kann an kleinen Gletschern Wochen bis Monate, an größeren Jahre dauern. In manchen Gletschern ist das Durchlaufen einer Eiswelle am Anschwellen der Eisoberfläche verfolgbar: sobald die Welle das Gletscherende erreicht, beginnt der plötzliche Vorstoß.

Abb. 170
Hubbard-Gletscher, Alaska.
(Foto 20.6.1986)

Als Ursache der Pulsationen werden Witterungseinflüsse und Klimaschwankungen, u.a. auch stärkere Schneezufuhr durch zahlreiche gleichzeitige Lawinen vermutet, die von Erdbeben verursacht wurden. Doch hat das große Erdbeben von Alaska (1964) keine erhöhte Anzahl von Gletschervorstößen ausgelöst (ERICKSON 1990).

Die meisten Pulsationen scheinen unabhängig von äußeren Einwirkungen als Folge innereisischer Bedingungen zu entstehen: Überschreitung gewisser Schwellenwerte der Eismächtigkeit und des Wassergehalts und damit der »Viscosität«. Man nimmt an, daß Pulsationen in mehr oder weniger gleichmäßigen Intervallen eintreten, die bei größeren Gletschern größer sind. Die letzten Pulsationen des Hubbard-Gletschers ereigneten sich um 1900 und 1986 (ERICKSON 1990).

Im März 1986 sperrte der pulsierende Hubbard-Gletscher, Alaska, den Russelfjord ab (in Abb. 170 oben links), sodaß dessen Wasserspiegel sich um ca. 25-30 m hob und Süßwasser das Salzwasser überschichtete. Unter der sperrenden Gletscherzunge bestand längere Zeit ein subglazialer Abfluß in die mit dem Meer verbundene und damit Salzwasser führende Disenchantment-Bay (Abb. 170 rechts), in der Ebbe und Flut herrschten. Der subglaziale Ausfluß in die Bay machte sich durch eine starke Auftriebsströmung und eine eisfreie Wasserfläche am Gletscherrand innerhalb des von Eisstücken bedeckten Wassers bemerkbar (Abb. 170 rechter Bildrand). Die Form der Eisspalten des in seracs zerrissenen Hubbard-Gletschers zeigt ein mehrmaliges Aufreißen an, die Pulsation bestand also aus einzelnen Stößen; auf den Resten der ehemaligen ebenen Gletscheroberfläche liegt Schnee. Im Oktober 1986 zerbrach die sperrende Gletscherzunge, der Russel-Fjord mündet seitdem wieder in die Disenchantment-Bay.

Abb. 171 rechts
Klutlan-Gletscher mit gefalteter Mittelmoräne. Yukongebiet (Foto 12.8.1972)

Abb. 172
Schema der Faltung von Mittelmoränen. (POST 1972:223)

Abb. 173
Chitina-, Walsh- und Logan-Gletscher (Alaska), deformierte Mittelmoränen durch pulsierendes Fließen.

Abb. 174 unten
Kaskawulsh-Gletscher, Yukongebiet, Eisstromnetz (links) und Gletscherzunge (rechts).

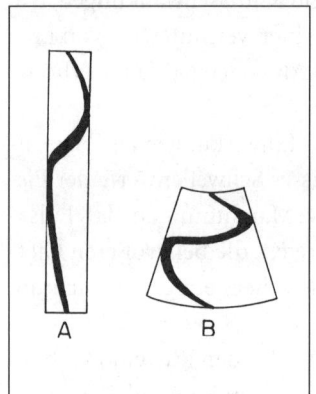

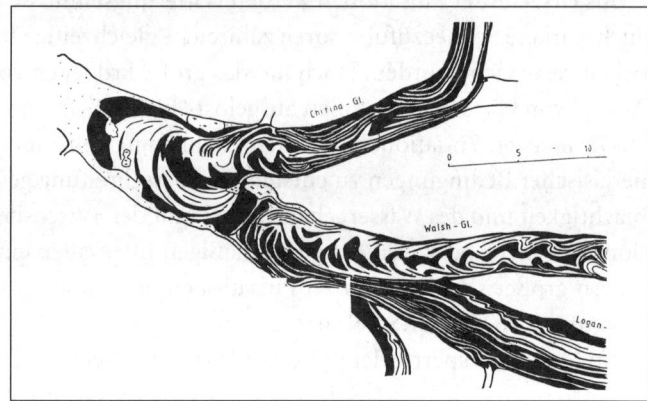

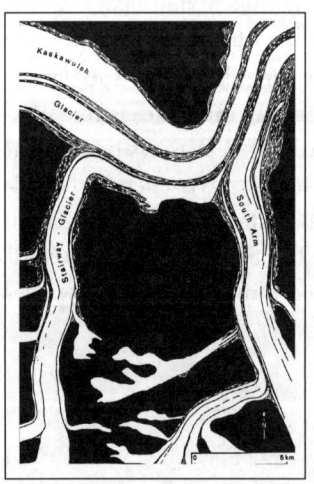

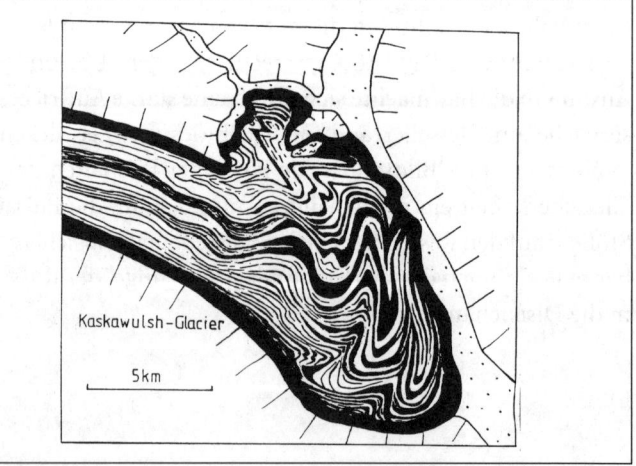

14.5.3
Oberflächenzeichnungen

Treten Gletscher aus engen Tälern ins Vorland, dehnt sich das Eis nach allen Seiten aus; die Fließlinien bleiben radial nach außen gerichtet, schwache Verbiegungen der Mittelmoränen entwickeln sich zu scharfen engen Knicken (Abb. 172). Deformationen finden nicht entlang dem ganzen Fließweg statt, auf manchen Strecken fehlen sie. Das Fließverhalten der Gletscher läßt sich an Oberflächenzeichnungen wie Foliation, Ogiven oder Mittelmoränen erkennen (Abb. 171-174, 195).

Bei ungehindertem Abfließen zeigen Ogiven und Mittelmoränen keine starke Verbiegung, auch wenn die Geschwindigkeit zwischen Sommer und Winter etwas schwankt oder sich stetig vermindert (Abb. 174, 180, 181). Treffen aber größere Geschwindigkeits- und Fließrichtungsänderungen zusammen, werden Mittelmoränen gefaltet (Abb. 171-174, 198).

14.5.4
Gletscherspalten

Eis reagiert auf langsame Bewegungen durch bruchlose Deformation, also plastisch, wobei zunehmender Druck (also zunehmende Eismächtigkeit) die Plastizität deutlich erhöht. Fehlt Zeit für eine plastische Reaktion, reißen Spalten auf. Sie finden sich besonders häufig an Gletscherflanken (Abb. 175), aber auch inmitten der Gletscher über Felsbuckeln. Weil Gletschereis nahe der Basis plastischer reagiert als in höheren Gletscherteilen, enden Spalten meist in tieferen Gletscherteilen; sind sie abflußlos, füllen sie sich mit Wasser.

Wird der gesamte Gletscher stark beansprucht, zum Beispiel beim Fließen über steile Felsabstürze oder bei Pulsationen, reißen Spalten bis zur Basis durch.

Gletscherspalten haben bei ihrer Entstehung eine spitze Keilform (Abb. 178), das sofort einsetzende Sinken der Spaltenwände führt zu raschem Schließen der Keilspitze (b), während der obere Teil der Spalte durch Schmelzen der Spaltenwände allmählich erweitert und durch Schmelzen der Eisoberfläche verkürzt wird (c), Reißen Spalten mehrfach auf, zeigen die Spaltenwände eine Stufung (d), oft führt das Aufreißen tiefer Spalten zum Einstürzen der Seitenwände, dann entstehen stark zerrissene Spaltensysteme (e).

Im Gegensatz zu Spalten in erdigen Gesteinen, die eine bleibende Schwächung der Festigkeit bewirken, stellen sich im Eis nach dem Schließen von Spalten die vorherigen Festigkeitsverhältnisse wieder ein. Die meisten Eisspalten schließen sich auf ihrem Weg zum Eisrand ohne eine deutliche Spur zu hinterlassen. Kommt ein pulsierender Gletscher wieder zur Ruhe, verschwinden die seracs, als letzte Spur der tiefen Zerreißung bleiben Schwärme von Gletschermühlen und stark deformierte Mittelmoränen auf Gletscherzungen zurück (SHARP 1988).

Abb. 175
Hrutar-Jökull, Island:
Spalten in rechter Flanke.
(Foto 9.8.1966)

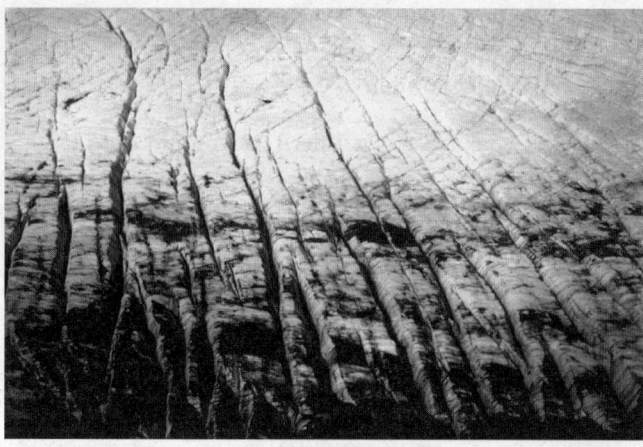

Abb. 176
Fjalls-Jökull, Island: weißes
Gletschereis auf schwarzes
Basiseis überschoben.
(Foto 13.8.1960)

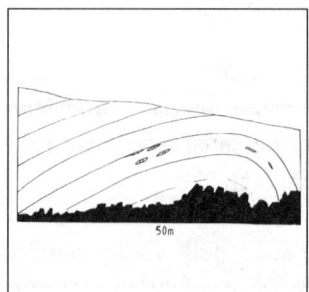

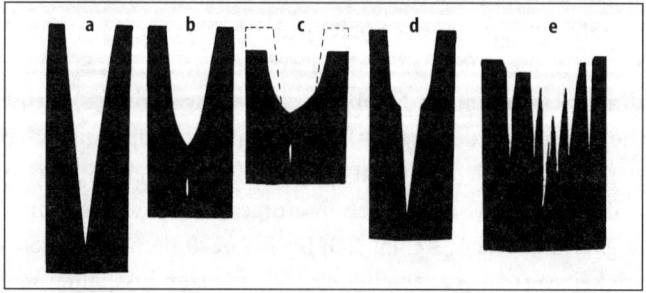

Abb. 177
Casement-Gletscher, Alaska,
Falte im Gletschereis.

Abb. 178
Entwicklung von Gletscherspalten.

Wenig beanspruchte hoch im Wasser liegende Gletscher, die ohne nennenswerte Reibung an Boden und Talwänden fast im Schwimmgleichgewicht fließen, zum Beispiel der Petermann-Gletscher in Nordostgrönland, haben streckenweise fast keine Spalten; wo sie aber den Bodenkontakt verlieren, reißen Spalten auf, die sich nicht mehr schließen.

14.5.5
Eisdicke

(Gletschermächtigkeiten): Schätzungen: Malaspina (etwa in der Mitte des Vorlandgletschers): 600 m, Nunatak-Gletscher: 230 m, Muir-Gletscher: 725 m 9 km vor dem Ende, Gr. Pazifik Gletscher: 760 m 20 km vor Ende; Rhone-Gletscher: 33 m, Grindelwald-Gletscher: 52 m; Mer de Glace: 68 m; Finsteraar-Gletscher: 232 m (CHARLESWORTH 1957, SHARP 1988, MARCINEK 1984).

14.5.6
Schichtung der Gletscher

Die primäre Firnschichtung bleibt bei der Verdichtung zu Gletschereis zunächst erhalten, wird aber beim Fließen in tieferen Gletscherteilen durch Deformation mehr oder weniger unkenntlich. Nur in seltenen Fällen ist sie noch am Gletscherende erkennbar, dort überwiegen Flächen, die durch Scherung und Überschiebung, also eistektonisch entstanden.

Tektonische Flächen: Scherflächen, Falten

Ein nicht geringer Teil der Eisbewegung erfolgt auf Scherflächen; in temperierten Gletschern besonders auf der Grenzfuge zwischen Eis und Basis, ferner auch in den untersten Teilen des Eises (Abb. 179). Sie verheilen vollständig, sobald sie außer Funktion geraten und werden, solange keine unterschiedlichen Eiskristallgrößen oder erdiges Material sie markieren, wieder unsichtbar. Scherfugen sind stellenweise so engständig wie eine Schieferung in Faltengebirgen. In der Nähe der Eisbasis werden Verbiegungen und Falten gletscherabwärts dünn ausgewalzt, sie treten in der Nähe des Gletscherendes an die Oberfläche.

Foliation (Blätterung)

Durch Scherung entstandene eng aneinander gestellte Blätter aus Eis stehen in der Nähe der Gletscherränder meist steil und streichen parallel zur Eisfließrichtung; in der Nähe der Gletschersohle sind sie schwach gegen die Fließrichtung geneigt. Ihre unterschiedliche Färbung entsteht durch unterschiedliche Eiskristallgrößen und -formen, körnig, länglich, mit und ohne Lufteinschlüsse, selten durch erdige Bestandteile. Beim Zusammenfließen von Gletschern entsteht Foliation in Grenzzonen unterschiedlicher Fließgeschwindigkeit; sie hängt mit plastischer Deformation des Eises senkrecht zum Druck zusammen.

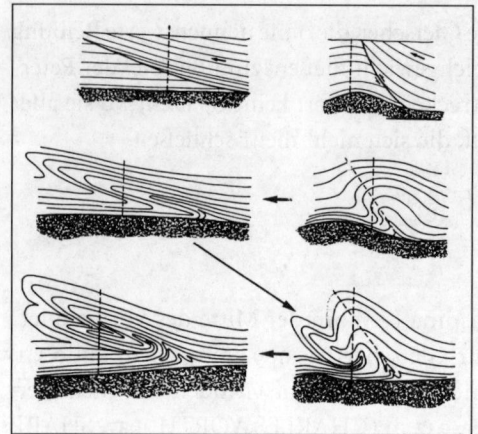

Abb. 179
Scherflächen und Faltung in der Basis von
Eiskörpern. (BOULTON 1983:88)

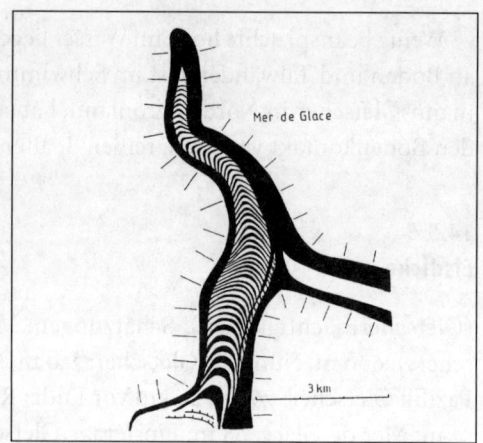

Abb. 180
Mer de Glace mit 55 Ogiven.
(nach Luftbild)

Ogiven

stellen eine der eindrucksvollsten Zeichnungen von Gletscheroberflächen dar und queren
als breite dunkle und helle Bänder die ganze oder einen Teil der Gletscherzunge (Abb. 180,
181). Sie entstehen nur unterhalb von Gletscherabstürzen über eine Steilkante: Durch den
Absturz werden alle vorher vorhandenen Fließstrukturen zerstört. An der Basis des Trüm-
merhaufens schweißt der Belastungsdruck das Haufwerk zu kompaktem Eis zusammen
und presst es talwärts heraus. Das im Sommer herausgepresste Eis ist dunkler als das im
Winter herausgepreßte, weil es mehr Wasser und weniger Lufteinschlüsse enthält. So erhält der Gletscher eine Querstreifung in hellere und dunklere Bänder. Als Jahresmarken
erlauben sie eine kaum übertreffbare Übersicht über Fließverhalten und Fließgeschwindigkeit; sie erfassen nicht nur alle Gletschersegmente, sondern zeigen infolge des zum Zungenende zunehmenden Abschmelzens auch tiefere Gletscherteile. Sie dünnen aus, wenn die
Gletscherzunge sich verbreitert und machen so das Ausmaß plastischer Deformation sichtbar. Die Breite der Ogiven ist von Witterungsbedingungen beeinflußt; markante Bänder
bestimmter Jahre finden sich auf verschiedenen Gletschern und ermöglichen Vergleiche.

Nach Ogivenzählungen erreichte das Eis des Gletschers Mer de Glace (Westalpen) das
Gletscherende in ca. 55 Jahren nachdem es über den großen Abbruch, der die Bildung der
Ogiven veranlaßte, gestürzt war (Abb. 180) . Die großen Falten des Seward-Eisstroms im
Malaspinagletscher benötigen nach Ogivenzählung zu ihrer Bildung je ca. 20-22 Jahre (Abb.
196-199).

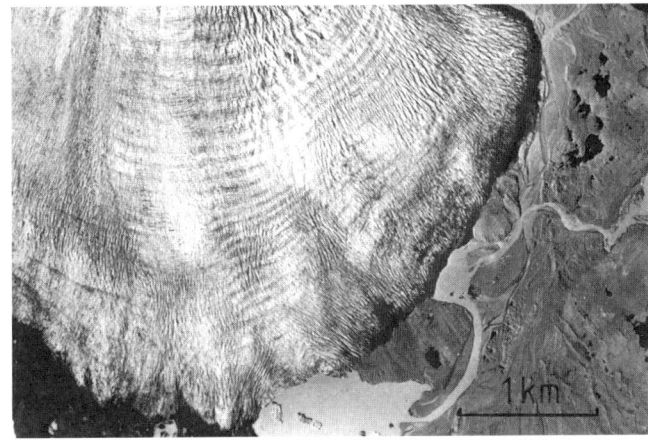

Abb. 181
Fjalls-Jökull, Island, mit
Ogiven. (Luftbild von
Landmälingar, Reykjavik vom
14.9.1955)

14.5.7
Toteis

Beim Rückzug werden Teile des Gletschers zu Toteis, ihr Schmelzen unter meterhohem
Schutt dauert Jahrzehnte, es macht sich an der Oberfläche durch Erdfälle bemerkbar (Abb.
39). Oft hat der aus dem Eis austretende Schmelzwasserfluß Sand und Kies über Toteisreste geschüttet; die bei der Eisschmelze eintretende Dolinenbildung verursacht einen Versturz der Schotter: aus fluviatil geschichteten Lagen wird ein ungeregeltes Haufwerk vom
Typ des »Schottersturzes«, wie PILGER 1990 es vom Harznordrand beschrieben hat (Kap.
8.6.2). Auf dem Rand des Malaspinagletschers wächst Wald (Abb. 197), dieser Teil wird
deshalb gelegentlich als Toteis angesehen; doch unterliegen Teile des bewaldeten Randeises
noch, wenn auch stark verlangsamtem, Gletscherschub. Die Grenze zum Toteis ist hier
kaum zu ziehen.

AHLMANN bezeichnete als »Toteis« Gletscher- bzw. Inlandeisteile, die nicht mehr dem
zentral gelenkten Eisschub unterliegen, weil näher zum Eiszentrum gelegene Abschnitte
rascher abschmolzen, das zum Fließen erforderliche ununterbrochene Oberflächengefälle
und auch der Zustrom weiteren Eises verloren ging. Dieses oft noch mächtige (klimatisch
bedingte) Toteis kann sehr beweglich sein und entsprechend lokalen Gefällsverhältnissen
fließen. Erst kleinere Eisreste, meist begraben unter mächtigem Schutt, werden bewegungs-
los und damit sowohl klimatisch als auch dynamisch zu Toteis (EMBLETON & KING
1975:94).

14.5.8
Eiszerfall

Eisblöcke, Eisgrus und Eisberge: In arktischen und antarktischen Meeren treiben große Stücke ehemaliger Gletscher als Eisberge. In Grönland sind sie bis mehrere Kilometer lang; in der Antarktis bilden große Scheiben des Schelfeises charakteristische Tafelberge. Eine 1987 vom Ross-Eisschelf abgebrochene Scheibe (Abb. 195) war ca. 154 km lang, 36 km breit, ca. 230 m dick (EOSAT 1987, ERICKSON 1990), ihre Eismasse umfasst über 1000 km³. (Der Abfluß des Rheins beträgt pro Jahr etwa 70 km³).

Eisbergbildung ist aber nicht das normale Ende eines im Wasser liegenden Gletschers: An den meisten Gletscherenden zerfällt das Eis in verhältnismäßig kleine Stücke, bis zu einigen Metern Größe: Es hat durch Schmelzen die Fähigkeit verloren, entstehende Stressfugen wieder zu verheilen. Auf Fugen und Kristallgrenzen sammeln sich Feuchtigkeitsfilme, das Eis zerbricht bei der kurzen Beanspruchung durch den Fall in zahllose Stücke. Nur Gletscher mit tieferen Temperaturen bilden beim Abbrechen der Enden (Kalben) Eisberge. Sie ragen meist zu 1/3 bis 1/6 ihres Tiefgangs aus dem Wasser, obwohl nur 1/9 ihrer Masse über Wasser ragt; das liegt daran, daß der hochragende Teil kleiner ist. An der westgrönländischen Küste haben Eisberge eine Durchschnittsdichte von 0,9 und schwimmen in Salzwasser mit der Dichte 1,027 (WEISS 1975:65).

Entlang der Wasserlinie schmilzt bei sonnigem windstillem Wetter das an der Oberfläche erwärmte Seewasser eine scharfe 1-2m mächtige Kerbe mehrere Meter tief in die Eiswände. Unter Wasser entstehen an überhängenden Eisbergwänden dicht nebeneinander vertikal angeordnete gleich große flache Rinnen, jede je nach Tiefenerstreckung der Eiswand ca. 20 cm bis 2 m breit, der Wand die Skulptur eines Waschbretts mit senkrecht stehenden großen Rillen gebend. Sie entsteht durch vertikale Aufwärtsströmung des salzarmen leichteren Schmelzwassers. Schmelzen führt zu langsamer Verlagerung des Schwerpunktes des Eisbergs, es äußert sich im plötzlich eintretenden Kentern oder Zerbrechen, wobei hohe Wellen entstehen, die Schiffe gefährden.

14.6
Stress im und unter dem Eis

14.6.1
Druckschmelzung, Schleifen

Druck gegen das Nebengestein führt bei Temperaturen in der Nähe des Eisschmelzpunktes zur Druckschmelzung. Auf der Grenzfläche zwischen Eis und Gestein bildet sich ein Wasserfilm, der die Reibung herabsetzt und das Abschleifen fördert. Es entstehen geschliffene Gesteinsflächen = Gletscherschliffe mit zahlreichen flachen parallelen Rillen = Gletscherschrammen (Abb. 80, 81, 84). Sie zeigen nicht nur die ehemalige Eisbewegungsrichtung, sondern auch die Anwesenheit des Schleifmediums Wasser und damit die ungefähre Eistemperatur an: im Druckschmelzbereich.

14.6.2
Rupfen

Friert das Eis am Nebengestein fest, bildet sich bei Temperaturen wesentlich unter dem Schmelzpunkt auch bei Druck kein Wasserfilm; das Eis unterliegt plastischen Streckungsdeformationen; es saugt alle nicht fest mit dem Untergrund verbundenen Gesteinspartien in sich hinein und hinterläßt charakteristische Felsoberflächen, deren Formen denen des Schleifvorgangs völlig entgegengesetzt sind: Sie sind rauh, ohne Glättung und ohne Schliff, voll konkaver, oft scharfkantiger Vertiefungen und Näpfe (GOLDTHWAIT 1989). Durch Stress werden die Eiskristalle verkleinert, doch verhindern Umkristallisationen das Entstehen langstengeliger Formen. Auf Kristallgrenzen reichern sich Einschlüsse an. Je nach Form des Untergrundes wechseln unter Gletschern geschliffene und gerupfte Zonen.

Geschliffene Flächen bedeuten nicht, daß an diesen Stellen vorwiegend schleifend erodiert wurde, weil abschmelzendes Eis zuletzt schleift, wenn der Stress nachläßt, auch wo vorher Rupfung geherrscht hatte. Die stellenweise beträchtlichen Erosionswirkungen der Gletscher sind mehr durch Rupfen, weniger durch Schleifen verursacht worden. Die freigeschmolzene Basis des Casement-Gletschers, Alaska (Abb. 83, 177) zeigte Rupfspuren. In der freigelegten Eiswand steckten Geschiebe in gestreckten Hohlräumen, die Streckungshöfen in metamorphen Gesteinen ähnelten.

14.6.3
Eis in der Nähe der Eisbasis

Die stärksten Deformationen durch plastische Verformung, Zerstörung und Neubildung von Eiskristallen, Translation an Kristallflächen, Gleiten auf Scherflächen finden im untersten Gletscherteil, nahe der Eisbasis statt. Leider ist dieser Bereich Untersuchungen meist nicht zugänglich. Es gibt nur wenige Bohrungen und Stollenbauten in diese Grenzzone.

Mehr Einsicht gewährten große, durch weitgehendes Abschmelzen freigelegte Basisareale von Gletschern. Erwähnenswert sind Toteisreste des Fjordgletschers der Glacier Bay: Watuchett-Inlet, Plateau-Gletscher und Burroughs-Gletscher (TAYLOR 1986); die Eisreste im Watuchett-Inlet und des Plateaugletschers sind inzwischen vergangen. Das Rückschmelzen wurde jahrzehntelang von GOLDTHWAIT und seinen Schülern verfolgt (zzAN).

Die Grundmasse des Burroughs-Gletschers besteht aus gröberkörnigem Eis, das von muldenförmig angeordneten dünnen feinkörnigeren Lagen durchzogen ist, sie täuschen eine Schichtung vor, sind aber eine Foliation, entstanden durch Eisfließbewegungen. Gelegentlich sind diese Flächen gefaltet. Auf Eiskristallgrenzen ist schluffiges Material fein verteilt, es gibt dem Eis eine schmutziggrüne Farbe.

In Island besteht das beigemischte Material vorwiegend aus schwarzem Schluff, die Basisschichten sind schwarz gefärbt (Abb. 167). Meist gibt es keinen allmählichen Farbübergang des stark gefärbten dunkelgrauen bis schwarzen Basiseises nach oben in weißes Eis sondern eine scharfe Grenze, eine Schubfläche; mehrfache Übereinanderschuppung täuscht Schichtung vor. Stellenweise entsteht ein dichtes Gemenge grober Steine und Eis = »Eisbeton«, doch sind diese Zonen geringmächtig.

14.6.4
Stress im basisnahen Eis

Auch im Gletschereis, besonders in Basisnähe, kann gelegentlich eine Größensortierung stattfinden und zwar durch Zugkräfte: Wenn im Eis eingeschlossene Blöcke dem herrschenden Stress nicht widerstehen, werden sie soweit zerkleinert, bis die mit abnehmender Fragmentgröße zunehmende Zugfestigkeit den Zugkräften des Eises entspricht. Besonders weitgehend werden Sedimentgesteine zerkleinert, kristalline überstehen stärkere Zugbeanspruchung und bleiben größer. Aus einzelnen im Eis eingeschlossenen Blöcken werden eisumschlossene, zu Streifen auseinandergezogene Haufwerke von begrenzter Fragmentgröße. Auf der Oberfläche des Burroughs-Gletschers waren mehrere jeweils aus einer Gesteinsart bestehende und unterschiedliche Grenzgrößen der Fragmente aufweisende Streifen nebeneinander und parallel zur benachbarten Mittelmoräne angeordnet (Abb. 89)

Unter größeren vom Eis eingeschlossenen Blöcken herrschen gerundete Formen vor; die Rundung wird meist auf abschleifende Wirkung zurückgeführt, aber der oben genannte Stress bricht auch schmale Ecken und Kanten ab, sodaß rundliche Formen nicht nur durch Schleifen entstehen.

14.7
Wasser auf, im und unter dem Eis

14.7.1
Wassermenge

Wasser ist in temperierten Gletschern sowohl auf (supraglazial), im (inglazial) als auch unter (subglazial) dem Eis verhältnismäßig reichlich vorhanden; je größer die sich ansammelnde Wassermenge wird, desto stärker beeinflußt sie das Verhalten des Gletschers (Abb. 182): bei freiem Wasserabfluß (1) steigt die Belastung proportional zur Eismächtigkeit; bei Wasseraufstau (2) herrscht Auftrieb, ein Teil der Eisbelastung wird vom Wasser getragen, je nach Talgestalt (2b, 2c, d) ergeben sich unterschiedliche Zungenformen.

Abb. 182
Verhalten von Gletschereis im
Wasser, schematisch.
(THOME 1980a:31)

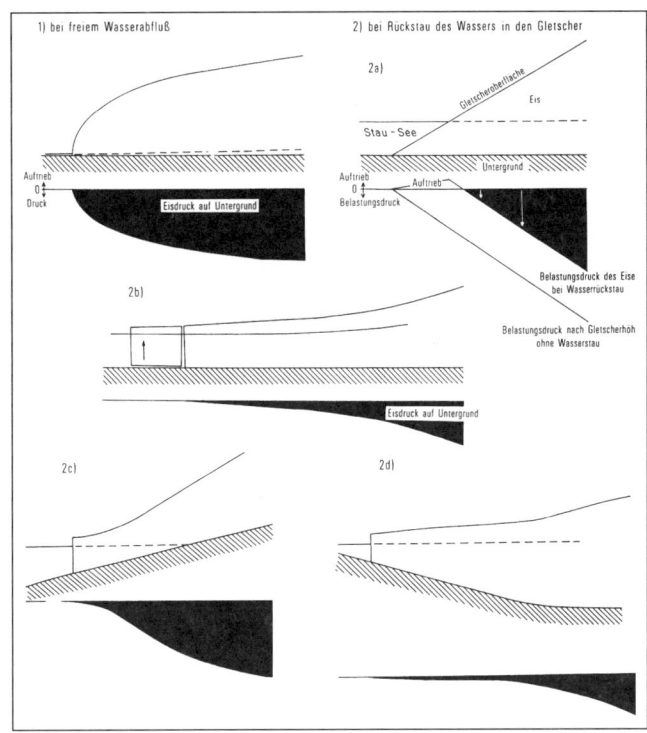

14.7.2
Inglaziales Wasser

Die beim Fließen durch kinetische Energie erzeugte Wärme erlaubt das Ausschmelzen von
Höhlen. Entsprechend der Höhe des Wasserstandes entlastet der hydrostatische Wasser-
druck das Eis infolge des entstehenden Auftriebs: Reicht das Wasser fast bis zur Gletscheroberfläche, kann der hydrostatische Druck das Gewicht des Eises völlig aufheben. Bevor
das Eis aber zu schwimmen beginnt, öffnen sich meist genügend Spalten, um einen Teil
des Wassers abzuführen.

Subglaziale Ströme sind stark mit Schluff beladen, dem hauptsächlichen Mahlgut des
Eises. Ihre Farbe, beim Austritt aus dem Eis meist dunkelbraun bis dunkelgrau, wandelt
sich durch Verdünnung zu hellgelb – weißgrau; in Island werden gelegentlich schluffbela-
dene Gletscherflüsse als weiße (hvíta), sedimentfreie klare, dunkle, durchsichtige (vom
Grundwasser gespeiste) als schwarze Flüsse (svarta) bezeichnet. Gletschereis verkarstet so
leicht, daß bei den meisten Gletschern (Ausnahme: Gletscher in den Fjorden Nordgrön-
lands) Schmelzwassserflüsse auf dem Eis (supraglazial) keinen langen Bestand haben; sie
stürzen in eine Spalte oder gelangen an den Gletscherrand. Innerhalb des Gletschers (inglazial) spielt Wasser ebenfalls keine große Rolle. Zwar entstehen stellenweise innereisische

Abb. 183
Breidamerkur-Jökull, Island.
(Foto 18.8.1960)

Höhlen, aber das Wasser befindet sich darin nicht in stabiler Lage, es versinkt in der nächsten erreichbaren tieferen Spalte, bis es schließlich auf den Grund des Gletschers gelangt.

Erst auf der Gletscherbasis (subglazial) befindet sich Wasser in stabiler Position, weil es schwerer als Eis ist. Von dort kann es das Verhalten und die Struktur des Gletschers mehr oder weniger stark beeinflussen.

Bevorzugte Stellen subglazialer Ströme sind Gletscherflanken, Nahtstellen zweier Eiskörper, erkennbar an Mittelmoränen (= ehemalige Gletscherflanken, die zusammengeflossen sind, (Abb. 183, 184) und besonders tiefe Bereiche der Gletscherbasis im Schmelzgebiet irgendwo auf dem Weg zur Gletscherstirn (s. Kap. 8.3).

14.7.3
Schmelzwasseraustritte

Bei kleinen Talgletschern tritt Schmelzwasser an der tiefsten Stelle der Gletscherzunge, die meist etwa in der Gletschermitte zu finden ist, aus. An breiten Eisrändern konzentriert sich der Abfluß auf wenige, durch die Gletscherbewegung besonders zur Wasseraufnahme geeigneten Stellen: Es ist eine Entwicklung subglazialer Entwässerungswege erkennbar.

Während des Vorstoßes besteht noch kein weitreichendes subglaziales Entwässerungssystem; am Eisrand entspringen zahlreiche kleine Schmelzwasserströme, die größten an den Gletscherflanken, wo Spaltenbildung das Eindringen des Wassers erleichtert. Zusammengesetzte Gletscher haben stärkere Schmelzwasseraustritte in einspringenden Winkeln der Gletscherfront: Dort befinden sich die Nahtstellen benachbarter Flanken zweier Eiskörper. Solche Eisrandzwickel verursachten während des neoglazialen Eismaximums stärkere Sanderaufschüttungen an zahlreichen isländischen Gletscherfronten (in Abb. 164 bei Zw., Abb. 184, 188, 189), sie finden sich auch an Rändern des Nordeuropäischen Inlandeises in ähnlicher Position (Abb. 29, 67).

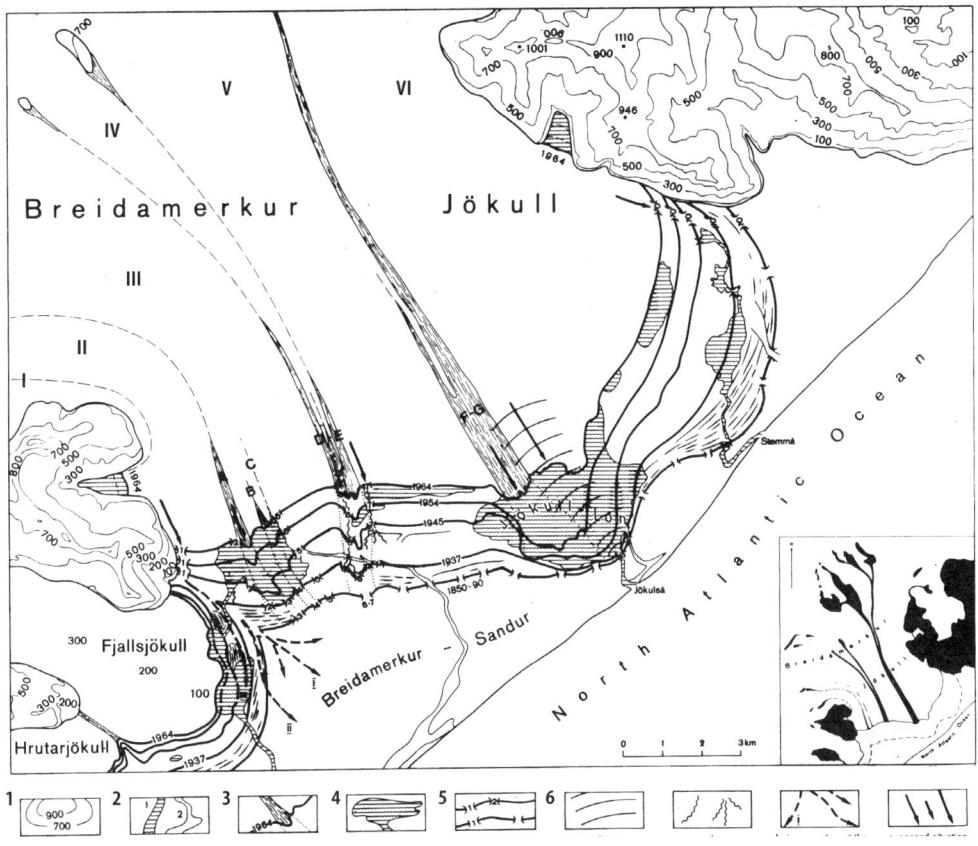

Abb. 184
Breidamerkur-Jökull: 1: Höhen der Randberge, 2: Flüsse und Seen, 3: Eisrandlagen mit Jahreszahl,
4: Randseen, 5: Schmelzwasseraustritte aus Randlagen, 6: Undirvarp, I-VI Eiskörper, Pfeile =
subglaziale Entwässerungsbahnen. (THOME 1986:96)

Mit dem Ende der Vorstoßbewegung beginnt ein Ausdünnen der Gletscher verbunden
mit einer raschen Verminderung der Zahl der Schmelzwasseraustritte und gleichzeitiger
Steigerung der Abflußmengen der verbleibenden. Die Zunahme der Wassermenge des
Hauptabflusses unter dem Breidamerkur-Jökull (zwischen den Eiskörpern V und VI in Abb.
184 gelegen) scheint zudem die Tiefenerosion des großen Randsees Jökul-Lon und die
Mobilisation des dortigen Eises zu einem letzten Vorstoß bewirkt zu haben. Nach Flosi
Björnsson (mdl. Mitt.) kam die Gletscherfront vor dem Jökull-Lon etwa um 1890 zum Stehen, während die weiter vom Jökull-Lon entfernen Flanken des Breidamerkursjökulls
schon 1850-1860 ihre größte Ausdehnung erreichten (Abb. 185). Der letzte Vorstoß im Bereich der Mittelmoränen F-G ist an der Ausbuchtung des äußersten Endmoränenwalls vor
dem Jökull-Lon erkennbar geblieben (THOME 1986).

239

Die kräftige Erosion des unter dem Eis östlich neben der Endmoräne F-G tätigen Stroms ist heute noch am Einsinken der Gletscheroberfläche an großen konzentrischen Bruchkanten sichtbar. Dieses charakteristische Einsinken von Eisrändern über Schmelzwasseraustritten wird in Island als »Undirvarp« bezeichnet (JONSSON 1955, Abb. 186).

Die frischen Eisrandveränderungen in Island zeigen, daß Gletschervorstoß eine Zersplitterung der subglazialen Entwässerung in zahlreiche kleine Schmelzwasserflüsse, Eisrückzug ihre Konzentration auf immer weniger, stärkere Flüsse verursacht, unter beträchtlicher Zunahme der Verkarstung des Gletschers.

Bevorzugte Orte der sich konzentrierenden subglazialen Flüsse sind Mittelmoränen, Gletscherflanken und Stellen besonders tief gelegener Eisbasis (Abb. 163, 183-189).

Unter dem Breidamerkur-Jökull wurden während des Rückzugs im Bereich der Mittelmoränen zwischen den Eiskörpern II und III und zwischen V und VI große Randseen erodiert, nicht aber im Bereich der Mittelmoränen zwischen den Eiskörpern III und V. Dort entstanden Rücken aus Sand und Kies (ein Os, Abb. 187), von einem Schmelzwasserfluß in Höhlen an der Eisbasis abgesetzt. Die Entstehung und Verteilung von Osern und Randseen zeigt entgegengesetzt ablaufende Entwicklungen subglazialer Flüsse: Im Bereich der Seen zunehmende Erosion infolge zunehmender Wassermenge, im Bereich der Oser Akkumulation infolge abnehmender Wassermenge.

14.7.4
Konzentration der Schmelzwässer während des Eisrückzuges

Nicht nur unter dem Eis, sondern auch im Vorland findet beim Gletscherrückzug eine rasche und drastische Konzentration der Schmelzwasserflüsse statt. Im Vorland ist sie dadurch bedingt, daß die äußersten Sander höher aufgeschüttet sind als die Basis des Gletschers. Sobald der Gletscher den Sanderrand verläßt, entsteht ein tief gelegener Raum, in

Abb. 185
Breidamerkur-Jökull: Eisrandentwicklung und starke Konzentration subglazialer Ströme (= Pfeil) zwischen 1860 und 1890.

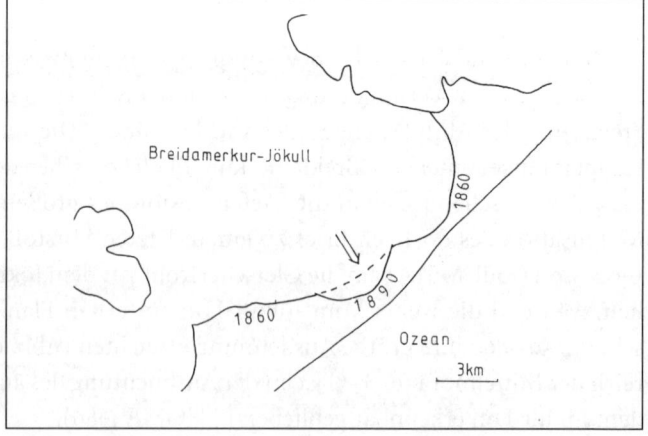

dem sich die Schmelzwässer sammeln und an geeigneter Stelle konzentriert eine tiefe Rinne durch die höher liegenden Endmoränen und Sander schneiden.

Am Fláa-Jökull (Abb. 166) zeigen die äußersten Moränen zahlreiche kleine Schmelzwasseraustritte, die nur während des Eismaximums in Tätigkeit waren. An den inneren
(=Rückzugs-) Moränen ist die zunehmende Konzentration der Flüsse an der Abnahme der
Entwässerungsrinnenzahl und Zunahme der Rinnengröße erkennbar. Besonders stark sind
die nördlichen (= linken) Wallstücke erodiert. Noch konzentriert sich der Abfluß auf die
starke Holmsá an der rechten (südlichen) Gletscherflanke (Folge der Gletscherasymmetrie,
Abb. 163), aber der Hleypilaekur in Gletschermitte dürfte bei weiterem Gletscherrückzug
wohl den gesamten Abfluß des Gletschers übernehmen.

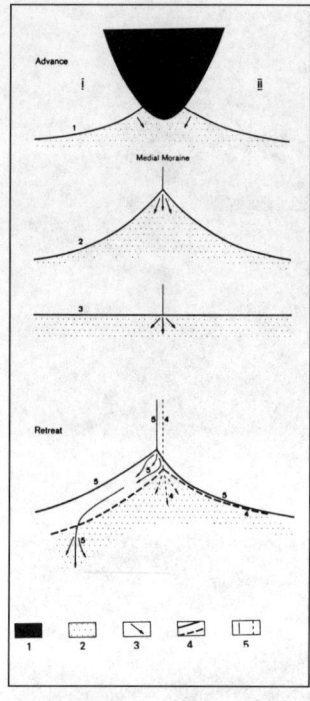

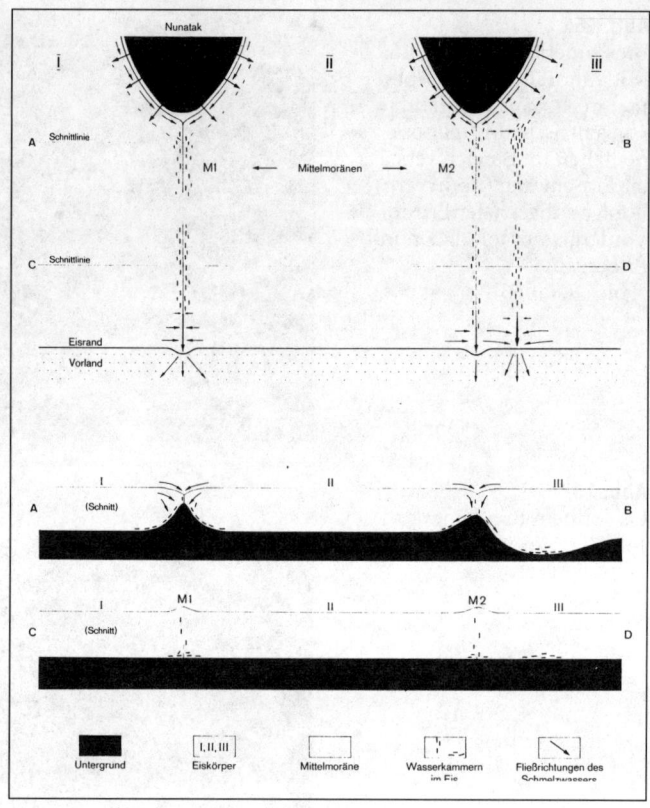

Abb. 188
Eisränder und subglaziale
Entwässerung:
1= Nunatak; 2 = Sandervor-
feld; 3 = Fließrichtungen des
Wassers; 4 = Eisränder;
5 = Mittelmoränen.
(THOME 1986:98)

Abb. 189
Bevorzugte Lage subglazialer Entwässerungbahnen;
1 = Untergrund; 2 = Eiskörper I, II, III; 3 = Moränen M1, M2;
4 = Schmelzwasser im Eis; 5 = Fließrichtungen des Wassers.

14.7.5
Eisbasis bei Anwesenheit von reichlich Wasser

Unter der wasserführenden Mittelmoräne des McBride-Gletschers in Alaska (Abb. 87)
wurde während des holozänen Eismaximums eine schmale steile mehrere Meter tiefe Kerbe in einen kristallinen Felsbuckel in Fließrichtung des Eises erodiert; selbst in den engsten
Teilen trägt die Gesteinsoberfläche ausgezeichnete Gletscherschliffe, ein Zeichen, daß intensiver Eisschurf kombiniert mit Wasser stattfand. Gletschereis kann also, wenn reichlich
Wasser zur Verfügung steht, schmale Kerben erodieren, während wasserfreies Eis über
solche Kerben hinweggleiten und sie mit Grundmoräne füllen würde.

Unter dem subglazialen Kanal des Münsterländer Kiessandzuges entstand in der Krei-
deoberfläche eine ca. 30 m tiefe Rinne. Auch hier bestand im Verlauf des Münsterländer

Kiessandzuges eine wasserreiche Eiszone, ein subglazialer Fluß, gespeist von subglazialem Wasser, das unter dem Inlandeis aus dem Weserbergland in den Raum nördlich Rheine geraten war. Bei der auffällig starken Erosion unter wasserreichen Mittelmoränen stehen Eis und Wasser unter erhöhtem Druck; je nach Gletschermächtigkeit und innereisischer Wasserhöhe dürfte er etwa zwischen 5 und 30 bar betragen haben (Kap. 8.3).

14.7.6
Oser

Kann das subglazial in einer Höhle fließende Wasser allmählich nach den Seiten entweichen, tritt an Stelle von Erosion Akkummulation, die Höhle wird zugeschüttet. Nach dem Abschmelzen des Eises bleibt die Sedimentfüllung als Rücken (Os) (Mehrzahl Oser) stehen (u.a. PRICE 1986). Manchmal läßt sich am Osanfang noch die Ursache des subglazialen Stroms erkennen: Eine Erhöhung der Erdoberfläche (falls sie über das Eis reichte, wird sie als »Nunatak« bezeichnet), an der Mittelmoränen ansetzten (Abb. 183, 184, 188, 189) oder eine Vertiefung, in der subglaziales Wasser sich sammeln konnte, wie beim Münsterländer Kiessandzug (Abb. 53, 54), der in einer Talkerbe der Steinfurter Aa begann.

14.7.7
Gletschermühlen

Fallen ständig größere Wassermengen durch eine Spalte, halten sie einen Fallkanal offen, auch wenn die übrige Spalte sich wieder schließt: Unter dem Wasserfall bilden sich Wirbel, sie erodieren kreisrunde Vertiefungen in die Gletscherbasis = Gletschermühlen = Kolke = moulins). Auf manchen Gletscherzungen sind als letzte Spur eines Eisspaltennetzes Schwärme von fast schachbrettartig angeordneten Gletschermühlen übrig geblieben.

Steine, die in die Strudel geraten, werden kugelrund im Gegensatz zu normalen Flußgeröllen, die meist dreiachsig geformt sind. In geröllreichen Sandern sind kugelrunde Gerölle auffallend häufig, verglichen mit normalen Flußschottern.

Gletschermühlen sind nicht nur in Felsböden sondern auch in eisüberfahrenen Lockergesteinen zu finden, dort ohne Zurundung von Mahlsteinen; im Boden der Kolkkessel finden sich grobe Gerölle und Steine, der obere Teil enthält manchmal nur Sand. Mehrfach wurden Kolke in Abständen von 3-5 m nebeneinander gefunden (Egelsberg bei Krefeld, Steinberg bei Kettwig). Da Gletschermühlen kaum so dicht nebeneinander vorkommen, sind solche engen Kolkabstände durch die Bewegung des Eises verursacht.

Abb. 190
Eisstausee Dalvatn, Island.
(Foto 27.8.1966)

Abb. 191
Bändertone im Vatnsdalur,
Island.
(Foto 27.8.1966)

14.7.8
Gletscher im Wasser – Verhalten

Sie werden durch den Auftrieb von einem Teil ihres Gewichts entlastet und dadurch beweglicher und dünner. Die im Wasser der Fjorde liegenden temperierten Gletscher Alaskas sitzen bis zum Ende festem Boden auf; wo sie zu schwimmen beginnen, brechen sie ab. In hochpolaren arktischen und antarktischen Gebieten gibt es schwimmende Gletscherenden, wo Meereis das Auseinanderschwimmen behindert und Frosttemperatur die im Eis entstehenden Stressfugen sofort verheilt. In den deutschen Mittelgebirgen wurde die Eisausbreitung der saale-1- und elsterzeitlichen Gletscher stark vom Wasseraufstau beeinflußt (Kap. 8.6).

Stauseen

Gletschereis staut in abgedämmten Tälern Seen auf. Vom stauenden Gletscher fließt eine kurze Zunge in den Stausee, der von abbrechenden Eisstücken bedeckt ist (Abb. 190). Fließen die stark mit Schluff beladenen braunen Gletscherschmelzwässer in den Stausee, färben sie diesen intensiv braun, am Seeboden werden Schluff- und Tonschichten sedimentiert. Die Schichtung der neoglazialen Stauseesedimente des Vatnsdalurs in Island (Abb. 191) wurde sehr wahrscheinlich durch wandernde Tiefs und nicht durch den Jahresrhythmus verursacht (THORARINSSON 1939).

Seespiegelniveau

Steht der Seewasserspiegel höher als der Wasserspiegel im Gletscher, fließt das Stauseewasser unter den Gletscher (das tritt zum Beispiel ein, wenn der See Zuflüsse von außen hat); dann dringt kein schluffbeladenes Gletscherwasser in den Stausee, daran erkennbar, daß der See seine tiefblaue Farbe behält. Der See entwässert unter dem Gletscher hindurch zu irgendwelchen tiefer gelegenen Austrittsstellen. Am Weserstausee (Abb. 40, 41) herrschten lange Zeit solche hydrostatischen Verhältnisse. Die Höhe des Seespiegels hängt von der Mächtigkeit des sperrenden Gletschers und der Höhe etwaiger Bergpässe ab: Kann der See durch eine Geländekerbe (Überlauf, Gebirgspaß) entwässern ohne den Gletscher anzuheben, entsteht ein ständiger Abfluß, vielleicht weit vom Eisrand entfernt.

Gletscherlauf

Ist kein Überlauf in ein anderes Tal vorhanden, steigt der Stauseespiegel, bis das Wasser den Eisrand anhebt und subglazial abfließt – oft in einem Gletscherlauf. Die meisten Gletscherläufe entstehen durch subglaziales episodisches Entwässern hochgestauter Randseen. Der vom Heinabergs-Jökull gestaute See im Vatnsdalur (Abb. 190) entwässerte während des neoglazialen Eismaximums über einen Bergpass in ein benachbartes Tal. Die Entwässerungsrinne war eng, das Wasser konnte nur wenig erodieren. Bei abnehmender Gletschermächtigkeit erfolgte im November 1898 der erste Gletscherlauf unter dem Gletscher hindurch, den rechten Gletscherrand mit einer Abflußmenge bis über 3000 m³/s aufreißend. Von da an entwässerte der See nur noch durch jährliche Gletscherläufe mit allmählich kleiner werdender Wassermenge, die Rinne im Bergpass wurde nicht mehr benutzt, weil der See nicht mehr die alte Spiegelhöhe erreichte (THORARINSSON 1936).

Besonders große Gletscherläufe ereigneten sich durch Vulkanausbrüche unter Gletschereis in Island. Bekannt ist der Katla-Vulkan unter dem Myrdalsjökull. Nach isländischer Überlieferung hatte er seit 1311 Ausbrüche in jedem Jahrhundert, die letzten 1823, 1860, 1918: Jedesmal schmolz der Vulkan beträchtliche Eismengen, bevor das Wasser mit Gewalt das Eis auseinanderriß. Es ergoß sich über den Myrdalssandur als ein mit Eisbrocken und Lockergestein gemischter Wasserschwall, der in wenigen Stunden ein Delta über 1 km weit ins

Abb. 192
Spur einer Wirbelfahne,
Breidamerkur-Jökull/Island.
(Luftbild vom 14.9.1955,
Landmälingar, Reykjavik)

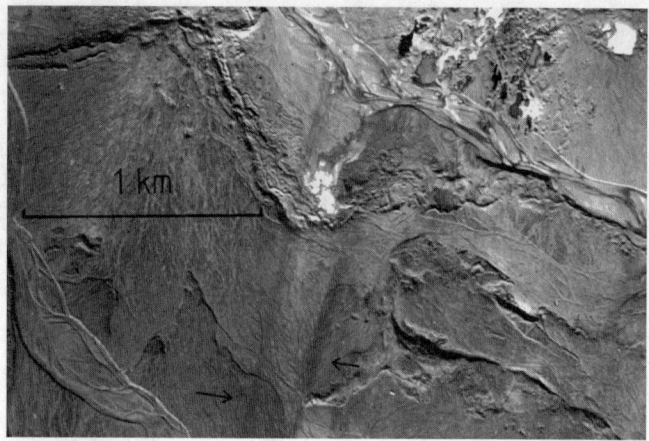

Abb. 193
Spur von Wirbelfahnen des
Gletscherfallwindes, Grön-
land. (Luftbild des Geodätisk
Instituts, Kopenhagen vom
2.8.1958)

Abb. 194
Küste des Peary-Landes,
Nordgrönland.
(Luftbild Geodädisk Institut,
Kopenhagen)

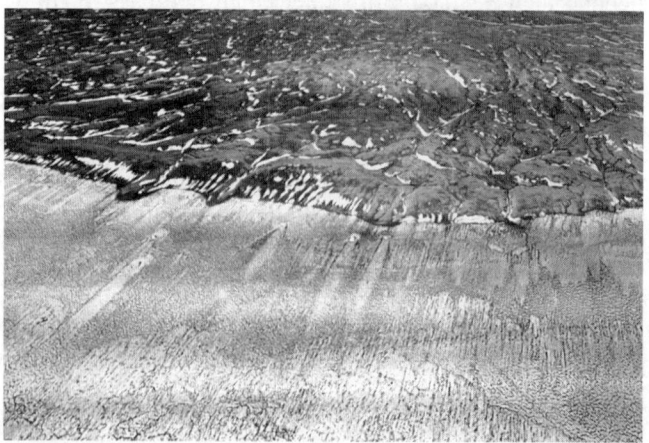

Meer vorbaute, den Myrdalssandur tief erodierte und zahlreiche Eisbrocken hinterließ (THORODDSEN 1925 und THORARINSSON mdl. Mitt.).

14.8
Gletscherfallwind

Bei Luftruhe entwickelt sich auf Gletscheroberflächen ein Fallwind, oft mit Frosttemperaturen; seine hervorstechende Eigenschaft ist die immer gleiche Windrichtung, wodurch er im Vorland markantere Spuren hinterläßt als Winde aus wechselnden Richtungen: Hinter Bodenaufragungen entstehen immer die gleichen Wirbelfahnen und zerschlagen an den gleichen Stellen die Vegetation durch verwirbelten Sand. Ihre Auswirkungen werden in Luftbildern sichtbar: Am Rand des Breidamerkurjökulls bildet sich regelmäßig eine ca. 2 km lange Wirbelfahne hinter einer Endmoränenaufragung, sie zerschlug mit aufgewirbeltem Sand die dürftige Vegetation des Sanders und hinterließ schwarzen Sand im Windschutz zahlreicher Steine (Abb. 192). Steinblöcke im Gletschervorland werden einseitig vom windbewegten Sand geschliffen. Vor einem grönländischen Talgletscher zeigten Wellenformen der Meeresoberfläche die Wirbelfahnen des Fallwindes, die sich beim Überqueren der Bergpässe eines niedrigen Bergrückens im Gletschervorfeld bildeten (Abb. 193).

Stürme
Langanhaltende Stürme im Umkreis der großen Inlandeise beeinflussen das Klima des eisfreien Vorlandes. An den Küsten des Peary-Landes, Nordgrönland haben Wirbelfahnen eines Sturmes die verschneite gefrorene Meeresoberfläche gezeichnet (Abb. 194).

14.9
Malaspina-Gletscher (Alaska)

Zum Vergleich mit großen Gletschern der Eiszeit (Abb. 196-199): Der Malaspinagletscher wird durch Eisströme mehrerer Gebirgsgletscher ernährt, der größte ist der Seward-Eisstrom. Er breitet sich auf der Küstenebene vor der Gebirgskette der Elias-Mountains (Alaska) aus, ähnlich eiszeitlichen Alpengletschern im Alpenvorland.

Der Seward-Eisstrom erreicht in der Talenge beim Austritt aus dem Gebirge eine Fließgeschwindigkeit von ca. 4-5 m/Tag. Besonders großartig sind Mittelmoränen gefaltet (»Akkordeonmoränen«, POST 1972). Die Faltung beginnt beim Austritt aus dem Gebirge, zunächst entsteht eine rundliche Bogenform, die von kleineren Wellungen (vermutlich jährlichen Bewegungsschwankungen) überlagert ist. Die großen Falten umfassen je etwa 20-22 Jahre (zwei Sonnenfleckenperioden?). Aus der Zahl der Großfalten ergibt sich das ungefähre Alter der Gletscherzunge: An der linken (östlichen) Gletscherflanke ca. 6-7 Großfalten = ca. 130-150 Jahre, an der westlichen mehr als doppelt so viele.

Abb. 195
Eisberg (154 x 36 km x 230 m)
vor Roß-Eisschelf, Antarktis,
vermutlich im Oktober 1987
abgebrochen.
(Satellitenbild aus Eosat,
Landsat Data User Notes 2,
Dezember 1987)

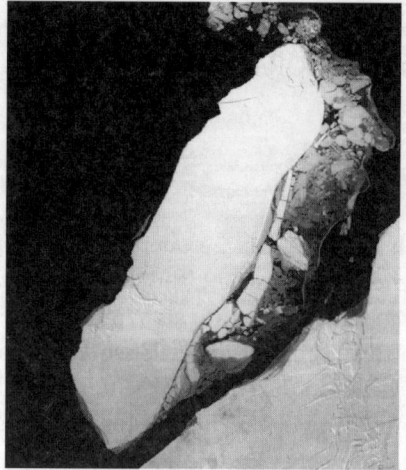

Abb. 196
Gefaltete Mittelmoränen im
Malaspina-Gletscher.
(Foto 20.6.1986)

Abb. 197
Verkarstete, schmelzende,
bewaldete Stirn des
Malaspina-Gletschers, im Vor-
dergrund Meeresküste,
Alaska. (Foto 20.6.1986)

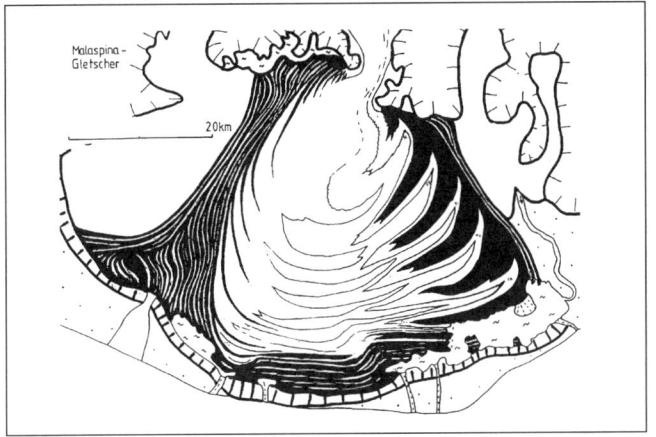 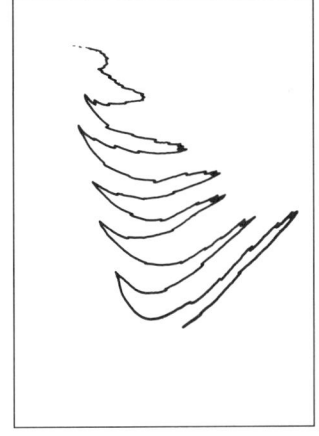

Abb. 198
Malaspinagletscher.
(Seward-Eisstrom, nach A. POST und Luftbildern)

Abb. 199
Falten an linker Flanke des
Malaspina-Gletschers,
schematisch.

Der Malaspina-Gletscher ist im unteren Drittel der Abb. 198 ca. 600 m dick, seine Oberfläche liegt ca. 300 m über NN, er reicht 300 m unter den Meeresspiegel. Falls er einmal abschmilzt, würde die Meeresbrandung die schmalen Endmoränenwälle beseitigen, der Ozean bis zum Gebirgsrand reichen. In den vor der linken (östlichen) Gletscherflanke gelegenen großen See fließt ein Strom, der, aus eisfreier Nachbarschaft kommend, einen höheren Wärmegehalt als ein Schmelzwassserfluß auf dem Eis hat und die Eisschmelze des Malaspinagletschers beschleunigt. Die langsamer schmelzende rechte (westliche) Gletscherflanke enthält am Rande noch Reste von mehrere hundert Jahre alten Eisfalten. Die Gletscherstirn ist 1-2 m hoch von Moränenschutt bedeckt und bewaldet, darunter hundertjährige Bäume (Abb. 197).

Am Münsterlandgletscher entwickelte sich ebenfalls in der linken Flanke, im Bereich Paderborn-Senne, ein großer See, hineingeschmolzen durch das aus der Döre zufließende Wasser (Abb. 51-54). Die aus Alpentälern ins Vorland austretenden Gletscher hatten vermutlich nicht nur ähnliche Moränenfalten auf ihren Oberflächen, sondern auch ähnliche Fließgeschwindigkeiten und Wasserverhältnisse.

15 Einflüsse auf menschliche Tätigkeiten

(ausführlichere Darstellungen u.a. in WEISE 1983, EYLES 1984, CATT 1992)

15.1
Gletscher

Gletscher dämmen Täler ab, verursachen katastrophale Überschwemmungen durch Gletscherläufe; Hanggletscher verlieren ihren Halt und stürzen als Eislawine zu Tal; von Gletschern freigegebene steile Talwände stürzen ein, fielen sie in ein Tal, wurden Flüsse zu Seen gestaut, die nach Tagen oder Wochen ausbrachen und talabwärts katastrophale Überschwemmungen verursachten (u.a. HERING et.al. 1992), wo sie in einen See fielen, haben Flutwellen Siedlungen an den Ufern zerstört: 1934 stürzten ca. 1,5 Millionen m³ Gestein aus einer Bergwand (Abb. 200) in den Tafjord, Norwegen; die vom Sturz erzeugte Meereswoge erreichte 62 m Höhe, zerstörte Ufersiedlungen und hinterließ 44 Tote (HOLTEDAHL 1960:530). Durch künstliches Anfärben wurde die Albedo von Gletschern verringert um das Schmelzen zu verstärken.

Am Fláa-Jökull bedrohte die mit fortschreitendem Eisrückzug (seit etwa 1890) zunehmende Schmelzwasserkonzentration mehrfach Wiesen der unterhalb des Gletschers lebenden Bauern zu überschwemmen: Die aus der rechten (südlichen) Flanke des Gletschers austretende Holmsá begann 1937 in der Mulde zwischen den Wällen 5 und 6 in Abb. 164 zum Hleypilaekur zu fließen, als das Eis im Begriff war, diese Mulde freizugeben. Dadurch hätte sich die Wassermenge des Hleypilaekur mehr als verdoppelt, wäre über die Ufer getreten und hätte das angrenzende Wiesenland zerstört. In einer gemeinsamen Aktion gelang es den betroffenen Bauern mit ihren Pferdefahrzeugen (Alarm in der Nacht) die beginnende Umlenkung durch eine Dammschüttung zu unterbinden, bevor durch Erosion die Wassermenge zu groß für den Eingriff geworden war.

In den 1950er Jahren gab der Gletscherrand die Mulde zwischen den Wällen 6 und 7 frei, wieder begann die Holmsá zur Hleypilaekur zu fließen. Diesmal war die Absperrung mit Hilfe von Planierraupen leichter. Die Wallsperren wurden nur anfangs benötigt, dann hatte die Holmsá sich tiefer in ihrem Bett eingeschnitten und bedrohte die Wallsperren nicht mehr. Bei weiterem Gletscherrückzug ist die Vereinigung von Holmsá und Hleypilaekur am Eisrand jedoch nicht zu verhindern.

Abb. 200
Abrißfläche des Bergsturzes
von 1934, Tafjord, Norwegen.
(Foto 15.8.1965)

Felsaufragungen im Gletschereis (Nunataks) ließen sich ohne Betreten des Gletschers auf Erzvorkommen prüfen, weil deren Gesteine in Mittelmoränen unvermischt nebeneinander zum Gletscherende gelangten (STEPHENS et.al.1983:195 f.). Erzlagerstätten wurden durch die Rekonstruktion ehemaliger Gletscherfließrichtungen anhand von Leitgeschieben gefunden. Eisberge gefährden die Schiffahrt, sie reichen unter Wasser seitlich weiter als über Wasser sichtbar ist. Bei ihrem Zerfall entstehen einige Meter große, noch kompakte Eiskörper, die kaum über Wasser ragen (»Growler«), sie beschädigen bei Kollisionen Schiffe; das Kentern von Eisbergen verursacht relativ hohe Flutwellen, die in der Nähe befindliche Schiffe und Boote gefährden. Bekanntlich werden Lockergesteine durch eine Vorbelastung verdichtet, wird diese später entfernt, behält der Boden die Verdichtung, deren Größe der ehemaligen Belastungshöhe entspricht. Es wurde mehrfach versucht, aus der Vorbelastung von Grundmoränen auf die ehemalige Eisbelastung, also die Gletschermächtigkeit zu schließen.

In Ostwisconsin zeigen Grundmoränen mit einem Alter von ca. 12 800 Jahren und mehr nur eine der Sedimentmächtigkeit entsprechende Verdichtung, jüngere aber haben, soweit sie durch Überdeckung jüngeren Frostwechseln entzogen waren, noch eine von Gletschern stammende Vorverdichtung (MICKELSON et.al. 1979:179). Die Vorverdichtung des Untergrundes durch die großen pleistozänen Inlandeise wurde durch Permafrost verhindert oder nachträglich vermindert.

Die Unterschätzung hoher Schuttfüllungen mancher Alpentäler wurde Tunnelbauten zum Verhängnis: Bekannt ist der Wasser- und Schlammeinbruch in den Lötschbergtunnel am 24.7.1908, 160 m unter dem Boden des Gasterntals; der Schlammeinbruch füllte den Stollen 1800 m weit, 24 Arbeiter ertranken; beim Bau des Gotthardt-Eisenbahntunnels trennten nur noch 40 m Fels den Stollen von der 250 m hohen Schuttfüllung des Urserentals bei Andermatt. Mit geophysikalischen Methoden läßt sich heute die Tiefe der Schuttfüllung feststellen (LABHART 1993).

15.2
Periglazial

In Periglazialgebieten schirmen Bauwerke die winterliche Kälte ab, sodaß der Permafrostboden auftaut. Dann verlieren Fundamente ihre Standfestigkeit, sinken unregelmäßig ein und zerreißen das Bauwerk (Abb. 201). Regenwasser beschleunigt das Schmelzen des Frostbodens im Bereich der Aussenwände von Bauwerken, sie sinken stärker, als innere Bauteile. Wird Regenwasser vom Bauwerk abgeleitet und sind die Innenräume geheizt, taut der Frostboden unter ihm tiefer auf als an den Rändern, dann sinken die inneren Bauwerksteile stärker. Manchmal bricht das bei Frost unter Druck geratene Wasser aus der aktiven Schicht in tief gelegene Räume des Bauwerks, sind diese nicht geheizt, füllt es sie mit Eis.

Verkehrswege: Die im Sommer sumpfigen Ebenen und Seen der Permafrostgebiete sind im Winter festgefroren und von geländegängigen Fahrzeugen ohne Gefahr des Einsinkens befahrbar. Schwierigkeiten entstehen bei Tauwetter: Von großem Einfluß sind Bodenart und Wassergehalt: Fast kein frisch aufgetauter Boden besitzt Tragfähigkeit; verhältnismäßig rasch werden die nicht bindigen Bodenarten Kies und Sand wieder fest, besonders schwierig sind schluffhaltige Böden: In Schluff können beim Gefrieren Eislinsen entstehen, deren Volumen das des Schluffsediments übertrifft. Beim Tauen entwickelt sich ausgeprägter Thermokarst: Es bilden sich Seen, deren steile Uferböschungen in dem Maße zurückverlegt werden, wie das unter ihnen anstehende Eis schmilzt. Erkennbar ist der Vorgang am Einkippen der Bäume zum See (Abb. 102).

Unter Strassen dringen Frost- und Tautemperaturen tiefer ein, weil sie der Sonneneinstrahlung voll ausgesetzt sind und im Winter schneefrei gehalten werden. Wird Wald entlang von Strassen gerodet, gelangt die Einstrahlungswärme direkt auf den Boden und verursacht Schmelzen des Permafrostes, Einsinken der Bodenoberfläche und Seenbildung in der gerodeten Randzone. Der Strassenkörper wird durch seitliche und vertikale Bodenbewegungen zerstört (Abb. 202).

Starre Strassendecken werden durch Risse und Kantenbildung rascher unbrauchbar als Schotterstrassen. Ungünstig ist die schwarze Farbe der Asphaltdecken, weil sie die Wärme-

Abb. 201
Haus in Dawson City,
Yukongebiet.
(Foto 14.8.1972)

aufnahme erhöht. Wasser im Strassenkörper führt nicht nur im Permafrostbereich, sondern in allen Gebieten länger anhaltenden Frostes zur Eislinsenbildung und Aufbeulung der Decke; Wasserrinnsale bilden bei Frost dammartige bis über 1 m hohe Aufeiskörper, die den Verkehr be- oder verhindern.

Maßnahmen gegen Frostschäden

bei Bauwerken auf Permafrost: Förderung der regelmäßigen Erneuerung des Permafrostes im Untergrund durch Baumaßnahmen, die das Eindringen der Kälte in jedem Winter ermöglichen, sodaß das im Sommer getaute Erdreich erneut durchfriert; Häuser und Pipelines werden auf Stelzen gesetzt oder ihre Fundamente mit grobem Kies ausgekoffert.

Maßnahmen gegen Frostschäden an Strassen

Fernhalten von Wasser durch Hochlegen auf einen Damm; tiefes Auskoffern mit gut wasserdurchlässigem Material, besonders geeignet sind grobe Schotter; Drainage nicht in Gräben parallel zur Strasse sondern senkrecht von der Strasse weg. Da der Strassenunterbau meist nicht völlig frostsicher ausführbar ist, lassen sich Schäden durch leicht wiederholbare Baumaßnahmen reduzieren: Keine starren Strassendecken sondern Schotterstrassen, sie bedürfen aber laufender Instandhaltung, weil der rollende Verkehr Rippelbildung hervorruft; Durchlässe von Brücken lassen sich durch ständigen Einsatz von Planierraupen während der Schmelzperiode vor der Zuschotterung bewahren; das Eindringen der Einstrahlungswärme in den Strassenkörper durch Abdeckungen bzw. höhere Strassendämme vermindern.

Künstliches Auftauen des Permafrostes

Aufstau von Wasser erhöht die Auftaurate. Wo Auftauen flußferner Lagerstätten erforderlich ist (z.B. Goldlagerstätten), werden Bäche gestaut und das von der Sonne erwärmte

Abb. 202
Thermokarst entlang eines
Strassendam88, Ja8utien,
Bildvordergrund: Kerne von
Eiskeilpolygonen im Wasser.
(Foto 27.7.1982)

Wasser in die zu schmelzenden Permafrostbereiche geleitet, der Schmelzvorgang durch
Spritzen von Wasser beschleunigt.

15.3
Winterkälte außerhalb des periglazialen Bereichs

Sie beeinträchtigt die Strassensicherheit durch Eisglätte und entsteht durch das Anfrieren
einer dünnen Eisschicht auf frostkaltem Boden aus feuchter Luft; schon dünne Salzbestreu-
ung vermindert die Rutschgefahr merklich. See-Eisdecken beschädigen durch ihre Starrheit Boote und Uferbauwerke. Bei Tauwetter verlieren sie rasch ihre Tragfähigkeit, obwohl
die Eisdicke sich zunächst kaum vermindert. Es ist das Eindringen von Feuchtigkeitsfilmen
auf den Grenzen der stengeligen Eiskristalle, das ihre feste Verklammerung löst. Eistreiben
und Eisgang der Flüsse erschweren oder verhindern Schiffsverkehr. Unter Flußeisdecken
verringert sich der Sauerstoffgehalt des Wassers.

An Felswänden von Strasseneinschnitten stürzen bei Tauwetter durch Gefrierdehnung
losgelöste Steinbrocken und während der Frostperiode entstandene große Eiszapfen ab.
Auch der höhere, steilere Teil von Böschungen aus Lockergestein (Sand, Kies, Lehm) stürzt,
soweit der Frost eindringen konnte, bei Tauwetter ab, weil Gefrierdehnung den Zusammen-
halt mit dem nicht gefrorenen Boden zerstört hat. Auf diese Weise verflachen in wenigen
Frostperioden steile künstliche Einschnitte.

Winterfrostböden sind für Wochen oder Monate gefroren. Auf ebenen Ackerflächen
verursachen sie bei Tauwetter wochenlangen Wasserstau mit Ausfrieren von Wintergetrei-
de und Überschwemmungen. Künstlich eingeebnete Flächen werden im Laufe mehrerer
Frostperioden bucklig, rechtzeitiges Plattwalzen nach Tauperioden vermindert die Buckel-
bildung.

15.4
Fossile Glazial- und Periglazialgebiete

Sie umfassen ca. 75 % der mittleren Breiten (EYLES 1984:9). Auf die durch quartäre Vorgänge entstandenen Bodeneigenschaften müssen viele menschliche Nutzungen (Land- und Forstwirtschaft, Bauindustrie, Wasserver- und Entsorgung) Rücksicht nehmen. Für eine verantwortliche fachliche geologische Begutachtung sind umfangreiche Erkundungen erforderlich, wozu Gelände- und Laboruntersuchungen sowie die Anwendung der durch Bodenkunde, Hydrogeologie und Ingenieurgeologie ermittelten Gesetzmäßigkeiten gehören. Für viele Beurteilungen ist es nicht so wichtig, ob die stratigraphische Einstufung in das eine oder andere Glazial oder Interglazial zweifelsfrei möglich ist, wichtiger ist die Art der Zusammensetzung, der Entstehung, ob fluviatil, glazial, limnisch oder äolisch, wie tief und wie intensiv verwittert.

15.5
Landschaftsformen und Sedimentgenese

Aus Landschaftsformen lassen sich Hinweise auf Genese, Verbreitung und Ausbildung quartärer Lockersedimente und ihren Grundwassergehalt gewinnen: Hinweise auf Erosion und Akkummulation durch Gletscher, Flüsse, Wind und Solifluktion, Sedimentfazies. Als Beispiel seien Sedimentunterschiede in Gebirgstälern erwähnt: Flußsedimente sind in Flußkrümmungen oft mächtiger, kleinkörniger und weniger von Schluff und Feinsand infiltriert als in Bereichen ehemaliger Stromstrichwechsel. Allerdings wird die eiszeitliche Sedimentfazies stellenweise durch holozäne Umlagerungen, die oft auch unter Auswertung der Landschaftsformen ermittelbar sind, gestört.

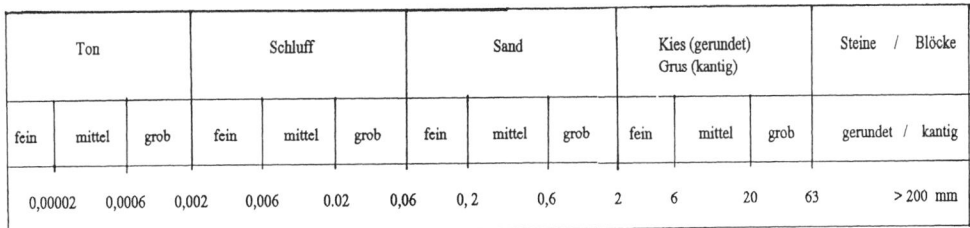

Ton			Schluff			Sand			Kies (gerundet) Grus (kantig)			Steine / Blöcke
fein	mittel	grob	fein	mittel	grob	fein	mittel	grob	fein	mittel	grob	gerundet / kantig
0,00002	0,0006	0,002	0,006	0.02	0,06	0, 2	0,6	2	6	20	63	> 200 mm

Tabelle 21
Korngrößen in mm und Benennung
(bindige Lockergesteine: Gewichtsanteil an Korngrößen unter 0,06 mm > 15 %;
nicht bindige Lockergesteine: Gewichtsanteil der Korngrößen unter 0,06 mm < = 15%;
1) gerundete Formen, 2) eckige, kantige Formen.

15.6
Besondere Bodeneigenschaften

Verfärbungen

Charakteristische Verfärbungen sind ein gutes Hilfsmittel für eine erste Einsicht in den Wasserhaushalt: Grundwasserferne (terrestrische) Böden haben bei guter Wasserdrainage und Belüftung gleichmäßig braune Farbtöne (Braunerden), Böden mit abwechselnd starker Vernässung unter Luftabschluß und Austrockung mit Luftzufuhr sind gefleckt: rostbraune Flecken durch stellenweise oxidiertes und konzentriertes Eisen, helle (Bleich-) Flecken durch stellenweise herausgelöstes Eisen (Pseudogleye). In ständig unter Grundwasser stehenden Böden wird Eisen weitgehend gelöst und entfernt, sie haben helle (bleiche) Farben (Gleye). Starke Durchwaschung verändert Braunerden zu Parabraunerden (BLEICH 1983); verstärkte Humussäurebildung mit Rohumusauflagen führt, besonders rasch auf Sand, zu Podsolböden.

Zuschlagstoffe für Zement und Mörtel

Hierzu sind Schotter großer Flüsse meist besser geeignet als die kleinerer, weil sie einer stärkeren Härteauslese unterlagen. Ihre Qualität hängt von der Festigkeit der Gesteinsfragmente ab. Für die Betonfestigkeit schädliche Beimischungen von Schluff und Ton in natürlichen Flußschottern werden durch Waschen künstlich entfernt (»Waschkies«).

Schotter kleinerer Flüsse haben meist zuviel weiche Geröllkomponenten (u.a. wenig verfestigte Sandsteine, Tonsteine, usw.) und daher geringere Qualität. Geeignet sind auch Schotter aus Sandern ehemaliger großer Gletscher in Norddeutschland und am Alpenrand; in Norddeutschland setzt hoher Feuersteingehalt stellenweise die Festigkeit merklich herab. Zu den qualitativ besten Vorkommen gehören die Terrassenschotter des Rheins. Da Geröllgrößen flußabwärts abnehmen, kommt die als Betonzuschlagstoff wichtige Kiesfraktion besonders reichlich im Niederrheingebiet, weniger dagegen im Rheindelta vor. Sie wird

Bodenart	Baugrund bei Frost	Land- und Forstwirtschaft	Grundwasser
Sand und Kies	verhältnismäßig frostsicher	leichte Auswaschung von Nährstoffen, oft Dürreschäden	gute Durchlässigkeit, geringe Filterwirkung leichte Gewinnbarkeit große Wasserreserven,
Löß: (Schluff)	stark frostgefährdet; Bildung von Eislinsen	gute Speicherung von Nährstoffen und Haftwasser selten Dürreschäden;	Durchlässigkeit teilweise gut, teilweise durch Verdichtungshorizonte behindert
Ton:	frostgefährdet geringe Eislinsenbildung	oft Dürreschäden	kaum durchlässig keine Gewinnbarkeit

Tabelle 22
Bodeneigenschaften

weithin exportiert, zumal die Schottervorkommen benachbarter Flüsse (Maas, Weser) ziemlich erschöpft sind. Trotz der großen Vorräte ist auch die Nutzung der Rheinschotter begrenzt, weil nur ein geringer Teil der Terrassenschotter abgebaggert werden kann.

Quickton

Quickton ist ein quartäres Sediment mit besonderen Eigenschaften, es findet sich nur an Eisrändern des Spätglazials. Scheinbar feste Tone bis zu mehreren Metern Mächtigkeit auf Talhängen Schwedens, Norwegens und Nordamerikas werden schlagartig flüssig, Fundamente versinken, die Tone fließen mit allem, was darauf gebaut wurde, hangabwärts. Manchmal konnte als Auslöser eine Erschütterung durch Explosionen oder Erdbeben festgestellt werden.

Die plötzliche Verflüssigungsfähigkeit scheint auf der besonderen Zusammensetzung der Tonfraktion zu beruhen: Sie besteht nicht aus Tonmineralen, wie normale Tone, sondern vorwiegend aus Fragmenten primär zermahlenen Gesteins (Feldspat, Quarz) in Tonmineralgröße, die von einem Karbonatzement zusammengehalten werden. Erschütterungen entlassen die feinen Partikel in das Porenwasser – der Ton wird flüssig (QUIGLEY 1984:165).

Einer der größten Quicktonunfälle ereignete sich am 19.5.1893 im Verdal (Trondheimgebiet, Norwegen): In etwa einer halben Stunde verflüssigten sich ca. 55 Millionen m³ scheinbar standfesten Tons und flossen durch ein Tal ab; 16 Farmen verschwanden vollständig; der Schlammstrom zerstörte talabwärts weitere 30 Farmen und bedeckte schließlich 8,5 km²; 112 Menschen starben, 150 konnten aus der fließenden Masse gerettet werden, manche von ihnen waren über 1 km weit auf steifen Tonschollen gedriftet (HOLTEDAHL 1960:469).

16 Erwägungen über die zukünftige Entwicklung des Erdklimas

Wir kennen die Ursachen des Wechsels zwischen Glazialen und Interglazialen nicht, müssen nach dem Verlauf der letzten 900 000 Jahre damit rechnen, daß er sich fortsetzt, das heißt, daß nach der zur Zeit noch andauernden Interglazial-Periode erneut ein Glazial folgt. Man vermutet, daß erst nach einer sehr langsam fortschreitenden Abkühlung, die im menschlichen Leben kaum bemerkbar sein würde, in einigen Jahrtausenden wieder ein Glazial beginnt. Es kann aber sein, daß das nächste mit krassen Abkühlungssprüngen schon viel früher einsetzt: In den Eiskernen der Inlandeise und in Sedimenten des Nordatlantiks fanden ANKLIN et.al. 1993, DANSGAARD et.al 1993 und TAYLOR et.al. 1993 Anzeichen plözlicher Einbrüche kalten Klimas.

Nach Alley et.al. 1993 (Abb. 203) vollzogen sich beträchtliche spätglaziale Klimaschwankungen nach einer jeweils mehrere Jahrzehnte betragenden Anlaufzeit von der Ältesten Dryas zum Bölling/Alleröd-Stadial (14 670-14 680 BP) in ca. 10 Jahren, vom Alleröd-Interstadial zur Jüngeren Dryas um 12 880 BP in ca. 10 Jahren, von der Jüngeren Dryas zum Präboreal um 11 640 BP in ca. 3 (!) Jahren. Sie folgern, daß das Erdklima sich nicht immer in unmerklichen langsamen Schritten, sondern auch in krassen Wechseln ändern kann, die einen Umschaltmechanismus (Kap. 4.9) vermuten lassen, der durch irdische oder außerirdische Einflüsse ausgelöst wird (FAIRBANKS 1993).

Seit dem Präboreal ist das warme Klima stabil, sein wärmster Abschnitt lag früh im Holozän (im Atlantikum, vor ca. 8000-6000 Jahren, also ca. 3000 Jahre nach dem Ende des letzten Glazials), seitdem wurde es unter Schwankungen kühler. Nach einer kleinen frühmittelalterlichen Wärmephase zwischen 900 und 1200 n.Chr. folgte der letzte holozäne Gletschervorstoß bis ca. 1700 in Alaska, bzw. 1860-1890 in Europa, er wird als »Neoglazial« bezeichnet, die anschließende bis heute andauernde Erwärmung (Abb. 204) mit der Zunahme der Treibhausgase, insbesondere CO_2, in Verbindung gebracht. Man vermutet einen Zusammenhang mit dem Verbrauch fossiler Brennstoffe (Kohle, Öl, Erdgas).

In den nächsten 100 Jahren wird ein Temperaturanstieg um 2-5 °C erwartet, der angeblich der Vegetation keine Zeit lassen würde, sich anzupassen, eine gravierende negative Ein-

Abb. 203
Grönland: Spätglaziale
jährliche Schneesedimen-
tationsraten in 2250 m tiefer
Bohrung im Inlandeis; Alter
in Jahren vor 1950, ein hun-
dertjähriger Grenzbereich
jeweils zwischen Älterer Dryas
und Bölling/Alleröd, sowie
zwischen Bölling/Alleröd und
Jüngerer Dryas und zwischen
Jüngerer Dryas und Präboreal
vergrößert dargestellt.
Reprinted with permission
from ALLEY et.al. 1993:528,
Copyright Macmillan Magazi-
nes Ltd.

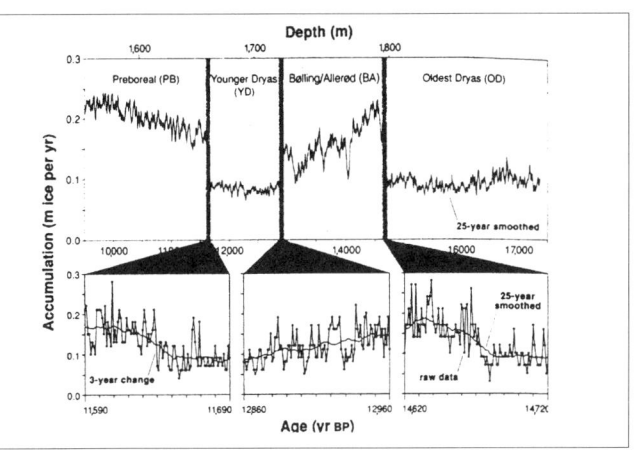

Abb. 204
Jahresmitteltemperaturen der
Erde von 1880-1984 global,
Nordhalbkugel, Südhalbkugel.
(aus KUHN 1990:30 nach
HANSEN & LEBEDEFF 1988:
Geophysical Research Letters,
Vol.15, No.4:323-326)

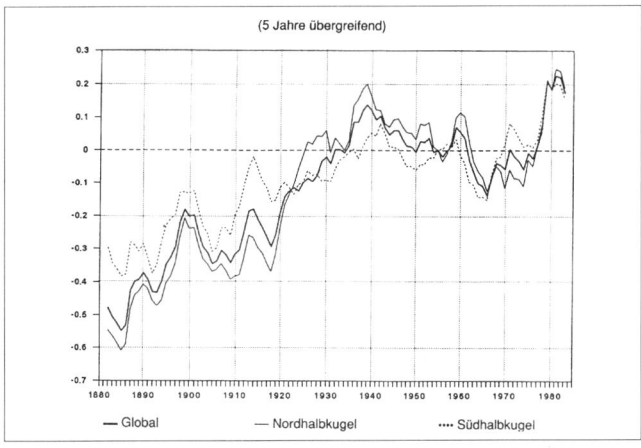

Abb. 205
Nordhalbkugel mit
Vegetationsbereichen;
oben: heute;
unten: im Pliozän
(DOWSETT et.al. 1994:184,
reprinted with kind permis-
sion from Elsevier Science Ltd.
The Boulevard, Langford Lane,
Kidlington OX5 1GB, K)

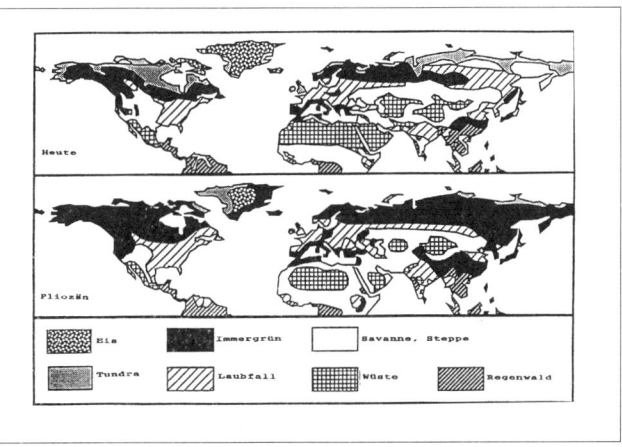

wirkung auf die Ernteerträge wäre zu befürchten (Enquete-Kommission 1989:448). FLOHN 1993:68 rechnet zu Beginn des 21. Jahrhunderts mit einem wärmeren Klima, als in den letzten 4000 Jahren, er vermutet, daß bei einem Steigen des CO_2-Gehalts der Luft auf 550-750 ppm das Treibeis in der Arktis verschwindet, die Klimazonen sich im Sommer um 200 km, im Winter um 400-800 km polwärts verschieben. Infolge des Abschmelzens der Gletscher und der Erwärmung des Ozeans würde der Meeresspiegel steigen. Die dadurch stellenweise eintretenden Nachteile werden als »Klimakatastrophe« bezeichnet. Ihr will man durch Verminderung der Produktion von Treibhausgasen, insbesondere der Kohlensäure (CO_2), ausweichen.

Nach dem Aufbrauch der fossilen Brennstoffe wird in 1-2 Jahrhunderten eine Fortsetzung der unterbrochenen Abkühlung erwartet, die mehr oder weniger allmählich oder plötzlich zum nächsten Glazial überleitet (MITCHELL 1977, IMBRIE et.al.1981:223).

Um den Temperaturanstieg auf 1-2 °C zu begrenzen, wäre eine weltweite Reduktion des CO_2-Ausstoßes um 80% erforderlich, die Bundesrepublick war an ihr mit rund 3,6% beteiligt (ENQUETE-Komm.1989:456). Wahrscheinlich wird das nicht erreichbar sein, sodaß mit höheren Kohlensäuregehalten gerechnet werden muß. Falls höhere CO_2-Werte die vorausgeschätzte Erwärmung bringen, könnten Klimaverhältnisse eintreten, wie sie im Pliozän herrschten. Aus diesem Grund gebührt pliozänen Klimaverhältnissen heute besonderes Interesse (Abb. 205).

Eine Erwärmung auf den Stand des Pliozäns würde vermutlich die Eiszeitbereitschaft der Erde aufheben, sodaß kein neues Glazial auf die heutige Warmzeit folgt. Ein neues Glazial würde ca 80% der heutigen Ernährungsbasis der Menscheit vernichten, eine ausweglose Hungerkatastrophe wäre unausweichlich.

Alle Berechnungen kranken daran, daß die Größe der wirksamen Klimafaktoren und ihre gegenseitige Beeinflussung nur unzureichend bekannt sind. In der Erdgeschichte waren sie in realistischen Größen wirksam, außer dem Pliozän werden auch Klimaperioden des jüngeren Quartärs zum Vergleich herangezogen:

Die letzte Vereisung hatte vor ca. 20 000 Jahren ihr Maximum: Das Klima war kälter und trockener, die Wüstengürtel breiter, die heutigen Kornkammern für die Ernährung aus klimatischen Gründen unbrauchbar.

Im Höhepunkt des frühholozänen Wärmeoptimums, vor ca. 8000-6000 Jahren, waren die Vegetationszonen größer, die Wüstengürtel kleiner, das Klima wärmer und feuchter als heute; Teile der Sahara bewaldet (u.a. FRENZEL 1990, CALLOT 1992, PETIT-MAIRE 1992, COLHOUN 1993).

Kälteres Klima bedeutete auf lange Sicht global mehr Trockenheit und Dürre, wärmeres mehr Feuchtigkeit und Fruchtbarkeit; diese Unterschiede werden durch den Wärmehaushalt des Ozeans gesteuert. Da seine Wärmeaufnahme der kontinentalen Klimaentwicklung nachhinkt, ergibt sich folgender Zusammenhang:

Langzeitiges gleiches Erdklima führt zu einem Gleichgewicht zwischen Wärmegehalt des

Ozeans, seiner Verdunstung und kontinentalem Niederschlag. Auf zunehmend wärmere Temperatur reagieren die Kontinente rascher als das Meer. Dessen Verdunstung hinkt zunächst der Erwärmung nach. Also folgt zunächst eine trockenere Periode, bevor sich ein Gleichgewicht mit höheren Niederschlägen einstellt.

Auf zunehmend kühleres Klima reagieren zuerst die Kontinente durch Abkühlung, dann folgt der Ozean; er liefert zunächst relativ zu hohe Niederschlagsmengen, bevor sich ein Gleichgewicht mit weniger Niederschlag einstellt. Lokalklimatische Einflüsse bewirken lokale Abweichungen von der globalen Entwicklung.

Die um 1700 einsetzende Erwärmung verlief nach LACIS et.al 1992, KELLY et.al.1992, SCHLESINGER et.al. 1992 und BALIUNAS & SOON 1996 nicht so stetig wie die Zunahme des CO_2-Gehalts der Luft, sondern unterlag größeren Schwankungen, daher sehen sie eine Änderung der Sonneneinstrahlung als Ursache, nicht einen Zusammenhang mit der Erhöhung der Treibhausgase.

In dem als Neoglazial bezeichneten Zeitabschnitt (etwa zwischen dem 12./13. bis 18./19.Jahrhundert) war die Sonneneinstrahlung zeitweise schwächer, das Erdklima etwa 1 Grad C kühler, die Erdvereisung größer als heute. Die Klimabesserung begann – ausweislich des Gletscherrückzuges in Alaska – vor ca. 200-300 Jahren, während die Treibhausgase erst seit Mitte des 20. Jahrhunderts sich in der Atmosphäre stärker anreichern. Es besteht also kein klarer Zusammenhang zwischen Erwärmung und Zunahme der Treibhausgase.

Der Hinweis der Astronomen, daß die Sonne ein veränderlicher Stern ist, dessen Strahlungsschwankungen sehr wohl das Großklima beeinflussen können, ist für die Bewertung des Treibhauseffektes wichtig. Die Folgen der Erwärmung sind noch wenig erkennbar, Prognosen über Vor- und Nachteile unsicher. Es scheint notwendig zu prüfen, welchen Einfluß die Zunahme der Treibhausgase auf die Erwärmung der letzten Jahrzehnte hatte oder ob nicht auch hier Strahlungsschwankungen der Sonne maßgebend waren oder ob beide Faktoren eine Rolle spielten.

Nach der Isotopenkurve der Tiefseesedimente (Abb.9) befindet sich die Erde in der Nähe des Zeitpunktes, wo das Klima vielleicht erneut von Warm- auf Kaltzeit umschaltet; vermutlich in einem Zeitabschnitt, in dem der Dynamo Sonne einige Zeit schwächer strahlt. Es wäre wichtig zu wissen, ob die von Menschen verursachte Zunahme der Treibhausgase eine durch verminderte Sonneneinstrahlung bedingte Abkühlung verhindern kann.

17 Literatur

Abkürzungen für Zeitschriften

ANF   Altenburger Naturwissenschaftliche Forschungen, Altenburg

EuG   Eiszeitalter und Gegenwart

FGR   Fortschritte in der Geologie von Rheinland und Westfalen, Krefeld

GK   Geologische Karte NRW, Krefeld

GM   Geologie en Mijnbouw

OGV   Jber. Mitt. oberrhein. geol. Ver. N.F. Stuttgart

SIV   Sonderveröff. Geol. Inst. Univ. Köln

Abkürzungen für Sammelbände

zzAn ANDERSON P.J., GOLDTHWAIT R.P. & McKENZIE G.D. (1986): Observed Processes of Glacial Deposition in Glacier Bay, Alaska. – Pub. No. 236, Inst. of Polar Studies, Ohio State University, Columbus, Ohio, 167 S.

zzBO BOARDMAN J.(ed.1987): Periglacial processes and landforms in Britain and Ireland. – 296 S., Cambridge University Press, Cambridge/New York/Sydney

zzCL CLARK, M.J. (ed. 1988): Advances in Periglacial Geomorphology. – 481 S., J. Wiley & Sons, New York/Brisbane/Toronto/Singapore

zzDE DEUQUA 92, Tagungsprogramm, Kurzfassung 130 S., Kiel

zzEH EHLERS J. (ed.1983): Glacial Deposits in North-West-Europe. – 470 S., zahlr. Abb., Karten, Tabellen, Balkema, Rotterdam

zzEV EVENSON, E.B., SCHLÜCHTER, Ch., RABASSA, J.(eds,1983): Tills and Related Deposits, Genesis/Petrology/Application/Stratigraphy – 454 S., Balkema, Rotterdam

zzEY EYLES N. (ed. 1984): Glacial Geology – An Introduction for Engineers and Earth Scientists – 409 S., zahlr. Abb. Tab., Pergamon Press

zzFU FUCHS K., GEHLEN v., K., MÄLZER H., MURAWSKI H. & SEMMEL A. (Eds.) Plateau Uplift, Springer Verlag Heidelberg 1983

zzGO GOLDTHWAIT R.P. & MATSCH C.L. (eds, 1988): Genetic Classification of Glacigenic Deposits. – Balkema Rotterdam/Brookfield 1989

zzLI LIEDTKE, H. (Hrsg. 1990): Eiszeitforschung. – 354 S., zahlr. Abb., Wiss. Buchges. Darmstadt

zzMI MILANKOVITCH and Climate; NATO Advanced Study Institute 1984

zzMÜ MÜLLER-BECK (Hrsg. 1983): Urgeschichte in Baden-Württemberg, Konrad Theiss Verlag, Stuttgart

zzPR Proc. Ocean Drilling Programm (ODP), Vol. 130, Scientific Results, Sites 803-807, Library of Congress, USA 1993

zzRO ROBIN G. de Q. (Hrsg. 1983): The climatic record in polar ice sheets. – 212 S. Cambridge University Press, Cambridge, London/New York/Rochelle/Melbourne/Sydney

zzSC SCHIRMER W. (Hrsg. 1990): Rheingeschichte zwischen Mosel und Maas, 295 S., 133 Abb., 10 Tab., deuqua-Führer 1, Hannover 1990

zzSD SCHLÜCHTER (ed): Moraines and Warves Origin/Genesis/Classification, 441 S., Balkema, Rotterdam

zzSI SIBRAVA,V., BOWEN,D.Q., & RICHMOND, G.M. (eds 1986): Quaternary Glaciations in the Northern Hemisphere – Quaternary Science Reviews, Vol. 5, Pergamon Press Oxford/Frankfurt/Toronto

ABE-OUCHI A., BLATTER H. & OHMURA A. (1994): How does the Greenland ice sheet geometry remember the ice age? – Global and Planetary Change 9:133-142

ABER, J.S.(1988): Spectrum of constructional glacitectonic landforms. – 281-292; zzGO

ADAM,K.D.(1966): Zur Großgliederung des mitteleuropäischen Pleistozäns.- Z.dt.geol.Ges. 115, 1963 (751-757)3

AHARON P.(1984): Implications of the Coral-Reef Record from New-Guinea – 379-389 in: MILANKOVICH and Climate; NATO Advanced Study Institute

AHLMANN, H.W.(1936): Polygonal markings: 7-19 in Scientific results of the Swedish-Norwegian Arctic Expeditions in the summer of 1931 2:(12): Geografiska Annaler 18

AKERMAN J. (1987): Periglacial forms of Svalbard: a review. – 9-25; zzBO

ALBRECHT, G.(1983): Jäger der späten Eiszeit – 331-351; zzMÜ;

ALLEY R.B., MESE D.A., SHUMAN C.A:, GOW A.J., TAYLOR K.C., GROOTES P.M., WHITE J.W.C., RAM M., WADDINGTON E.D., MAYEWSKI P.A. & ZIELINSKI G.A.(1993): Abrupt increase in Greenland snow accumulation at the end of the Younger Dryas event – Nature 362:527-529

ALTMEYER, H.(1982): Rheingerölle und ihre Herkunft. – Rheinische Landschaften, H.22:3-21, Neuss

ALEKSEEV, M.N., GRINENKO, O.V. & KAMALETDINOV V.A.(1982): Middle Lena River, Yakutsk Vincinity, Guidebook for Excursion A-14, INQUA XI Congress 1982, Moscow

ANKLIN, J., BARNOLA, J.M., BEER, J.et.al.(1993): Climate instability during the last interglacial period, recorded in the GRIP ice core. – Nature 364:203-207

ASEEV, A.A.(1978): Aufbau und großregionale Wirkung von Inlandvereisungen. Schr. R. geol. Wiss. H.9 61-67, Berlin(DDR)

ASHLEY, G.M.(1988): Classification of glaciolacustrine sediments.- 243-260; zzGO

ATLAS ARKTIKI (1985), 204 S., Ministerium f. Geodäsie und Kartographie, Moskau

AVERDIECK, F.-R.(1976): Vegetationsentwicklung Eem-Interglazial u. Frühwürm-Interstadiale, Oderade/Schleswig-Holstein. – Fundamenta, R.B, Bd.2 Köln 101-125

BAKSI,A.K., HSU,V., McWILLIAMS,M.O., & FARRAR,E.(1992): 40Ar/39Ar Dating of the Brunhes-Matuyama Geomagnetic Field Reversal. – Science, Vol.256:356-357

BALIUNAS S. & SOON W. (1996): The Sun-Climate connection. – Sky & Telescope 92/6 December 1996:38-41

BARNOLA J.M., RAYNAUD D., KOROTKEVICH Y.S. & LORIUS C.(1987): Vostok ice core provides 160,000-year record of atmospheric CO2.- Nature Vol. 329:408-414

BARSCH, D.(1988): Rockglaciers. – 69-90; zzCL

BEHRE, K.E.(1992): Chronologie des Weichsel-Glazials nach neuen Radiokarbon-Daten. – S.20:zzDE

BELL,M. & LAINE E.P.(1990): Erosion of the Laurentide region of North America by glacial and glaciofluvial processes. – 173-202 in: zzLI

BENDA, L. (1995, ed.): Das Quartär Deutschlands. – 408 S., zahlreiche Abb. u. Tab., Borntraeger Verl. Berlin-Stuttgart

BERGER W.H.& WEFER G.(1992): Klimageschichte aus Tiefseesedimenten: Neues vom Ontong-Java Plateau (Westpazifik).- Naturwissenschaften 79:541-550, Springer-Verlag Heidelberg

BERGER W.H., BICKERT T., SCHMIDT H. et.al. (1993a): Quaternary oxygen isotope record of pelagic foraminifers: Site 805, Ontong Java Plateau 363-379; zzPR

BERGER W.H., LECKIE R.M., JANECEK T.R. , STAX R. & TAKAYAMA T.(1993b): Neogene Carbonate Sedimentation on Ontong Java Plateau – Highlights and open Questions – 711-744; zzPR

BESCHEL, R.(1958): Lichenometrical studies in West-Greenland. – Arctic 11:2543

BIBUS E.(1975): Geomorph. Untersuchungen z. Hang- und Talentwicklung im zentralen West-Spitzbergen. – Polarforschung 45:102-119

— (1980): Zur Relief-, Boden-, und Sedimentationsentwicklung am unteren Mittelrhein. – Frankf. geow. Arb.D1

BIBUS, NAGEL,G.& E.SEMMEL,A.(1976): Periglaziale Reliefformung im Zentralen Spitzbergen. – Catena 3:29-44, Gießen

BLEICH, K.E.(1983): Geschichte der Böden. 66-89; zzMÜ

BLOOM, A.L.(1976): Die Oberfläche der Erde. – 198 S., Dt Taschenbuch Verl. Enke, Stuttgart

BLOOS, G.(1977): Geologie des Quartärs bei Steinheim a. d. Murr (Baden-Württemberg). – OGV 59:215-246

BOENIGK, W.(1970): Altquartär bei Brüggen. – SIV 17

— (1987): Petrographische Untersuchungen jungtertiärer und quartärer Sedimente am linken Oberrhein. – OGV 69:357-394

— (1990) Pleistozäne Rheinterrassen und deren Bedeutung für die Gliederung des Eiszeitalters in Mitteleuropa. – zzLI

BOGAARD P.v.d. & SCHMINCKE H.-U.(1990): Entwicklungsgeschichte des Mittelrheinraumes und die Eruptionsgeschichte des Osteifel-Vulkanfeldes. – 166-190, zzSC

BORMS, H.W.Jr. & MATSCH, Ch.L. (1988): A provisional genetic classification of glaciomarine environments, processes, and sediments. – 261-266; zzGO

BOULTON, G.S.(1971): The role of thermal regime in glacial sedimentation. – Trans.Inst. Br. Geogr. 4:1-19

— (1972): Modern arctic glaciers as depositional models for former ice sheets. – J.Geol.Soc.128: 361-393, London

— (1983): Debris and isotopic sequences in basal layers of polar ice sheets. – S.83-89 in: ZZRO

BOWEN D.Q.(1979): Quaternary correlations. – Nature Vol.277:171-172

BREDDIN H.(1930): Die geologischen Formationen – in: ZIMMERMANN E. & BREDDIN H.(1930): Erl. Geol. Kt.1:25000, Blatt Kaiserswerth, Preuß. Geol. L.A.Berlin

— (1958): Die unterirdische Oxydation der Braunkohle im Kölner Revier während der Pleistozänzeit – FGNW 2:683-720

BROECKER W.S. & DENTON G.H.(1990): Ursachen der Vereisungszyklen – Spektrum der Wissenschaft,88-98, März 1990

BROWN G.C. & MUSSETTT A.E.(1981): The Inaccessible Earth. – George Allen & Unwin, London-Boston-Sydney, 235 S.

BROWN I.A., FARWELL G.W., GROOTES P.M., SCHMIDT F.H. & STUIVER M.(1993): Intra-Annual Variability of the Radiocarbon Content of Corals from the Galapagos Islands. – Radiocarbon, 35,2:245-251

BRUNNACKER K.(1974a): Lösse und Paläoböden der letzten Kaltzeit im mediterranen Raum – EuG 25:62-95

— (1974b): Bemerkungen zur holozänen Flußentwicklung. – Heidelb. Geogr. Arb. 40:239-248

— (1978): Neuere Ergebnisse über das Quartär am Mittel- und Niederrhein. – FGNW 28:111-122

— (1990): Gliederung und Dauer des Eiszeitalters im weltweiten Vergleich. – 55-68; zzLI

BRUNNACKER K, LÖHR H., BOENIGK W., PUISSEGUR J. & POPLIN F.(1975): Quartär-Aufschlüsse bei Ariendorf am unteren Mittelrhein. — Mz. Naturw. Arch. 14:93-141, Mainz

BRUNNACKER,K. & BOENIGK, W.(1976): Über den Stand der paläomagnetischen Untersuchungen im Pliozän und Pleistozän der Bundesrepublik Deutschland. – EuG 27:1-17

— (1983): The Rhine Valley between the Neuwied Basin and the Lower Rhenish Embayment, S.62-72; zzFU

BRUNNACKER K. BOSINSKI G. & WINDHEUSER H.(1979): Bimstuffe als Leithorizont im Quartär am Mittelrhein.- Mainzer Naturw. Archiv 17:13-28

BUCKLEY J.T.(1969): Gradients of past and present outlet glaciers. – Geol. Survey of Canada, Paper 69-29, 601 Booth St. Ottawa

BÜDEL,J.(1969): Der Eisrindeneffekt als Motor der Tiefenerosion in der exzessiven Talbildungszone. – Würzb. Geogr. Arb. H.25:41

— (1977): Klima-Geomorphologie. – 304 S., 82 Fig., 60 Fotos, Berlin, Stuttgart;

BUDD, W.F. & YOUNG N.W.(1983): Apllication of modelling techniques to measured profiles of temperatures and isotopes. – S.150-177 in: ZZRO

BUDD, W., JENSSEN D. & RADOK U.(1970): The extent of basal melting in Antarktica – Polarforschung VI, 39:293-306

BUDYKO M.I., RONOV A.B. & YANSHIN A.L. (1985): History of the Earth's Atmosphere – 139 S., Springer-Verlag Berlin

CALLOT Y.(1992): Paléolacs holocènes du nord du Grand Erg occidental (NW du Sahara algérien). – Mém. Soc. géol. France, n.s. n° 160 pp 19-26

CATT J.A.(1992): Angewandte Quartärgeologie – Übersetzt von J.EHLERS, 358 S. Enke, Stuttgart

CEPEK, A.G.(1976): Atlas DDR 5: Geologie – Quartär 1:750 000, VEB H.HAAK, Gotha-Leipzig

— (1994): Zur Grundmoränenstratigraphie – ANF 7:159-163

CEPEK, A.G. & JÄGER K.-D.(1988): Zum Stand der internationalen Diskussion über die Pliozän/Pleistozän-Grenze – EAZ Ethnogr.-Archäol. Z. 29:653-679

CEPEK, A.G, & NOVEL,W.(1991): Zum Pleistozän im Raum Klinge-Dubrau (östliche Niederlausitz), ein Typusgebiet für den Saale-Komplex – Z. geol. Wiss., 19 (3): 289-316, Berlin

CHARLESWORTH, J.K.(1957): The Quaternary Era – 2 Bände, London

CHRISTENSEN, L.(1973): Geologisk tolkning af afgrödemönstre i landbrugsjorder. – Dansk landbrug 6:13-18, Kopenhagen

CLARK, M.,J.(1988) Periglacial Hydrology. – 415-462; zzCL

CLARK, P. U. (1994): Unstable Behavior of the Laurentide Ice Sheet over Deforming Sediment and Its Implications for Climate Change. – pp. 19-25, Quaternary Research 41

COLHOUN E.A.(1993): Comparaisons Globales des Climats de l'Hemisphère Austral durant le dernier Maximum Glaciaire. – L'Anthropologie, (Paris) Tome 97 n.2/3:155-188

CREMASCHI M.(1990): Stratigraphy and palaeoenvironmental significance of loess deposits on Susak Island (Dalmatian Archgipelago). – Quaternary International Vol. 5:97-106

CZARNETZKI, A.(1983): Zur Entwicklung des Menschen in Südwestdeutschland. 217-240; zzMÜ

DANSGAARD, W. JOHNSEN S.J. & CLAUSEN H.B.et.al.(1993): Evidence for general instability of past climate from a 250 kyr ice record. – Nature 364:218-220

DAWSON, A.G.(1992): Ice Age Earth. Late Quaternary Geology and Climate. London, New York, Routledge 293 S.

DAWSON, A.G., MATTHEWS, J.A., SHAKESBY, R.A.(1987): Rock platform erosion on periglacial shores. – 173-182, zzBO

DECHEN, H.v.(1884): Erläuterungen zur Geologischen Karte der Rheinpovinz und der Provinz Westfalen. – Bonn

DECKER K.(1991:) Rhytmic bedding in siliceous sediments – an overview. – 464-479 in: EINSELE G., RICKEN W., SEILACHER A.(Eds): Cycles and Events in Stratigraphy. – Heidelberg, Springer

DENTON G.H. & HUGHES T.J.(1990): Milankovitch theory of ice ages: Hypothesis of ice-sheet linkage between regional insolation and global climate. 312-337; zzLI

DEWOLF, Y.(1988): Stratified Slope Deposits. – 91-110, zzCL

DIONNE J.-C.(1984a): Palses et limite meridionale du pergelisol dans l'hemisphere nord: Le cas de Blanc-Sablon, Quebec – Geographie physique et Quaternaire, 1984, XXXVIII,2:165-185

— (1984b): Le rocher profilé: Une forme d'érosion glaciaire négligée – Géographie physique et Quaternaire 1984, XXXVIII,1:69-74

— (1985): Drift-Ice abrasion marks along rocky shores. – Journ. of Glaciology 31,109:237-241

DOWSETT H., THOMPSON R., BARRON J., CRONIN Th., FLEMING F., ISHMAN S., POORE R., WILLARD D. & HOLTZ Th.jr.(1994): Joint investigations of the Middle Pliocene climate I: PRISM paleoenvironmental reconstructions – Global and Planetary Change 9 169-195, Elsevier

DREIMANIS A.(1989): Tills: Their genetic terminology and classification. – 17-83 in: zzGO;

DREWRY, D.J. & ROBIN Q.(1983): Form and flow of the Antarctic ice sheet during the last million years. – S.28-38 in : ZZRO

DUPHORN, K.(1968): Ist der Oberharz im Pleistozän vergletschert gewesen? – EuG 9:164-174

— (1976): Quartär. – in: Geol. Kte. Niedersachsen 1:25 000, Erl. Bl. Seesen, Nr. 4127, 52-61, Hannover

ECHELMEYER K. & HARRISON W.D.(1990): Jakobshavns Isbrae, West-Greenland: Seasonal Variations in Velocity – Journ. Glaciol. 36,122:82-88

EDEN, D.N. & FURKERT R.J.(Eds.)1988): Loess, its distribution, geology and soils. – 245 S. Balkema, Rotterdam

EHLERS,J. (1982): Different till types in North Germany and their origin. – 61-80, zzEV

— (1990): Gliederung der eiszeitlichen Ablagerungen in Norddeutschland. – 159-172, zzLI

— (1994): Allgemeine und historische Quartärgeologie – 358 S., Enke Verl. Stuttgart

EHLERS, J. & MEYER, K.-D. & STEPHAN, H.-J.(1984): Pre-Weichselian glaciations of North-West-Europe. – Quaternary Science Reviews, 3:(1):1-40; Oxford (Pergamon)

EISSMANN L.(1986): Quartärgeologie und Geschiebeforschung im Leipziger Land – ANF 3:105-133

— (ed, 1990): Die Eemwarmzeit und die frühe Weichseleiszeit im Saale-Elbe-Gebiet. – ANF 5:1-301

— (1994): Grundzüge der Quartärgeologie Mitteldeutschlands (Sachsen, Sachsen-Anhalt, Südbrandenburg, Thüringen). – ANF 7:55-135

— (1997): Das quartäre Eiszeitalter in Sachsen und Nordostthüringen. – ANF 8:1-98, Abb. 21-36 in gesond. Kartenmappe

EISSMANN L. & MÜLL2ER A.(1994): Gedenkexkursion 150 Jahre Inlandeistheorie in Sachsen (Exkursion B3).– ANF 7:378-430

ELVERHOI A., FJELDSKAAR W., SOLHEIM A., NYLAND-BERG M. & RUSSWURM L.(1993): The Barents Sea Ice Sheet – a model of its growth and decay during the last ice-maximum – Quarternary Science Review 12:813-873, Pergamon

EMBLETON, C. & KING, C.A.M.(1969): Glacial and periglacial geomorphology. – 608 S. E.Arnold Ltd. Edinburgh

— (1975): Glacial Geomorphology. – 573 S., E.Arnold Ltd., Edinburgh

— (1975): Periglacial Geomorphology. – 203 S., E.Arnold Ltd., Edinburgh

EMILIANI C. (1954): Depths habitats of some species of pelagic foraminifera as indicated by oxygen isotope ratios. – Am. Journ. Science 252: 149-158

— (1966): Paleotemperature analysis of caribbean cores P6304-8 and P6304-9 and a generalized temperature curve for the past 425,000 years. – J. Geol. 74:109-146

ENQUETE-KOMMISSION (1989): Zur Sache: Schutz der Erdathmosphäre – Zwischenbericht der Enquete-Kommission des 11. Deutschen Bundestages am 9.3.1989

— (1992): Stellungnahme der Sachverständigen zu Auswirkungen von Klimaänderungen auf die Landwirtschaft am 3.2.1992.

— (1995): Mehr Zukunft für die Erde. Schlußbericht der Enquete-Kommission »Schutz der Erdatmosphäre des 12. Deutschen Bundestages, 1540 S., Economica Verl. Bonn

ERICKSON J.(1990): Ice Ages, Past and Future. TAB Books, Blue Ridge Summit

FAIRBANKS R.G. & MATTHEWS R.K. (1978): The marine oxygen isotope record in Pleistocene coral, Barbados, West Indies; Quaternary Research, v.10: 181-196

FAIRBANKS R.G.(1993): Flip-flop end to last ice age – Nature 362:495

FAIRBRIDGE R.W.(1977): Rates of sea-ice erosion of Quaternary littoral platforms. – Studia Geologica Polonica 52:135-142

— (1983): The Pleistocene-Holocene Boundary – Quaternary Science Reviews 1:215-244, Pergamon Press

FELDMANN L. (1990): Jungquartäre Gletscher- und Flußgeschichte im Bereich der Münchener Schotterebene. – Diss. 335 S., Düsseldorf

FELIX-HENNINGSEN, P.(1979): Genese und Stratigraphie mächtiger Paläoböden in der Drenthe-Moräne des Roten Kliffs von Sylt. – Z. Geomorph. N.F., Suppl. 33:223-231

FIGGE K.(1980): Das Elbe-Urstromtal im Bereich der Deutschen Bucht (Nordsee) – EuG 30:203-211

FINK J.(1973): Internationale Lößforschungen, Bericht der INQUA-Lößkommission. – EuG 23/24:415-426

FIRBAS, F.(1949): Spät- und nacheiszeitliche Waldgeschichte Mitteleuropas nördlich der Alpen. I, 480 S., Fischer, Jena

FJELDSKAAR, W.(1994): The amplitude and decay of the glacial forbulge in Fennoskandia. – Norsk Geologisk Tijdskrift, Vol.74:2-8, Oslo

FLAGEOLLET J.-C.(1988): Quartäre Vereisungen in den lothringischen Vogesen – EuG 38:17-36

FLINT R.F.(1971): Glacial and Quaternary Geology. New York, Wiley and Sons

FLOHN H.(1993): Das CO_2-Klima-Problem und die Rolle biologischer Vorgänge – in: SITTE, P.(Hrsg.) Horizonte der Biologie – VHC Weinheim,160 S.

FRANK H.(1979): Glazial übertiefte Täler im Bereich des Isar-Loisach-Gletschers EuG 29:77-99

FRENCH, H.M.(1987): Periglacial processes and landforms in the Western Canadian Arctic. – 27-43; zzBO

— (1988): Active Layer Processes. – 151-177; zzCL

FRENZEL, B.(1983): Die Vegetationsgeschichte Süddeutschlands im Eiszeitalter. – 91-166; zzMÜ

— (1990): Die Vegetationsentwicklung im Eiszeitalter. – 69-90 in zzLI

FRIEDLI H. u.a.(1986): Ice core record of the 13C/ 12C ratio of atmospheric Carbon dioxide in the past two Centuries. – Nature 324:237-238

FRIELINGSDORF J.(1992): Klimamarken in neogenen Hölzern vom Niederrhein. SIV 86:118 S., Köln

FROMM, K.(1987): Paläomagnetische Bestimmungen zur Korrelierung altpleistozäner Terrassen des Mittelrheins. – Mainzer geowiss. Mitt. 16:7-29

FRYE, J.C.,WILLMAN,H.B. & GLASS, H.D.(1968): Correlation of Midwestern loesses with the glacial succession. – VII Congr. Int.Ass.Quat.Res.Vol.12:3-21, Reprint Series Ill. State Geolog.Surv. Lincoln

FUHRMANN R.(1989): Die stratigraphische Stellung des Interglazials von Grabschütz (Kreis Delitzsch) und die Gliederung des Saale-Komplexes. – Z. geol. Wiss., Berlin 17,10:1002-1004

FUNNEL B.(1992): Glacier fluctuations in Patagonia – Natural Environment Research Council (NERC) October 1992, 24-25

FURRER, G.(1990): 25 000 Jahre Gletschergeschichte. – Naturforsch.Ges. Zürich, Neujahrsbl. 193.Stück, 52 S., Zürich

GALBAS P.U., KLECKER P.M. & LIEDTKE H.(1980): Erl. Geomorph. Kt. 1:25 000 BRD Deutschland, Blatt 5, 3415 Damme

GANS, W. de, (1988): Pingo Scars and Their Identification. – 299-322 in zzCL

GELLERT, F.(1990): 100 Jahre Glazialtheorie. 3-26; zzLI

GERMAN R. & MADER M.(1976): Die äußere Jungendmoräne bei Waldsee und das Riedtal. – Jh.Ges. Naturkde. Württ. 131:39-49, Stuttgart

GERMAN R., MADER M. & KILGER B.(1979): Glacigenic and glacifluvial sediments, typification on sediment parameters. – 127-143, zzSD

GEYH M.A.(1980): Einführung in die Methoden der physikalischen und chemischen Altersbestimmung. – 276 S. Wiss. Bücherges., Darmstadt

— (1983): Physikalische und chemische Datierungsmethoden in der Quartärforschung – Clausthaler Tekt. Hefte 19:163 S., von Loga, Köln

GIBBONS A.(1993): Pleistocene Population Explosions – Science 262:27-28, 1993

GIESE P.(Vorr.,1984): Ozeane und Kontinente. – Spektrum der Wissenschaft, Verlagsges. Heidelberg 248 S.

GIESELER, W.(1974): Die Fossilgeschichte des Menschen. – 171-517 in HEBERER (Hrsg.) Die Evolution der Organismen. -III:661 S., Fischer Verl. Stuttgart

GOLDTHWAIT, R.P.(1986): Glacial History of Glacier Bay Park Area. – 5-16 in zzAN

—(1989): Classification of glacial morphologic features. 267-277; zzGO;

GOLTE W.& HEINE K.(1974): Fossile Riesen-Eiskeilnetze am Niederrhein.- EuG 25:132-140

GOSHIK P.F.(1982): Guidebook for Excursion C6, INQUA XI Congr. Moskva 1982

GRABERT H. (1991): Der Amazonas – Springer Verlag Berlin, 235 S.

GRAHMANN,R.(1951): Definition quartärer Nomenklatur. – EuG 1:69-73

— (1934): Grundriß der Quartärgeologie Sachsens. – in: Grundriß der Vorgeschichte Sachsens. Leipzig 1-60

— (1951): Begriffe der Quartärforschung. – EuG 1:69-73

GRAUL, H.(1983): Die Paläogeographie des Eiszeitalters. 33-64; zzMÜ

GRIMMEL E.(1973): Überlegungen zur Morphogenese des Norddeutschen Flachlandes, – EuG 23/24:76-88

GRIPP, K.(1929): Glaziologische und geologische Ergebnisse der Hamburgischen Spitzbergen Expedition 1927 – Abh. Nat.Verein Hamburg, 22:154-249

— (1964): Erdgeschichte von Schleswig-Holstein. – 411 S., Neumünster

— (1974): Untermoräne – Grundmoräne – Grundmoränenlandschaft. – EuG 25:5-9

— (1975): »100 Jahre Untersuchungen über das Geschehen am Rande des nordeuropäischen Inlandeises«. EuG 26, S.31-73

— (1979): Glazigene Press-Schuppen, frontal und lateral. – 157-166; zzSD

— (1981a): Der Ablauf der Würm-Vereisung in der Senkungszone am Südrand Skandinaviens. – Meyniana 33:9-22, Kiel

— (1981b): Nicht »flowtill«, sondern »tilloides Glacifluvial«– flowtill is not glacigen but glacifluvial EuG 31:211

GROMOLL L.(1994): Fossile Küstenlinien als Wasserstandsmarken in der südlichen Ostsee – Effekte von Isostasie, Eustasie und Neotektonik – Z.geol. Wiss.22(3):287-304, Berlin

GRÜN,R., BRUNNACKER, K. & HENNIG, G.J. (1982): 230 Th/ 234 U-Daten mittel- und jungpleistozäner Travertine im Raum Stuttgart. OGV 64:201-211

GRÜN, R.(1988):Die ESR-Altersbestimmungsmethode. – Springer, Berlin, Heidelberg, New York, London

GRUBE F. (1979): Übertiefte Täler im Hamburger Raum – EuG 29:157-172

— (1983): Tunnel valleys – 257-258 in: EHLERS J. (ed.1983): Glacial deposits in North-West Europe, 470 S., Balkema, Rotterdam

— (1990): Zur Morphogenese und Sedimentation im quartären Vereisungsgebiet Nordwestdeutschlands. – 220-230; zzLI

HABBE K.A.(1981): Über zwei ^{14}C-Daten aus fränkischen Dünensanden. – Geol. Bl. NO-Bayern, Bd.31,1-4:208-221, Erlangen

— (1986): Bemerkungen zum Altpleistozän des Illergletschergebietes.- EUG 36:121-134

— (1988): Zur Genese der Drumlins im süddeutschen Alpenvorland – Bildungsräume, Bildungszeit und Bildungsbedingungen. – Z. geomorph. Suppl. Bd.70:33-50, Berlin.

— (1989): Die pleistozänen Vergletscherungen des süddeutschen Alpenvorlandes. – Mitt. Geomorph. Ges. München 74:27-51

HABRICH W.(1968): Vegetationshöcker auf steil geneigten Terrassenhängen in der Frostschutzzone Nordostkanadas. – Polarforschung VI,38:212-215

HAHN,J.(1983): Eiszeitliche Jäger zwischen 35 000 und 15 000 Jahren vor Heute. – 273-330; zzMÜ

HAJDAS,I. ZOLITSCHKA,B. IVYS.,BEER,J., BONANI,G. & NEGENDANK,J.F.W. (in Vorbereitung): AMS dating of annually laminated sediments from Lake Holzmaar, Germany. – Quaternary Science Reviews

HALLBERG, G.R.(1985): Pre-Wisconsin Glacial stratigraphy of the Central Plains Region in Iowa, Nebraska, Kansas, and Missouri. – 11-15, zzSI

HAM,N.R. & MICKELSON D.M.(1994): Basal till fabric and deposition at Burroughs-Glacier, Glacier Bay, Alaska. – Geol. Soc. Am. Bull. 105:1517-1530

HAMBREY M.J. & HARLAND W.B.(eds. 1981): Earth's prepleistocene glacial record. – Intern-. Geolog. Correlation Programme, Project 38: Pre-Pleistocene Tillites, Cambridge University Press London-Sydney

HAMMEN T.VAN DER (1972): Changes in vegetation and climate in the Amazon Basin and surroundiung areas during the Pleistocene – GM 51(6):641-643

HANTKE R.(1978, 1980, 1983,) Eiszeitalter. – Thun, 3 Bde.1902 S.

— (1987): Relief- und Talgeschichte des Randenberglandes – EuG 37:47-56

HANTKE, R. & RAHM, G.(1976): Das frühe Spätglazial in den Quellästen der Alb (Südlicher Schwarzwald). – Naturforsch. Ges. Zürich 121:293-299

HARRIS, S.A.(1988): The Alpine Periglacial Zone. – 369-413; zzCL

HARRY, D.G.(1988): Ground Ice and Permafrost. – 113-149; zzCL

HASENMAYER J.(1984): Zum Alter der Blautopf-Unterwasserhöhle. – Laichinger Höhlenfreund 19:37-40, Laichingen

— (1986): Das Geheimnis des Blautopfs. – Geo 5:10-38, Hamburg

HEBESTREIT C., SCHIEDEK T., BAUER M. & PFAFFENBERGER C.(1993): Zeitmarken der Wutacheintiefung -; OGV 75:291-312

HEIM A.(1918): Geologie der Schweiz. Leipzig, 1.Bd.704 S.

HEINE K.(1993): Warmzeitliche Bodenbildung im Bölling/Alleröd im Mittelrheingebiet. – Decheniana (Bonn) 146:315-324

HEINRICH A.(1980): Eiszeitliche Funde aus dem Rhein-Herne-Kanal bei Bottrop. – Westfälische Geographische Studien 36:113-115, Münster

HEMPEL L.(1980): Der »Osning-Halt« des Drenthe-Stadials am Teutoburger Wald – EuG 30:45-62

HENTSCHKE,U. & STEPHAN, H.-J.(1989): Schwermineralanalyse von Geschiebemergeln, ein Hilfsmittel für die Moränenstratigraphie? – EuG 39:19-28

HERING, G., LANGHEINRICH,G. & WILCZEWSKI, N.(1992): Der prähistorische Bergsturz von Pfannes/Südtirol (Italien). – EuG 42:115-120

HERMANNS K.(1992): Untersuchungen in neogenen Tonschichten des Rheinischen Braunkohlenreviers (südliche Niederrheinische Bucht). – Bonner Geowiss. Schr. 2:203 S. Bonn

HERRMANN R.(1969): »Tal-Zuschub« im mesozoischen Hügelland als Wirkung von eiszeitlichem Spaltenfrost. – Geol. Jb. 87:223-228, 2 Abb., Hannover

HESEMANN, J.(1931): Quantitative Geschiebebestimmungen im norddeutschen Diluvium. – Preuß.geol. L.A., 51:714-758, Berlin

— (1935): Ergebnisse und Aussichten einiger Methoden zur Feststellung der Verteilung kristalliner Leitgeschiebe. – Jb. preuß. geol. L.-Anst. 55:1-27, Berlin

— (1975a): Geologie Nordrhein-Westfalens. – Bochumer Geogr.Arb. 2:416 S.;122 Tab., Paderborn

— (1975b): Kristalline Geschiebe der nordischen Vereisungen. 267 S. Geol. L.A. Nordrhein-Westf. Krefeld

HILLEFORS, A.(1983): The Dösebacka and Ellesbo drumlins – Morphology and stratigraphy.-141-150 in: EHLERS,J.(Ed. 1983): Glacial Deposits in North-West-Europe.470 S. Balkema, Rotterdam

HINSCH W.(1979): Rinnen an der Basis des glaziären Pleistozäns in Schleswig-Holstein – EuG 29:173-178

HINZE, C.(1979): Quartär. – in Geol.Kt.Nieders. 1:25000, Erl. Bl. 3614 Wallenhorst, 154 S., Hannover

HINZE C., JERZ H., MENKE B. & STAUDE H.(1989): Geogenetische Definitionen quartärer Lockergesteine für die Geologische Karte 1:25 000 (GK25). Geol. Jb.A 112:243 S.

HÖFLE, H.C.(1992): Kontroversen in der Erforschung der Vereisungsgeschichte der Antarktis – Versuch einer Synthese. -S.52: zzDE

HÖLDER H. (1960): Geologie und Paläontologie in Texten und ihrer Geschichte – 565 S., Alber-Verl. Freiburg/München

HÖLLERMANN P.(1983): Blockgletscher als Mesoformen der Periglazialstufe. – Bonner Geogr. Abh. H.67:73 S., Dümmler, Bonn

HÖTZL H.& HUBER W.(1972): Über die Hydrogeologie und wasserwirtschaftliche Nutzung der Aachquelle (Baden Württemberg, BRD) – Geol.Jb, Reihe C, H.2

HÖVERMANN, J.(1974): Neue Befunde zur pleistozänen Harzvergletscherung. – Abh. Braunschw. Wiss. Ges.24:31-52, Göttingen

— (1987): Neues zur pleistozänen Harzvergletscherung – EuG 37:99-107

HOLLEMANN,A.F. & WIBERG E.(1976): Lehrbuch der Anorganischen Chemie. – de Gruyter, Berlin, New York 1323 S.

HOLTEDAHL, O. (Editor)(1960): Geology of Norway.- Norges Geologiske Undersökelse Nr. 208, 540 S., Oslo

HOSELMANN Ch.1994): Stratigraphie des Haupt-Terrassen-Bereichs am unteren Mittelrhein. – SIV 96:336 S.

HUCKE,K. & VOIGT,E.(1967): Einführung in die Geschiebeforschung (Sedimentärgeschiebe). – 132 S., Nederlandse Geol. Ver., Oldenzaal

HUGHES O.L.(1969): Distribution of open-system pingos in Central Yukon Territory with respect to glacial limits. – Geolog. Survey of Canada, Paper 69-34:1-8, 601 Booth St. Ottawa

HUGHES, B., A.,& HUGHES, T.J.(1994): Transgressions: rethinking Beringian glaciation.– Palaeogeography, Palaeoclimatology, Palaeoecology 110:275-294

HULTON, N.,SUGDEN, D.E., PAYNE A. & CLAPPERTON Ch.(1994): Glacier Modeling and the Climate of Patagonia during the Last Glacial Maximum. – Quaternary Research 42:1-19

HUSEN,D.VAN (1990): Verbreitung, Ursachen und Füllung glazial übertiefter Talabschnitte an Beispielen in den Ostalpen. 203-219; zzLI

IGNATIUS, H.Axberg,St.NIEMISTÖ,L.& WINTERHALTER B.(1981) Quaternary geology of the Baltic Sea.- in: VOIPIO,A.(ed.):The Baltic Sea:54-121, Amsterdam, Elsevier

IMBRIE J. & PALMER-IMBRIE,K.(1981): Die Eiszeiten – Naturgewalten verändern unsere Welt. Econ Verlag Düsseldorf-Wien 1.Aufl.

IMBRIE J., HAYS J.D., MARTINSON D.G.et.al. (1984) : The orbital theory of Pleistocene climate: Support from a revised chronology of the marine 18 O record, 269-305 in: MILANKOVICH and Climate; NATO Advanced Study Institute 1984

Ives J.D., ANDREWS J.T. & BARRY R.G.(1990): Growth and decay of the Laurentide ice sheet and comparisons with Fenno-Scandinavia 141-141-158; zzLI

JENSSEN D.(1983): Elevation and climatic changes from total gas content and stable isotopic measurements. – 139-144; zzRO

JENSSEN D: & CAMPBELL J.A.(1983): Heat conduction studies – 125-138; zzRO

JERZ, H.(1993): Das Eiszeitalter in Bayern – E. Schweizerb. (Nägele & Obermiller), Stuttgart, 243 S.

JOHNSON, R.G.(1982): Brunhes-Matuyama Magnetic Reversal Dated at 790 000 yr B.P. by Marine-Astronomical Correlations. – Quaternary Research 17:135-147, New York

JONSSON, J.(1955): On the Formation of frontal glacial lakes. – Geografiska Annaler, Arg. 37 Ht.3-4:229-233

JUX, U.(1990): Faunen des quartären Eiszeitalters. – 91-107; zzLI

KAHLKE, H.-D. (1981): Das Eiszeitalter. – Urania Verlag 192 S. Leipzig

KAHLKE, R.-D.(1994): Exkursionspunkt B2/2: Travertinbrüche Weimar-Ehringsdorf. – ANF 7:362-366

KALTWANG, J.(1992): Die pleistozäne Vereisungsgrenze im südlichen Niedersachsen und im östlichen Westfalen. – Mitt. geol. Inst. Univ. Hannover 33:161 Hannover

KAISER, K.(1961): Gliederung und Formenschatz des Pliozäns und Quartärs am Mittel- und Niederrhein. – Köln und die Rheinlande (Festschr. XXXIII Deutsch. Geographgentag 1961 in Köln) 236-278, Wiesbaden

— (1975): Die Inlandeis-Theorie, seit 100 Jahren fester Bestand der Deutschen Quartärforschung. – EuG 26:1-30

KARTE, J. (1979): Räumliche Abgrenzung und regionale Differenzierung des Periglaziärs. – Bochumer Geogr. Arb. H.35:226 Schöningh/Paderborn

— (1990): Das Ensemble der periglaziären Formen in dreidimensionaler Sicht.- zzLI

KASTING J.F.(1993): Earth's early atmosphere – Science 259:920-925

KELLER, M.(1963): Unterwasserforschung im Blautopf bei Blaubeuren. – Jb. Karst- und Höhlenkunde 4:219-228, München

KELLER, O. & KRAYSS, E.(1987): Die hochwürmzeitlichen Rückzugsphasen des Rhein-Vorlandgletschers und der erste alpine Eisrandkomplex im Spätglazial. – Geographica Helv. 42/2:169-178

KELLY P.M. & WIGLEY T.M.L.(1992): Solar cycle length, greenhouse forcing and global climate. – Nature Vol. 360:328-330

KEMPE, S.& DEGENS E.T.(1979): Varves in the Black Sea and in Lake Van (Turkey) – zzSD

KEMPF, E.K.(1966): Das Holstein-Interglazial von Tönisberg im Rahmen des niederrheinischen Pleistozäns. – EuG 17:5-60

KERSCHNER H.(1990): Methoden der Schneegrenzbestimmung. 299-311 in ZZLI

KLEBELSBERG, R.(1948): Handbuch der Gletscherkunde und Glazialgeologie.– Band 1 Springer Verl., Wien 403 S.

KLOSTERMANN, J.(1985): Versuch einer Neugliederung des späten Elster- und des Saale-Glazials der Niederrheinischen Bucht.– Geol.Jb., A 83:3-42, Hannover

— (1989):GK 1:25 000, Blatt 4304 Xanten – 153S.

— (1995): Das Quartär von Nordrhein-Westfalen – in: BENDA, L.: Das Quartär Deutschlands. – Gebr. Borntraeger Berlin

KLOSTERMANN J. & DASSEL W.(1987): Quartäre Tektonik und ihre Auswirkungen auf die Erstreckung von Würgeböden und Keilstrukturen – Z.dt.geol.Ges. 138:33-44, Hannover

KLOSTERMANN J., REHAGEN H.-W. & WEFELS u.(1988): Hinweise auf eine saalezeitliche Warmzeit am Niederrhein – EuG 38:115-127

KOENIGSWALD, W. von (1983): Die Säugetierfauna des süddeutschen Pleistozäns. – 166-216; zzMÜ

KOPP, E.(1965): Über Vorkommen »degradierter Steppenböden« in den Lößgebieten des Niederrheins und Westfalens – EuG 16:97-112

KOWALCZYK G.(1969): Zur Kenntnis des Altquartärs der Ville. – SIV 18:147 S.

KRASNENKOV R.V.(1983): On the oldest glaciations of the East- European Plain – XI INQUA Congr. Moskwa 1982, Abstracts Vol. III:145, Moscow 1983

KRANTZ W.B.(1990): Self-organization manifest as patterned ground in recurrently frozen soils – Earth-Science Review 29(1990):117-130, Elsevier, Amsterdam

KRAYSS, E.(1992); Bodensee-Rheingletscher und Vogesen-Vereisung im oberen Würm: S.70; zzDE

KRUTZSCH, W.(1988): Kritische Bemerkungen zur Palynologie und zur klimastratigraphischen Gliederung des Pleistozäns bis tieferen Altpleistozäns in Süd-, Südwest-, Nordwest- und pro parte Mitteleuropa sowie der Plio/Pleistozängrenze in diesem Gebiet. – Quartärpaläontologie 7:7-51, Berlin

KUHLE, M.(1989): Die Inlandvereisung Tibets als Basis einer in der Globalstrahlungsgeometrie fußenden, reliefspezifischen Eiszeittheorie. – Peterm. Geogr. Mitt. 133,4:265-285

— (1991): Glazialgeomorphologie. – 213 S. Wiss. Buchges. Darmstadt

KUHN M.(1990): Klimaänderungen: Treibhauseffekt und Ozon, 157 S., Kulturverlag Thaur/Tirol

KUKLA G.J.(1975): Loess Stratigraphy of Central Europe. – in: BUTZER & ISAAK: After the Australopithecines. – 99-188, Mouton, The Hague – Paris

— (1978): The classical European glacial stages: Correlation with deep-sea sediments; Transact. Nebraska Acad. Sciences, v. VI: 57-93

KUPETZ M, SCHUBERT G., SEIFERT A. & WOLF L.(1989): Quartärbasis, pleistozäne Rinnen und Beispiele glazitektonischer Lagerungsstörungen im Niederlausitzer Braunkohlengebiet – Geoprofil 1:2-17, Freiberg

LABHART T.P.(1993): Geologie der Schweiz. – 211 S. Ott-Verl.,Thun

LAMBERT A. & MONJUVENT G.(1968): Quelques vues nouvelles sur l'histoire quaternaire de la vallee du Drac. – Geologie Alpine t.44:117-137, 1968

LANGE F.G.(1986): Die jungen Rheinverlagerungen zwischen Dormagen und Urdenbach. – 40-44 in: GK1:100 000, Erl. C 5106 Köln

LANGER W.(1992): Einführung in: FUHLROTT J.C.(1859): Menschliche Überreste aus einer Felsengrotte des Düsselthals. Verh.Nat.hist.Ver. Rheinl.u.Westph.131-153, Nachdruck Naturhist. Verein Rheinl.u.Westf. Bonn 1992

LARSON G.(1986): Hydrologic characteristics of glacier ice: Burroughs Glacier, Alaska. – 35-40 in: zzAN

LEAKEY R.E. & SLIKKERVEER L.J.(1993): Man-Ape Ape-Man – Netherlands Foundation for Kenya Wildlife Service, 210 S.

LEGER M.(1990): Loess landforms. – Quaternary International Vol.7/8:53-61

LACIS A.A. & CARLSON B.E.(1992): Keeping the sun in proportion. – Nature,360:297

LEHMANN S.J. & KEIGWIN L.,D.(1992): Sudden changes in North Atlantic circulation during the last deglaciation. – Nature 356:757-762

LEINFELDER R. & SEYFRIED H.(1993): Sea level change. – Geol. Rundsch (1993)82:159-172

LEMKE W.(1994): Spät- und Postglaziale Sedimente der westlichen Ostsee – Z.geol. Wiss.22(3): 275-286, Berlin

LEUTERITZ, K.(1981): Bänderschutt S.84-85 in: GK 1:25 000, Erl. 4717 Niedersfeld, 174 S.

LEWKOWITCZ, A.,G.(1988): Slope Processes. – 325-368; zzCL

LIEDTKE,H.(1981): Die nordischen Vereisungen in Mitteleuropa. – Forsch. dt. Landeskde. 204:307 S., Trier

— (1990a): Stand und Aufgabe der Eiszeitforschung. – 40-54; zzLI

— (1990b): Abluale Abspülung und Sedimentation in Nordwestdeutschland während der Weichsel-(Würm-)Eiszeit. – 261-269; zzLI

LIJN, P. VAN DER (1941): Zwei Vereisungen in den Niederlanden – Z. Geschiebef. u. Flachlandgeol. 17:191-209, Leipzig

LIPENKOV V.Y., BARKOV N.I., DUVAL P., & PIMIENTA P.(1989): Crystalline texture of the 2083 m ice core at Vostok Station, Antarctica. – Journ. Glac. Vol.35, No.121:392-398,6

LIPPSTREU, L.(1994A): Anmerkungen zur Grundmoränenstratigraphie. – ANF 7:181-182

LIPPOLT H.J.(1983): Distribution of Volcanic Activity in Space and Time S.112-120; zzFU

LIPPOLT H.J., FUHRMANN U. & HRADETZKY H. (1986): 40Ar/39Ar age determinations on sanidines of the Eifel Volcanic Field (Federal Republic of Germany – Chemical Geol. (Isotope Geosc. Sect.) 59: 187-204

LITT, Th.(1994):Exkursionspunkt B1/7:Holozäne Talentwicklung am Beispiel der Elster-Luppe-Aue, Tagebau Merseburg-Ost. – S.3.33-355 in: ANF 7

LÖFFLER E.(1980): Neuester Stand der Quartärforschung in Neuguinea – EuG 30:109-123

LÖSCHER, M. & HAAG, M.(1989): Zum Alter der Dünen im nördlichen Oberrheingraben bei Heidelberg und zur Genese ihrer Bänderbraunerden. EuG 39:98-108

LORIUS C., JOUZEL J., RITZ C., MERLIVAT L., BARKOV N.I., KOROTKEVICH Y.S. & KOTLYAKOV V.M.(1985): A 150 000-year climatic record from Antarctic ice – Nature 316:591-596

LÜTTIG,G.(1959): Methodische Fragen der Geschiebeforschung. – Geol. Jb. 75:361-418, Hannover

LUNDQUIST, J.(1985): Deep-weathering in Sweden – Fennia 163, 2:287-292, Helsinki

—1986; Abb.16 reprinted from Quaternary Science Reviews, Vol.5, »Late Weichselian Glaciation and Deglaciation in Scandinavia«.-pp. 269-292, 1986, with kind permission from Elsevier Science Ltd. The Boulevard, Langford Lane, Kidlington OX5 1GB,K

— (1988): Late glacial ice lobes and glacial landforms in Scandinavia. – 217-225; zzGO

MAARLEVELD G.C.(1965): Frost mounds, a summary of the literature of the past decade. – Med. Geol. Sticht. NS 17:16 f.

MANIA D. (1990): Auf den Spuren des Urmenschen.- 283 S, Dt.Verl.der Wissenschaften, Berlin

— (1994): Exkursionspunkt B2/4: Mittelpleistozän und Altpaläolithikum von Bilzingleben. – ANF 7:367-373

MAUNDER J.(1992): Dictionary of Global Climate Change – UCL Press (University College London), London, 240 S.

MANGERUD, J.(1980): Ice-front Variations of Different Parts of the Scandinavian Ice Sheet, 13,000-10,000 Years BP. 23-30 – in LOWE, J.J., GRAY J.M. & ROBINSON J.E.(1980): The lateglacial of North-West Europe. – Pergamon Press 205 S.

MANGERUD J., SÖNSTEGAARD E. & SEJRUP H.-P.(1979): Correlation of the Eemian (interglacial) Stage and the deep-sea oxygen-isotope stratigraphy. – Nature 277:189-192

MANKINEN E.A.& DALRYMPLE G.B.(1979): Revised Geomagnetic Polarity Time Scale for the Interval 0–5 m.y. B.P.; J. Geophys. Res. 84, No.B2, Paper No. 8B1003

MARTIN, H.(1993): Wenn es Krieg gibt, gehen wir in die Wüste. – Neuausgabe Windhoek, Namibia, 250 S.

MARTINI L.P.& CHESWORTH W.,(1990): Weathering, Soils and Paleosols.- Elsevier Amsterdam, 618 S.

McINTYRE-CLIMAP A.(1990): The Surface of the Ice-Age Earth – 338-354 in: zzLI

McKENZIE G.D.(1986): Subglacial Observations. – 122-126 in: zzAN

MENKE B.(1975): Vegetationsgeschichte und Florenstratigraphie Nordwestdeutschlands im Pliozän und Frühquartär – Geol. Jb., A26:3-151, Hannover

MEYER H-H.(1986): Steinsohlen – ihre Genese und Alterstellung nach neueren Forschungsbefunden – EuG 36:61-73

MEYER K.D.(1983): Indicator pebbles and stone count methods. – in EHLERS,J. (Hrsg): Glacial deposits in North-West-Europe: 275-287, Rotterdam (Balkema)

— (1985): Zur Methodik und über den Wert von Geschiebezählungen – Der Geschiebesammler 19:2/3:75-83, Hamburg

— (1987): Über seltene jungvulkanische Geschiebe aus dem nördlichen Niedersachsen und ihre möglichen Beziehungen zu skandinavischen Meteoritenkratern – Der Geschiebesammler 20,4:125-146, Hamburg

MEYER, K.-J.(1974): Pollenanalytische Untersuchungen und Jahresschichtenzählungen an der holstein-zeitlichen Kieselgur von Hetendorf. – Geol. Jb.A21:87-105, Hannover

MIALL A.D.(1984): Glaciofluvial Transport and Deposition. – 168-183; zzEY

MICKELSON D.M.(1986): Landform and Till Genesis in the Eastern Burroughs Glacier- Plateau Remnant Area, Glacier Bay, Alaska. – 47-67, zzAn

MICKELSON D.M., ACOMB L.J: & EDIL T.B.(1979): The origin of preconsolidated and normally consolidated tills in eastern Wisconsin, USA – 179-187; zzSD

MIOTKE, F.-D. (1971): Die Landschaft an der Porta Westfalica – Geogr. Exk.-Führer 265 S., Geogr. Ges. Hannover

MITCHELL J.M.Jr.(1977): Carbon dioxide and future climate. – Environmental Data Service, March U.S.Dept. Comm.

MÜCKENHAUSEN E.(1960): Eine besondere Art von Pingos am Hohen Venn/Eifel. – EuG 11:5-11;

MÜLLER-BECK H.-J. (1983): Sammlerinnen und Jäger von den Anfängen bis vor 35 000 Jahren. zzMÜ

— (1990): Die Kulturentwicklung des Menschen im Eiszeitalter. 108-129; zzLI

MÜLLER H.(1974): Pollenanalytische Untersuchungen und Jahresschichtenzählungen an der holstein-zeitlichen Kieselgur von Munster-Breloh. – Geol. Jb.A21:107-140, Hannover

MÜNZING K.(1987): Zum Quartär des Talzuges Spaichingen – Tuttlingen (westliche Schwäbische Alb). – Jh.geol. L.-Amt Bad.Württ. 29:65-90, Freiburg i.Br.

MUHS D.R., KENNEDY G.L. & ROCKWELL Th.K.(1994): Uranium-Series Ages of Marine Terrace Corals from the Pacific Coast of North America and Implications for Last-Interglacial Sea Level History. – Quaternary Research 42:72-87

MURRAY A., B. & PAOLA, Ch.(1994): A cellular model of braided rivers. – Nature 371:54-57

NEFTEL A.u.a.(1985): Evidence from polar ice cores for the increase in atmospheric CO_2 in the past two centuries. Nature 315:45-47

NOVEL, W.(1991): Eine neue quartärgeologische Übersichtskarte des ehemaligen Bezirkes Cottbus im Maßstab 1:200 000. – Pet. Geogr. Mitt. 135:67-72, Gotha

NOVEL,W. & CEPEK,A.G.(1988): Das Pleistozän von Klinge-Dubrau (Kr. Forst) – Natur und Landschaft Bez. Cottbus NLBC, 10: 3-20; Cottbus;

OVERBECK F.(1950): Die Moore Niedersachsens. 112 S., Bremen-Horn

PECSI M.(1990): Loess is not just the accumulation of dust – Quaternary International, Vol. 7/8:1-22

— (1990): Lössverbreitung, Lössentstehung, Lösschronologie. 270-284 zzLI

PENCK A. & BRÜCKNER E.(1909): Die Alpen im Eiszeitalter. – 3 Bde 1199 S.,Tauchnitz, Leipzig

PETIT-MAIRE, N.(1992): Environnements et climats de la ceinture tropicale nord-africaine dep. 140 000 ans. – Mém.Soc.géol.France, n.s. n°160:27-34;

PICARD, K.(1961): Reste von Pingos bei Husum/ Nordsee. – Schr.naturw.Ver. Schleswig-Holstein, 32:72-77, Kiel

— (1964): Der Einfluß der Tektonik auf das pleistozäne Geschehen in Schleswig-Holstein – Schr. Naturwiss. Ver. Schleswig-Holstein 35:99-113, Kiel

PILBEAM, D.(1984): Die Entwicklung des Menschen. – Spektrum der Wissenschaft, 5:98-106, 1984

PILGER A.(1950): Tektonische Beulen im Watteneis vor Büsum. – Geol. Rdsch. 38:139-144

PILGER, A. mit Beitr. v. MOCHA, P., PETZOLD, B., & RÖSLER, A. (1991): Die nordischen Gletscher am nordwestlichen Harzrand und ihre Stauseen. – Clausthal. Geol. Abh.,48:159 S., Köln

— (1991): Die Eiszeit und der Harz in: PILGER et.al.(1991): Die nordischen Gletscher am nordwestlichen Harzrand und ihre Stauseen. – Clausthal. Geol. Abh., 48:159 S., Köln

PISSART A.(1983): Remnants of periglacial mounds in the Hautes Fagnes (Belgium): structure and age of the ramparts. – GM 62(4):551-555

— (1987): Weichselian periglacial structures and their environmental significance: Belgium, the Netherlands, and northern France. – 77-85 in zzBO

— (1988): Pingos: An Overview of the Present State of Knowledge. – 279-297; zzCL

POLLARD, W.H.(1988): Seasonal Frost Mounds, 201-229; zzCL

POSER H.(1951): Die nördliche Lößgrenze in Mitteleuropa und das spätglaziale Klima. – EuG 1:27-55

POSER H. & MÜLLER Th.(1951): Studien an den asymmetrischen Tälern des niederbayrischen Hügellandes. – Nachr. Ak. Wiss. Gött., Math.-Phys. Kl., Jg. 1951 1:1-32

POST, A.(1972): Periodic Surge Origin of foldet Medial Moraines on Bering Piedmont Glacier, Alaska. – Journ.of Glaciology, Vol. 11,62:219-226, London

PRANGE W.(1985): Holozäne Überschiebungen an dem tiefliegenden Salzstock Osterby, Schleswig-Holstein – Meyniana 37:65-75, Kiel

PRENTICE M.L.& MATTHEWS R.K. (1988): Cenozoic ice-volume history: Development of a composite oxygen isotope record; Geology, v.16: 963-966

PREUSS H.(1979): Die holozäne Entwicklung der Nordseeküste im Gebiet der östlichen Wesermarsch. – Geol. Jb. A53:3-84; Hannover

PREUSS H.& ROHDE P.(1977): Quartär S.36 f. in Geol.Kt. Niedersachsen 1:25 000, Blatt Nr. 4323 Uslar, Erl. J. LEPPER, Hannover

PRICE, R. J.(1969): Moraines, sandar, kames and eskers near Breidamerkurjökull, Iceland. – Trans.Inst.Br.Geogr. 64:17-43

— (1986): Fluvioglacial features and esker formation near Casement Glacier. – 94-98 in: zzAN

PRIENITZ,K.(1988): Cryoplanation. 49-67; zzCL

PROTSCH R. & SEMMEL A.(1978): Zur Chronologie des Kelsterbach-Hominiden, des ältesten Vertreters des Homo sapiens sapiens in Europa – EuG 28:200-210

QUIGLEY R.M.(1984): Glaciolacustrine and Glaciomarine Clay Deposition; a North American Perspective 140-167; zzEY

QUITZOW H.W. (1962): Mittelrhein und Niederrhein. – Beitr. Rheinkde.14:35-47, Koblenz

—(1974): Das Rheintal und seine Entstehung.- in: L'évolution quaternaire des bassins fluviaux de la mer du Nord meridionale. – Cent.Soc.Gèol. Belgique:53-104,Liège

RADTKE U., HENNIG G.J. & MANGINI A.(1982): Untersuchungen zur Chronostratigraphie mariner Terrassen in Mittelitalien – Th/U- und ESR-Da-tierungen an fossilen Mollusken – EuG 32:49-55

RADTKE U. & GRÜN R.(1988): ESR-Dating of corals. – Quaternary Science Reviews 7:465-470

RADTKE U.(1990): Entstehung, Gliederung und Alter pleistozäner Meeresspiegelschwankungen und Küstenterrassen. 285-298; zzLI

RAHM G.(1977): Eine Stauchendmoräne und andere Stauchungserscheinungen in Glazialtälern der Südvogesen. – Ber. Naturf. Ges. Freiburg i.Br. 67:249-253

— (1980): Die ältere Vereisung des Schwarzwaldes und der angrenzenden Gebiete, S. 36-58 in: LIEHL, E. & SICK W.D.(1980): Der Schwarzwald – Beitr. z. Landeskde. Konkordia-Verl. Bühl/Baden

RAMPINO, M.R. & SELF S.(1993): Climate-Volcanism Feedback and the Toba Eruption of 74 000 Years Ago. – Quat. Res.40:269-280 (1993)

RAYNAUD D.(1983): Total gas content. – :79-82; zzRO

RAZI-RAD,M.(1976): Schwermineraluntersuchungen zur Quartärstratigraphie am Mittelrhein. – SIV 28: 164 S.

REHAGEN H.-W.(1963): Spät- und nacheiszeitliche Vegetationsbilder aus dem Niederrheingebiet.- Niederrhein.Jb.VI:31-46, Krefeld

REMANE A.,STORCH V. & WELSCH U. (1986) Systematische Zoologie. – 698 S., Fischer, Stuttgart/New York

REUTER, G.(1990): Disharmonische Bodenentwicklung auf glaziären Sedimenten. – Hohenheimer Arbeiten, Tagungsband S.69-74, Hohenheim

RICHMOND G.M. & FULLERTON D.S.(1985): Summation of Quaternary Glaciations in the United States of America. – 183-196; zzSI

RICKEN W. (1982): Quartäre Klimaphasen und Subrosion als Faktoren der Bildung von Kies-Terrassen im südwestlichen Harzvorland – EuG 32:109-136

ROBIN G.de Q (1983): The Greenland ice sheet. – S.38-42 in: ZZRO

— (1983): Presentation of Data. S. 94-122 in: zzRO

ROHDE, P.(1989): Elf pleistozäne Sand-Kies-Terrassen der Weser: Erläuterung eines Gliederungsschemas für das obere Wesser-Tal. EuG 39:42-56

ROLPH T.C., SHAW I., DERBYSHIRE E. & JING-TAI W.(1993): Seismic Stratigraphy of Chinese Loess – Quaternary Science Reviews, 12:849-852, Pergamon, Elsevier

ROSENBUSCH, A. (1923): Elemente der Gesteinslehre. -779 S., Stuttgart, Schweizerbarth'sche Verl. Buchhdl.

ROSHOLT J.N.,EMILIANI C., GEISS J., KOCKZY F.F. & WANGERSKY P.J.(1962): Pa231/Th230 dating and O18/O16 temperature analysis of core A254-BR-C. – Journ.Geophys.Research 67:2907-2911;

RUTTE, E.(1992):Bayerns Erdgeschichte.- 304 S. Ehrenwirth, München

SANGMEISTER, E.(1983): Die ersten Bauern – 429-471; zzMÜ;

SCHAEDEL, K. & WERNER, J. (1965): Untersuchungen zur Aufdeckung glazial verfüllter Täler im Donaugebiet von Sigmaringen-Riedlingen. – Jh. geol. L.-Amt Bad.-Württ. 7:387-422, Freiburg i.Br.;

SCHAEFER I.(1950): Die diluviale Erosion und Akkumulation – Talbildung im Alpenvorland. – Forsch. deutsch. Landeskde. 49:154 S., 38 Abb. Landshut;

SCHALLREUTER R. & SCHÄFER R.(1990): Ein Geröll aus den Schweizer Alpen im Münsterländer Hauptkiessandzug. – Geschiebekunde aktuell 6 (3):83,85-87, Hamburg

SCHETTER H.((1991): Die Aachhöhle – 137 S., Südkurier, Konstanz;

SCHIRMER, W.(1981): Holozäne Mainterrassen und ihr pleistozäner Rahmen. OGV 63:103-115;

— (1990): Der känozoische Werdegang des Exkursionsgebietes. – 9-33; zzSC

— (1995, ed.): Quaternary field trips in Central Europe, Vol. 1, 2, 3, 4, Addendum (insges. 1543 S., zahlr. Abb. u. Tab., Verlag Dr. F. Pfeil, München

SCHLESINGER M.E. & RAMANKUTTY N. (1992): Implications for global warming of intercycle solar irradiance variations. – Nature 360:330-333

SCHMINCKE H.-U., LORENZ V. & SECK H.A. (1983): The Quaternary Eifel Volcanic Fields. – S. 139-151; zzFU

SCHMITZ R.-W.(1990): Ein mittelpaläolithischer Fundplatz in den Basiskiesen der Emscher-Niederterrasse bei Bottrop/Westfalen. – EuG 40:107-110

SCHMUDE, K.(1992): Zwei cromerzeitliche Artefakt-Fundplätze in der Jüngeren Hauptterrasse am Niederrhein. – EuG 42:1-24

SCHNÜTGEN,A.(1974): Die Hauptterrassenfolge am linken Niederrhein aufgrund der Schotterpetrographie. – Forschber. Land NRW, 2399:150 S. Opladen

SCHNÜTGEN A. & BRUNNACKER K.(1977): Zur Kieselschiefer-Führung in Schottern am Niederrhein.- Decheniana 130:293-298 Bonn

SCHOVE, D.J.(1979): Varve-chronologies and their teleconnections, 14 000-750 B.C. 319-325; zzSD

SCHREINER A.(1979): Zur Entstehung des Bodenseebeckens – EuG 29:71-76

— (1992): Einführung in die Quartärgeologie. – E.Schweizerb.(Nägele u. Obermiller) 257 S., Stuttgart

SCHUDDEBEURS A.P.(1987): De Verspreiding over Europa van Gidsgesteenten uit het Oslogebied en begleidende Zwerfstenen. – Grondboor en Hamer, 41,5:114-142

SCHULZ, W.(1973): Rhombenporphyr-Geschiebe und deren östliche Verbreitungsgrenze im nordeuropäischen Vereisungsgebiet. – Z. geol. Wiss. Berlin 1(1973)9:1141-1154B

SCHUNKE, E.(1988): Earth Hummocks (Thufur). – 231-245, zzCL

SCHWARZBACH, M.(1974): Das Klima der Vorzeit. – Stuttgart

— (1978): Glazigene Sichelmarken als Klimazeugen – EuG 28:109-118

SCHWEINGRUBER F.H.(1993): Jahrringe und Umwelt, Dendroökologie. – Birmendorf Eidgenöss. Forsch. Anst. für Wald, Schnee und Landschaft, 474 S.

SCHWIDETZKY(1974) in HEBERER (Hrsg.) Die Evolution der Organismen. – III:661 S., Fischer Verl. Stuttgart

SEMMEL, A.(1990): Periglaziale Formen und Sedimente. – 250-260; zzLI

SEPPÄLÄ, M.(1988): Palsas and Related Forms. – 247-278; zzCL

SERAPHIM E.Th.(1962): Glaziale Halte im südlichen unteren Weserbergland. – Spieker 12:47-80, Münster

— (1972): Wege und Halte des saalezeitlichen Inlandeises zwischen Osning und Weser. – Geol. Jb. Reihe A, H.3, 85 S., Hannover

— (1979): Zur Inlandvereisung der Westfälischen Bucht im Saale- (Riß-) Glazial. – Münster. Forsch. Geol. Paläont., Münster 47:1-51

SHACKLETON, N.(1967): Oxygen isotope analyses and Pleistocene temperatures re-assessed. – Nature 215:15-17

SHACKLETON N.J. & OPDYKE N.D.(1973): Oxygen Isotope and Palaeomagnetic Stratigraphy of Equatorial Pacific Core V28-238; Quaternary Research, v.3.1: 39-55

— (1976): Oxygen-Isotope and Palaeomagnetic Stratigraphy of Pacific Core V28-239,; Geol. Soc. America Mem. 145:449-464

SHARP R.P.(1988): Living Ice – Understanding Glaciers and Glaciation. – Cambridge Univers. Press, 225 S.

SHAW, J.(1988): Sublimation till. zzGO

SHOTTON F.W.(1986): Glaciations in the United Kingdom – 293-297; zzSI

SIEBERTS, H.(1990): Die Abgrenzung von äolischen Decksedimenten auf dem Niederrheinischen Höhenzug mit Hilfe von Korngruppenkombinationen. – Decheniana 143:476-485

SIEGENTHALER U. & OESCHGER H.(1987): Biospheric CO_2 emissions during the past 200 years reconstructed by deconvolution of ice core data. – Tellus, Band 39B:140-154

SIMONS E.L.(1989): Human Origins – Science 245:1343-1350

SKUPIN K.(1980): Die Sanderablagerungen der südlichen Senne bei Paderborn. – Westf. Geogr. Studien 36:53-56, Geogr. Kommiss. f.Westfalen, Münster

SKUPIN, K., SPEETZEN E., ZANDSTRA J.G (1993): Die Eiszeit in Nordwestdeutschland. – 143 S. GLA Krefeld

SMALLEY J.(1990): Possible formation mechanism for the modal coarse-silt quarzparticles in loess deposits. – Quaternary International Vol. 7/8:23-27

SPEETZEN E.(1990): Die Entwicklung der Flußsysteme in der westfälischen Bucht (NW-Deutschland) während des Känozoikums; Geol. Paläont. Westf.16: 7-25; Münster

SPENGLER O.(1922): Der Untergang des Abendlandes. – Umrisse einer Morphologie der Weltgeschichte. – II.Band 635 S., Beck, München

STÄBLEIN, G.(1977): Permafrost im periglazialen Westgrönland. – Erdk., 31, 272-279, Bonn

STEARNS Ch.E.(1984): Uranium-Series Dating and the History of Sea-Level. In: MAHANEY W.C.: Quaternary Dating Methods 7: 53-65 Elsevier, New York

STEITZ, E.(1993): Die Evolution des Menschen – E. Schweizerb. (Nägele & Obermiller), Stuttgart, 3.Aufl. 402 S.

STEPHAN,H.-J.(1987): Moraine stratigraphy in Schleswig-Holstein and adjacent areas – in: VAN DER MEER, J.J.M.(ed.): Tills and Glacitectonics:23-30, Rotterdam, Balkema

— (1988): Origin of a till-like diamicton by shearing – 93-96; zzGO

STEPHENS, G.C., EVENSON,E.B., TRIPP, R.B. & DETRA, D.(1983): Active alpine glaciers as a tool for bedrock mapping and mineral exploration: A case study from Trident Glacier, Alaska. – 195-209; zzEV

STRASSER R.(1990): Die Veränderungen des Rheinlaufs zwischen Dormagen und Düsseldorf-Urdenbach von der Römerzeit bis zum Beginn des 19. Jahrhunderts. – S.242-255 in: zzSC

STRAUCH, F.(1983):Geological History of the Island-Faeroe Ridge and its influence on Pleistocene Glaciations. NATO Conference Series IV (8):601-606. New York: Plenum Press

STREMME, H.E.(1981): Unterscheidung von Moränen durch Bodenbildungen. Mededelingen Rijks Geologische Dienst 34:51-56

STRÖMBERG, B.(1990): Revision of the Lateglacial Swedish Varve Chronology. – 231-237; zzLI

SUGDEN D.E. & JOHN B.S.(1976): Glaciers and Landscape – A Geomorphological Approach. London: Edward Arnold, 376 S.

TAYLOR L.D.(1986): Burrough Glacier Ablation Velocity and Ice Structure Studies 1959-1960 – S.17-24; zzAn

TAYLOR K.C.,LAMOREY G.W., DOYLE G.A. et.al.(1993): The »flickering switch« of late Pleistocene climate change. – Nature Vol. 361:432-436;

TELLER, E. (1993): Die dunklen Geheimnisse der Physik – Piper, München 271 S.

THIERMANN A.(1975): Zur Geologie der Erdfälle des »Heiligen Feldes« im Tecklenburger Land/ Westfalen. – Mitt. Geol.-Pal.Inst. Univ.Hamburg 44:517-530

THOME K.N.(1958): Die Begegnung des nordischen Inlandeises mit dem Rhein. – Geol. Jb.76:261-308 Hannover

— (1959): Eisvorstoß und Flußregime an Niederrhein und Zuider See im Jungpleistozän. – FGNW 4:197-246

— (1963): Entstehung der niederrheinischen Gewässer. – Niederrhein. Jb.13-24,Kempen

— (1968): Ein tertiärer (?) Tillit vom Jökullfell am Südostrand des Skeidarar-Gletschers in Island. – N. Jb. Geol. Paläont. Mh. 1968, 7:441-448

— (1972): Asymmetries in glacier structure and their influence on glacier movement and glacier deposits. – C.R. Internat. Geolog. Kongr. Section 12:198-211, Montreal

— (1974a): Grundwasserhöffigkeiten im Rheinischen Schiefergebirge in Abhängigkeit von Untergrund und Relief. – FGNW 20:259-280

— (1974b): Raumgestaltung um Neuss durch natürliche Landschaftsformung – in: Neuss als Landschaft. Ver. Heimatfreunde, Neuss

— (1980a): Der Vorstoß des nordeuropäischen Inlandeises in das Münsterland in Elster- und Saale-Eiszeit – Westfäl. Geogr. Studien 36:21-40, 9 Abb., Münster

— (1980b): Entstehung und Gestalt des Schaephuysener Höhenzuges. – Heimatbuch 1980 des Kreises Viersen S. 275-285

— (1981a): Wasserfall und Schuttgletscher südöstlich Ramsbeck. – in: GK 1:100 000, Erl. C 4714 Arnsberg: 55-57

— (1981b): Haarstrang und Hellwegtal. – in: GK 1:100 000, Erl. C 4706 Düsseldorf-Essen; 44-49

— (1982): Drainage of the ice-dammed rivers Weser and Elbe during the maximum extent of the Saalian and Elsterian Glaciation. – XI INQUA Congr. Moskau 1982, Abstracts Vol.1:311

— (1983a): Gletschererosion und -akkumulation im Münsterland und angrenzenden Gebieten. – N.Jb. Geol. Paläont., Abh.166:116-138, Stuttgart

— (1983b): Erdgeschichte des Krefelder Raumes. – Niederrhein. Landeskde. VIII:93-116, Krefeld

— (1984): Stauchmoränen und Sander. – 45-49 in: GK 1:100 000, Erl., C 4702 Krefeld

— (1986): Meltwater drainage pattern of composite glaciers. – J.Glaciol.32, No.110:95-100

— (1988a): Die landschaftlichen Voraussetzungen für den Neusser Hafen. – 40-57 in: 150 Jahre Neusser Rhein- und Seehafen. – Schriftenr. Volkshochsch. Neuss

— (1988b): Elster- und Saale-Vereisung im Ruhrgebiet. – Führer zur Exkursion B1, 55.Tagung Arbeitsgem. Nordwestdeutscher Geologen, Bochum

— (1989): Der landschaftliche Rahmen für die Gründung von Novaesium. – in: Novaesium-Neuss zur Römerzeit, Volkshochsch. Neuss, H.4:24-44;

— (1990a): Korrektur der Sauerstoff-Isotopen-Chronologie der letzten 900 000 Jahre nach Tiefsee-Bohrkernen. Vortrag DEUQUA-Tagung 1990, Düsseldorf, Kurzfassung

— (1990b): Inlandeisvorstöße in das Ruhrgebiet (nebst Entwicklung einer spätglazialen Rheinrinne) – 273-292, zzSC

— (1991a): Die Basis der quartären Schichten am Niederrhein (zwischen Neuss, Rheinberg, Geldern) und ihre Entstehung durch Rhein- und Gletschererosion. In: Niederrhein. Landeskd.X: 109-130, Krefeld

— (1991b): Die erdgeschichtliche Entwicklung des Rheins. – in: Begleitband u.Katalog Ausstellung Mus.Dt.Binnenschiffahrt, Duisburg 15.9.1991-12.1.1992, 8-22, 14 Abb., Duisburg

— (1992a): Bericht über eine geologische Exkursion an den nördlichen Niederrhein am 9. Juni 1991. – Dechemiana (Bonn) 145:350-359

— (1992b): Korrelation der Eiszeitgliederung Norddeutschlands mit Sauerstoff-Isotopen-Schwankungen der Tiefsee-Sedimente – S. 121; zzDE

— (1993): GK 1:25 000, Erl. 4815, Schmallenberg, 90 S.

— (im Druck, a): Gliederung des Eiszeitalters nach den Sauerstoff-Isotopen-Verhältnissen der Tiefsee-Kerne und Einstufung von Niederrhein-Terrassen. – in: FIEDLER L.(Hrsg.): Archäologie der ältesten Kultur Deutschlands – Die Zeit des homo erectus und frühen Neandertalers. – Materialien zur Vor- und Frühgeschichte von Hessen. Band 18, Wiesbaden

— (im Druck, b): Revision der marinen Chronologie des jüngeren Quartärs und die Geschichte der Rheinterrassen. – in: SCHIRMER W.: Landschaftsgeschichte im europäischen Rheinland. – Rheinland-Verlag, Brauweiler

THORARINSSON S.(1936): Vatnajökull, Chapter III, Geogr. Ann. Stockh. 18:189-195

— (1939): The ice dammed lakes of Iceland.- Geogr. Ann. 21:216-242, Stockholm

— (1956): On the variations of Svinafells-Jökull, Skaftafells-Jökull and Kviar-Jökull in Öraefi. – Mus.Nat. Hist., Dept.Geol. and Geogr.:1-15, Reykjavik

THORN, C.(1988): Nivation: A Geomorphic Chimera. – 3-31; zzCL

THORODDSEN, Th.(1925): Die Geschichte der isländischen Vulkane – Videnskabernes Selskap Skrifter 9, 458 S., Koebenhavn

TILLMANNS, W.(1984): Die Flußgeschichte der oberen Donau. – Jh geol.L.Amt Bad.-Württ. 26:99-202 Freiburg i.Br.

TURNER,E., FRECHEN,M., HAESAERTS,P., HENTZSCH,B., KOLFSCHOTEN,Th.v. (1990): Ariendorf – 109-124, 7 Abb.; zzSC

UERPMANN, H.P.(1983): Die Anfänge von Tierhaltung und Pflanzenbau – 405-428; zzMÜ

URBAN B.(1980): Paläoökologische Untersuchungen zum Krefeld-Interglazial am Niederrhein. – EuG 30:73-88

URBAN B., LENHARD R., MANIA D. & ALBRECHT B.(1991): Mittelpleistozän im Tagebau Schöningen, Ldkr. Helmstedt. – Z.dt.geol. Ges. 142:351-372

VENZO G.A. (1979): Glaziale Übertiefung und postglaziale Talverschüttung im Etschtal im Raum von Trient (Italien) – E.u.G. 29:115-121

VILLINGER E.(1978): Zur Karsthydrologie des Blautopfs und sein Einzugsgebiet (Schwäbische Alb). – Clausthaler Geol. Abh. 30

— (1987): Die Blautopfhöhle bei Blaubeuren als Beispiel für die Entwicklung des Karstsystems im schwäbischen Malm. – G.Jb. C 49:71-103

VINKEN R.(1959): Sedimentpetrographische Untersuchungen der Rheinterrassen im östlichen Teil der Niederrheinischen Bucht. – FGNW 4: 127-170

VLIET-LANOE, VAN B., VALADAS, B. & VERGNE, V. (1991): La Paleogeographie de l'Europe Centre-Occidentale au Weichselien. Reflexions sur les Paleosols et l'inertie climatique: La place die Massif Central. -Quaternaire, 2, (3/4) 1991, p. 134-146

WAGNER, G.(1960): Einführung in die Erd- und Landschaftsgeschichte mit besonderer Berücksichtigung Süddeutschlands, 900 S., Öhringen

WALCOTT R.I.(1970): Isostatic response to loading of the crust in Canada. – Canadian Journal of Earth Sciences 7:716-727

WARBURTON, J.(1987): Characteristic ratios of width to depth-sorting for sorted stripes in the English Lake District. – 163-171; zzBO

WASHBURN, A.L.(1979): Geocryology – 406 S., Arnold, London

WEIDENBACH F.(1952): Gedanken zur Lößfrage. – EuG 2:25-36

WEISE, O.R. (1983): Das Periglazial – Geomorphologie und Klima in gletscherfreien, kalten Regionen. – 199 S., Gebr. Borntraeger. Berlin – Stuttgart

WEISS, W.(1975): Arktis. – 188 S., 24 Kt., 180 Abb., 21 Tab., Verl.Schroll & Co, Wien / München

WELTEN, M.(1981): Verdrängung und Vernichtung der anspruchsvollen Gehölze am Beginn der letzten Eiszeit und die Korrelation der Frühwürm-Interstadiale in Mittel- und Nordeuropa. – EuG 31:187-202

WENZENS, G.(1989): Verbreitung, Typ und Alter der maximalen Vergletscherung der Südvogesen zwischen Bruyères und Epinal. – EuG 39:121-131

WERNER, B.T.& HALLET,B.(1993): Numerical simulation of self organized stone stripes. – Nature, Vol. 361:142-146

WETHERILL, G.(1984): Planetesimals, Urstoff der Erde? 54-65 in Ozeane und Kontinente, Spektrum der Wissenschaft, Heidelberg

WHILLANS, J. M. (1983): Ice movement. pp. 70-77 in zzRO

WHITE T.D., SUWA G. & ASFAW B.(1994): Australopithecus ramidus, a new species of early hominid from Aramis, Ethiopia. – Nature 371:306-312

WICHTMANN H.(1981): Bodenphysikalische Untersuchungen zum Nachweis der spätpleistozänen Bodenbildung in rheinisch-westfälischen Lößgebieten. – Z.Pflanzenern. Bodenkde.144:263-275, Weinheim

WILLIAMS P.J. & SMITH M.W.(1989): The Frozen Earth. – Cambridge University Press, 306 S., Cambridge

WILLKOMM H., BÖLTER M., & KAPPEN L.(1992): Age Estimation of Antarctic Macrolichens by Radiocarbon Measurements. – Polarforschung 61(2/3):103-112

WILLMAN, H.B. & FRYE, J.C.(1970): Pleistocene Stratigraphy of Illinois. – Illinois State Geolog. Survey Bull. 94:204 S. Urbana, Illinois 61801

WINTER, K.P.(1970):Untere Mittelterrasse und Krefelder Mittelterrasse im Südteil der Niederrheinischen Bucht. – EUG 21:161-172

WIRTH W.(1978): Zum Problem der Genese und der Einstufung pleistozäner Flußterrassen im Bereich des Rheinischen Schiefergebirges – FGNW 28:65-83

WOLDSTEDT, P.(1954): Das Eiszeitalter-1. Band, 374 S., Enke Verlag, Stuttgart

— (1958): Das Eiszeitalter-2. Band, 438 S., Enke Verlag, Stuttgart

WOLDSTEDT P. & DUPHORN K.(1974): Norddeutschland und angrenzende Gebiete im Eiszeitalter. – Stuttgart, 500 S.

WOLF L. & ALEXOWSKY W.(1994): Fluviatile und glaziäre Ablagerungen am äußersten Rand der Elster- und Saale-Vereisung; die spättertiäre und quartäre Geschichte des sächsischen Elbegebietes. S. 190-235 in: ANF 7

WOOD B.(1994): The oldest hominid yet. – Nature 371:280-281

WUNDERLICH, H.G.(1974): Die Eiszeit ist noch nicht zu Ende – Eine Psycho-Archäologie des Menschen. – 443 S. Rowohlt Verlag Hamburg

ZAGWIJN, W.H.(1975): Indeling van het kwartair op grond van veranderingen in vegetatie en klimaat. in: ZAGWIJN, W.H. & STAALDUINEN, C.J.van (1975): Geologische Overzichtkaarten van Nederland. – Rijks Geologische Dienst, Haarlem, 109-134

— (1989): The Netherlands during the Tertiary and Quaternary. – GM 68:107-120 1989

ZANDSTRA, J.G.(1983): A new subdivision of crystalline Fennoskandian erratic pebble assemblages (Saalian) in the Central Netherlands. – GM 62:455-469

ZÖLLER, L., STREMME,H. & . WAGNER,G.A. (1888): Thermolumineszenz-Datierungen in Löß-Paläoboden-Sequenzen von Nieder-, Mittel- und Oberrhein. – Chem.Geol.(Isotope Geosc.Sect.) 73:39-62 Amsterdam

ZOLITSCHKA B.(1988): Spätquartäre Sedimentationsgeschichte des Meerfelder Maares (Westeifel). – EuG 38:87-93, 1 Abb., 1 Tab.

18 Orts- und Sachregister

A

Aabachtalsperre 96
Aachquelle 115-117
Aare 57, 119, 187, 201
Ablation 47, 215, 216
Abluation 168, 178
Absetzbecken 194
absolutes Alter 31
Achurspring 163
Adirondacks 122
Adria 172
Akkordeonmoräne 112, 247
aktive Schicht 149, 150, 252
Alaska 47, 50
Albedo 16, 17, 49, 216, 250
Aldan 147, 156, 162, 164
Aletsch-Gletscher 224
Alleröd 28, 30, 32, 50-52, 118,
  258, 259
Alluvium 8, 19
Alpen 111, 133, 199
Alpenrhein 201
Alter, absolutes 31
Altquartär 19
Alttertiär 45
Amazonas 60
Ammersee 113
Ancylus 30, 57
Anden 48, 59
Anger 26, 73
Anger-Glazial 74, 102
Antarktis 13, 35, 42, 49, 214, 218,
  234
Anthropogen 61
Argon 39
Ariendorf 203, 208
Artefakt 35
Asthenophäre 53

Asymmetrie 111, 173, 190, 220,
  221, 241
Atlantikum 28, 30, 50, 52
Atombombe 38
Auenlehm 49, 185, 192, 194
Auf dem Limberg 139
Aufblähung 40, 43
Aufeis 178, 215
Auftaufront 145
Aufwärtsfließen 154
Aurignacien 23, 64, 65
Australopithecus 61
Auswaschungsmoräne 95
Auvergne 34

B

Baltischer Eisstausee 30, 57
baltischer Landrücken 71
Bändergrus 170, 179
Bandkeramik 65
Barentssee 54, 70, 121
Baumringdatierung 33
Baumsteppe 67
Baydjarakhs 162, 164
before present (BP) 31
Beltstadium 78
Bergpass 245
Beringsee 70
Beringstraße 56, 64, 121
Berlin 78
Bernstein 98
Biber 21
Bielefeld 91, 93-95
Billingen 57
Bilzingleben 62, 63
Bipartition 72
Bislich 193
Blautopf 160, 162, 163

Blockgletscher 163, 164, 166
Bochum 101, 152
Boden 143, 146-149, 154, 210,
  254
  – Dauerfrostboden 149
  – Eisboden 147
  – Frostboden 143, 148, 149,
    210, 254
  – Girlandenboden 154
  – Niefrostboden 149
  – Strukturboden 146, 147
  – Tropfenboden 154
  – Winterfrostboden 143, 254
Bodenbildung 34, 35, 52
Bodenfließen 151
Bodenfrost 161
Bodensee 80, 113-115, 117, 126
Bodenversiegelung 142
Böhmen 84
Bölling 28, 30
Bonn 190, 198
Bönninghardt 104, 106, 108, 152
Boreal 28, 30, 52, 57
  – Präboreal 28, 30, 50, 258,
    259
  – Subboreal 28, 30, 52
Borgholzhausen 94
Bottnischer Meerbusen 53, 69
Boudinage 106
Böverbrevatnet 176
BP (s. before present)
Brandenburger Stadium 27, 47,
  70, 73
Braunerden 256
Breidamerkur-Jökull-Gletscher
  216, 224, 238-241, 246
Brenner 112
Breslau 78
Brochterbeck 94

Brocken 87, 119
Brodeltopf 154
Brofjord 125
Brörup 51, 52
Brüggen 200
Buckelwiese 145, 146
Bühlstadium 114
Buhnen 194
Burroughs-Gletscher 131, 135, 215, 217, 235, 236
Büßerschnee (s. auch Penitentes) 215
Byrd-Station 226

C

Camp Century 213
Casement-Gletscher 127, 226, 230, 235
Castra Vetera 193
Chajoux-Tal 120
Chiemsee 112-114
China 174
Coesfelder Gletscher 99
Coesfelder Teilgletscher 98
Cro-Magnon 65
Cromer 26, 74
Cunnersdorf 85

D

Dalvatn 176, 177, 244
Daniglazial 27, 30, 72
Dauerfrostboden 149
Dawson City 253
Deckenschotter 199
Decksand 168
Deich 194
Deichbruch 194
Delsberger Becken 119
Deltaschicht 137, 176
Deltaschichtung 136
Dempster Highway 157
Dendrochronologie 33
diamict 218
Diluvium 8, 19
Dinkelberg 118
Disenchantment Bay 227
Dnepr 172
Don 74
Donau 21, 57, 114, 115, 117

Donaustausee 116
Donauversickerung 116
Döre 93-96, 249
Dörenschlucht 94, 95
Dormagen 193
Dösebakka 47
Doubs 119
Drac-Tal 116
Drenthe 73
Dresden 205, 208
drift 130
Driftblock 185, 199
Drifttheorie 8, 9
dropstone 139
Druckschmelzung 234
Drumlin 126, 135
Duisburg 124, 156, 189, 191
Düne 168, 191
Düsseldorf 103, 106, 190, 192, 205
Düsseldorfer Gletscher 104

E

Ebersberg 113
Eem 26, 51
Egelsberg 104, 107, 108, 243
Egesen 27
Ehringsdorf 63
Eifelvulkanismus 207
Eis
  – Aufeis 178, 215
  – Firneis 213
  – Gletschereis 212
  – Grundeis 180
  – Inlandeis 54
  – Kammeis 142, 143
  – Kordillereneis 122, 123
  – Laurentisches Eis 122
  – Nadeleis 143, 147
  – Nordisches Inlandeis 54
  – Pfannkucheneis 180
  – Schwarzwaldeis 116, 117
  – Toteis 124, 135, 233
Eisbasis 130, 240
Eisberg 234, 248, 251
Eisbergen 83, 177
Eisbeton 236
Eisboden 147
Eisdecke 175, 180, 181
Eisernes Tor 180

Eisfront 220
Eisgang 180, 181, 254
Eisglätte 254
Eishöhle 136, 137, 139
Eishügel 157, 158
Eiskeil 155, 156, 191
Eiskern 157, 161
Eiskristall 213, 214
Eislawine 250
Eislinse 142, 143, 150
Eismaximum 59, 104
eisrandparallele Rippel 222
Eisrandzwickel 238
Eisrinde 150, 188
Eisscholle 124, 180, 185
  – Meereisscholle 211
Eisstand 180
Eistreiben 180, 254
Eisversetzung 181
Eiswelle 226
Eiszeit 5
Eiszeitbereitschaft 12, 14, 260
El Fayum 61
Elbe 82, 84, 99, 205, 208
Elbsandsteingebirge 84
Eldgja 122
Elektronen-Spin-Resonanz (ESR) 36
Elpe 167
Elster 26, 70, 73, 76
Emme 89, 90, 177
Ems 79, 80, 96, 97, 99
Emscher 103, 154
Engtal 201, 202
Enns 112
Eoanthropus 34
eokambrische Vereisung 12
Eozän 19, 45
Erdbahnzyklus 40
Erft 189, 191
Erosionswanne 80
Erratiker 130
erratischer Block 130
Erzgebirge 84, 117, 177
Eschweiler 152
Eskimo 64
ESR (s. Elektronen-Spin-Resonanz)
Essen 152
Etsch 113
eustatisch 46, 56

F

Fahner Höhe 85
Fallwind 16, 139, 147
Faulenbachtal 115, 116
Faustkeil 63
Felsplattform 176
Ferntransport 79
Feuersteineier 186
Feuersteingehalt 256
Feuersteinlinie 77, 132
Findling 130
Finger Lakes 80
Finiglazial 27, 72
Firneis 213
Firnlinie 214
Firnschichtung 231
Firnschnee 213
Fjalls-Jökull-Gletscher 87, 125, 129, 230, 233
Fláa-Jökull-Gletscher 221, 222, 241, 250
Flechte 35
Fließerde 153
Fließgeschwindigkeit 225, 226, 231
Flugsand 168
Fluorgehalt 34
Fluß 182-185
  – mäandrierender 185
  – verwilderter 182-185
flußmorphologischer Umbruch 208
Flußnetz 56
Flußschotter 195
fluvioglazial 6
Foliation 229, 231, 235
Foßbrink 91
Frankfurt 27
Frankfurter Stadium 70, 73, 76
Fredeburger Schiefer 152
Freden 89, 139
Friedingen 115
Frost 148, 149, 160, 161, 253
  – Bodenfrost 161
  – Permafrost 148, 149, 160, 161, 253
Frostbeule 143, 157
Frostboden 143, 148, 149, 210, 254
  – Dauerfrostboden 149

  – Niefrostboden 149
  – Winterfrostboden 143, 254
Frostfront 143
Frosthebung 144, 147, 150
Frosthügel 157
Frostschutt 143, 144, 150
Frostsprengung 142-144
Frostverwitterung 144
Frühquartär 19
Fürstenauer Berge 75

G

Gardasee 112, 113
Gefrierfront 145, 150, 158, 161
Genfer See 113
Germaniglazial 27
geschichtete Hangablagerung 179
Geschiebelehm 134
Geschiebemergel 134
Geschiebeverteilung 77
Geschiebezählung 78, 79, 131
Gesmold 83
Girlandenboden 154
Glacier Bay 216, 219, 235
Glaukonitsand 105, 107, 138
Glazial 5, 27-30, 50, 57, 72, 110, 142, 258
  – Anger-Glazial 74, 102
  – Daniglazial 27, 30, 72
  – Finiglazial 27, 72
  – Germaniglazial 27
  – Gotiglazial 27, 72
  – Interglazial 5
  – Interglazial 13 110
  – Interglazial 15 110
  – Neoglazial 50, 258
  – Periglazial 142
  – Spätglazial 29, 50, 57
glazial 6
Glazial 2 208
Glazial 12 103, 110, 111, 207, 208
Glazial 14 110
Glazial 16 74, 110, 111, 207, 208
Glazial 22 74, 79, 208
Glazialtheorie 8, 9
glaziär 6
glazifluviatil 6
glazigen 6
Glaziofluviatil 141

Glaziolakustrin 141
Glaziomarin 141
Gletscher 220, 223, 238
  – Aletsch 224
  – Blockgletscher 163, 164, 166
  – Breidamerkur-Jökull 216, 224, 238-241, 246
  – Burroughs 131, 135, 215, 217, 235, 236
  – Casement 127, 226, 230, 235
  – Coesfelder Gletscher 99
  – Coesfelder Teilgletscher 98
  – Düsseldorfer Gletscher 104
  – Fjalls-Jökull 87, 125, 129, 230, 233
  – Fláa-Jökull 221, 222, 241, 250
  – Gr. Pazifik-Gletscher 231
  – Heinabergs-Jökull 176, 245
  – Hrutar-Jökull 230
  – Hubbard 227
  – kalter 223
  – Karajak 226
  – Kaskawulsh 228
  – Klutlan 228
  – Kviar-Jökull 216, 217
  – Leinegletscher 89
  – Liliehök 226
  – Malaspina 94, 112, 224, 226, 231-233, 247-249
  – McBride 129, 130, 219, 242
  – Mer de Glace 224, 231, 232
  – Moselgletscher 139
  – Muir 231
  – Münsterlandgletscher 97, 98, 249
  – Nunatak 135, 231, 242, 243, 251
  – Porta 93
  – Rheingletscher 116, 117
  – Rhonegletscher 216, 231
  – Schuttgletscher 166, 167
  – Skeidarar 219
  – Talgletscher 238
  – Warendorfer Teilgletscher 94, 98, 99
  – warmer 223
  – zusammengesetzter 220, 238
Gletschereis 212
Gletscherende 220

Gletscherlauf 94, 220, 245
Gletschermühle 102, 140, 229, 243
Gletscherschliff 124, 234
Gletscherschramme 124
Gletscherspalte 229, 230
Gletscherstirn 220
Gletschertisch 217
Gletscherzunge 218
Gleye 256
Golfstrom 14
Gondwanaland 12, 14
Gönnersdorf 64
Gorleben 74
Gotiglazial 27, 72
Gr. Pazifik-Gletscher 231
Graßaholz 168
Grevenbroich 191
Grimlinghausen 193
Grindelwald-Gletscher 231
Gröbern 52
Grobgeschiebe 132
Grönland 42, 49, 217, 218, 225, 234, 259
Grundeis 180
Grundmoräne 134, 135
Günz 20, 21, 26, 206, 209
Guyana 60

H

Haarstrang 99
Habighorst 139
Hakenschlagen 151
Haltern 154
Hangablagerung 179
 – geschichtete 179
Hanglehm 144
Hangschutt 144
Harstebach 89
Härteauslese 186
Harz 83, 84, 86, 87, 117, 119, 121
Hattem 74
Hauptterrasse 108, 119, 197, 199, 202, 203
Hebungsrate 55
Hegau 115
Heidelberg (s. auch Homo heidelbergensis) 62, 191
Heinabergs-Jökull-Gletscher 176, 245

Helgoland 82
Hellweg 80, 101, 103
Herning 51, 52
Hesemann-Zahl 131
Heßlingen 177
Heubergshof 109, 110
Hils 89
Hochflutlehm 185
Hochwasserbett 191, 197, 201
Höhle 38
 – Eishöhle 136, 137, 139
Höhlenlehm 60
Höhlenmalerei 64
Holmsá 241, 250
Holozän 19, 20, 29
Holstein 23, 26
Holzmaar 32
Homo erectus 62, 63, 65
Homo habilis 61
Homo heidelbergensis 62
Homo sapiens sapiens 64, 65
Homo steinheimensis 63
Hondsrug 73
Hönne 188
Hönnetal 187
Hrutar-Jökull-Gletscher 230
Hrutar-Sander 87
Hubbard-Gletscher 227
Huckberg 94
Hudson-Bay 124
Hungerkatastrophe 260
huronische Vereisung 12

I

Ibbenbüren 93
Iller 112
Indianer 64
inglazial 236, 237
Inlandeis 54
 – Laurentisches 54
 – Nordisches 54
Inn 112, 113
Innenmoräne 130
Interglazial 5
Interglazial 13 110
Interglazial 15 110
Interpolation, lineare 42, 43
Interstadial 5
Inuvik 150
Isar 112

Island-Faroer 14
Isseltal 80
Ivrea 112

J

Jahresschicht 42
Jakobshavn 226
Jotunheim 128
jüngere Tundrenzeit 28, 30, 71, 189, 191
Jungquartär 19
Jütland 71, 72, 80

K

Kaiserfelsen 162
Kaiserstuhl 172
Kalium 39
Kalkar 199
Kalkrieser Berge 75, 83
kalter Gletscher 223
Kälteschwankung 5
Kaltzeit 5
Kame 140
Kammeis 142, 143
Kamper Staffel 103, 105
Kanalküste 172
Känozän 20
Karajak-Gletscher 226
Kare 117, 121, 126, 128, 129
Karibik 46
Kärlich 62
Karpathen 65, 117
Karup 71
Kaskawulsh-Gletscher 228
Katla-Vulkan 245
Kaukasus 65
Kelsterbach 65
Kentern 234, 251
Kettwig 76, 99, 101
Kieselgur 49
Kieseloolithe 186
Kilimandscharo 214
Kirchseon 113
Kleingeschiebe 132
Klettgau 116
Klimakatastrophe 260
Klippe 165
Klondike 158
Kluane Lake 163

Klutlan-Gletscher 228
Knochenkies 60
Kolksee 194
Köln 192
Kompaktion 43, 44
Konstanz 27, 115, 116
Kordillereneis 122, 123
Kranenburg 103
Krefeld 106, 152, 203
Krefelder Schichten 111
Krustenbewegung 54
Krustenhebung 46
Krustensenkung 207
Kryohalit 210
Kryomer 5
Kryoplanation 166
Kryoplanationsterrasse 165
Kryoturbation 153, 154
Küstelberg 170, 179
Küstenplattform 58
Kviar-Jökull-Gletscher 216, 217

L

Laacher See 30, 32, 34, 52, 118,
    187, 188, 191
Labrador 122, 128
Laetoli 61
Lago Maggiore 113
Laki 122
Landrücken, baltischer 71
Langendreer 101
Laurentisches Eis 122
Laurentisches Inlandeis 54
Lech 112
Lehm 49, 60, 134, 144, 173, 185,
    192, 194
    – Auenlehm 49, 185, 192, 194
    – Geschiebelehm 134
    – Hanglehm 144
    – Hochflutlehm 185
    – Höhlenlehm 60
    – Lößlehm 173
Leine 200
Leinegletscher 89
Leitgeschiebe 133
Leitgestein 186
Lena 162, 164, 184, 205
Lenskye Stolby 162
Levallois 63
Lichenometrie 35

Liliehök-Gletscher 226
lineare Interpolation 42, 43
Lippe 79, 80, 96, 97, 99, 103
Litorina 30, 57
Loisach 112, 113
Lorelei 180, 181
Los Angeles 60
Löß 49, 168, 169, 171, 185
    – Sandlöß 169-171
    – Schwemmlöß 172
    – Tonlöß 170
Lößbauer 169
Lößgrenze 83
Lößkindl 172, 173
Lößlehm 173
Lößschnecke 60
Lötschbergtunnel 252
Lubny 170
Lucy 61

M

mäandrierende Rinne 183
mäandrierender Fluß 185
Maas 57
Maas-Eier 186
Mackenzie 184
Magdalénien 64
Main 189, 191, 206
Makassar-Meeresstraße 56
Malaspina-Gletscher 94, 112,
    224, 226, 231-233, 247-249
Mammut 65
Mauna Kea 123
Mauna Loa 123
Maunder-Minimum 13
McBride-Gletscher 129, 130,
    219, 242
Meereisscholle 211
Meeresspiegelsenkung 16
Meerfelder Maar 32
Melle 89
Menap 73, 74
Menschenaffe 66
Mer de Glace-Gletscher 224,
    231, 232
Meshirishi 65
Mikrolithen 64
Mindel 20, 21, 23, 116, 206, 209
Minden 73
Miozän 14, 19, 45

Mittagsloch 216
Mittelmoräne 128, 134, 220, 226,
    229, 238, 242, 243, 247, 248, 251
Mittelrhein 198, 201, 203
Mittelterrasse 108, 186, 196-199,
    201, 202, 204
    – mittlere 196, 198, 201
Moers 103
Möllenbeck 90, 91, 93, 188
Mollisol 150
Moräne 130, 133, 140
    – Akkordeonmoräne 112, 247
    – Auswaschungsmoräne 95
    – Grundmoräne 134, 135
    – Innenmoräne 130
    – Mittelmoräne 128, 134, 220,
        226, 229, 238, 242, 243, 247,
        248, 251
    – Satzendmoräne 133
    – Stauchendmoräne 133
Moränenamphitheater 112
Moränengliederung 135
Mosel 57, 118
Moselgletscher 139
Moselschotter 186
Mousterien 23, 64
Muir-Gletscher 231
Münsterland 84, 89, 100
Münsterländer Kiessandzug 98,
    130, 242, 243
Münsterlandgletscher 97, 98,
    249
Myrdalssandur 245, 247

N

Nachschüttsand 136
Nadeleis 143, 147
Nährgebiet 218
Neandertaler 64
Neckar 57, 116
Neoglazial 50, 258
Neolithikum 64
Nesse 85
Neu Guinea 123
Neuseeland 172
Neuss 106, 192, 193
Neusser Staffel 103
Neustädter Sattel 96
Niederaußem 107, 108, 177, 203,
    204

Niederlausitz 85
Niederrhein 76, 198, 203
Niederterrasse 108, 186-191,
    196-199, 202-206
Niefrostboden 149
Nigardsbreen 127
Nivation 165
Nordamerika 49
Nordeuropa 49
Nordhalbkugel 47, 148, 259
Nordisches Inlandeis 54
Nordsee 30
Norwegen 78
norwegische Rinne 72
Novaesium 193
Null-Grad-Vorhang 150
Nunatak-Gletscher 135, 231,
    242, 243, 251

O

Ogiven 33, 229, 232, 233
Oldinghausen 139
Oligozän 19, 45
Ölkofen 113
Ontong-Java-Plateau 41
Oser 240, 243
Oslogebiet 78
Oslogestein 76
Osnabrücker Längstal 93
Osning-Stadium 75
Ostmünsterland 126
Ostsee 30, 57, 58

P

Paderborn 76, 94, 96, 99, 177
Paläomagnetismus 36
Paläozän 19
Palsa 157, 159, 161
Pampa 172
Panama 14
Pappschnee 213
Parabraunerden 256
Patagonien 47
Peary-Land 246, 247
Penitentes (s. auch Büßer-
    schnee) 215
Periglazialzone 142
Permafrost 148, 149, 160, 161,
    253

Permokarbon 11, 12
Pfannkucheneis 180
Piesberg 92, 93, 139
Piltdown 34
Pingo 158-161
Plattformerosion 176, 177, 195
Pleiße 192
Pleistozän 19, 20
Pliozän 19, 45, 53, 259
Podsol 256
Pollen 34, 52
Pommern 27
Pommersches Stadium 70, 73
Porta Westfalica 93, 139, 181
Porta-Gletscher 93
Präboreal 28, 30, 50, 258, 259
Prokonsul 61
Pseudogleye 256
Pulsation (s. auch Surge) 103,
226-229
Pulverschnee 213
Pyrenäen 117

Q

Quartär 19
    – Altquartär 19
    – Frühquartär 19
    – Jungquartär 19
Quartärbasis 106, 207
Quarzzahl 186
Queen Elizabeth-Inseln 121
Quickton 257

R

Radiocarbon 37, 38
Rammelsberg 87
Randschwelle 53, 55, 190, 202
Rechtstrend 181
Rehburger Stadium 70, 73, 75
Remiremont 120
Restlauge 211
Reuver 6, 45, 200
Rhein 56, 57, 89, 100, 104, 112,
    114, 183, 189-192, 200, 208, 256
    – Alpenrhein 201
    – Mittelrhein 198, 201, 203
    – Niederrhein 76, 198, 203
Rheinabflußmenge 119
Rheindelta 191

Rheine 243
Rheingletscher 116, 117
Rheinschotter 186
Rheinterrasse 195
Rhone 112
Rhonegletscher 216, 231
Rhume 163
Rinne 183
    – mäandrierende 183
Rinnenschotter 187, 196, 198,
    203, 205
Rinnenspülung 178
Rippel, eisrandparallele 222
Riß 20, 21, 206, 209
Rodungsperiode 192
Roosendal 79
Roß-Eisschelf 234, 248
Ruhr 57, 84, 99-102, 192
Ruhrgebiet 62
Ruhrstausee 88
Rumpffläche 202
Rundhöcker 126, 127, 135, 140
Rupfung 126, 235
Russelfjord 227
Rußland 100

S

Saale 26, 70, 73
Saarner Mark 106, 124
Säbelzahntiger 60
Sachsen 73, 76, 88, 100
Sahara 260
Sahul-Schelf 56
Salpausselkä 27, 32, 49, 71-73,
    114
Salzach 112, 113
Salzaufstieg 55
Sand 105, 107, 136, 138, 168
    – Decksand 168
    – Flugsand 168
    – Glaukonitsand 105, 107, 138
    – Nachschüttsand 136
    – Vorschüttsand 136
Sander 136, 137, 240
Sanderfuß 183
Sanderschürze 106, 138
Sandgang 138
Sandlöß 169-171
Satzendmoräne 133
Sauerland 121

Sauerstoff-Isotopen 40-43, 46, 74
Savanne 60, 67
Schaephuysener Höhenzug 104-106
Schaffhausen 27, 113
Schattenhang 190, 191
Schattenseite 220
Schicht 42, 137, 149, 150, 176, 252
  – aktive 149, 150, 252
  – Deltaschicht 137, 176
  – Jahresschicht 42
Schichtung 136, 231
  – Deltaschichtung 136
  – Firnschichtung 231
Schiefergrus 170, 179
Schledden 99
Schleswig-Holstein 55, 71
Schliffgrenze 113
Schnee 212
  – Büßerschnee (s. auch Penitentes) 215
  – Firnschnee 213
  – Pappschnee 213
  – Pulverschnee 213
Schneegrenze 47, 48, 113, 117, 118, 121, 123, 128, 213, 218
Schneezement 213
Schotter 119, 186, 187, 195, 196, 199, 203, 205
  – Deckenschotter 199
  – Flußschotter 195
  – Moselschotter 186
  – Rheinschotter 186
  – Rinnenschotter 187, 196, 198, 203, 205
  – Vogesenschotter 119
Schottersturz 88, 233
Schuttgletscher 166, 167
Schwarzerde 52
Schwarzwald 117, 118
Schwarzwaldeis 116, 117
Schweizer Jura 119
Schwemmlöß 172
Schwermineral 79, 187
  – Analyse 79
Schwülme 89
Sedimentauflösung 44
Seesen 89, 90
Selbstverstärkung 16

Senne 92, 94
Seracs 226, 227, 229
Setzung 25, 41, 43, 44
Sibirien 121, 172
Sichelmarke 124
Sigmaringen 115
Simplon 112
Singen 113
Sinkform 154
Sinktopf 147, 152, 153
Skeidarar-Gletscher 219
Sogne-Fjord 128
Sohlingen 95, 96
Solarkonstante 13
Solifluktion 151, 152, 178, 190, 255
Sonnenhang 190, 191
Sonnenseite 220
Spaltennetz 155, 156
Spätglazial 29, 50, 57
Spitzbergen 148, 164
St. Lawrenzstrom 124
Stadial 5
Staubsturm 58
Stauchendmoräne 133
Stauchwall 133
Stauseeschluff 94
Stein am Rhein 27, 113
Steinberg 74, 101, 102, 177, 243
Steinfurter Aa 243
Steinheim (s. auch Homo steinheimensis) 63
Steinkohleflöz 152
Steinnetz 147
Steinpolygone 145, 147
Steinring 147
Steinsohle 83, 146
Steinstreifen 145-147
Steinwerkzeug 35, 62
Steinzerlegungsstreifen 131
Stephanskirchen 113
Strukturboden 146, 147
Stuttgart 63
Subatlantikum 28, 30
Subboreal 28, 30, 52
subglazial 97, 236-238
Sublimation 215
Südamerika 49
Sudeten 117
Südhalbkugel 259
Südschweden 78

Sunda-Schelf 56
Sundgau 119
supraglazial 236, 237
Surge (s. auch Pulsation) 103, 226-229
Susak 172

T

Tafelberg 122
Tafjord 250, 251
Talausräumung 206
Talgletscher 238
Talik 149, 160
Talverschüttung 206
Talweg 201
Tal-Zuschub 190
Taylor-Highway 165
Tecklenburg 94
Tephrachronologie 34, 122
Terminus 220
Terrasse 108, 119, 165, 186-191, 195-206
  – Hauptterrasse 108, 119, 197, 199, 202, 203
  – Kryoplanationsterrasse 165
  – Mittelterrasse 108, 186, 196-199, 201, 202, 204
  – Niederterrasse 108, 186-191, 196-199, 202-206
  – Rheinterrasse 195
Terrassenbasis 196
Terrassenkreuzung 198, 199
Terrassenoberfläche 196
Terrassentreppe 195-198, 201
Tertiär 19, 107-110, 205
  – Alttertiär 45
  – Eozän 19, 45
  – Miozän 14, 19, 45
  – Oligozän 19, 45
  – Paläozän 19
  – Pliozän 19, 45, 53, 259
  – umgelagertes 107-110, 205
Teutoburger Wald 75, 89, 91, 94
Thermokarst 151, 160, 252
Thermolumineszenz (TL) 36
Thermomer 5
Thorium 38
Thüringen 76, 88, 100
Tibet 14, 15
Tidewelle 192

Tiefenerosion 190
Tiefenrinne 80
Tieferschalten 188
Tiefsee 17, 20, 25, 37, 40-43, 49, 74, 201
till 130
tillit 130
Titisee 118
TL (s. Thermolumineszenz)
Toba-Vulkan 15
Tonlöß 170
Tonsteingrus 179
Toteis 124, 135, 233
Travertin 60
Treibhaus 11-13, 15, 17, 258, 260, 261
Trompetentälchen 137
Tropfenboden 154
Trübestrom 176, 177
Tundrenzeit, jüngere 28, 30, 71, 189, 191
Tunneltäler 80
Tunsbergsdalsbreen 138
Turkana-Boy 62
Tuttlingen 115
Twente-Achterhoek-Rinne 98

U

Überlinger See 115
Übertiefung 113
Uferwall 183, 184, 191-194
Umbruch, fluß-morphologischer 208
umgelagertes Tertiär 107-110, 205
Umschaltmechanismus 17
Unna 99
Ural 69
Uran 38
Ursprung 163
Urstromtal 81, 82, 168
U-Tal 128

V

v.H. (s. vor Heute)
Valburg 103
Van-See 57
Vatnsdalur 176, 177, 244, 245
Vegetationszone 48

Veltheim 92, 93
Veluwe 80, 103, 111, 177
Verdal 257
Vereisung 12
 – eokambrische 12
 – huronische 12
Verkieselung 186
verwilderter Fluß 182-185
Vigaun 113
Villafranchien 5
Vogesen 117, 118, 139, 177
Vogesenschotter 119
vor Heute (v.H.) 31
Vorbelastung 251
Vorschüttsand 136
Vostok 214
Vrica 5, 6
Vulkanismus 46, 208

W

Waldgeschichte 29, 49, 51
Wanderblöcke 118, 119
Warendorfer Teilgletscher 94, 98, 99
Wärmeoptimum 260
warmer Gletscher 223
Wärmeschwankung 5
Warmzeit 5
Warthe 73
Warve 9, 32, 38, 176, 177, 204
Waschkies 256
Wasserfalltal 166
Weeze 62, 157
Weichsel 26, 46, 70, 73
Weiße Elster 192
Werra 85, 94, 95, 200
Wertach 112
Weser 82, 84, 89, 199, 200
Weserbergland 76, 88, 94, 133, 173, 243
Weserstausee 84, 89, 90, 134, 245
Wesertal 177
Wiehengebirge 89, 94
Wiesenmäander 184
Windkanter 168
Winterberg 121
Winterfrostboden 143, 254
Wirbelfahne 246
Wissel 168

Witten 101, 102, 206
Würm 20, 21, 46, 206, 209
Wurten 194
Wutach 118

X

Xanten 103, 106-109

Y

Yagataga-Formation 45
Yakutien 160
Yoldia 30, 57

Z

Zauberberg 86
Zehrgebiet 218
Zeller See 115
Zentralplateau 117
zusammengesetzter Gletscher 220, 238
Zwischeneiszeit 5

Der Autor

Karl N. Thome, Honorarprofessor an
der Ruhruniversität Bochum, Abtei-
lungsdirektor a.D. im Geologischen
Landesamt Nordrhein-Westfalen,
Krefeld, Studium der Geologie in Bonn
und Tübingen, Promotion zum Dr. rer.
nat., Lehrauftrag für Quartär an der
Ruhruniversität Bochum seit 1979,
Lehrauftrag für Geologie an der Universität GH Duisburg seit 1986, Studi-
enschwerpunkte: Strukturgeologie,
Geomorphologie, Glaziologie, mehr als
50 Publikationen.

Prof. Dr. Karl N. Thome
Ruhr-Universität Bochum
Institut für Geologie, Gebäude NA
44780 Bochum

Springer
und
Umwelt

Als internationaler wissenschaftlicher
Verlag sind wir uns unserer besonderen
Verpflichtung der Umwelt gegenüber
bewußt und beziehen umweltorientierte
Grundsätze in Unternehmens-
entscheidungen mit ein. Von unseren
Geschäftspartnern (Druckereien,
Papierfabriken, Verpackungsherstellern
usw.) verlangen wir, daß sie sowohl
beim Herstellungsprozess selbst als
auch beim Einsatz der zur Verwendung
kommenden Materialien ökologische
Gesichtspunkte berücksichtigen.
Das für dieses Buch verwendete Papier
ist aus chlorfrei bzw. chlorarm
hergestelltem Zellstoff gefertigt und im
pH-Wert neutral.

 Springer

Druck: Druckhaus Beltz, Hemsbach
Verarbeitung: Buchbinderei Schäffer, Grünstadt